# 现代分子生物学导论

主编　盛静浩　史　明

**图书在版编目（CIP）数据**

现代分子生物学导论 / 盛静浩，史明主编. —杭州：浙江大学出版社，2020.12(2024.8 重印)
ISBN 978-7-308-20971-7

Ⅰ.①现… Ⅱ.①盛… ②史… Ⅲ.①分子生物学—教材 Ⅳ.①Q7

中国版本图书馆 CIP 数据核字(2020)第 252745 号

**现代分子生物学导论**

盛静浩　史　明　主编

**责任编辑**　秦　瑕
**责任校对**　徐　霞
**封面设计**　周　灵
**出版发行**　浙江大学出版社
（杭州市天目山路 148 号　邮政编码 310007）
（网址：http://www.zjupress.com）
**排　　版**　杭州青翊图文设计有限公司
**印　　刷**　广东虎彩云印刷有限公司绍兴分公司
**开　　本**　787mm×1092mm　1/16
**印　　张**　18
**字　　数**　438 千
**版 印 次**　2020 年 12 月第 1 版　2024 年 8 月第 2 次印刷
**书　　号**　ISBN 978-7-308-20971-7
**定　　价**　56.00 元

# 编 委 会


主　编　盛静浩　史　明

副主编　曾凡力　高向伟　罗　驰

编　委　（以姓氏笔画为序）

史　明（哈尔滨工业大学）

罗　驰（浙江大学）

高向伟（浙江大学）

盛静浩（浙江大学）

曾凡力（河北农业大学）

# 前　言

《现代分子生物学导论》一书由多年从事分子生物学教学与科研工作的一线教师和活跃在本学科前沿领域的青年学者编写。他们教学经验丰富，并拥有很好的前沿技术背景。在充分比较和分析了已有的国内外相关教材基础之上，编者借鉴了各教材的长处，同时补充了分子生物学最新技术的前沿进展。希望此书能与已有的教材取长补短，以适应生物学相关专业的高年级本科生和研究生培养的需求。

现代分子生物学是生命科学的前沿领域，也是生命科学交叉学科发展的基石。它的理论和相关技术已经融入生命科学的各个领域，为揭示生命现象的本质和解决生命科学问题提供重要的理论基础和技术支持。近年来，现代分子生物学知识结构迅速发展，作为培养创新型人才的"现代分子生物学导论"课程的教材，在其内容上必须与时俱进。为此，本教材特别注意了教材内容的更新、拓展个人知识能力的培养以及基本技术理论运用与操作能力的培养等。

承担本书编写任务的编委分工如下：哈尔滨工业大学史明负责第 1 章和第 4 章的编写；浙江大学医学院盛静浩负责第 7 章编写负责；河北农业大学曾凡力负责第 2 章和第 3 章的编写；浙江大学医学院高向伟负责第 6 章的编写；浙江大学医学院罗驰负责第 5 章的编写。在教材编写和组稿过程中，编委史明与盛静浩在完成自身编写任务的同时，还对本书的全部章节进行了审校。

各位编委在认真总结教学经验的基础上，在考虑到本教材作为本科生和研究生的专业基础课程教材所要求的基础性的同时，还重点补充了对现代分子生物学发展具有开创性意义的经典研究及最新进展的有关内容。因此，本教材不但可以作为综合大学、医学院校、农林院校、理工院校和师范院校的本科生和研究生的教材，而且可供高校教师、科研人员与科研管理人员在学习现代分子生物学理论与技术时作为参考。

编者虽然在书稿的编写和汇总时深思熟虑，尽量保持篇幅比例和内容衔接等方面的一致性，但全书的编排与内容取舍仍难免有所偏颇。受限于专业知识水平和编写能力，本书难免会存在一些不足和欠妥之处，可能在后期需要进一步的完善，敬请专家同道和读者给予批评指正。

史　明　盛静浩

2020 年 10 月 8 日

# 目　录

# 第1章 绪 论

## 1.1 现代分子生物学的沿革与发展

现代分子生物学产生的标志是20世纪50年代DNA双螺旋结构的发现。在20世纪70年代所产生的基因重组(gene recombination)技术与克隆技术 (clone technology)的推动下,现代分子生物学继续发展。而基因组学、蛋白质组学及糖组学等组学的出现,尤其是近期的基因编辑技术,进一步促使现代分子生物学在最近几十年得到了蓬勃发展,使人类对微观世界的认识不断深入,并促进了其与相关学科的融合和自身的发展。

针对核酸、蛋白质和生物糖等大分子的结构及其在生命活动中的功能作用,现代分子生物学(modern molecular biology)在分子水平上揭示生命本质和生命的现象,旨在阐明生命体遗传、发育、生长等的基本特征,进而为利用和改造生命奠定坚实的理论基础以及提供新的手段。因此,该学科是当代生命科学中发展很快并与其求他学科交叉较广泛的新学科。

常规意义上的分子水平是指那些携带生命体遗传信息的核酸和参与遗传信息传递的蛋白质等生物大分子。它们通过彼此之间的相互作用能形成各种复杂多变的功能系统。近年来,随着现代化学和物理学理论、技术和方法的应用,现代分子生物学的研究领域得到了快速的扩展,研究理念正在发生革命性的改变。现代分子生物学从注重对单一组分的研究向组学(omics)以及不同组学层面相互整合的研究方向进行转变,表现出了结构与功能多层面整合的特点,同时也催生了以现代分子生物学为基础的系统生物学(systems biology)和整合生物学(integrative biology)的诞生。

现代分子生物学与生物化学、生物物理学、基因组学和蛋白组学等学科关系十分密切,但又具有独特的自身学科特征。科学界普遍认为这些学科之间的主要区别在于:现代分子生物学研究的主要目的是在分子层面阐明整个生物界所共有的基本特征,即生命现象的分子本质;而研究某一特定生物体或某一种生物体内某一特定器官或一类物质的物理、化学现象或变化及网络关系,则属于其他学科的研究范畴。

# 1.2 现代分子生物学的主要研究内容

近年来，现代分子生物学正处于生物学领域研究的前沿，已经成为当代生命科学与技术发展的生长点。从表面上看，现代分子生物学涉及范围广泛，研究内容包罗万象。但是，如果考虑到现代分子生物学的基本物质基础和基础特征，则其研究的范畴主要包括生物大分子的组成、结构及大分子之间的相互作用，生物大分子的结构与功能的关系，以及与生物学现象（表型）相关的分子生物学机制；生物大分子的组织结构方式，以及其物理化学过程；生物信息传递和代谢调节的分子生物学过程。分子生物学的研究领域虽然广泛，但粗略归纳主要有DNA重组技术、基因编辑技术、基因表达调控与细胞信号转导和生物大分子结构与功能等几个方面。

## 1.2.1 现代分子生物学的基础——DNA重组技术

DNA重组技术是现代分子生物技术发展中最重要的成就之一。该技术使人类可以根据需求选择目的基因进行体外重组，以达到改良和创造新生物品种，改造自然世界或用于疾病治疗的目的。这项技术的建立极大地推动了基础理论研究，已成为当代分子生物学前沿研究的技术基础。DNA重组技术（DNA recombination technology）又称基因拼接技术，是以分子遗传学为理论基础，将不同来源的基因按预先设计的蓝图，将不同的DNA片段（如某个基因或基因的一部分）定向连接，并使其在特定的受体细胞中复制和表达，从而使受体细胞产生出新的遗传性状，获得新品种，生产新产品。该技术是核酸化学、蛋白质化学、酶工程及微生物学、遗传学、细胞学等多个学科交叉融合的结晶，而限制性内切酶、DNA连接酶及其他工具酶的发现与应用则是DNA重组技术得以建立的关键。目前，该技术已成为当今研究生物体复杂生命活动的基本方法，也为分子遗传学和遗传育种研究开辟了崭新的途径。该技术一经建立便被快速用于定向改造某些生物体的基因组结构，从而获得遗传被人工修饰过的生物体，如转基因和基因敲除动物，以及转基因植物。采用重组DNA技术获得的转基因植物将可能在现代农业中扮演日益重要的角色。

从经典分子生物学角度看，现代分子生物学研究的核心问题是遗传信息的传递和控制，即基因的表达与调控。其中，无论是对启动子的研究（包括调控元件或称顺式作用元件），还是对转录因子的克隆及分析，都离不开DNA重组技术的应用。由于DNA重组技术不受亲缘关系限制，所以其对生物学和医学均产生了巨大的影响。基于DNA重组技术的基因工程技术可以设计出许多新的基因转移载体，推动基因治疗的进程，某些疾病的基因治疗将成为临床的常规疗法。此外，利用DNA重组技术可以使某些在正常细胞代谢中产量较低的多肽，包括激素、抗生素、酶及抗体等生物分子得以在体外以产业化的方式进行生产，从而提高产量、降低成本，扩大使用范围。因此DNA重组技术已在生物制品的生产中得到了广泛的应用，相当多的基因工程产品带动了生物技术产业的发展，创造了巨大的社会效益。目前实验室广泛使用的各种蛋白抗体、用于临床疾病治疗的干扰素与白细胞介素等蛋白因子均为DNA重组技术的产物。此外，利用这一技术体系，人类还构建了含有可分解各种石油成分的重组DNA的超级细菌，可促进石油快速分解，以用于修复被石油污染的海域和土壤。因此DNA重组技术的发展也成为现代合成生物学产生和发展的理论和技术基础。

### 1.2.2 现代分子生物学的重要研究领域——基因表达调控

一个生物体中的任何细胞都带有相同的遗传信息和基因，但同一个基因在不同组织、不同细胞中的表现却不相同，这是由基因表达调控机制所决定的。基因表达调控，也称为核酸分子生物学，遗传信息从DNA传递到蛋白质的过程称为基因表达，对这个过程的调节即为调控。基因表达调控的主要研究内容包括核酸/基因组的结构、遗传信息的复制、转录与翻译，核酸存储的信息修复与突变，基因表达调控和基因工程技术的发展和应用等。自20世纪50年代以来，核酸研究领域迅速发展，目前基因表达调控研究领域已形成了比较完整的理论体系和研究技术，是现代分子生物学中内容最丰富的一个领域。

基因表达调控机制根据生命体内每个细胞的功能要求，精确地控制每种蛋白质的生产数量。生物体完整的生命过程是基因组中的各个基因按照一定的时空次序开关的结果。原核生物和真核单细胞生物直接暴露在生存环境之中，根据环境条件的改变，合成各种不同的蛋白质，使代谢过程适应环境的变化。高等真核生物是多细胞有机体，在个体发育过程中出现细胞分化，形成各种不同的组织和器官，而不同类型的细胞所合成的蛋白质在质和量上都是不同的。因而，基因表达调控的层次包括染色质水平、转录水平、转录后调控和翻译水平上的调控。在个体的生长发育过程中，生物遗传信息的表达按照一定的时序发生变化，并随着内外环境的变化而不断加以修正。由于原核生物的基因组以及染色体的结构都要比真核生物简单得多，转录和翻译在同一时间和空间内发生，因此，基因表达的调控主要发生在转录水平。真核生物有细胞核结构，转录和翻译过程在时间和空间上都被分隔开，且在转录和翻译后都有复杂的信息加工过程，其基因表达的调控可以发生在各种不同的水平上。因此，真核细胞的基因表达调控主要表现在信号传导研究、转录因子研究及RNA加工3个方面(图1-1)。

此外，真核细胞的基因表达调控还表现出对DNA甲基化、组蛋白乙酰化、甲基化修饰和非编码RNA(包括microRNA、lncRNA、snoRNA及eRNA等)表观遗传领域的深入认识。由于大规模测序技术和生物信息技术的高速发展，基因表达调控的研究正呈现出高通量和整体性特征。

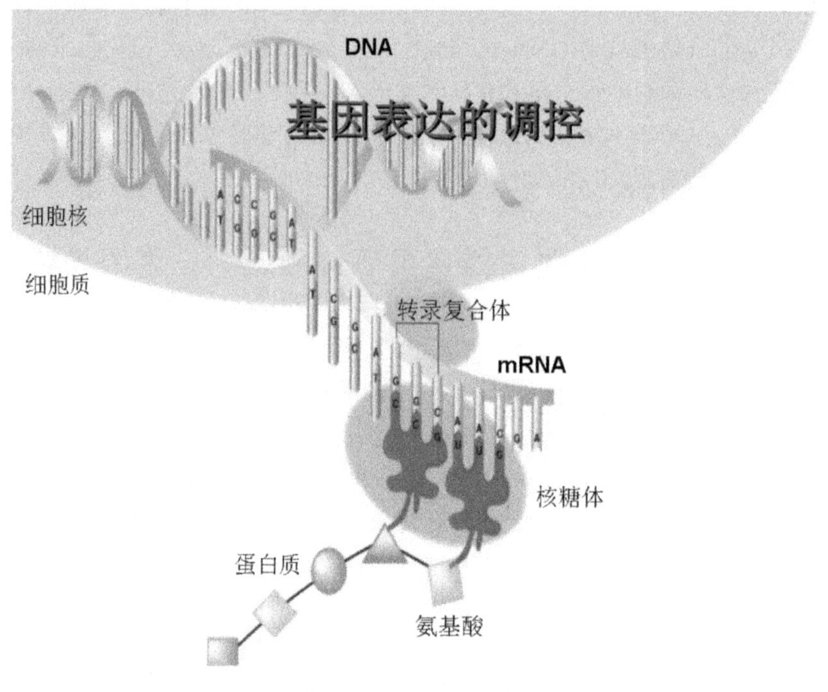


图 1-1　基因表达调控示意

### 1.2.3　现代分子生物学的主要研究对象——生物大分子的结构与功能

生物大分子的结构与功能包括蛋白质、核酸和糖链的结构与功能。生物大分子是研究生物大分子特定的空间结构及结构的动态变化与功能关系的科学，又称结构分子生物学(structural molecular biology)。生物大分子在生物体内由分子量较低的基本结构单位首尾相连聚合而成，这些多聚物在分子结构和生理功能上有很大差别，然而其也具有基本的共同特征。其在结构上的共同特征主要表现在：生物大分子的方向性；各具特征的高级结构，正确的高级结构组成的空间构象是生物大分子执行生物功能的必要前提；生物大分子都可以在生物体内由简单的结构合成，并与相应的生物小分子之间发生动态转换。在活细胞中，三类生物大分子密切配合，共同参与生命过程，很多情况下形成生命活动必不可少的复合大分子，如核蛋白、糖蛋白。

基因组中遗传物质核酸的一级结构是脱氧核糖核苷酸在 DNA 分子中的排列顺序，其不同的排列组合蕴藏着生命的遗传信息。脱氧核糖核苷酸在形成一级结构核苷酸链的基础上，进一步构建成具有双螺旋结构的 DNA 生物大分子，即 DNA 的二级结构。DNA 的双螺旋结构进一步扭曲盘旋所形成的特定空间结构构成了 DNA 的高级结构，也即超螺旋结构(图 1-2)。DNA 的高级结构会在生理条件下产生构象改变，即在负超螺旋、松弛 DNA 和正超螺旋之间相互转换。除 DNA 外，生物体还存在着另一类核酸——RNA。目前已知 RNA 的种类较多，其中编码 RNA 有 mRNA、rRNA 和 tRNA 等。多种 RNA 的分子结构具有保守性，如 tRNA 的三叶草二级结构和 L 型三级结构均具有高度的保守性。

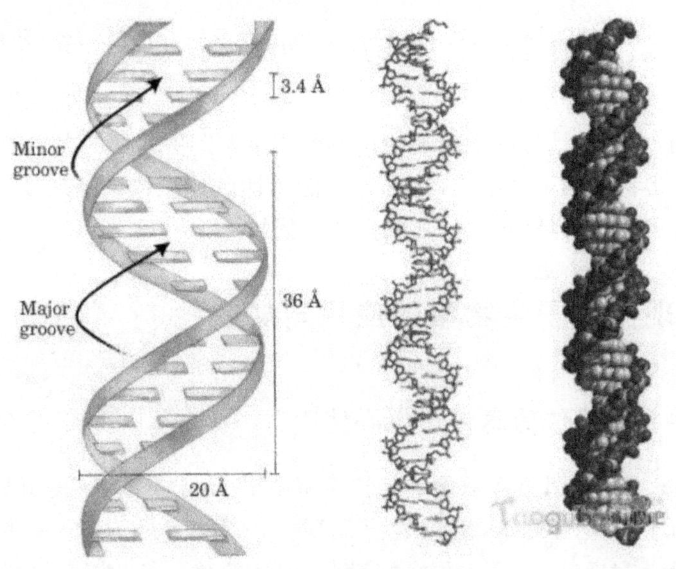


图 1-2　DNA 双螺旋的结构

基因功能的执行者——蛋白质的结构与功能研究是现代分子生物学的一个核心研究问题。蛋白质是执行各种生命功能的主要大分子，蛋白质修饰方式对其分子结构和功能具有显著影响。蛋白质除了肽链序列的一级结构和以 α 螺旋、β 折叠和无规卷曲为主体的二级结构外，其三级结构对其功能的影响是生物大分子结构与功能研究的核心工作之一(图 1-3)。从理论上来说，蛋白质的一级结构决定其空间构象，而空间构象则决定着蛋白质的生物学功能。但在生理条件下，蛋白质的一级结构并不是决定蛋白质空间构象的唯一因素，蛋白质溶液的细胞内环境中存在着影响新生肽链折叠的分子伴侣或折叠酶均是蛋白质空间构象的影响因素。如果蛋白质的空间构象出现异常，将产生蛋白质构象病，如朊病毒病就是蛋白质构象病的典型代表。

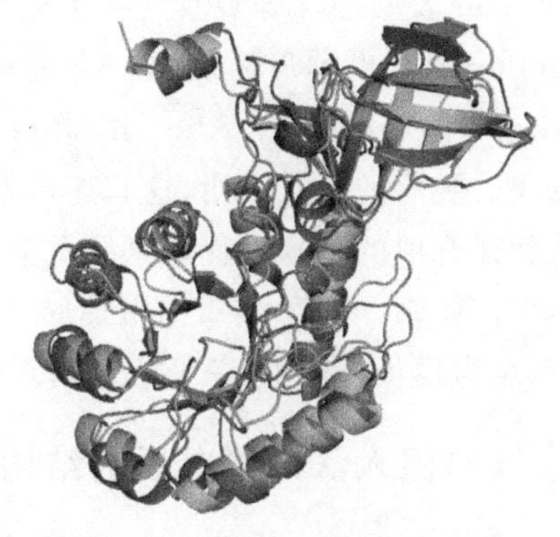

图 1-3　蛋白质的三级结构
(修改自李钰等《分子生物学》)

蛋白质表面存在重要的化学修饰，包括磷酸化、乙酰化、甲基化、泛素化、SUMO 修饰等。这属于蛋白质翻译后修饰的研究内容。不同的化学修饰影响着蛋白质发挥功能活性、蛋白质定位以及蛋白质的相互作用。在生理条件下的活细胞中，蛋白质的定位、转位、翻译后修饰以及蛋白质-蛋白质相互作用网络共同决定着蛋白质的功能活性，是细胞生长、分化和凋亡及重大疾病发生和发展的重要分子基础。在生物大分子结构与功能研究中，研究三维结构及其运动规律的通用手段是 X 射线衍射的晶体学，也称蛋白质晶体学，以及用二维核磁共振和多维核磁研究溶液中的生物大分子结构等。结构分子生物学的研究为人类认识生物大分子参与生命活动的规律提供了必要的指导。

## 1.3 现代分子生物学的应用、成就与展望

在不同时期，现代分子生物学带来的技术革新作为生物学发展史中里程碑式的标志，使人类更加深入地认识到生命本质，并开创了能动地改造生命的新时期。根据现代分子生物学在不同发展阶段的具体应用，其取得的成就如下。

### 1.3.1 现代分子生物学的应用与成就

#### (1)建立并完善遗传信息传递中心法则

Watson-Crick 在提出 DNA 双螺旋结构模型后不久，于 1958 年提出了遗传信息传递中心法则。借助于结构生物学，生物学家发现了 DNA 转录为 RNA 的关键证据——DNA/RNA 互补杂交现象和 RNA 聚合酶对 DNA 的依赖。与此同时，生物学家也认识到蛋白质是在 RNA 的遗传信息指导下合成的，从而完善了中心法则的内涵。1961 年 Brenner 及 Gross 等观察到在蛋白质合成过程中 mRNA 与核糖体结合的现象。1965 年 Holley 测定出酵母丙氨酸 tRNA 的一级结构。20 世纪 60 年代另一项划时代的事件是 Nirenberg、Ochoa 和 Khorana 等科学家共同努力破译了 RNA 上编码合成蛋白质的遗传密码。随后的研究表明，这套遗传密码在生物界具有通用性，由此较为系统地揭示了蛋白质翻译合成的基本过程。这些重要的发现共同建立了以中心法则为基础的分子遗传学基本理论体系。1970 年 Baltimore、Temin 和 Mizutani 分别在鸡肉瘤病毒颗粒中发现以 RNA 为模板合成 DNA 的反转录酶，进一步补充和完善了遗传信息传递的中心法则。

#### (2)深入认识蛋白质的结构与功能

在遗传信息传递的中心法则建立期间，蛋白质研究领域的生物学家们对蛋白质的结构与功能研究也取得了巨大的进展。1956 年到 1958 年间，根据酶蛋白的变性和复性实验的结果，Anfinsen 和 White 提出了“蛋白质的三维空间结构是由其一级结构——氨基酸序列决定”的理论。1958 年 Ingram 等比对正常的血红蛋白与镰刀状细胞溶血症患者的血红蛋白之间氨基酸序列的差异，发现两种血红蛋白肽链上仅有一个氨基酸残基的差别。该发现使人们对蛋白质一级结构影响蛋白质的功能活性有了更深刻的认识。理论认识的提升通常由技术革新开始。在此阶段，对蛋白质研究的技术手段也有所突破。1969 年 Weber 等开始应用 SDS-聚丙烯酰胺凝胶电泳测定蛋白质分子量。1965 年中国科学家人工合成了牛胰岛素，实现了功能蛋白质的体外合成。1973 年牛胰岛素的空间结构得到了高分辨率解析，为认识蛋白质的结构做出了重要贡献。同年，氨基酸测序仪问世。

### (3)建立和发展 DNA 重组技术

20 世纪七八十年代后，基因工程的出现作为新的发展里程碑，标志着人类开始了深入认识生命本质和能动改造生命的新时期。基因工程与生物技术发展的标志性成就包括重组 DNA 技术的建立和发展。分子生物学理论和技术的发展为基因工程的诞生奠定了重要的基础。限制性核酸内切酶作为有力的工具，为重组 DNA 技术体系的形成和基因工程的应用提供了必要的条件。DNA 转化大肠杆菌的体外重组技术，使本来在真核细胞中合成的蛋白质能在细菌中高效表达。该技术打破了种属界限，开创了基因工程的新纪元。利用 DNA 重组技术，1979 年美国基因技术公司将人工合成的人胰岛素基因重组后转入大肠杆菌中，获得了人胰岛素重组蛋白。

转基因动植物和基因敲除动植物的成功是基因工程技术发展的结果。1982 年 Palmiter 等将克隆的生长激素基因导入小鼠受精卵的细胞核内，培育得到比原品系大几倍的“巨鼠”，激起了人们创造优良品系家畜的热情。我国水生生物研究所将生长激素基因转入鱼的受精卵，得到的转基因鱼生长显著加快、个体增大。在医学领域，基于基因工程与生物技术的发展，基因诊断与个体化治疗得以实现。在世界范围内已有在患先天性免疫缺陷病患者的体内导入重组基因获得成功治疗的案例。我国也于 1994 年通过导入人凝血因子Ⅸ基因成功治疗了乙型血友病的患者。目前，用于临床基因诊断的试剂盒已有几百种之多。随着 DNA 重组技术不断成熟，基因工程与生物技术产业正在迅猛发展，目前已成为国民经济主战场中的一个重要产业方向。

### (4)发展大规模测序与组学研究

随着现代分子生物学技术和研究手段的不断进步，该领域的研究已经从研究单个基因发展到研究生物体整个基因组、转录组的整体功能方面。近期，科研人员对机体复杂体系的精细调控机制的研究逐渐加深，单细胞测序技术应运而生。基于基因测序技术和设备的开发，人类有能力完成生物体的全基因组测序工作。1990 年人类基因组计划(human genome project，HGP)开始实施，按照这个计划，到 2005 年将测定出人基因组全部 DNA $3\times10^9$ 个碱基对的序列，把当时预计的人体基因组内约 10 万个基因的密码全部解开，并绘制出人类基因的完整谱图。这是生命科学领域有史以来全球性最庞大的研究计划，在当时与曼哈顿原子弹计划和阿波罗计划并称为三大科学计划。该计划在 2004 年 10 月基本完成，并获得了人类 3 万～4 万个基因的一级结构。由此推动了国际功能基因组学研究的兴起，人类进入了后基因组时代。目前，高通量组学技术迅猛发展，其中主要包括基因组学(genomics)、转录组学(transcriptomics)、全外显子组学(whole-exome sequencing)、蛋白组学(proteinomics)、代谢组学(metabolomics)、免疫组学(immunomics)、糖组学(glycomics)等。

### (5)基因表达调控机制与细胞信号网络研究的发展

分子遗传学的基本理论——乳糖操纵子学说的提出，开启了人类认识基因表达调控的序幕。最初，人类对基因表达调控的认识还主要集中在原核生物基因表达调控机制，直至20世纪70年代后期，研究者们逐渐开始认识到真核基因组结构和调控机制的复杂性。1977年最先在猴SV40病毒和腺病毒中发现编码蛋白质的基因序列是不连续的，随后证实基因内部内含子的普遍存在，由此开启揭示真核基因组结构和调控的序幕。1981年Cech等发现四膜虫rRNA的自我剪接，从而发现核酶(ribozyme)。20世纪后期，分子生物学家逐步认识到真核基因的顺式调控元件与反式转录因子、核酸与蛋白质间的分子识别与相互作用是基因表达调控的根本所在。

cAMP和第二信使学说使人类开始了细胞信号转导机理的研究，并由此延伸了基因表达调控分子机制的研究。1977年Ross等用重组实验证实G蛋白的存在和功能，将G蛋白与腺苷环化酶的作用相联系，深化了对G蛋白偶联信号转导途径的认识。20世纪70年代中期以后，癌基因和抑癌基因的发现、蛋白酪氨酸激酶的发现以及对其结构与功能的深入研究、各种受体蛋白基因的克隆和结构功能的探索等研究更有了长足的进步。通过对细胞信号转导途径的深入研究，人们已经对基因的表达调控与细胞功能机制有了更清晰的认知。

分子生物学在半个多世纪的发展中，始终是生命科学发展最为迅速的前沿领域。它推动了整个生命科学的发展和人类对生命的认识。通过分子生物学研究所建立的基本规律给人们认识生命的本质带来了光明的前景。但是，生命体的生命活动极其复杂，因此要全面和完整地揭示人类生存环境中千姿万态的生物体携带的庞大生命信息，还必须借助新的技术和方法进一步阐明目前还尚待解析的基因产物的功能、调控机制、基因间的相互关系和协调作用，还要深入理解大量蛋白质以及非编码蛋白质序列的生物学意义。但是，要彻底阐明这些问题，还需要经历漫长的研究道路。

### 1.3.2 现代分子生物学的应用与展望

现代分子生物学是一门正在蓬勃发展的交叉学科，新技术和新理论的不断涌现为生命科学的发展和全球生命科学相关产业的腾飞提供了有力的技术保障。现代分子生物学的发展不仅推动了生命科学的各学科之间广泛交叉，还成为各学科相互促进的桥梁。通过“从微观至宏观”、“从简单至复杂”、“从分子到细胞”或“从个体到群体”等不同方向和不同层次探索生命现象，人类对生命的认识不断完善、不断加深。同时，生命科学的革命性进步也为数学、物理学、化学、信息科学、材料与工程制造科学提出了新的问题、新的概念和新的思路，推动了这些学科的理论和技术的发展。

现代分子生物学的成就表明，虽然细胞与分子，以及生命活动现象具有多样性，但在不同的生物体中也存在着统一性，即具有一致的生命活动规律，其基本规律是统一的，是高度一致的。在绝大多数情况下，遗传信息的中心法则和遗传密码具有通用性。生物体也都具有由相同种类的核苷酸和氨基酸有序排列组成的核酸和蛋白质；除某些病毒外，大多数生物体的遗传物质都是DNA，而且在所有的细胞中都以同样的生物化学机制进行复制。分子生物学在分子水平上揭示生命世界的基本结构和生命活动的根本规律高度一致的特征，揭示了生命现象的本质。与基本粒子的研究曾经带动物理学的发展类似，分子生物学的概念和观点也已经渗透到基础和应用生物学的每一个分支学科，带动了整个生物学的发展，使其理论认识提高到一个崭新的层次。

现代分子生物学与多学科交叉融合是其发展的主要特征。现代分子生物学、细胞生物学和神经生物学曾被认为是20世纪末生命科学研究的三大主题，分子生物学技术的进步引领细胞生物学和神经生物学迈向一个全新的时代。分子生物学技术向细胞生物学领域的渗透衍生了分子细胞生物学。在神经生物学方面，随着分子生物学技术的应用与发展，已经在分子水平上证明了高级神经活动也同样以生物大分子的变化为基础，在分子层次上解释了神经递质和神经活动与认知的关系，从而提升了对复杂生命活动的认识层次。遗传学和发育生物学是现代分子生物学产生以来受其影响最大的学科。随着现代分子生物学的发展，传统的遗传学原理不断地在分子水平上被加以证实或得以完善和发展，经典遗传学理论被不断补充，大量的遗传性疾病的分子基础得以揭示，并由此获得控制和矫正这些疾病的方法。近年来，随着研究的深入，表观遗传修饰及其对基因表达调控的影响、基因表达时空调控与个体发育的关系被广泛认识。这极大地丰富了现代遗传学和发育生物学理论。此外，细胞信号转导及其分子级联效应对基因表达调控意义的认识使遗传信息的中心法则得以延伸。

在现代分子生物学技术的指导下，商品化的市场中已获得了大量的生物技术相关产品。基于现代分子生物学的生物技术已与人类生活息息相关，基因工程与生物技术产品已成为社会生物产业的一个主要方向。其中，基因工程药物已为有效控制和治疗一些人类遗传性疾病提供了重要的解决途径；基因编辑（转基因和基因敲除技术）为定向培育动、植物和微生物良种提供了根本性的技术手段。通过基因工程技术改造农作物具有显著的优势，例如转基因作物可增加作物的单位面积产量、降低生产成本、增强作物抗虫害与抗病毒的能力，还可以不受季节、气候的影响，缩短农作物选育时间，以及提高农产品的耐贮性，延长保鲜期，满足人民日益提高的生活需求。世界上已有大量的基因工程药物及其他基因工程产品投入生产，生物技术产业正在成为各国社会经济发展的支柱产业。我国目前已有抗体类药物、人干扰素、人白介素、人集落刺激生长因子、重组人乙型肝炎疫苗、基因工程疫苗等多种基因工程药物或疫苗进入生产或临床试用。基因工程产品已成为当今农业和医药业发展的重要方向，对医学和工农业发展具有不可或缺的意义。

现代分子生物学将不断完善目前的生化组分分离、分析等技术，并在现有技术基础上进一步实现微量或痕量化，为提高分析和鉴定技术的灵敏性和高效性创造技术条件。同时，可通过与材料工程学科、数理学科以及信息学科的合作，加快自动化和高通量仪器设备的研制和生产，为提升研究的速度提供技术支持。微量化、自动化和高通量的研究技术将是未来从整体性和系统性开展基于分子生物学的生命科学研究的必要保证。从这一点上不难看出，现代分子生物学技术的产业化必将成为分子生物学发展的一个重要方向。

（史　明，李　莹）

## 思考题

1. 如何理解分子生物学的研究目的?
2. 分子生物学与交叉学科,例如生物化学及生物物理学,有何区别?
3. 举例说明DNA是遗传物质的实验依据。
4. 什么是DNA重组技术?它与基因工程有何不同?
5. 试述生物大分子的研究内容、目的和意义。
6. 说明分子生物学的发展的理论和实践意义。

# 第2章 DNA与DNA复制

DNA是遗传信息的载体。DNA复制是生物遗传的基础，是所有生物体中最基本的生命过程。DNA信息保真地复制才能使子细胞含有相同的遗传信息，从而保持物种的稳定。DNA复制是指DNA双链在细胞分裂前的分裂间期内进行的扩增过程，其结果是一条双链变成两条一样的双链。这个过程以亲代DNA双链为模板，通过边解旋边复制和半保留复制机制实现精准的自我复制，使得亲代遗传信息得以准确地传递给子代。这个看似简单的过程实际上却是极为复杂和精密的生命过程，它是生命体稳定性的重要保障。

目前地球上已知的生物约有200多万种(预测超过870万种)，生物种类数量庞大，生命现象错综复杂。所有的生命体独特的生命性状是由它们的遗传信息所决定的，而几乎所有生命体的遗传信息都储存在DNA中。生命体的特性保持及物种延续需要DNA的准确复制。如果没有一套完善的DNA复制机制，就必然没有稳定的物种保持和生命延续。无论是像细菌这样的原核生物还是高等的真核生物，DNA复制起始、延伸及终止的过程中都需要多种酶和蛋白质的协同参与。DNA的复制过程也受到一系列蛋白的调控，以确保复制的准确性。这些调控蛋白的变异将造成DNA复制的综合平衡失调、DNA复制异常而导致基因组的不稳定、细胞病变或癌变。

## 2.1 DNA复制的基本概念

Watson和Crick提出的DNA双螺旋模型表明DNA的两条链是互补的，遵循A-T、G-C碱基配对原则。因此，每条链都可以作为模板合成其互补链。此外，各种生物体DNA复制具有一些共同的特征，如半保留复制、半不连续复制等。

### 2.1.1 复制子和复制源

无论是只含有一条闭合环状染色体的原核生物，还是有多条线性染色体的真核生物，细胞每次分裂时每一个染色体DNA分子都要复制一次，而且要保证染色体DNA的每一片段都得到复制。无论是原核生物还是真核生物，DNA复制都是在特定起始部位开始的。DNA复制的起始位点具有特征性序列，能招募复制起始相关蛋白。基因组上这些复制起始位点被称为复制源(origin of replication,ori)。大多数原核生物基因组和细菌质粒只有一个复制源,而真核生物染色体中有许多复制源。例如,果蝇染色体 DNA 约有 3000 个复制源。在复制的终止处同样具有复制终止位点(terminus)。

在细菌、酵母、叶绿体和线粒体中已鉴定出复制起点,并存在一定的特点。已有物种或 DNA 序列复制起点共同的特点是整体 A-T 含量很高,推测这可能与 DNA 复制起始时解链需要有关。*E. coli* 基因组的复制以双向方式从复制起点 *oriC* 开始,将 *oriC* 与任意一段 DNA 序列连接都能使其在大肠杆菌中复制。通过逐次缩小克隆片段大小的方法检测发现,在大肠杆菌中起始复制所需的关键序列为一个 245 bp 的片段,这就是复制源 DNA 序列。真核生物的 DNA 复制源序列在物种间不是高度保守的。在酿酒酵母(*S. cerevisiae*)中,其复制源平均长度为 100～150 bp,含有一个 11 bp 的保守核心序列,即－(A/T)TTTA(T/C)(A/G)TTT(A/T)－,称为自主复制序列(autonomous replication sequence,ARS)。而裂殖酵母 (*S. pombe*)的 DNA 复制源为 500～1000 bp 的 DNA 序列,它没有非常明显的保守序列。但一般来说,它往往含有两段或以上富含 A-T 的不对称序列,这些富含 A-T 的不对称序列在维持复制源活性方面起着至关重要的作用。而对于高等生物,尤其是人类,全基因组的精确复制起始位点还未公布。

DNA 中发生复制的独立单位称为复制子(replicon)。复制子的概念是从 1963 年 Jacob 和 Brenner 等提出的复制子假说中发展而来的,是根据它含有复制所需的控制元件来定义的。一个 DNA 复制起点所控制的 DNA 序列称为复制子(图 2-1)。

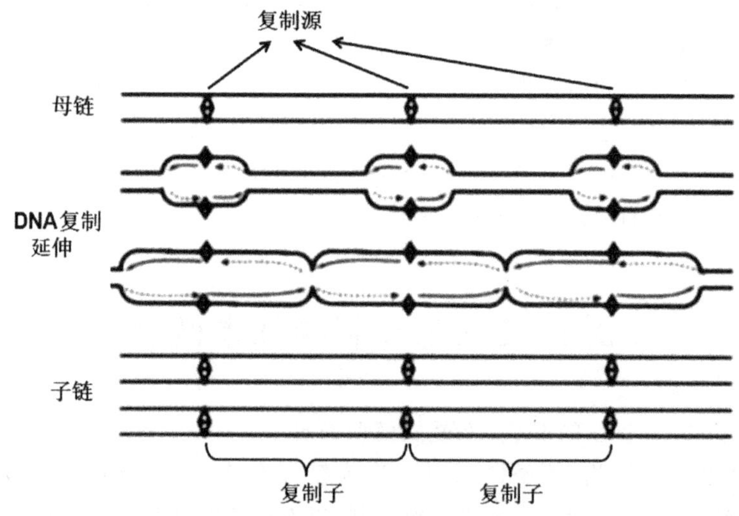


图 2-1　真核生物染色体 DNA 复制子

各种生物基因组的大小不同,复制方式也不相同,尤其是原核和真核生物差异更大。原核基因组中只含有一个复制子,所以复制的单位就是分离的单位。细菌染色体本身就是最大的复制子。大肠杆菌的基因组是单个环型双链 DNA,含 $3\times10^6$～$9\times10^6$ bp,仅含一个复制起点,所以 *E. coli* 的整条染色体是一个复制子,复制一次约需 40 分钟。真核生物基因组要比原核的大许多,但它复制时每秒所合成的核苷酸数却比原核少。如果真核生物的每一个 DNA 分子也仅含一个复制起点,一个细胞的所有 DNA 复制一次就需几个星期。实际情况是，真核生物 DNA 含有许多 DNA 复制起点，整个 DNA 分子可分为多个同时复制的单位，从而使 DNA 复制可以在细胞周期的 S 期中完成。

原核细胞染色体只有一个复制子，在一个复制起点上启动复制整条染色体。细菌还可以质粒(plasmid)的形式存在染色体外遗传因子。质粒是一个环状 DNA，构成一个独立复制子。以质粒形式存在的复制子，有的受控于细菌细胞而同细菌染色体同步复制，称为严紧型质粒；有的则独立于细菌细胞而自主地进行复制，称为松弛型质粒。有的质粒复制子和染色体 DNA 一样，每个分裂周期只复制一次，成为单拷贝控制；也有的质粒属于多拷贝控制，此时质粒的拷贝数多于细菌染色体数，每次分裂周期里都可复制多次，甚至上百次。所以，原核生物复制子可理解为含有一个复制起点并且在细胞中自主复制的 DNA。此外，噬菌体或病毒 DNA 也包含一个复制子，在一个感染周期中能引发多次复制。

真核生物染色体上有许多个复制起始位点，形成许多复制子。虽然单个复制子的复制速率低于原核生物，但多复制子同时复制使得单位时间内完成复制的染色体片段数量增加。与一个复制起点相连而没有被复制终止位点隔断的任何序列，都是作为复制子的一部分被复制。在每个细胞周期中，染色体 DNA 的每个复制子只发生一次复制。每个真核生物染色体 DNA 均含有许多个复制子，这就需要真核生物进行更为精确的复制调控。因为在一个细胞周期内，染色体 DNA 复制且仅能复制一次，也就是说同一条染色体上的所有复制子都必须在一个细胞周期内被激活复制，每一个复制子在一次细胞周期中只能被激活一次。

### 2.1.2　DNA 半保留复制

在 DNA 复制中，新合成的链遵循经典的 A-T、G-C 碱基配对原则。DNA 分子的两条亲本链因之间的氢键断裂而彼此分开，各自作为模板链合成一条与之互补的新生子代链，新生的互补链与母链构成子代 DNA 分子，这种复制方式称为半保留复制(semiconservative replication)。

DNA 半保留复制这一经典特性是 1953 年 Watson 和 Crick 在 DNA 双螺旋结构的基础上提出的假说。1958 年 Meselson 和 Stahl 利用氮元素标记技术在大肠杆菌中首次证实了 DNA 的半保留复制(图 2-2)。他们先以大肠杆菌在含 $^{15}N$ 标记的 $NH_4Cl$ 培养基中繁殖若干代，使嘧啶和嘌呤碱基中的 $^{14}N$ 全被置换为 $^{15}N$。由于 $^{15}N$ 置换了 $^{14}N$，而 $^{15}N$-DNA 的密度比 $^{14}N$-DNA 的密度大，在 CsCl 平衡密度梯度离心时，两种密度不同的 DNA 分布在不同的区带。然后将细菌转移到含有 $^{14}N$ 标记的 $NH_4Cl$ 培养基中进行培养，在培养不同代数时，收集细菌，裂解细胞，分离其中的 DNA，然后再进行 CsCl 平衡密度梯度离心。这时，由浮力密度不同所产生的 DNA 条带显示了规律性变化。在零代细胞中，DNA 双股链中氮的分布为 $^{15}N/^{15}N$，；在第一代细胞中，DNA 双股链中氮的分布由 $^{15}N/^{15}N$ 转变为 $^{15}N/^{14}N$；在第一代以后的细胞中，DNA 双股链中氮的分布有两种，即 $^{15}N/^{14}N$ 和 $^{14}N/^{14}N$，各占一半的比例。随着细胞传代的进行，双链均含 $^{14}N$ 的 DNA 的比重也越来越高，例如在第四代中，$^{14}N/^{14}N$ 的比例是 87.5%，而 $^{15}N/^{14}N$ 比例为 12.5%。这种规律性变化只能由DNA的半保留复制得到解释，即复制后的DNA是由一条亲代链和一条子代链组成的，DNA复制是按半保留方式进行的。

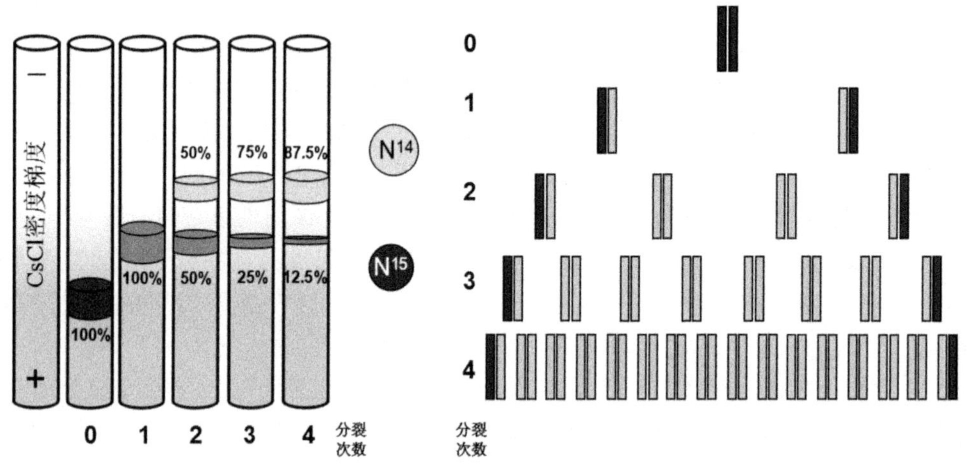


图2-2　证明半保留复制的Meselson-Stahl实验

### 2.1.3　冈崎片段和半不连续复制

DNA双螺旋的两条链是反向平行的。当复制起始解开双链时，解开的DNA链一条是5′→3′方向，另外一条是3′→5′方向。所有已知进行复制的DNA聚合酶的合成方向都是5′→3′，这无法解释DNA的两条链是如何同时进行复制的。

为了解释这一等速复制现象，1968年日本学者冈崎(Okazaki)及其同事用脉冲标记实验回答了这个问题并提出了不连续(discontinuous)复制模型。1978年Olivera提出了半不连续(semidiscontinuous)复制模型，也就是说前导链上的合成是连续的，只有滞后链上的合成才是半连续的。DNA复制从复制源上开始，DNA双链打开，最先形成的新生链与母链形成一个环状结构成为复制泡(bubble)。复制泡的两端分别是两个反方向的"Y"形复制叉(replication fork)，DNA的复制延伸便是以这两个复制叉为先锋向复制源两侧不断朝前推进，直至遇到其他复制叉完成整个DNA片段的复制。而双螺旋DNA的两条链的方向是相反的，DNA的复制叉是边解旋变复制，即以DNA解旋酶为核心的一系列酶体系从复制源开始向两侧解开DNA双链，打开的复制叉，形成单链DNA模板，DNA聚合酶以3′→5′方向的母链作为模板指导新的链以5′→3′方向合成。复制叉再向前行进时，又暴露出新的单链DNA模板，一条链能以5′→3′方向连续合成，这条链被称为前导链(leading strand)。而另一条链则要重新开始5′→3′方向合成，形成了不连续的DNA片段，这条链被称为滞后链(lagging strand)。不连续合成的短DNA片段称为冈崎片段(Okazaki fragment)，它们随后连接成大片段。

复制模式如图2-3所示。滞后链之所以发生不连续复制，是因为其合成方向与复制叉的移动方向相反。当复制叉打开暴露出新的区域用于DNA复制时，滞后链就沿着远离复制叉的方向延伸，新暴露出的DNA区域只能在近复制叉处以重新起始的方式进行

DNA复制，而远离复制叉的DNA片段已经完成复制。

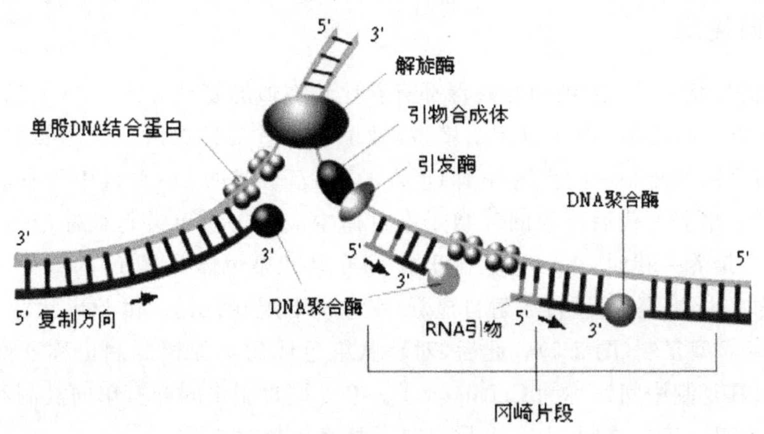


图2-3　半不连续复制模式图

因此，DNA复制的一条子链是不断起始复制产生的冈崎片段连接而成的。每一个新的冈崎片段都需要RNA引物引发，在临近两条冈崎片段都合成好后，冈崎片段延伸导致前面的冈崎片段RNA引物解离模板链，形成单链翘起(flap)结构。这种翘起结构会被Fen1、Dna2等核酸酶切除，完成冈崎片段的加工成熟，最后由连接酶连接形成连续的DNA链。目前科研人员能通过电子显微镜能直接观察到这一结构，且在 *fen1*$^{-}$ *dna2*$^{-}$ 突变体中观察到更多的翘起结构，直观证实了冈崎片段的存在(图2-4)。然而直到现在科学家们对真核生物的冈崎片段仍然知之甚少，因为核小体会快速地沉积在新生DNA上，冈崎片段的加工和核小体组装会相互影响。

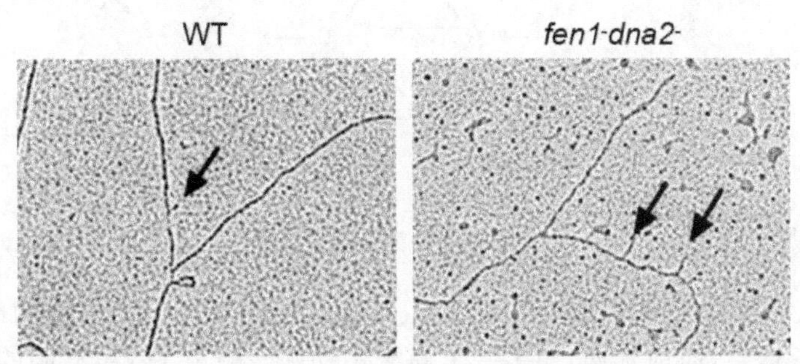


图2-4　电镜观察冈崎片段加工过程中的翘起结构

## 2.1.4　DNA复制的模式

在所有已知的原核生物中，复制都是从特定的复制源开始的，至今尚未发现例外。DNA复制大多数以双向等数的方式进行，也有一些单向的，或以不对称的双向方式进行。例如大肠杆菌的复制是从 *ilv* 基因附近大约245 bp的复制源开始，以双向等速的方式进行的。在枯草杆菌中，复制从复制源开始双向复制，但两个复制叉的移动不对称，一个移动1/5的距离便会停下来，然后由另一个复制叉走完剩下的4/5距离。而大肠杆菌 *colE*1

质粒的复制则完全是单向的。

### (1)双向复制

具有双链环状 DNA 的细菌和病毒都有着比较类似的复制方式。20 世纪 60 年代初，John Cairns 以大肠杆菌 DNA 复制为模型，做了非常重要的放射自显影实验。他用放射性的$^3$H dTTP 标记复制中的大肠杆菌 DNA 分子，新合成的 DNA 链中含有放射性，按半保留复制模型，培养一代后产生的环状子染色体中应有一条单链是被标记的。那么继续在含培养基中培养一代时，第二轮复制开始，每个环状染色体都含$^3$H 的部分，提取完整的环状 DNA 放到透析膜上，进行放射自显影，在电镜下观察、摄影，由于形状像希腊字母 $\theta$，因而叫 $\theta$(theta)型复制(图 2-5)。此后，对环状染色体的半保留复制也称 $\theta$ 型复制，又叫 Cairns 复制，其复制中间体称为 Cairns 分子。在 $\theta$ 型复制中同样有单向复制和双向复制，大多数生物为双向等速复制，也有少数双向不等速复制的情况。

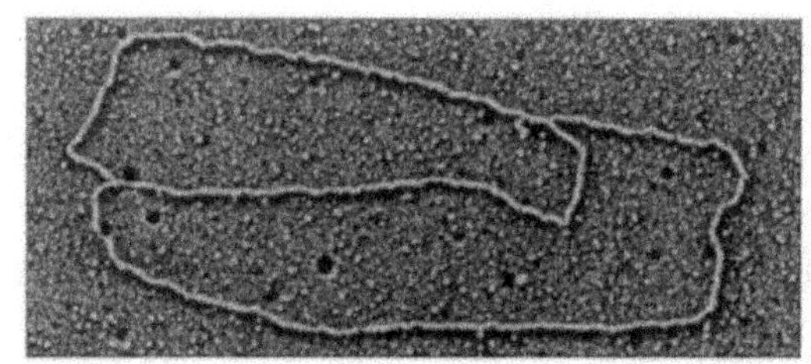

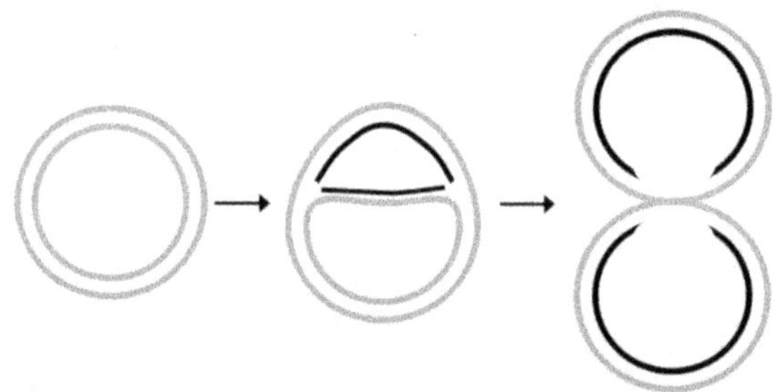

图 2-5　大肠杆菌 $\theta$ 型复制模型

$\theta$ 结构中包含有方向相反的两个复制叉，那么究竟是真正的两个运动的复制叉，还是其中之一为活跃运动，向前延伸，而另一个停滞不动呢？研究 DNA 复制的方向常用温度敏感突变菌株结合放射自显影技术。当与大肠杆菌的复制相关的某个温度敏感株在限制性温度 42 ℃时，DNA 在完成进行中的复制后不再开始新的复制过程，而在 25 ℃时复制功能正常。将此温度敏感株同步化到复制起始阶段。先将这种同步生长的突变株在含高含量的$^3$H-TdR 培养基中生长几分钟，再移入低比度$^3$H-TdR 培养基中作脉冲标记。然后提取染色体 DNA 做放射自显影分析。如果 DNA 是单向复制的，则仅有一个高比度区(hot)，且高比度与低比度的放射性分布应该邻近。若复制是双向进行的，则在高比度区后有两个分离的低比度放射性分布区(warm)。大肠杆菌染色体 DNA 仅有一个复制源，且为匀速双向复制，因此仅会出现一个高度标记区及其两侧的轻度标记区。

真核生物染色体 DNA 有许多复制起始位点，因此会出现重复的高比度和低比度间隔区。若为单向复制，则出现高比度-低比度的重复排列；若为双向复制则为高比度区域两侧分布低比度区域，且以此为单元重复排列(图 2-6)。

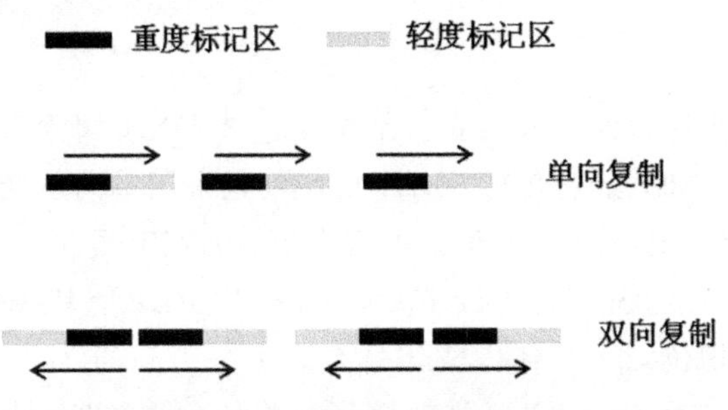


图 2-6　NA 双向复制实验假设分析

Huberman 和 Tsai 以真核生物果蝇为研究对象进行了类似的实验。他们首先用高比度放射性的 dNTP 进行脉冲标记，随后用轻度放射性 dNTP 进行脉冲标记。放射自显影的结果显示，标记的果蝇 DNA 显影区域成对出现，并从中间向两侧逐渐变浅(图 2-7a)，中间曝光较深的一段为前期重度放射标记时复制的 DNA，两侧较浅的一段为后期轻度放射性标记时复制的 DNA，说明复制起始后形成两个复制叉沿相反方向匀速进行复制，被标记的复制子具有一个中央复制起点和两个复制叉。当然，这些成对出现的条带也可解释为是由染色体上距离相对较近的独立复制起点起始单向复制产生的。但是这些复制起点不可能总是以相反的方向进行复制，一些复制起点以相同方向复制会产生非对称性的放射自显影图像，结果中并没有观察到这种情况。因此，该研究结果表明真核生物果蝇染色体 DNA 采取的是双向复制模式。

Callan 等用重度放射性 dNTP 标记两栖动物蝾螈胚性细胞新复制的 DNA，实验获得形状、长度和中间间距均一致的成对放射自显影条带(图 2-7b)，这一结果证明蝾螈胚性细

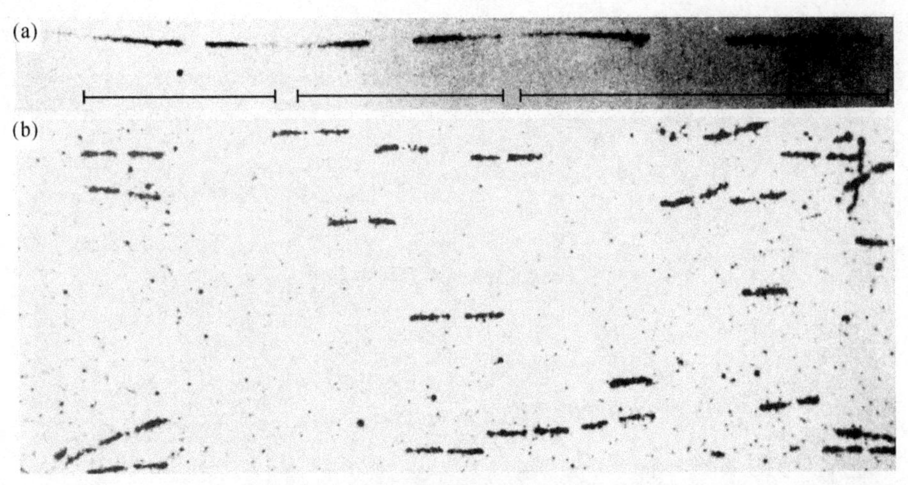


图 2-7　真核生物染色体 DNA 双向复制

(a)正在复制中的果蝇 DNA 放射自显影图像；(b)胚性蝾螈细胞复制 DNA 的放射自显影图像。((a)图引自 Huberman, J. A., 1973；(b)图引自 Callan, H. G., 1973。)

胞 DNA 复制起点是同步起始的，这也在一定程度上解释了蝾螈胚性细胞 DNA 为何能够快速复制（仅需 1 h，而成熟细胞则需 40 h）。

### （2）单向复制

大肠杆菌等原核细胞以及已知的真核细胞染色体 DNA 均为双向复制。然而并非所有遗传系统都是这样。如大肠杆菌的 *colE*1 质粒则是采用单向复制。Lovett 在电子显微镜观察复制的 *colE*1，发现只有一个移动的复制叉。*colE*1 质粒 DNA 中仅含一个 *EcoR* Ⅰ 限制性内切酶识别位点，研究者先以 *EcoR* Ⅰ 酶切 *colE*1 使其线性化，线性化 DNA 的末端即为 *EcoR* Ⅰ 酶切位点。从体内或体外系统中分离到的 *colE*1 复制中间体，其一个“复制叉”（其实就是没有向另一方向移动的复制起始位点）总是距离 *EcoR* Ⅰ 酶切位点 17%左右，而另一个复制叉离 *EcoR* Ⅰ 酶切位点的距离是可变的。相对于线性 DNA 分子的两个末端，只有一个复制叉在移动，说明 *colE*1 DNA 进行单向复制。

滚环复制（rolling circle replication）是单向复制的一种特殊方式，是根据复制过程中产生的中间体的结构特征定义的。滚环复制是噬菌体中常见的 DNA 复制方式。许多病毒 DNA 的复制、质粒、F 因子在接合转移时其 DNA 的复制，以及许多基因扩增时都采用这种方式。

噬菌体 φX174 是单链环状 DNA 噬菌体。当侵入大肠杆菌后，侵入的单链 DNA 称为正链 DNA。以正链 DNA 为模板利用寄主细胞的 DNA 聚合酶复制出与之互补的负链 DNA，然后形成双链 DNA。在 DNA 酶的作用下，正链 DNA 被切断形成一个缺刻，它的 5′端游离出来。此时 DNA 聚合酶以负链 DNA 为模板，按碱基配对原理，以 3′端为引发体连续延伸 DNA。随着复制的进行，5′端像一条长尾巴似的被滚出去（图 2-8）。DNA 合成导致不断的滚动，因而新合成的单股长链是一条重复序列，最终由核酸内切酶把长链切成一节一节的线状 DNA，每一节都含有相同的碱基序列，最后由 DNA 连接酶将每一节的首尾相连，形成单链环状 DNA。

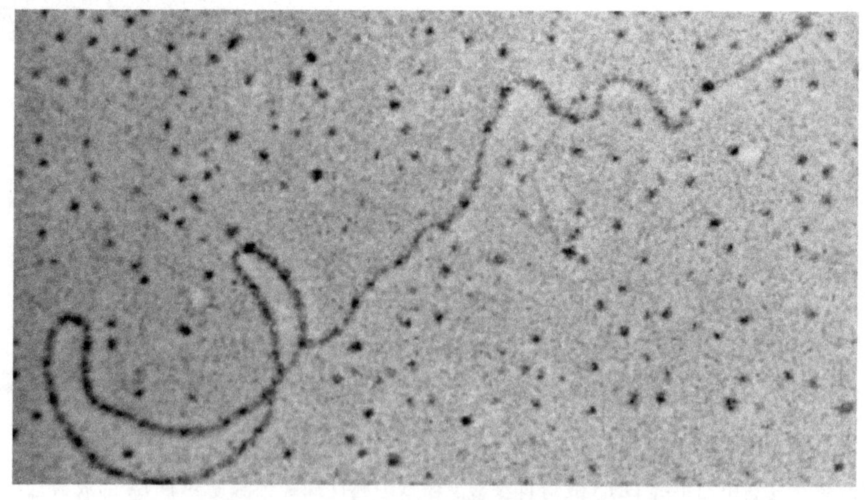

图 2-8　φX174 噬菌体滚环复制中间体电镜照片

在以这种机制进行的复制中，基本采取类似的模式(图 2-9)。亲代双链 DNA 的一条链在 DNA 复制起点处被内切酶切开，DNA 聚合酶开始以 3′-OH 端为引物将脱氧核糖核苷酸聚合在 3′-OH 端，开始 DNA 的连续延伸。当复制向前进行时，游离的 5′端 DNA 片段很快被单链结合蛋白包裹保护。因为 5′端从环上向下解链的同时伴有环状双链 DNA 环绕其轴不断旋转，而且以 3′-OH 端为引物的 DNA 生长链则不断地以另一条环状 DNA 链为模板向前延伸，也称为滚环复制。由于只有一条 DNA 链是完整的，所以在 DNA 解链时不会产生拓扑学上的问题，即未解链的双螺旋区不会产生超螺旋。当 5′端从环上解下来后不久，即与单链结合蛋白结合，以后可移动的引发体便在其上形成，以引发 RNA 引物的合成，然后由 DNA 聚合酶催化合成冈崎片段。这个过程与前述的 DNA 滞后链的合成一样。最后由 DNA 聚合酶Ⅰ切除 RNA 引物，并填充间隙构成完整的 DNA 链。5′端之所以能从环上不断解链，主要是因为 DNA 聚合酶Ⅲ及引发体构成的复制体中的螺旋酶不停向前移动。在这种复制方式中，DNA 的延伸可以一直进行下去，产生的 DNA 链可以是亲代 DNA 单位长度的许多倍。再由特异的内切酶切开产生单位长度的子代 DNA。这些 DNA 可自身环绕，或保持线性分子状态。

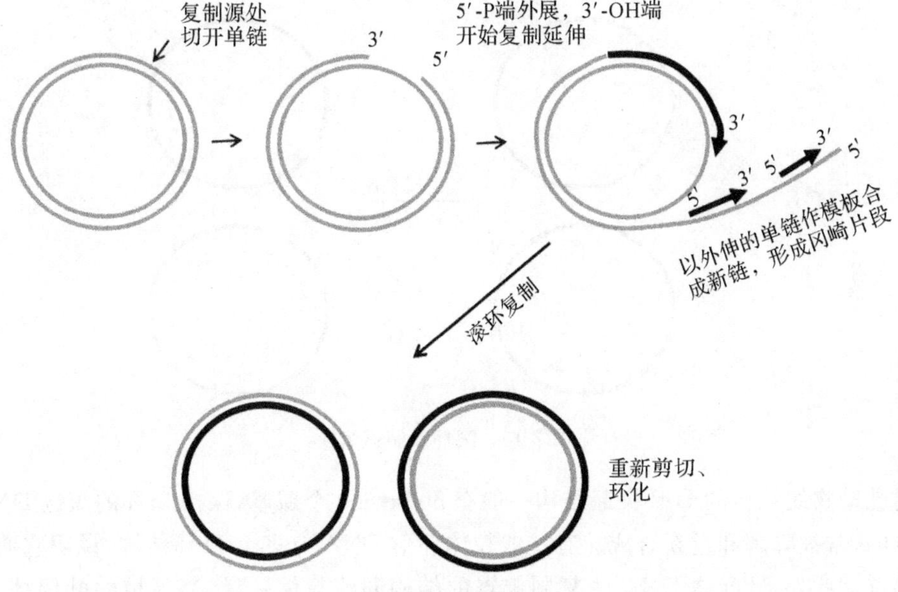


图 2-9　滚环复制模型

D 环复制(D loop replication)也是单向复制的一种特殊方式。这种方式首先在动物细胞的线粒体 DNA 复制中被发现。DNA 双螺旋的两条链并不同时进行复制，最初仅以一条母链先开始复制，稍后另一条链再开始复制，这样的双链模板合成的不对称性，出现了 D 环结构。随环形一条链复制的进行，D 环增大，另一条链后亦开始复制，最后两条链完成复制形成两条新的 DNA 双螺旋。

D 环复制的特点是两条链的复制不是同步的，可分为四阶段(图 2-10)。①H 链首先合成：在复制起点处以 L 链为模板，合成 RNA 引物，然后由 DNA 聚合酶 γ 催化合成一个 500～600 bp 长的 H 链片段。该片段与 L 链以氢键结合，将亲代的 H 链置换出来，产生

D 环复制中间物。②H 链片段的继续合成：上述产生的 H 链片段太短而很容易被挤出去恢复线粒体 DNA 完整的双螺旋结构。但有时这个片段会继续合成，这需要依靠拓扑异构酶和螺旋酶的作用将双链打开。③L 链合成开始：以被置换下来的亲代 H 链为模板，离 H 链合成起点 60%基因组的位置开始合成 L 链 DNA，合成也需要 RNA 引物。④复制的完成：H 链的合成提前完成，L 链的合成随后结束。线粒体 DNA 合成速度相当缓慢，约每秒 10 个核苷酸，整个复制过程需要 1 个小时。刚刚合成的线粒体 DNA 是松弛型的，需要 40 min 将其变成超螺旋。

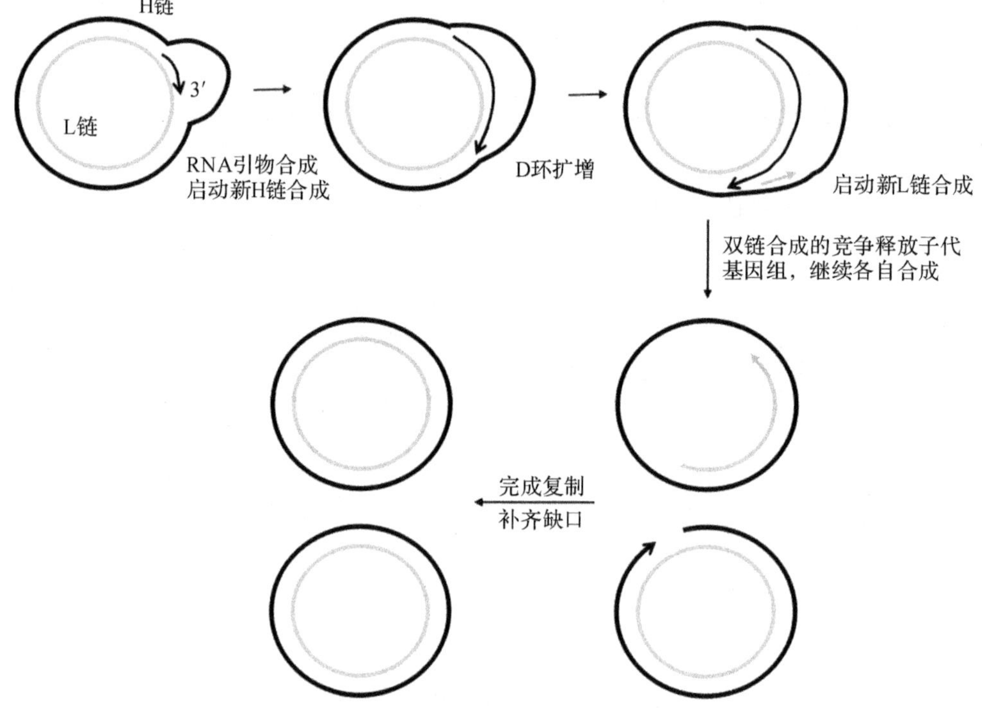


图 2-10　滚环复制模型

哺乳动物线粒体的 D 环突起结构一般有 500～600 个碱基，保持 D 环的短链 DNA 是不稳定的，常被降解和重新合成。有些线粒体环形 DNA 有多个 D 环结构，说明它有多个复制起点。此外，叶绿体 DNA 的复制起点的结构同线粒体一样，高等植物叶绿体 DNA 有 2 个 D 环结构。

## 2.2　DNA 复制的酶及蛋白质

DNA 复制是生命活动中极其重要的过程，受到严格控制，是一个涉及多种酶和蛋白质的精密系统。相对于简单的原核生物 DNA 复制，真核生物 DNA 复制更为复杂，参与的酶和蛋白质则更多。

在简单的原核生物大肠杆菌中，DNA 的复制却是一个复杂的过程，包括 DNA 双螺旋和超螺旋的空间拓扑学解旋和重新形成，DNA 复制的起始和调控，以亲本为模板的新 DNA 链合成，复制的终止等主要过程，至少需要 30 多种蛋白质分子的协同作用。按照复制过程需要的先后顺序，主要参与的酶和蛋白质包括：DNA 旋转酶、使 DNA 双链在复制叉分离的蛋白质、防止 DNA 单链恢复双链结构的蛋白质、合成 RNA 引物的酶、DNA 聚合酶、除去 RNA 引物的酶、将冈崎片段共价链接的酶等(图 2-11)。

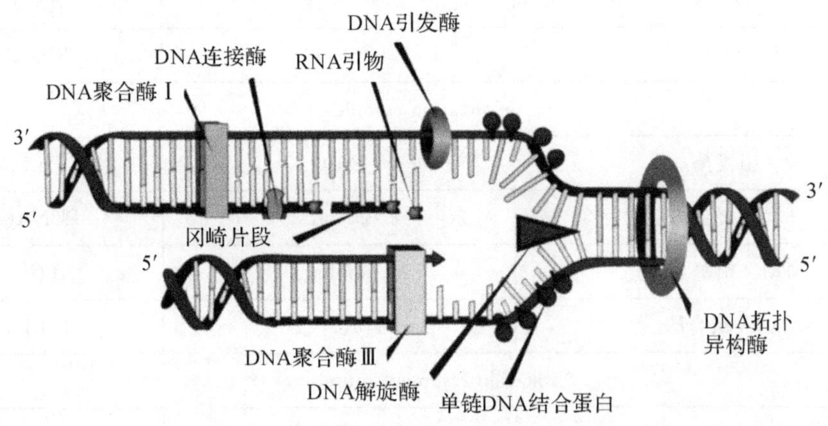


图 2-11　DNA 复制时蛋白质的协同作用

DNA 复制起始前，一系列的参与复制起始的蛋白会被招募到复制起始位点上，用于进一步招募在 DNA 复制过程中起双链打开作用的 DNA 解旋酶。解旋酶在复制源上的装载即形成复制前复合物(prereplicative complex，pre-RC)。在过去的近五十年时间里，已经发现了 ORC1-6、Cdc6、MCM2-7、Cdt1 等四种蛋白主要参与 pre-RC 的组装。近年来，又有新的复制前复合物蛋白在一些物种中发现，如裂殖酵母的 Sap1，其功能是与 ORC 一起招募 Cdc6/Cdc18，完成 pre-RC 的组装。在 pre-RC 形成之后，其他的复制机器组分在一些激酶和装配辅助因子的调控和协助下进一步装配到解旋酶上，形成起始前复合物 pre-IC(preinitiation complex，pre-IC)，主要包括 Cdc45 和 GINS 复合体。随后 DNA 解旋酶被激活，DNA 双链打开，形成单链 DNA，此时 DNA 单链结合蛋白结合上去，维持和保护 DNA 单链。复制引发酶以单链 DNA 为模板合成一段引物；复制酶(DNA 聚合酶)利用引发酶合成的引物，在其 3′-OH 末端按照互补配对原则插入 dNTPs，合成子代链。滞后链由于不连续复制，产生冈崎片段，还涉及冈崎片段的成熟加工。如表 2-1 所示，虽然 DNA 复制的大体过程如上所述十分保守，但参与这一过程的酶和蛋白在原核生物和真核生物中有很大的不同。

**表 2-1　DNA 复制时主要的蛋白质**

| 蛋白质 | 原核细胞 | 真核细胞 |
|---|---|---|
| prereplicative complex (pre-RC) | | |
| 复制起始位点识别蛋白 | DnaA(1) | ORC1-6(6)、Sap1(1) |
| 解旋酶 | DnaB(1) | Mcm2-7(6) |
| 解旋酶招募蛋白 | DnaC(1) | Cdc6(1)、Cdt1(1) |

续表

| 蛋白质 | 原核细胞 | 真核细胞 |
| --- | --- | --- |
| preinitiation complex (pre-IC) | | |
| Cdc45 | — | Cdc45(1) |
| GINS | — | GINS(4) |
| SSB | SSB(1) | RPA(3) |
| elongation complex | | |
| 引发酶 | DnaG | Pol(4) |
| 滑动夹蛋白 | β-subunit(1) | PCNA(1) |
| 滑动夹招募蛋白 | τ-complex(5) | RFC (5) |
| DNA 聚合酶 | PolⅢ(3) | PolB(1) |
| okazaki fragment mutation | | |
| 引物去除相关蛋白 | PolⅠ(1) | Fen1(1)/Dna2(1) |
| 缺口补齐相关蛋白 | PolⅠ(1) | PolB (1) |
| DNA 连接相关蛋白 | $NAD^+$ dependent ligase(1) | Lig I (1) |

## 2.2.1 原核生物 DNA 聚合酶

DNA 聚合酶(DNA polymerase)是催化脱氧核糖核苷酸链合成的一类酶的统称。1956 年,美国生物化学家 Arthur Kornberg 首次在大肠杆菌中发现 DNA 聚合酶,被称为 DNA 聚合酶Ⅰ(DNA polymerase Ⅰ,PolⅠ)。1970 年,德国生物化学家 Rolf Knippers 发现 DNA 聚合酶Ⅱ(PolⅡ)。1971 年,美国生物化学家 Thomas Kornberg 和 Malcolm Gefter 发现了 DNA 聚合酶Ⅲ(PolⅢ)。DNA 聚合酶中只有一部分真正地参与复制反应,有时称为 DNA 复制酶(replicase)。编码 PolⅠ的 Pol A 基因缺陷突变体仍能存活,表明 PolⅠ并非执行 DNA 复制的酶;无活性的 PolⅡ突变体亦能正常存活,表明 PolⅡ也不是 DNA 复制所必需的;而 Kornberg 等发现编码 PolⅢ的基因突变妨碍 DNA 的复制,因此 PolⅢ是大肠杆菌 DNA 的复制酶。原核生物中主要的 DNA 聚合酶,即负责染色体复制的是 PolⅢ,只有在聚合酶Ⅲ基因缺失的情况下,大肠杆菌才失去生存能力,从而证明其为 DNA 复制的主要酶,为分子生物学和基因合成技术到来重要突破。其他的酶参与复制中的辅助作用和/或参与 DNA 修复反应以恢复受损序列。DNA PolⅠ和 DNA PolⅡ在 DNA 错配的校正和修复中起作用。这三种聚合酶的主要性质归纳见表 2-2。此外,其他 DNA 聚合酶也随后被陆续发现,如 1999 年发现的 DNA 聚合酶Ⅳ(PolⅣ)和聚合酶Ⅴ(PolⅤ),主要参与 SOS 修复。

表 2-2　大肠杆菌三种主要 DNA 聚合酶的性质和功能

| 项目 | DNA 聚合酶Ⅰ | DNA 聚合酶Ⅱ | DNA 聚合酶Ⅲ |
|---|---|---|---|
| 结构基因 | *polA* | *polB* | *polC*(*dnaE*,*N*,*Z*,*X*,*Q* 等) |
| 分子量(kD) | 103 | 90 | 900 |
| 新链的合成 | × | × | √ |
| 合成 DNA 的速度 (nt/s) | 16～20 | 2～5 | 250～1000 |
| 3′-外切酶活性 | √ | √ | √ |
| 5′-外切酶活性 | √ | × | × |
| 细胞内分子数 | 400 | 17～100 | 10～20 |
| 突变体表型 | UV 敏感、硫酸二甲酯敏感 | 无 | DNA 复制温度敏感型 |
| 生物功能 | DNA 修复、RNA 引物切除 | DNA 修复 | DNA 复制 |

PolⅠ是第一个被鉴定的 DNA 聚合酶，它是一个 103 kD 的单链多肽。此链可以被蛋白酶切成两个区域，其中较大的约 68 kD 片段称为 Klenow 片段，具有 DNA 聚合酶活性和 3′→5′ DNA 外切酶活性。PolⅠ的 3′→5′ 核酸外切酶活性在 DNA 复制过程中发挥校对作用，当错误的 dNTP 掺入到延伸的 DNA 链末端时，PolⅠ的聚合酶活性则被抑制，而 3′→5′ 核酸外切酶活性被激活，将错配核苷酸切除后继续复制，保证了 DNA 复制的精确性。

较小的约 35 kD 小片段，具有 5′→3′外切酶活性，可以切除少量的核苷酸，一次最多能切除 10 个碱基。此外切酶活性与合成/校正活性互相协调。使 PolⅠ在体外具有从切口处起始复制的独特能力，而其他 DNA 聚合酶均无此能力。在双链 DNA 磷酸二酯键的断裂处，它能延伸 3′-末端。随着 DNA 新片段的合成，DNA 聚合酶Ⅰ可置换双螺旋中已有的同源链，称为切口平移(nick translation)。两个片段的多肽分子均可作为分子生物学研究的工具酶，如 Klenow 片段可用于 DNA 探针标记、DNA 5′ 突出黏端补平和 DNA 测序等。

PolⅠ不是 DNA 复制的主要聚合酶，因此人们开始寻找另外的 DNA 聚合酶，并于 1970 年发现了 DNA PolⅡ。PolⅡ分子量为 120 kD，每个细胞内约有 100 个酶分子，但活性只有 PolⅠ的 5%。PolⅡ能催化 DNA 的聚合，但是对模板有特殊的要求，其最适模板是双链 DNA 中间带有空隙(gap)的单链 DNA 部分，而且该单链空隙部分不长于 100 个核苷酸。PolⅡ也具有 3′→5′外切酶活性，但无 5′→3′外切酶活性。

PolⅢ是大肠杆菌的复制酶，在 DNA 复制过程中同时合成前导链和滞后链。大肠杆菌每个细胞中只有 10～20 个酶分子，因此不易获得纯品，为研究该酶的各种性质和功能带来了许多困难。该酶对模板的要求与 DNA 聚合酶Ⅱ相同，最适模板也是中间有空隙的单链 DNA，单链结合蛋白可以提高该酶催化单链 DNA 模板的 DNA 聚合作用。PolⅢ也有 3′→5′和 5′→3′外切酶活性，但是 3′→5′外切酶活性的最适底物是单链 DNA，只产生 5′-单核苷酸，不会产生二核苷酸，即每次只能从 3′端开始切除一个核苷酸。PolⅢ 5′→3′外切酶活性也要求有单链 DNA 为起始作用底物。

PolⅢ全酶由十种多肽亚基组成，且可形成几种亚聚体，每种亚聚体都有一定的DNA聚合能力，但速度很慢，均不能满足大肠杆菌细胞内DNA复制速度。Charles McHenry等发现由α、ε和θ三种亚基组成PolⅢ核心酶，与DNA聚合活性直接相关，其中，α具有聚合酶活性，并与其他核心亚基紧密结合，ε具有3′→5′核酸外切酶活性。α和ε按1∶1形成复合物后聚合酶活力增加2倍，3′→5′核酸外切酶活性增加50～100倍，接近核心酶的水平。θ可促进ε的核酸外切酶活性，可能还促进了各亚基间的结合。表2-3总结了大肠杆菌PolⅢ的亚基组成。

**表2-3　大肠杆菌DNA聚合酶Ⅲ全酶的亚基组成**

| 亚基 | 编码基因 | 分子量/kD | 全酶中的个数 | 功能 |
|---|---|---|---|---|
| A | *polC*(*dnaE*) | 129.9 | 2 | DNA聚合酶，核心酶 |
| E | *dnaQ*(*mutD*) | 27.5 | 2 | 3′→5′外切核酸酶，核心酶 |
| θ | *holE* | 8.6 | 2 | 促进ε的外切酶活性，核心酶 |
| τ | *dnaX* | 71.1 | 2 | 结合二聚体核心与γ复合体 |
| γ | *dnaX* | 47.5 | 1 | 结合ATP |
| δ | *holA* | 38.7 | 1 | 结合β |
| δ′ | *holB* | 36.9 | 1 | 结合γ和δ |
| χ | *holC* | 16.6 | 1 | 结合SSB |
| Ψ | *holD* | 15.2 | 1 | 结合χ和γ |
| β | *holN* | 40.6 | 4 | 滑动钳 |

此外，有些噬菌体编码DNA聚合酶。它们包括T4、T5、T7和SPO1。这些酶都具有5′→3′合成活性和3′→5′外切核酸酶校正活性。这些基因编码的单链多肽突变能阻止噬菌体的发育。通常，噬菌体聚合酶多肽与其他蛋白质在噬菌体或宿主的复制原点处结合形成完整的酶。T4 DNA聚合酶与大肠杆菌DNA PolⅠ相似，也是一条多肽链，分子量也相近，但氨基酸组成不同，它至少含有15个半胱氨酸残基。T4 DNA聚合酶，是一种模板依赖的DNA聚合酶，可以在结合有引物的单链DNA模板上，从5′→3′方向催化DNA合成反应，具有3′→5′外切酶活性，但不具有5′→3′外切酶活性。T4 DNA聚合酶的3′→5′外切酶活性比Klenow片段要高约200倍。

所有DNA聚合酶的一个共同特征是它们不能从游离核苷酸起始DNA链的合成。它们需要引物(primer)来提供3′-OH末端，然后在其上添加核苷酸来延伸DNA链。然而近期，研究人员从一种新发现的海底火山病毒中找到一种独特的DNA聚合酶，它与任何已知DNA聚合酶都没有同源性，却能识别特定的模板序列，在没有引物的情况下专一性地用脱氧核糖核苷三磷酸从头合成DNA。这一特点不仅在聚合酶进化研究中有重要意义，而且蕴含了在核酸合成和测序技术中的应用价值。

### 2.2.2 真核生物 DNA 聚合酶

自 Arthur Kornberg 在大肠杆菌中首次发现 DNA 聚合酶 Ⅰ以来，DNA 聚合酶一直是 DNA 研究的焦点。目前对真核生物 DNA 聚合酶的了解相对原核生物少很多。真核细胞常见的五种 DNA 聚合酶为 Polα、β、γ、δ 和 ε。其中 Pol γ 定位于线粒体，其他四个定位于细胞核内。Pol γ、δ 和 ε 具有 3′→5′外切酶活性，但它们均不具有 5′→3′外切酶活性。

2009 年，Burgers 等研究发现，高等哺乳动物的基因组编码 15 个不同的 DNA 聚合酶（表 2-4），分别参与不同的生物学过程，包括 DNA 复制及不同类型的 DNA 修复途径等。按照序列的结构特征及保守性，这些 DNA 聚合酶可分为 A、B、X、Y 四个不同的家族。其中，B 家族中的 DNA 聚合酶 α(Polα)、DNA 聚合酶 δ(Polδ)和 DNA 聚合酶 ε(Polε)为生长必需基因，是主要的 DNA 复制酶。

**表 2-4　高等哺乳动物中的 DNA 聚合酶**

| 家族 | 聚合酶 |
|---|---|
| A | Polγ，Polθ，Polν |
| B | Polα，Polδ，Polε，Polζ |
| X | Polβ，Polλ，Polμ，TDT |
| Y | REV1，Polη，Polι，Polκ |

DNA 聚合酶 α(Polα)参与染色体 DNA 的复制，是真核生物 DNA 复制的引发酶，不同真核生物 Polα 的结构和性质相似。Polα 核心亚基具有聚合酶活性，50 kD 和 60 kD 的亚基具有引发酶活性，但不具有 3′→5′核酸外切酶活性。Polα 持续合成 DNA 的能力较低，其功能是在 DNA 复制过程中合成引物，然后由能持续性合成 DNA 的聚合酶完成两条链的延伸。在酿酒酵母中 Polα 由 Pol1、Pol12、Pri1 和 Pri2 等 4 个亚基组成。Pri1 的作用是合成一段短的 RNA 引物。Pol1 则在 RNA 后进一步合成一段大约 20 nt 的 DNA 引物，进而由 DNA 聚合酶延伸子代 DNA 链。

Polδ 和 ε 均能持续性合成 DNA 的复制，而且两者持续性合成 DNA 需要增殖细胞核抗原(proliferating cell nuclear antigen，PCNA)的辅助。PCNA 大量存在于增殖细胞的核中，在 DNA 复制活跃的增殖细胞中富集，能够使聚合酶 δ 持续合成 DNA 的能力提高约 40 倍，即 PCNA 使聚合酶 δ 持续合成 DNA 链的长度增加了约 40 倍，其作用类似于 PolⅢ全酶中的 β 亚基。Polδ 缺乏引发酶活性，具有 3′→5′ 核酸外切酶活性。Polδ 具有多种形式，牛胸腺分离的 Polδ 由 125 kD 和 48 kD 两种亚基组成；酵母的 Polδ 由 125 kD 和 55 kD 两种亚基组成；人胎盘分离的 Polδ 由 170 kD 亚基和一些较小的亚基组成。尽管科学家早已发现 Polδ 和 ε 参与 DNA 复制过程，但直到 2007 年，Kunkel 等人通过遗传实验证明 Polε 和 Polδ 分别负责前导链和后随链的复制。Polε 由 Pol2、Dpb2、Dpb3 和 Dpb4 等 4 个亚基组成。其中 Pol2 是生长必须基因，Pol2 亚基具有 5′→3′ DNA 聚合活性以及 3′→5′ 核酸外切酶活性。Polδ 负责后随链的复制，由 Pol3、Pol31、Pol32 等 3 个亚基组成。Pol3 是催化亚基，具有 5′→3′ DNA 聚合活性以及 3′→5′ 核酸外切酶活性，能够切除错误配对的碱基，保证 DNA 复制的保真性。

此外，还有其他 DNA 聚合酶，不是 DNA 复制酶，在各种损伤修复中起作用。Polβ 不具备持续合成 DNA 的能力，通常只能在延伸的 DNA 链上添加 1 个核苷酸。Polβ 在细胞内的水平并不受细胞分裂速率的影响，表明其并非 DNA 复制过程中合成 DNA 的主要酶，其合成的短 DNA 片段可填补 DNA 复制过程中形成的空隙，或在 DNA 修复中发挥作用。聚合酶 γ 存在于线粒体而不是细胞核内，负责线粒体 DNA 的复制。

### 2.2.3　实验室常用的 DNA 聚合酶

耐热 DNA 聚合酶多应用在 PCR 技术中。各种耐热 DNA 聚合酶均具有 5′→3′ 聚合酶活性，但不一定具有 3′→5′ 和 5′→3′的外切酶活性。3′→5′ 外切酶活性可以消除错配，切平末端；5′→3′ 外切酶活性可以消除合成障碍。

*Taq* DNA 聚合酶是从一种水生嗜热细菌 *Thermus aquaticus* yT1 株分离提取的，是发现的耐热 DNA 聚合酶中活性最高的一种，具有 5′→3′ 外切酶活性。该菌是 1969 年从美国黄石国家森林公园火山温泉中分离的，能在 70～75 ℃生长。一般 PCR 都适用，但不具有 3′→5′ 外切酶活性，因而在合成中对某些单核苷酸错配没有校正功能，保真度低于 *pfu* DNA 聚合酶。此外，*Taq* DNA 聚合酶还具有非模板依赖活性，可将 PCR 双链产物的每一条链 3′加入单核苷酸尾，故可使 PCR 产物具有 3′突出的单 A 核苷酸尾；另一方面，在仅有 dTTP 存在时，它可将平端的质粒的 3′端加入单 T 核苷酸尾，产生 3′端突出的单 T 核苷酸尾。应用这一特性，可实现 PCR 产物的 T-A 克隆法。

*Tth* DNA 聚合酶是从嗜热细菌 *Thermus thermophilus* HB8 株分离提取的。该酶在高温和 $MnCl_2$ 条件下，能有效地反转录 RNA。当加入 $Mg^{2+}$ 后，该酶的聚合活性大大增加，从而使 cDNA 合成与扩增可用一种酶催化。

*pfu* DNA 聚合酶是从 *Pyrococcus furiosis* 中获得的高保真耐高温 DNA 聚合酶。*pfu* DNA 聚合酶在 $Mg^{2+}$ 存在的条件下，75 ℃时可以催化脱氧核苷酸沿着 5′→3′发生聚合反应成双链 DNA。*pfu* DNA 聚合酶具有 3′→5′ 外切酶活性，因此具有校正功能，使产物的碱基错配率极低。无 5′→3′核酸外切活性。PCR 产物为平端，无 3′端突出的单 A 核苷酸尾。

*Vent* DNA 聚合酶是从火山口 100 ℃高温下生长的嗜热菌 *Litoralis* 中分离的，能耐受 100 ℃的高温，具有 3′→5′的外切酶活性，可以去除错配的碱基，具有校对功能。不具有 5′→3′外切酶活性。

*Bca Best* DNA 聚合酶是从 *Bacillus caldotenax* YT-G 菌株中分离的，并使其 5′→3′ 外切酶活性缺失的 DNA 聚合酶，具有较高延伸性能，常用于 DNA 测序反应。

### 2.2.4　DNA 解旋酶

DNA 解旋酶是一种常见的马达动力蛋白。它以核酸单链为轨道沿着核酸链定向移动，并利用 ATP 水解提供的能量打开互补的核酸双链，获得单链。解旋酶在 DNA 的复制、修复、重组以及转录等代谢过程都起着重要作用。但是人们迄今还没有完全理解解旋酶的解旋机制。单分子操纵技术帮助人们在单分子水平定量研究解旋酶的解旋动力学，是研究解旋酶分子机制的高端技术。几乎一切环形和线性 DNA 都存在一定程度的超螺旋（supercoiled）。超螺旋使 DNA 以致密的形式容纳于有限的细胞内空间，并且可影响 DNA 的结构和功能。DNA 复制时，紧密结合的两条亲本链在 DNA 聚合酶作用下并不会自行解旋，其分离需要其他酶的作用以及能量的供应。

DNA 解旋酶（DNA helicase）利用 ATP 化学能使两条 DNA 亲本链在复制叉处发生解离。解旋酶是一类解开氢键的酶，由水解 ATP 供给能量来解开 DNA，其为引发体成员，推动复制叉向前延伸。它们能识别复制叉的单链结构，常依赖于单链存在，一般在 DNA 或 RNA 复制过程中起到催化双链 DNA 或 RNA 解旋的作用。DNA 解旋酶通过 ATP 水解产生的能量由解旋酶装载器装载到 DNA 单链上，在解旋酶装载器自动离开之后，DNA 解旋酶的活性被激活，并解旋双链 DNA。生物体内的解旋酶有多种，有些解旋酶还参与 DNA 修复、重组等非复制过程。与解链有关的酶和蛋白质包括：①解旋酶；②单链结合蛋白；③拓扑异构酶Ⅰ；④拓扑异构酶Ⅱ。

目前已从 *E. coli* 中鉴定出多种 DNA 解旋酶，其中三个酶（rep 解旋酶、DNA 解旋酶Ⅱ和Ⅲ）发生突变后并不影响细胞的增殖，说明这几种解旋酶不是 DNA 复制过程解开 DNA 双链的主要成分。研究者通过对关键基因进行突变来研究酶的功能，Francois Jacob 等的研究发现了两类与大肠杆菌 DNA 复制有关的温度敏感型突变体，当温度从 30 ℃升高到 40 ℃时，第一类温度敏感型突变体立即关闭 DNA 合成，第二类温度敏感型突变体在提高温度时逐渐降低 DNA 合成速率。进一步的研究表明，第一类突变体为 *dnaB* 突变体，*dnaB* 编码的 DnaB 是一种 ATP 酶，参与合成 DNA 复制所需的引物。该突变体菌株在非允许高温条件下停止 DNA 合成，说明 *dnaB* 基因编码的 DNA 解旋酶为 DNA 复制所必需，该解旋酶功能性缺失时，DNA 合成立即停止。除大肠杆菌外，在噬菌体中也陆续鉴定出了一些复制解旋酶（表 2-5）。

**表 2-5　大肠杆菌和噬菌体中的解旋酶**

| 解旋酶 | 结构 | 功能 |
| --- | --- | --- |
| DnaB | 330 kD 六聚体 | 结合于 oriC，oriλ 参与前引发，分离双链，水解 ATP 提供能量 |
| rep 蛋白 | 66 kD 单体 | ATP 依赖性解旋酶，在 φX174 滚环复制中推进复制叉 |
| PriA（n′蛋白） | 82 kD 单体 | φX174Rf 形成中参与前引发体 3′→5′移动，取代 SSB，识别特异位点 |
| TraY/I | 多聚体 | F 因子滚环复制中解链 |
| 基因 4 蛋白 | 58 kD | T7 噬菌体复制中沿 5′→3′解链 |

Mcm2-7 双六聚体是古菌和真核生物的 DNA 复制解旋酶。Mcm 复合体是由 Mcm2-7 组成的一个六亚基环状结构，属于 AAA＋ATPase 超家族。这个蛋白的功能是 Bik K. Tye 实验室通过遗传筛选的方法，以芽殖酵母为模式生物筛选微染色体维持缺陷的突变

株时鉴定而来。Mcm2-7 复合物作为双链 DNA 的解螺旋酶，在 DNA 复制起始和延伸阶段都起关键作用。体外生物化学实验证明六亚基中 Mcm4、Mcm6、Mcm7 具有 ATPase 活性和解旋酶活性，还具有很强的 ssDNA 和 dsDNA 结合能力。而 Mcm2、Mcm3、Mcm5 起重要的调控作用。在真核生物细胞，基因组 DNA 的复制的过程受到精确严格的调控。复制过程中的异常会导致基因组不稳定，包括基因突变、DNA 双链的断裂、染色体缺失或异常，从而导致恶性肿瘤的发生。作为 DNA 复制解旋酶，Mcm2-7 任何基因本身的突变或异常被发现与许多人类疾病直接相关。Mcm2-7 在 pre-RC 组装过程中是最后一个成分以失活的状态被募集到复制源上的，随着被细胞周期素蛋白依赖性激酶(CDK)和 Dbf4 依赖性激酶(DDK)的激活，与 Cdc45 和 GINS 形成 DNA 复制中的解旋酶复合体 Cdc45-MCM-GINS(CMG)起到解旋酶作用，使 DNA 双链解开随着复制叉在 DNA 链上向两个方向移动，解开下游 DNA 双链。结构分析表明，两个 Mcm2-7 单六聚体呈二次对称，并相对于中心轴线有一定角度的倾斜和扭转，在中心形成一个扭曲的中央通道。四层结构域组成的环状结构限制了中央通道的大小，使之具有了完美匹配双螺旋 DNA 的直径(图 2-12)。在真核生物异源六聚体 Mcm2-7 中，六个亚基是以固定的顺序相邻排列的。

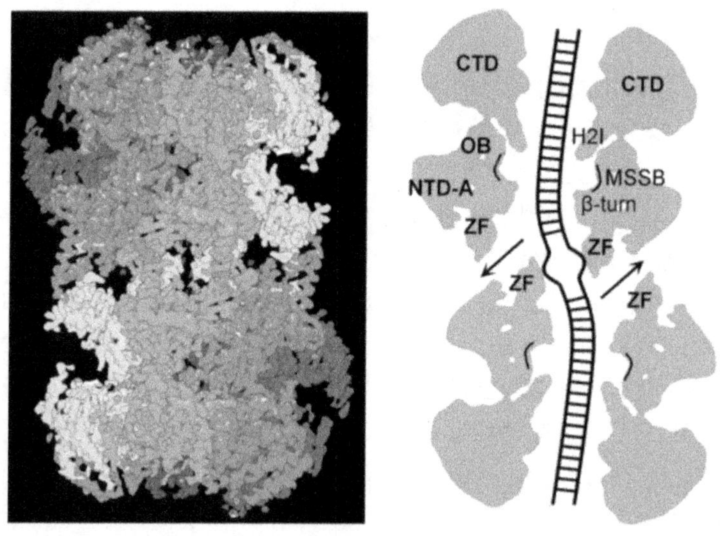


图 2-12　Mcm2-7 双六聚体结构

体外重组蛋白免疫共沉淀实验表明，Mcm 复合体中 Mcm2 结合 Mcm6、Mcm6 结合 Mcm4、Mcm4 结合 Mcm7、Mcm7 结合 Mcm3，以及 Mcm3 结合 Mcm5。然而 Mcm6 和 Mcm5 仅存在弱的相互作用。后续实验表明 Mcm2-7 是一个非封闭的环状复合物，而 Mcm2 与 Mcm5 之间的开放结构也被称作 Mcm2/5 门控，调控复合体的开闭。

## 2.2.5　单链 DNA 结合蛋白

单链 DNA 结合蛋白(single strand DNA-binding protein，SSB 或 SSBP)，又称单链结合蛋白，是专门负责与 DNA 单链区域结合的一种蛋白质，为 DNA 复制、重组和修复所必需的成分。在DNA复制过程中结合于螺旋酶沿复制叉方向向前推进产生的单链区,以防止单链重新配对形成双链DNA或被核酸酶降解。DNA呼吸作用(DNA双链局部发生瞬时解离和再结合,在A-T富含区尤为常见)或DNA在解旋酶作用下均可产生单链DNA,SSB选择性地结合并覆盖于单链DNA,以维持其单链状态,为DNA复制、重组和修复提供条件。

单链结合蛋白与螺旋酶不一样,并不具备任何酶活性,也不结合ATP。大肠杆菌的SSB由*ssb*基因编码。在大肠杆菌细胞中主要SSB是177肽所组成的74 kD的四聚体,可以和单链DNA上相邻的32个核苷酸结合。一个SSB四聚体结合于单链DNA上可以促进其他SSB四聚体现相邻的单链DNA结合,这个过程称为协同结合(cooperative binding)。SSB结合到单链DNA上后,使其呈伸展状态,没有弯曲和结节,有利于单链DNA作为模板。SSB可以重复使用,当新生的DNA链合成到某一位置时,该处的SSB便会脱落,并被重复利用。

## 2.2.6 拓扑异构酶

DNA复制过程中,在复制叉处DNA双链的解旋会引入DNA双链的超螺旋状态。无论是环形DNA还是较长的线性DNA,在DNA解旋之外的区域都会产生过度缠绕并引入张力。这种张力必须不断释放以使DNA聚合酶的滑动,DNA复制的延伸,与此同时就需要保持基因组DNA的稳定。拓扑异构酶催化DNA链的断裂和结合,从而控制DNA的拓扑状态,拓扑异构酶参与超螺旋结构模板的调节。它与DNA共价结合形成蛋白质-DNA中间体,并催化DNA磷酸二酯键瞬时断裂和拓扑结构改变。拓扑异构酶还能使DNA发生连环化(catenate)或脱连环化(decatenate)、打结(kont)或解结(unkont)。

拓扑异构酶可根据其断裂单链还是双链DNA分为两类,拓扑异构酶Ⅰ(type Ⅰ topoisomerases)和拓扑异构酶Ⅱ(type Ⅱ topoisomerases)。DNA拓扑异构酶Ⅰ通过形成短暂的单链裂解-结合循环,催化DNA复制的拓扑异构状态的变化。大肠杆菌DNA拓扑异构酶Ⅰ又称ω蛋白,大白鼠肝DNA拓扑异构酶Ⅰ又称切刻-封闭酶(nicking-closing enzyme)。*E. coli*的拓扑异构酶Ⅰ只能松弛负超螺旋,不能松弛复制叉前方因DNA复制而引入的正超螺旋;真核生物与古细菌的拓扑异构酶Ⅰ既可松弛负超螺旋也可松弛正超螺旋。相反,拓扑异构酶Ⅱ通过引起瞬间双链酶桥的断裂,然后打通和再封闭,以改变DNA的拓扑状态,它通常需要ATP功能。哺乳动物拓扑异构酶Ⅱ又可以分为αⅡ型和βⅡ型。拓扑异构酶毒素类药物的抗肿瘤活性与其对酶-DNA可分裂复合物的稳定性相关。拓扑异构酶Ⅱ可分为两个亚类,一个亚类是DNA旋转酶(DNA gyrase),另一亚类可催化DNA由超螺旋状态转变为松弛状态。旋转酶在DNA复制中起着十分重要的作用,可引入负超螺旋以抵消正超螺旋。DNA旋转酶有两个α亚基和两个β亚基。α亚基约105 kD,为*gyrA*基因所编码,具有磷酸二酯酶活性。β亚基约95 kD,为*gyrB*基因所编码,具有ATP酶活性。迄今为止,仅在原核生物中才发现了DNA旋转酶。

在细胞中,两类酶拓扑异构酶的活性受精密调控,拓扑异构酶Ⅱ使DNA超螺旋化的作用能被拓扑异构酶Ⅰ使DNA松弛化的作用所抗衡，从而使细胞内DNA的超螺旋程度保持在适当的水平。

### 2.2.7 真核DNA复制起始蛋白

复制源识别复合体ORC是Bruce Stillman课题组在20世纪90年代初期，通过生化和遗传筛选的方法在酿酒酵母(*S. cerevisiae*)中鉴定到的复制源保守序列结合蛋白。这个复合体由六个亚基组成，即Orc1-6六个蛋白。这六个蛋白组成的复制源识别复合体作为真核生物DNA复制起始蛋白发挥关键作用。其中除了Orc6蛋白外，其他ORC亚基均含有保守的Walker A、B、C和D结构域，隶属于AAA+ATPase(ATPase associated with various cellular activities)超级家族。复制源识别复合体Orc1-6蛋白在真核细胞中的功能高度保守。然而目前已知大多数的真核细胞中，DNA复制源序列在物种间缺乏相对保守序列，因此复合体Orc1-6蛋白在不同物种中对复制源序列的依赖性大不相同。

真核生物的ORC识别序列的研究一直是DNA复制领域的热点和难点。在芽殖酵母中，ORC复合体能结合11 bp的相对保守的两个序列，即ACS序列(A序列)和B1序列。Orc1-5亚基通过与ATP的结合进而识别并结合复制源。与此相对，裂殖酵母ORC结合复制源时是不需要ATP的。其中Orc4亚基在结构上具有一个九拷贝的"AT hook"的氮末端结构域。这个结构域负责结合A-T含量丰富的基因组DNA序列。除此之外，其他亚基不结合基因组复制源。高等真核细胞的ORC在复制源上的识别序列也尚未确定，预测倾向于结合A-T丰富的序列。

细胞分裂周期蛋白6(Cdc6)也是AAA+ATPases的家族成员。它能与ATP-ORC结合协助Mcm复合体与复制源结合。Cdc6也被证明能促进Orc与复制源结合的特异性。有研究表明，Cdc6结合Orc种的Orc1形成异源二聚体，从而形成稳定的结合复合体。Cdc6结合的Orc复制源复合体需要ATP催化。Cdc6在进化过程中其功能也高度保守，在裂殖酵母中它的同源蛋白是细胞分裂周期蛋白18(Cdc18)。Cdc6/Cdc18在细胞周期过程中极其不稳定，其表达水平受到严格调控。

Cdt1蛋白是Paul Nurse实验室和Marcel Mechali实验室通过经典生物化学手段，分别在裂殖酵母和非洲爪蟾中发现了又一新的pre-RC蛋白。真核细胞$G_1$期，Cdt1蛋白与Cdc6/Cdc18共同参与募集Mcm解旋酶到基因组复制源，组装DNA复制起始复合物。Cdt1蛋白与其他复制起始蛋白一样在真核生物中进化中功能高度保守，之后在芽殖酵母以及其他高等真核细胞中被发现。通过体外生化实验实验，裂殖酵母中纯化的Cdt1能结合DNA，但是需要Cdc6的ATP水解酶活性。Cdt1与Mcm解旋酶形成复合体募集到复制源ORC-Cdc6复合体形成一个相对稳定的临时复合物，然后通过Cdc6和ORC的水解酶活性水解ATP提供能量，释放Cdc6和Cdt1，从而使Mcm解旋酶稳定在复制源上。在芽殖酵母中pre-RC已经能实现体外组装。用芽殖酵母中纯化的ORC、Cdc6、Cdt1和Mcm蛋白能在体外完成pre-RC组装。但在裂殖酵母及其他高等真核生物中pre-RC还不能体外组装，这也暗示在其他真核生物钟可能还存在有待发现的pre-RC组分。最近，科研人员在裂殖酵母中发现了一个新的复制起始蛋白Sap1，其功能为招募Cdc18。

# 2.3　DNA 复制的起始

如前述,DNA 复制是一个有多种酶催化和多种蛋白质参与的受到精密调控的过程。到目前为止,DNA 复制的精密机器还没有被完全认识。在过去的几十年里,研究人员发现并鉴定了一系列参与 DNA 复制的蛋白,但这些蛋白或者酶类的具体工作机制仍然是先阶段研究的重点。为便于学习和理解,我们将生物体的 DNA 复制过程都分为 DNA 复制的起始、延伸和终止三个阶段。

## 2.3.1　原核生物 DNA 复制的起始

### (1)原核生物的 DNA 复制源

绝大多数真核生物和原核生物染色体,无论其形状是线性还是环状,DNA 复制都是在染色体的被称为复制源的特定起始位点开始的。复制源是正确起始 DNA 复制所必需的 DNA 位点。我们已知,真核生物染色体一般含许多复制源位点。然而大多数的原核生物基因组和细菌质粒仅有一个复制源。

*E. coli* 的复制起点 *oriC* 是一段位于天冬氨酸合成酶和 ATP 合成酶操纵子之间的 245 bp 保守序列序列。*oriC* 在正常情况下是决定和控制 *E. coli* 染色体复制的唯一片段,这一序列结构十分保守。含有 *oriC* 的质粒或其他环形的 DNA 都可以独立复制。1983 年,Zyskind 等人比较了包括大肠杆菌、鼠伤寒沙门氏菌、肝炎杆菌和一种海洋细菌等几种不同种类的细菌染色体复制起点的 DNA 序列,发现它们具有共有序列,包括 2 个必需区域:一个是 3 个连续出现的 13 bp 序列(GATCTNTTNTTTT),称为 13 聚体,富含 A 和 T,有利于双螺旋 DNA 局部解旋并暴露两条复制模板链。另一个是 9 bp 保守的 TTATCCACA 重复序列,称为 DnaA 盒(DnaA box),重复出现 4 次,叫作 9 聚体,能与起始蛋白 DnaA 特异结合,招募 DnaB 与复制源结合,从而启动 DNA 复制(图 2-13)。除了

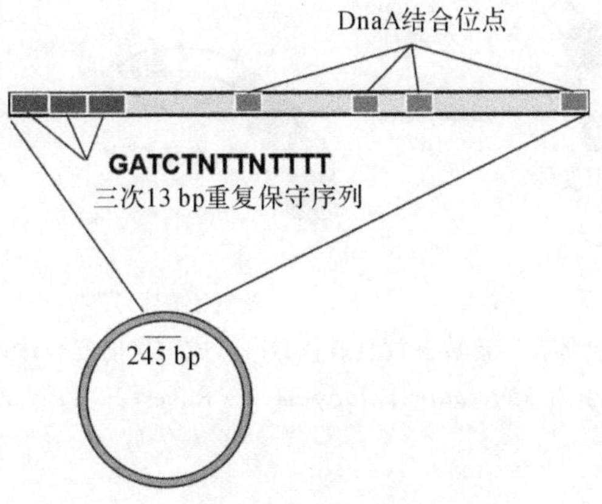


图 2-13　大肠杆菌复制源 oriC 特征

保守的 DnaA 盒外，最新的研究发现了一种新型不可或缺的由重复三核苷酸基序列构成的细菌复制起始点元件，称之为 DnaA-trio。DnaA-trio 的功能是使结合到 DNA 单链上的 DnaA 细丝稳定。

### (2)原核生物 DNA 复制的引发

大肠杆菌 DNA 是含 $4\times10^6$ bp 双链环状分子。它的复制首先需要 DNA 分子的充分解旋和解链，这需要拓扑异构酶的作用，在 *oriC* 处形成引发复合物。由拓扑异构酶和解链酶作用，使 DNA 的超螺旋及双螺旋结构解开，碱基间氢键断裂，形成两条单链 DNA。单链 DNA 结合蛋白(SSB)结合在两条单链 DNA 上，形成复制叉。由蛋白因子(如 DnaB 等)识别复制起始点，并与其他蛋白因子以及引物酶一起组装形成引发体(primosome)。

DNA 复制起始时，先由引发酶合成引物，之后由 DNA 聚合酶合成 DNA。除 M13 噬菌体以宿主 RNA 聚合酶为引发酶之外，大肠杆菌及大肠杆菌的其他噬菌体以 DnaG 蛋白为引发酶，且 DnaB 也是引物合成所必需的。在复制过程中，*E. coli* 的引发体随复制叉移动，并不断合成引物，以起始滞后各链冈崎片段的合成，而单独的 RNA 聚合酶或引发酶 DnaG 只能在复制原点引发 DNA 的合成。

大肠杆菌 DNA 复制引发分为四个步骤(图 2-14)。首先，包括 DnaA、ATP 和碱性 DNA 结合蛋白 HU 在内的复合体与 oriC 处的识别位点 DnaA 盒(9 bp 重复序列)紧密结合，形成起始复合物。HU 可致 DNA 发生弯曲，通过弯曲此部分的 DNA，DnaA 与 13 聚体接触，使其解链，形成开放复合物，单链结合蛋白(SSB)与解开的单链结合。DnaA 还能指导 DnaB-DnaC 复合物结合到解链区形成前引发复合物。DnaC 的唯一功能是运送 DnaB 蛋白。DnaB 具螺旋酶活性，使超螺旋解旋，暴露出引物形成位点。DnaB 同时引导引物酶 DnaG 的结合形成引发复合物，合成 RNA 引物。HU 因子的作用是促进起始复合物的形成，因螺旋酶能松弛正超螺旋，促进双链解开。

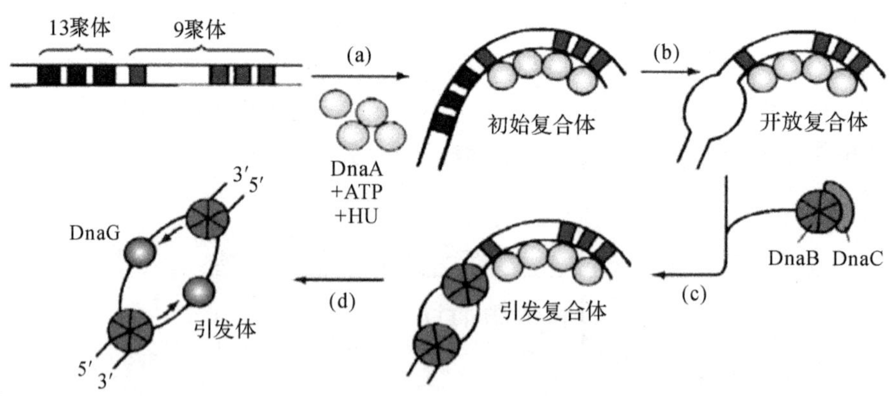


图 2-14 *E. coli* DNA 复制的引发

(a)形成初始复合体；(b)形成开放复合体；(c)形成引发前复合体；(d)形成复制体

(引自 *Molecular Biology* 5e, by Robert F. Weaver)

### 2.3.2　真核生物 DNA 复制的起始

#### (1)酵母 DNA 的复制源

真核生物染色体中存在多个复制起始位点，这使真核生物巨大的基因组在较短时间内完成复制。真核生物复制源序列研究最为清楚的是酵母。酵母的复制起始位点又称为自主复制序列(autonomously replicating sequences，ARS)。这一段 DNA 序列能够独立于酵母染色体而自主复制。酿酒酵母的自主复制序列包含一个 A 元件和 B1、B2、B3 三个 B 元件。A 元件在酿酒酵母中高度保守，是复制起始所必需的。其中有富含 A-T 的 11 bp 序列(A/T)TTTA(T/C)(A/G)TTT(A/T)，被称为 ARS 一致性序列(ARS consensus sequence，ACS)。ACS 是复制起始识别复合物(origin recognition complex，ORC)结合复制起始位点所必需的，对起始因子在复制起始位点的组装起基本作用。B1 元件紧靠 A 元件，也是 ORC 的识别序列，包含一个 WTW 序列 (W＝T or A) 离 ACS 位点 120～28 bp。B2 元件的功能还不清楚，可能参与双链 DNA 的解旋。B3 元件是转录因子 Abf1 的结合位点，可促进 DNA 复制的起始。总的看来，A 元件决定哪一段 DNA 序列作为复制起始位点，B 元件可以增加复制起始位点的效率。裂殖酵母的复制起始位点与芽殖酵母的不同，首先裂殖酵母的 ARS 比较大，为 500～1500 bp，并且比较复杂，而酿酒酵母才 100～200 bp；其次，没有特异的 ACS，但有几个富含 AT 20～50 bp 的序列；而且裂殖酵母的 ARS 可能和基因的转录还有关系。在更为高等的真核生物中，复制源的序列可能更为复杂，目前还没有关于人类 DNA 复制源的精确结构。

#### (2)酵母 DNA 的复制起始前及复制起始

目前，真核生物 DNA 复制起始的研究较原核生物的研究滞后，在真核模式生物酵母中研究的相对成熟。酵母作为最简单的真核生物，是重要的模式生物之一，广泛地应用于生物学研究，也是研究真核生物 DNA 复制的重要模型。相比原核生物，真核生物中的基因组存在显著差异。主要的差异是基因组大小和染色质结构。在真核细胞中，基因组大小大概是从酵母细胞的约 $1.4\times10^{7}$ bp 到人体细胞中的 $3\times10^{9}$ bp，而大肠杆菌仅为 $4.6\times10^{6}$ bp。真核基因组 DNA 与大量的染色质蛋白结合，而原核细胞的基因组 DNA 基本上是裸露的。在真核细胞中与 DNA 结合的最丰富的蛋白质是组蛋白。大约每 200 个碱基结合一个八个核小体组蛋白多肽。这些复杂有序的特性使的真核生物基因组的复制呈现出高度复杂性和严格有序的精密调控。

真核 DNA 复制起始的分子机制尚未阐明，但总体而言，真核生物的 DNA 复制在进化过程中保持着相对稳定的模式。DNA 的复制首先需要解旋酶募集到基因组复制源上，解开 DNA 双螺旋结构从而起始复制。真核生物一般采用两步基本机制来起始 DNA 复制。首先是 DNA 复制起始复合物的组装(pre-RC assembly)，这一过程主要完成Mcm2-7 在复制源上的招募(图 2-15)。其次是 Mcm2-7 复合体的激活步骤和 pre-IC 组装。这两部分的组装分别发生在 $G_1$ 期和 S 期。

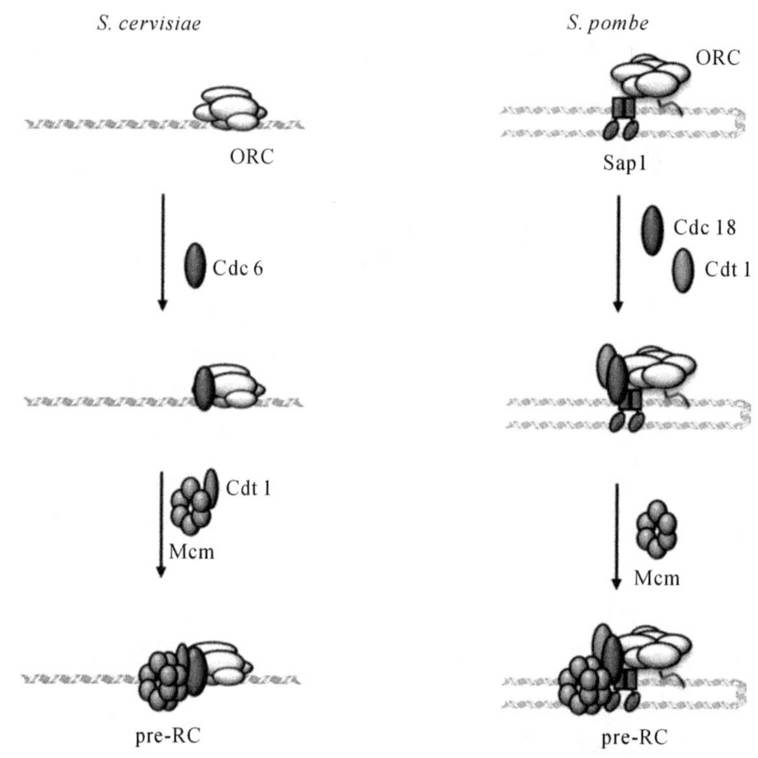


图 2-15　酵母复制起始蛋白复合体的组装

在真核生物中，DNA 复制起始复合物的组装是在 $G_1$ 期执行的，Mcm2-7 解旋酶被募集到复制源上。芽殖酵母中，在 ATPase 作用下 ORC 识别复制源序列，顺序性地将 Cdc6，Cdt1 以及 Mcm 募集到复制源组装 pre-RC。在进入 S 期后 Mcm 被激酶 CDK 和 DDK 磷酸化激活并进一步招募 Sld3-Sld7-Cdc45 为核心的其他复制蛋白。随后 Sld2-Dpb11-GINS 复合体以及 DNA 聚合酶 Polε 与 Mcm 六聚体形成稳定的复合体复制子 CMG 复合体（Cdc45-Mcm-GINS）。CMG 复合体激活后与 DNA 聚合酶 Polα、Polδ、Polδ 一起在染色质 DNA 复制叉上移动执行 DNA 的复制。

在真核生物中，生物体进化出一套精密的调控系统来确保 DNA 精确复制。DNA 复制起始复合物(pre-RC)的组装是 DNA 复制起始的第一步，也是整个 DNA 复制过程关键的一步。精确的 pre-RC 组装，在时间和空间上受到严格调控，确保每一个 DNA 复制源在一个细胞周期中只起始 DNA 复制一次，并且染色体上的每一个片段保证得到一次复制。在真核生物中，pre-RC 组装过程出错会使大量遗传物质改变，导致细胞死亡或恶性转化成肿瘤细胞。细胞周期素依赖性激酶 CDK 活性在 DNA 复制起始调控中起关键作用。pre-RC 组装只在 M 晚期及 $G_1$ 早期进行，此时 CDK 活性很低；而在 S，$G_2$ 和早 M 期，CDK 活性不断提升，严格抑制 pre-RC 的组装。

$G_1$ 期 pre-RC 组装被允许发生，进入 S 期组装被抑制。这一事件在时间上阻止了 DNA 重复复制。这种机制主要是通过 CDK(cyclin-dependent kinase)和 APC/C(anaphase-promoting complex/cyclosome)的活性调控的。在细胞周期不同时期，真核细胞表达不同的细胞周期素蛋白。细胞周期蛋白与 CDK 结合，形成性特异、活性高的 CDK；磷酸化其底物蛋白使之具有细胞周期特异性。APC/C 是一个多亚基的 E3 泛素连接酶，通过泛素化降解途径使细胞周期素降解。复制源 licensing 及 pre-RC 组装是发生在晚 M 及 $G_1$ 期，这段时间 APC/C 活性非常高，而 CDK 活性最低。在 S、G2 到 M 期，CDK 活性逐渐升高，通过磷酸化途径抑制 pre-RC 的组装。综上所述，CDK 活性在 $G_1$ 期最低（实线），而此时 pre-RC 组装不受抑制（虚线），因此保证了 pre-RC 组装旨在 $G_1$ 期被允许，而在其他使其不发生，从而保证 DNA 复制每个复制源上 pre-RC 只组装一次（图 2-16）。

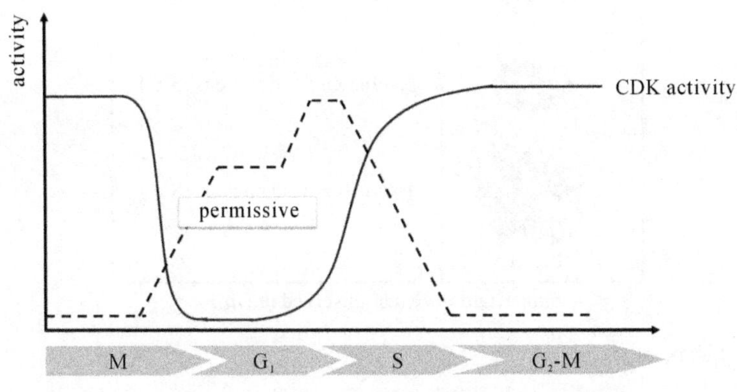


图 2-16　CDK 活性和 pre-RC 组装的关联

在真核细胞中的复制的起始是最主要被严格调控的。一个重要的问题是，一个 DNA 复制源在一个细胞周期中只起始 DNA 复制一次，并且染色体上的每一个片段保证得到一次复制。在单细胞真核生物中，细胞周期素依赖性激酶 CDK 的活性呈现出振荡式的周期性变化。这在很大程度上决定允许或限制 pre-RC 在不同时期的组装和激活。在 $G_1$ 时期，CDK 活动是最低的，DNA 复制起始复合物能有效地组装在复制源上。当细胞进入 S 期 CDK 活性开始逐渐上升。在 $G_1$/S 过度触发复制源的起始也同时抑制进一步的 pre-RC 装配。CDK 抑制 pre-RC 组件的重要性在大量实验中被证明。通过人为降低细胞进入 S 期后细胞周期蛋白依赖性激酶活性，细胞会发生很显著的 DNA 重复复制，导致细胞异常复制。

许多研究已经证明，CDK 作用于多个 pre-RC 蛋白组分，通过引入多途径的磷酸化控制手段来防止细胞的重复复制。在芽殖酵母和裂殖酵母中，CDK 能磷酸化 ORC 复合体中的 Orc1，Orc2 和 Orc6，从而抑制 pre-RC 在 $G_1$ 以外的时期组装。虽然具体的作用机制目前还不是十分清楚，但其磷酸化突变体已经证实是 CDK 调控 pre-RC 从而防止 DNA 重复复制的一个重要途径。另外，这种磷酸化很有可能是通过改变 ORC 的空间细微构型，从而在复制源上形成一个空间位阻，抑制下游蛋白的募集。Cdc6/Cdc18 是以 CDK 的磷酸化为信号，通过 SCF 依赖的泛素化降解途径，调控其在进入 S 期后被降解。在芽殖酵母中，CDK 磷酸化 Mcm2-7 使它从细胞核运输出去，不再在细胞核内起作用。在 $G_1$/S 过渡中，CDK 也能磷酸化 Cdt1，但在两种酵母中磷酸化的 Cdt1 有着不同的命运。在芽殖酵母中和 Mcm 一样被排除到细胞核外使其失去 pre-RC 组装活性。而在裂殖酵母中，磷酸化的 Cdt1 很不稳定，有可能是通过类似于 Cdc18 的途径被直接降解掉（图 2-17）。

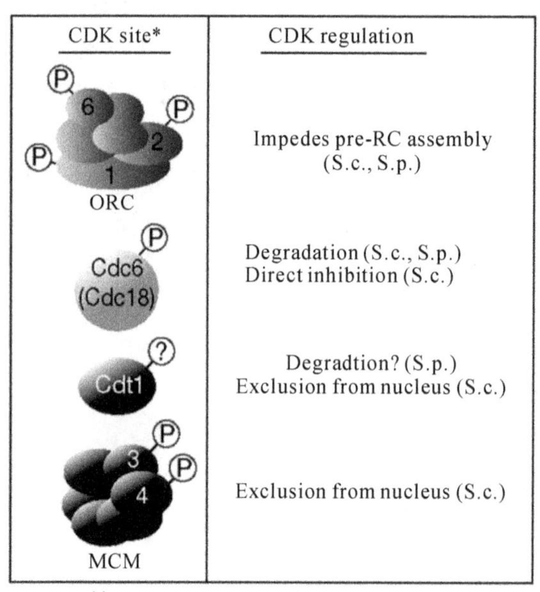


图 2-17　CDK 磷酸化 pre-RC 组分（引自 DNA replication and human disease，2006）

## 2.4　DNA 复制的延伸

复制的延伸指的是 DNA 聚合酶以 3′→5′方向的亲代 DNA 链为模板，从 5′→3′方向催化聚合子代 DNA 链。在原核生物中，参与 DNA 复制延长的是 DNA 聚合酶Ⅲ；而在真核生物中，DNA 聚合酶 α 负责延长滞后链和 DNA 聚合酶 δ 延长前导链。

引发体向前移动，解开新的局部双螺旋，形成新的复制叉，滞后链重新合成 RNA 引物，继续进行链的延长。无论原核还是真核生物，前导链都是按 5′→3′方向连续合成，滞后链的延伸也都是按 5′→3′，但不是连续合成，而是先合成多个 RNA 引物，再延伸为多个冈崎片段，最后连接起来。

目前，PolⅢ全酶在 *E. coli* DNA 复制中的作用机制已研究得较为透彻，PolⅢ全酶在体外以约 730 nt/s 的速率合成 DNA，接近于体内约 1000 nt/s 的速率，而且 PolⅢ全酶在延伸阶段始终结合在模板，其延伸的长度可达 30 kb。PolⅢ全酶以精巧方式协调滞后链和前导链的合成，并保持与模板结合以实现 DNA 复制的持续进行。本节以 *E. coli* DNA 复制为主介绍 DNA 复制的延伸机制。

PolⅢ核心酶自身的聚合酶活性很低，在合成约 10 nt 寡核苷酸后就会脱离模板，之后再与模板和新生 DNA 结合并继续合成 DNA。PolⅢ全酶在 DNA 延伸阶段保持与模板结合，在脱离模板前至少合成 50000 nt 的 DNA 链，保证了细胞内 DNA 的持续复制。很显然，PolⅢ核心酶缺少了全酶含有的某些重要组分。这种组分能赋予全酶持续合成 DNA 的特性。PolⅢ全酶之所以能够持续性合成 DNA，主要与 PolⅢ全酶中 β 亚基形成的滑动钳(sliding clamp)以及将 β 亚基滑动钳装载到前起始复合体上的滑动钳装载器(clamp loader)γ 复合体有关。

### (1)滑动钳(sliding clamp)

在 DNA 延伸阶段,β 亚基的二聚体如同“钳子”将核心酶夹在 DNA 模板上并随着复制不断移动,故形象地称其为滑动钳,又称 β 钳(β clamp)。β 亚基可与 α 亚基结合,并保持与核心酶相互作用。β 钳以环形结构环绕着 DNA 模板,避免了 DNA 合成过程中 PolⅢ全酶从模板脱离,使全酶长时间地与模板结合,从而保证了 DNA 复制的持续进行。研究表明,β 亚基滑动钳并不能直接与前起始复合物(核心酶加 DNA 模板)结合,而是由 γ、δ、δ′、χ 和 ψ 亚基组成的滑动钳装载器 γ 复合体将其装载到前起始复合物上。

真核生物增殖细胞核抗原(PCNA)的三聚体与 β 钳二聚体的结构和功能相似,在真核生物 DNA 复制过程亦发挥着滑动钳的功能。滑动钳装载器 γ 复合体自身不能与 DNA 的持续性结合,但其具有催化功能,可通过将 β 亚基装载到 DNA 上而使核心聚合酶具有持续性。其作用原理如图 2-18 所示。

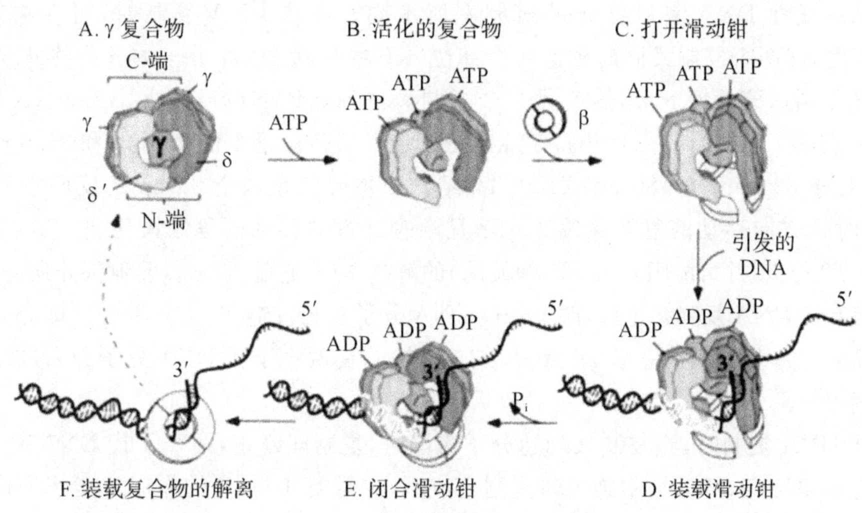


图 2-18　滑动钳装载器作用原理

### (2)滞后链的合成

PolⅢ全酶含有两个核心酶,DNA 复制时全酶沿复制叉移动,每个核心酶负责一条链的合成。由于滞后链合成 DNA 的方向与复制叉移动方向相反,这就需要负责滞后链合成的核心酶与模板反复解离并再结合,类似伸缩长号的滑动,此模型也被称为“长号模型”。为理解滞后链的持续合成必须解答两个问题,一是不连续复制的滞后链如何与连续复制的前导链保持同步?二是PolⅢ核心酶与模板反复不断地进行解离和再结合,如何使 DNA 复制持续进行?其实,PolⅢ全酶的 2 个核心聚合酶通过 τ 二聚体与 γ 复合体连接在一起,合成滞后链的核心酶在复制过程中并没有真正与模板完全解离,而是通过与合成前导链的核心酶结合而系缚在 DNA 上,合成滞后链的核心酶只是松开其在模板链上的

“手柄”,但不会远离 DNA 模板,并迅速发现下一个冈崎片段合成的引物,继而与模板重新结合。如前所述,在 DNA 合成过程中,核心酶通过与 β 钳结合而保持与模板结合。在滞后链合成过程中,γ 复合体作为滑动钳装载器将 β 钳装载到已完成 DNA 复制引发阶段的 DNA 模板上。一旦完成装载,β 钳与 γ 复合体解离,并与核心酶结合,促使核心酶持续合成冈崎片段。当一个冈崎片段合成结束时,β 钳与核心酶解离,并再次与 γ 复合体结合,γ 复合体作为滑动钳卸载器将 β 钳从 DNA 模板上解离,并起始下一个冈崎片段的合成。

# 2.5 DNA 复制的终止

## 2.5.1 DNA 复制的终止

环状和线性 DNA 复制终止的机制有所不同。环状 DNA 复制时,可在离起始点 180 bp相遇,即两个复制叉同时到达一个部位。有些环状 DNA 分子内含有终止位点,一个复制叉先到达该处停下来,然后另一个复制叉也到达该部位。如 *E. coli* DNA 中有两个终止位点(T1 和 T2),它们相隔 352 kb,分别位于遗传图谱中的 28 min 和 35.6 min 处,离 oriC(位于 82 min)约 180 bp,T1 和 T2 结构中重要的是两个 23 bp 的反向重复序列。T1 是逆时针方向移动的复制叉终止,T2 是顺时针方向移动的复制叉终止。Tus 蛋白识别 T1 和 T2 位点,并可能阻止 DnaB(螺旋酶)的解链作用,它是 *E. coli* 复制终止所必需的因子。环状双链 DNA 复制终止后,两个子代 DNA 分子互相铰链在一起,不能立即分开,需要借助拓扑异物酶Ⅱ在其中一条 DNA 链上打开缺口,使两个子代 DNA 分子分离,然后再把缺口连接起来。

线性 DNA 复制时,当复制叉到达分子末端时,复制即终止,两个子代 DNA 分子自行分开。有实验证实,酵母细胞染色体复制完成后,也需要 TopoⅡ的作用才能使子代 DNA 分开。对真核生物而言,DNA 复制终止时,线性染色体 5′端复制起始所需的引物清除后会留下缺口,填补这一缺口对染色体稳定性而言十分重要。

## 2.5.2 真核生物的端粒和端粒酶

真核生物的线性 DNA 复制结束时,每条 DNA 链 5′起始复制时合成的引物被去除,在 DNA 末端留下一个空隙。由于线性 DNA 不像环形 DNA 那样拥有上游 3′端,所以 DNA 聚合酶无法填补留下的空隙。

端粒是由染色体 DNA 末端多重复的非转录序列 TTAGGG 及一些结合蛋白组成的特殊结构,具有保护染色体末端,防止其降解,保持染色体的稳定等作用。此外,还能保护染色体末端免于融合和退化,在染色体定位、复制、保护和控制细胞生长及寿命方面具有重要作用,并与细胞凋亡、细胞转化和永生化密切相关。当细胞分裂一次,每条染色体的端粒就会逐次变短一些。因此，严重缩短的端粒是细胞老化的信号。在某些需要无限复制循环的细胞中，端粒的长度在每次细胞分裂后，被能合成端粒的特殊性 DNA 聚合酶-端粒酶所保留。

端粒 DNA 序列和结构十分保守，它们的共同特点是富含 G，其长度可达几百到几千碱基对。一个基因组内的所有端粒，即一个细胞里不同染色体的端粒都是由重复序列组成，但不同物种的重复序列是各异的。在酵母和人中，端粒序列分别为 C1-3A/TG1-3 和 TTAGGG/CCCTAA，并有许多蛋白参与端粒 DNA 的结合。高等真核生物的串联重复序列的长度在 2 kb 到 20 kb 之间。

端粒酶(telomerase)是在多数真核生物细胞中负责端粒延长的一种酶，是由 RNA 和蛋白质组成的核糖核酸-蛋白复合物，是一种反转录酶。端粒酶的活性在正常人体细胞中受到精密的调控，只能在造血细胞、干细胞和生殖细胞等不断分裂的细胞中检测到。端粒酶最早是 Blackburn 等人首先在四膜虫(*Tetrahymena thermophila*)中发现的。这种酶能够将四膜虫端粒结构中单链尾巴′-TTGGGG-3′ 延长，延长的部分仍然是 5′-TTGGGG-3′。后来又发现原生动物游仆虫和尖毛虫的端粒酶也能延长其富含 G 序列 5′-TTTTGGGG-3′。端粒酶以其 RNA 组分为模板，其蛋白组分具有反转录酶活性，并将合成的 DNA 加至真核细胞染色体末端。

(曾凡力)

## 思考题

1. 什么是复制子、复制源？试述它们在原核生物和真核生物中的区别。
2. 简述 DNA 复制的主要模式及其特点。
3. 简述证明半保留复制的实验。
4. 比较 D 环复制、滚环复制及 θ 型复制。
5. 简述滚环复制产生单链子代 DNA 的机制。
6. 简述冈崎片段的产生过程。
7. 比较大肠杆菌 DNA 聚合酶Ⅰ、Ⅱ、Ⅲ的功能。
8. 简述真核生物 DNA 聚合酶的种类及其功能。
9. 比较解旋酶与拓扑异构酶在 DNA 复制过程中的功能。
10. 简述 oriC 复制起点的结构特征。
11. 简述参与真核生物 DNA 复制的主要蛋白和酶，并说明其功能。
12. 简述酵母 DNA 复制起始的主要步骤。
13. 简述真核生物 DNA 复制起始的调控机制。
14. 简述滞后链的合成过程。
15. 什么是端粒？端粒的主要作用是什么？

# 第3章 DNA 损伤修复

一个物种能够一代一代地遗传下去，是因为 DNA 能够稳定复制。细胞中的 DNA 并非永久都处在稳定状态，当受到细胞内生长或环境中的化学毒素作用，以及暴露在物理辐射因子（如紫外线、放射线等）的作用之下时，就可能造成 DNA 的化学变化和复制错误。DNA 复制过程中，发生的差错可以引起突变。同时，还会受到一些化学反应、物理反应或生物反应，造成 DNA 分子损伤，引起 DNA 突变。DNA 的化学变化可以造成永久性的变化（突变），当这种突变发生在基因的编码区或调控区时，就会对表型性状产生影响；而 DNA 的损伤也可能使 DNA 无法正常复制和进行转录，并影响细胞的功能甚至存活。当然细胞内存在一套严密的监测和修复机制，能有效控制基因组的突变，修复损伤的 DNA。这些机制的缺陷，则加速基因组的不稳定，促进癌症的发生发展。因此，基因组变异与 DNA 损伤修复研究已成为分子生物学中的一个重要研究方向，对探明癌症的发生发展及其治疗具有深远意义。

## 3.1 基因组的变异

### 3.1.1 基因突变的概念

基因突变（mutation）是指 DNA 碱基对的置换、增添或缺失而引起的基因结构的变化。在 DNA 复制、重组等过程中，基因可发生突变，基因突变是某些疾病的发生的基础，也是形状变异、生物进化的分子基础，是生物界普遍存在的现象。由一个或一对碱基改变引起核苷酸序列改变所致的突变，称为点突变（point mutation）；核苷酸数目改变的基因突变称为缺失突变（deletion）或插入突变（insertion）。基因突变后变为和原来基因不同的等位基因，从而导致了基因结构和功能的改变，且能自我复制，代代相传。基因突变后在原基因组位置上出现的新的等位基因，称为突变基因（mutant gene）。一般情况下，由于机体存在严格的基因组稳定性维持的检测和修复机制，正常细胞中存在低水平的突变，这些突变不会导致明显的疾病表现。但在基因序列重要位点产生的突变可导致基因功能丧失。当突变负荷超过临界值时，可以引起细胞衰老、死亡甚至癌变。

根据遗传信息的改变方式，基因突变又可以分为同义突变、错义突变和无义突变三种类型。同义突变是指由于密码子的简并性，多种密码子编码一种氨基酸，如果 DNA 的一个碱基对的改变没有影响它所编码的蛋白质的氨基酸序列，这种基因突变称为同义突变（consense mutation），也有称为沉默突变（silent mutation）或中性突变。与之对应的便是错义突变，即由于一对或几对碱基对的改变而使决定某一氨基酸的密码子变为决定另一种氨基酸的密码子的基因突变叫错义突变（missense mutation）。这种基因突变有可能使它所编码的蛋白质部分或完全失活。例如人血红蛋白 β 链的基因如果将决定第 6 位氨基酸（谷氨酸）的密码子由 CTT 变为 CAT，就会使它合成出的 β 链多肽的第 6 位氨基酸由谷氨酸变为缬氨酸，从而引起镰刀形细胞贫血病。此外，还有一种叫无义突变（nonsense mutation），它是指由于一对或几对碱基对的改变而使决定某一氨基酸的密码子变成一个终止密码子的基因突变。其中密码子改变为 UAG 的无义突变又叫琥珀突变，密码子改变成 UAA 的无义突变又叫赭石突变。如果终止密码子发生突变，变成编码某一个氨基酸的密码子，则会形成延长的异常多肽链。

以上所说的几种碱基突变均为点突变，即由基因的单个碱基的改变引起的突变，是最简单的一种突变，可以由转换（transition）或颠换（transversion）引起。转换是指 2 种嘌呤（或 2 种嘧啶）之间的互相替换，而颠换则是指嘌呤和嘧啶之间的互相替换。除了点突变外，还有一类危害性较大的突变是移码突变。移码突变指基因框架发生非 3 倍的碱基缺失和插入，导致密码子框架发生移动的一类突变。这种突变的影响较大，因为移码会使多个氨基酸发生错误，使基因产物完全失活；当移码导致终止密码子出现时，可引起翻译提前结束。

当然，还有其他形式的突变，如转座子插入突变（insertion mutation），剪切位点改变引起的突变，终止密码子发生改变引起的突变等。插入突变是指在基因的序列中插入了一个碱基或一段外来 DNA 导致的突变。例如大肠杆菌的噬菌体 *Mu*-1、插入序列或转座子等都可能诱发插入突变。

基因突变作为生物变异的一个重要来源，在生物界中是普遍存在的。无论是低等生物，还是高等的动植物以及人，都发生着基因突变。基因突变在自然界的物种中广泛存在。例如，细胞形态、增殖速度的变化，作物、园艺林木等农艺形状的变化，以及人的色盲、糖尿病、白化病等遗传病，都是突变性状。自然条件下发生的基因突变叫作自然突变，人为条件下诱发产生的基因突变叫作诱发突变。基因变异一般来说具有以下几个方面的特性。

第一，基因突变的发生是随机的。它可以发生在生物个体发育的任何时期和生物体的任何细胞。一般来说，在生物个体发育的过程中，基因突变发生的时期越迟，生物体表现突变的部分就越少。例如，植物的叶芽如果在发育的早期发生基因突变，那么由这个叶芽长成的枝条，上面着生的叶、花和果实都有可能与其他枝条不同。如果基因突变发生在花芽分化，那么，将来可能只在一朵花或一个花序上表现出变异。基因突变可以发生在体细胞中，也可以发生在生殖细胞中。发生在生殖细胞中的突变，可以通过受精作用直接传递给后代。发生在体细胞中的突变，一般是不能传递给后代的。

第二，基因突变的方向是多样的，即同一基因可独立发生多次突变构成复等位基因。例如，人类的 ABO 血型就是由 $I^A$、$I^B$、i 三种基因构成的复等位基因所决定的，即由一个

i基因经两次不同的突变分别形成$I^A$、$I^B$而构成，从而在人类存在$I^AI^A$、$I^BI^B$、ii、$I^AI^B$、$I^Ai$、$I^Bi$六种基因型及A、B、AB和O型四种不同的ABO血型的表现型。基因突变的方向也是可逆的。例如，显性基因A可以突变为隐性基因a(正突变)，此隐性基因a又可突变为显性基因A而恢复原来状态(回复突变)。因此，突变并非基因物质的丧失，而是发生了化学变化。但是每一个基因的突变，都不是没有任何限制的。例如，小鼠毛色基因的突变，只限定在色素的范围内，不会超出这个范围。

第三，在自然状态下，对一种生物来说，基因突变的频率是很低的。据统计，人类基因的自然突变率为$10^{-6}$～$10^{-4}$，即每一万个到百万个生殖细胞中，就有一个基因发生突变。不同生物的基因突变率是不同的。例如，细菌和噬菌体等微生物的突变率比高等动植物的要低。同一种生物的不同基因，突变率也不相同。例如，玉米的抑制色素形成的基因的突变率为$1.06\times10^{-4}$，而黄色胚乳基因的突变率为$2.2\times10^{-6}$。

第四，大多数基因突变对生物体是有害的，由于任何一种生物都是长期进化过程的产物，它们与环境条件已经取得了高度的协调。如果发生基因突变，就有可能破坏这种协调关系。因此，基因突变对于生物的生存往往是有害的。例如，绝大多数的人类遗传病，就是由基因突变造成的，这些疾病对人类健康构成了严重威胁。又如，植物中常见的白化苗，也是基因突变形成的。这种苗缺乏叶绿素，不能进行光合作用制造有机物，最终死亡。但是，也有少数基因突变是有利的。例如，植物的抗病性突变、耐旱性突变、微生物的抗药性突变等，都是有利于生物生存的。所以，生物在长期进化过程中，形成了遗传基础的均衡系统，任何基因突变均将扰乱原有遗传基础的均衡，从而引起个体正常生命活动出现异常如生长发育缺陷，也可引起人类多种遗传病的发生，人类肿瘤也与体细胞突变有关。基因突变的有害性是相对的，突变也为基因获得新的、更好的功能提供了机会。

基因突变可引起人类疾病，但其有害性是相对的，从生物进化的角度来看，突变也有其积极的意义。基因突变是生物界中普遍存在的现象，没有遗传物质的突变，就没有生物的进化。当突变的基因使机体能更好地适应环境或有更优势的竞争力，带有这种突变基因的个体就会在自然选择中更加优化，生存率就会提高，平均寿命就会延长。有些突变只有基因型改变而没有明显的表型改变。多态性(poly-mophism)就是用来描述个体之间基因型差别的现象。法医学上的个体识别、亲子鉴定、器官移植的配型等均要采用DNA多态性分析技术。

突变基因改变了原有的结构与功能，导致原有的遗传性状发生改变，其中一部分基因突变可导致遗传病或具有遗传倾向的病甚至肿瘤。如血友病是凝血因子基因的突变、地中海贫血是珠蛋白的基因突变等。具有遗传倾向的高血压病、糖尿病、溃疡病等系多基因变异与环境因素共同作用的结果。肿瘤是体细胞基因突变的结果。

总之，低水平的突变率在进化进程中可以保证种群中优化基因和致病基因之间的平衡。它即是生物进化的源泉，也是某些疾病的基础。

### 3.1.2 基因组变异类型

基因突变而使得群体内个体之间基因组存在的一定差异，我们用基因多态性来标识。

基因多态性也称遗传多态性(genetic polymorphism),是指在一个生物群体中,同时和经常存在两种或多种不连续的等位基因或者基因型(genotype)。从本质上来讲,多态性的产生在于基因水平上的变异,一般发生在基因序列中不编码蛋白的区域和没有重要调节功能的区域,抑或是同义突变,总之是不导致细胞有害性状的突变。这样才能保证该突变稳定遗传下去。对于个体而言,基因多态性碱基顺序终生不变,并按孟德尔规律世代相传。

生物群体基因多态性现象十分普遍,其中,人类基因的结构、表达和功能,研究比较深入。人类基因多态性既来源于基因组中重复序列拷贝数的不同,也来源于单拷贝序列的变异,以及双等位基因的转换或替换。按引起关注和研究的先后,通常分为3大类:限制性片段长度多态性、DNA重复序列长度多态性、单核苷酸多态性。限制性片段长度多态性(restriction fragment length polymorphism,RFLP),即由于基因突变(单个碱基的缺失、重复和插入)所引起限制性内切酶识别位点的变化,而导致酶切后DNA片段长度的变化。DNA重复序列长度多态性(repeat sequence length polymorphism,RSLP),特别是短串联重复序列,如小卫星DNA和微卫星DNA,主要表现为重复序列拷贝数的变异。

在生物的基因组中,单核苷酸多态性(single nucleotide polymorphism,SNP)是一种较为普遍的现象。单核苷酸多态性主要是指在基因组水平上由单个核苷酸的变异所引起的DNA序列多态性。单核苷酸多态性(SNP),即散在的单个碱基的不同,基因组中单核苷酸的缺失,插入与重复序列不属于SNP。单个碱基的置换,在CG序列上频繁出现,这是目前倍受关注的一类多态性。SNP通常是一种双等位基因的,或二态的变异。SNP大多数为转换,作为一种碱基的替换,在基因组中数量巨大,分布频密,而且其检测易于自动化和批量化,因而被认为是新一代的遗传标记。它是人类可遗传的变异中最常见的一种,也是构成个体性状差异的主要原因。

一般情况下,单核苷酸引起的突变都是中性的,不会导致生物体发生明显的性状改变或引起疾病的发生。但有时单个核苷酸的变异却可以引起生物性状发生明显改变,并成为某些遗传疾病的致病因素,如人类的镰刀形细胞贫血病就是由单个核苷酸突变使谷氨酸密码子GAG变成了缬氨酸密码子GTG而引起血红蛋白结构和功能发生改变而导致疾病的发生。与单核苷酸多态性相关的另一个概念是单体型(haplotype)。单体型是指一条染色体上统计相关的一组单核苷酸多态性,它可用于研究人类遗传性疾病,正是基于这一目的,中国、美国、英国、日本、加拿大五国代表于2002年10月在美国华盛顿正式启动了国际人类单体型图计划。

任何2个拷贝的人类基因组大约有0.1%的核苷酸位点不同,即平均1000个碱基有1个变异。SNP是最常见的一种,例如一个群体中某些染色体在该位点上是C,而在其他染色体的该位点上却是T。据估计,全世界人类群体90%的变异都是常见的SNPs,而其余10%是非常稀少的变异。

除了SNP外,拷贝数变异(copy number variation,CNV)也是一种重要的基因组变异类型。它是由基因组发生重排而导致的,一般产生长度为1 kb以上的基因组大片段的拷贝数增加或者减少,主要表现为亚显微水平的缺失和重复。拷贝数变异是基因组结构变异(structural variation,SV)的重要组成部分。研究表明,不少人类复杂性状疾病都和拷贝数变异有密切关系。1936年美国遗传学家 Calvin Bridges 发现遗传了双份的 Bar 基因的果蝇会发育出非常小的眼睛，他因此发现了拷贝数变异对性状的影响。在人类和其他哺乳动物基因组中，由基因组发生重排而产生了许多大小从 kb 到 Mb 范围内的亚微观 DNA 片段的拷贝数变异。

随着二代测序技术的发展，越来越多大数据研究表明，拷贝数变异与疾病发生、组织器官的发育、衰老等密切相关。例如，以含淀粉粮食为主食的民族与狩猎民族相比，其基因组中含有更多的 *Amy*1 基因拷贝，以利于食物中淀粉的消化。*Amy*1 基因拷贝的增加使这些人群具有更好的消化食物中淀粉的能力，并且不容易患消化道疾病。Ibanez 等发现 *Alpha-Synuclein* 基因拷贝数增加 2～3 倍能够导致遗传性帕金森综合征。Rovelet Lecrux 等在早老性痴呆症患者中发现淀粉样前体蛋白基因的拷贝数增加是导致大脑淀粉样血管疾病的根源。Gonzalae 等发现，*CCL3L*1 基因的拷贝数差异与抵御艾滋病病毒的能力有一定程度的联系；CNV 有助于解释为什么有的人特别容易患艾滋病，而有的人不容易染病，而这在 SNP 图谱上是看不出的。

除此之外，基因变异类型还包括缺失、插入等多种类型。这些突变类型往往跟 DNA 复制的失调密切相关，是在 DNA 代谢过程中产生的可遗传的稳定变异类型。

### 3.1.3 转座子及遗传突变

多态性的也很可能是由转移元件转座产生的。它们是基因组中可移动的不连续序列，可在基因组内从一个座位转到另一个座位。这种在基因组上跳跃的序列就是转座子，又称跳跃子或转座元件（transposon 或者 transposable element），是基因组中一段可移动的 DNA 序列，可以通过切割、重新整合等一系列过程从基因组的一个位置“跳跃”到另一个位置，是基因组上不必借助于同源序列就可移动的 DNA 片段。它们可以直接从基因组内的一个位点移到另一个位点。转座子的移动提供了基因组变化的潜在可能。和大部分其他的途径不同，转座作用于供体和受体部位之间的序列没有任何关系。转座子有的编码蛋白质的序列，这些蛋白质能直接操纵 DNA；有的与反转录病毒有关，反转录病毒的移动是靠它们的 RNA 转录产物产生的 DNA 拷贝，然后将 DNA 拷贝整合到基因组的新位点上。

转座元件是在细菌操纵子中最先被鉴定的自发插入形式。这种序列插入抑制了其插入基因的转录和/或翻译。在原核生物中发现两种类型的转座子，简单转座子（simple transposon）和复合转座子（composite transposon）。简单转座子又称为插入序列（insertion sequence，IS），是最简单的转座子，用 IS 加鉴定类型的编号来表示。IS 元件是细菌染色体正常和质粒的正常组分，是一个自主单位，每种 IS 元件均编码自身转座所需的蛋白质。每种 IS 元件具有不同的序列，但有共同的组织形式。中间序列是转座酶基因，负责 IS 的移动，两端为反向重复序列。复合转座子除了与它的转座作用有关的基因外，还含有其他基因。通常以 Tn 和后面的数码来命名。

转座子都具有编码与转座作用有关的酶——转座酶的基因，而末端大多数都是反向重复序列。转座酶及识别转座子的两端，也能与靶位点序列结合。转座子插到新的位点上产生交错缺口，所形成的单链末端与转座子两端的反向重复序列相连，然后由DNA聚合酶填补缺口，DNA连接酶封闭缺口，这是转座的一般机制。除此之外，转座还主要包括复制型和非复制型两类。复制型转座(replicative transposon)是指在相互作用时，转座子被复制，因此转座实体是原转座子的一个拷贝。转座子中作为移动的部分被拷贝。其中一个拷贝保留在原位点，另一个则插入到新的位点。因此转座伴随着转座子拷贝数的增加。复制型转座涉及两种类型酶的活性：一种是转座酶，它在原转座子的末端起作用。另一种为拆分酶(resolvase)，它对复制拷贝起作用。还有一类称为非复制型转座(nonreplicative transposon)，是指转座子做物理性运动，直接从一个位点到另一个位点，并且是保守的。这种发生可通过两种机制产生：一种是利用供体与靶DNA的连接，与复制型转座的一些步骤相同。这种转座过程中涉及转座子从供体DNA的释放，机制需要一个转座酶。两种非复制型转座导致转座子插入到靶位点以及从供体位点丢失。供体分子经过非复制型转座会后，要求宿主修复系统识别双链缺口并修补它。

真核生物具有更为复杂的转座系统。具体的科学发现在酵母、玉米、果蝇等物种中研究较为详细。McClintock第一个观察了玉米中转座因子。根据她的大量遗传学实验和观察，她描述了大量的在玉米中具有修饰和抑制的活性的转座子。她研究的性状之一是玉米胚乳上的色素。当时已知很多基因共同控制红色花青素的合成，使玉米胚乳呈紫色。这些基因中任何一对基因发生突变都会影响色素的合成，使胚乳呈白色。McClintock研究了玉米胚乳的紫色、白色以及白色背景上带有紫色斑点这些表型的相互关系。她根据自己的遗传学和细胞学研究推断“花斑”这种表型并不是由常规的突变产生的，而是由一种控制因子的存在导致的。我们现在知道这就是转座因子。大量的研究表明，转座子可使原来相距较远的基因组合在一起，形成一个操纵子。有的转座子把原来两段分离的DNA序列连在一起，产生一个新蛋白。如果是启动子部位的插入则可使基因打开或关闭。但是过多转座(频率过高)会对细胞不利，细胞在长期进化中形成了一些不利于转座的代谢途径，可与转座过程平衡。此外，转座基因插入时，大多数受体基因均被钝化，但也有基因被激活。除此之外，转座子是还有更为丰富的遗传学效应。总之，转座子是基因组变异的一个重要因素。

### 3.1.4　基因动态突变

基因动态突变(dynamic mutation)是以DNA重复序列拷贝数在世代间传递过程中发生不稳定持续扩增为特征的一类突变。在疾病的代间传递过程中，下一代患者将表现为DNA重复序列更长、发病年龄更早、疾病症状更加严重的现象，称为“遗传早现”(anticipation)。最初在人类神经系统遗传性疾病患者中发现在疾病相关基因的编码区、3′或5′非编码区、内含子区的某个密码子的拷贝数表现异常，比正常个体的拷贝数高很多。如(CAG)$n$、(CCG)$n$、(CTG)$n$、(CGG)$n$等三核苷酸的重复拷贝数在某些人类疾病患者中会急剧增加，这种重复拷贝数的异常与许多疾病的发生有密切关系。在生殖细胞中发生的三核苷酸重复拷贝数变异可代间传递，而体细胞中的三核苷酸重复拷贝数变异同样具有表型效应。除此之外，该类突变的主要特征是其动态变化性，即在同一个体的不同类型细胞或同一类型的不同细胞中，三核苷酸重复拷贝数不完全相同，而是处于一种动态变化中。由重复拷贝数变化引起的基因表型效应有差别，将随着拷贝数的改变而有所不同，导致受影响基因的可突变性(mutability)。重复拷贝数变异与一般的基因突变具有完全不同的特点，通常情况下基因发生突变的频率很低，且在不同世代都具有相同的突变率，而且变动很小。比如，编码含有 400 个氨基酸的血纤维蛋白原基因，大约每 20 万年才发生一个氨基酸的突变，这些突变可以说是“静止的”。但三核苷酸重复序列扩增与静止突变不同，其重复序列拷贝数的增加引发基因的长度变异，其遗传方式不同于典型的孟德尔遗传规律，由于三核苷酸的重复拷贝数可在世代间发生改变，故称为 DNA 的动态突变(dynamic DNA mutation)。动态突变也可称为基因组不稳定性(genomic instability)。基因组 DNA 上三核苷酸重复序列拷贝数不稳定地异常扩展而引起的遗传病就称为动态突变性遗传病。目前已经证实在近 20 种神经系统遗传性疾病或精神类疾病患者的相关基因中发现存在这种基因动态突变现象，如亨廷顿病(HD)、脊髓小脑共济失调、齿状核红核苍白球丘脑下部核萎缩(DRPLA)、脆性 X 综合征(FRAXA)、强直性肌营养不良(DM1)等等，其相关特性见表 3-1。

**表 3-1　动态突变与人类疾病(仿袁建刚等，2006)**

| 疾病名称 | 重复核苷酸组成 | 重复位置 | 正常重复次数($n$) | 致病重复次数($n$) |
| --- | --- | --- | --- | --- |
| 亨廷顿氏舞蹈症(HD) | (CAG)$n$(谷氨酰胺) | 第一外显子 | 6～35 | 36～121 |
| Ⅰ型骨髓小脑共济失调(SCA1) | (CAG)$n$(谷氨酰胺) | | 6～44 | 39～82 |
| Ⅲ型骨髓小脑共济失调(SCA3) | (CAG)$n$(谷氨酰胺) | | 13～40 | 68～79 |
| 脊髓及球肌萎缩(SMA) | (CAG)$n$(谷氨酰胺) | 第一外显子 | 11～33 | 40～62 |
| 齿状核红核苍白球丘脑下部核萎缩(DPRLA) | (CAG)$n$(谷氨酰胺) | | 6～35 | 49～88 |
| 脆性 X 综合征(FRAXA) | (CGG)$n$(精氨酸) | 5′ UTR | 6～59 | 60～230 以上 |
| 强直性肌营养不良(DM1) | (CTG)$n$(亮氨酸) | 3′ UTR | 5～37 | 50～3000 |

根据三核苷酸的组成不同及所在位置的差异，由三核苷酸重复序列扩增相关引起的人类疾病可以分为 3 类：①CAG/多聚谷氨酰胺型：CAG 重复序列拷贝数在疾病的相关基因编码区达到 30～40 或者更多；②丙氨酸-天冬酰胺型：由 GCN(N 为任意核苷酸)和 GAC 型三核苷酸重复序列扩增引起；③非翻译型：特征是有大量的三核苷酸重复序列扩增位于基因的非编码区内，不会对基因编码产物产生影响，但调控区的改变可能影响基因表达活性而导致疾病发生，在此类型疾病中发现的三核苷酸重复序列拷贝数要远高于 CAG/多聚谷氨酰胺型和丙氨酸-天冬酰胺型。但三核苷酸重复序列扩增对疾病的影响具

有逐渐累加的效应，有些重复序列扩增并不表现出显著的疾病表型，只有当重复拷贝数超过某一临界值时，才表现出病症或在染色体上出现脆性位点；另外，并不是只有拷贝数的增加才能引起疾病，有时拷贝数的减少也同样可导致疾病发生，如在*COMP*基因编码区，GAC重复序列的扩增或缩短都可能引发假性软骨发育不全(PSACH)。目前在精神疾病的多个相关基因中，发现有三核苷酸重复序列的拷贝数变异，如*HKCa* 3基因、*NOTCH* 4基因、MutD蛋白基因*MAB21L1*、甲状腺素基因*TTR*、Ⅰ型小脑脊髓共济失调基因*SCA*1以及一些参与转录的TATA盒结合蛋白基因*TBP*等。CAG密码子的重复可增加多聚谷氨酰胺的长度，使其无法正确折叠，导致错叠蛋白在神经系统中的积累而引起神经毒性。SCA3疾病有关的一个多聚谷氨酰胺片段ataxin-3的突变体在PC-12细胞中表达时，在内质网中有大量未折叠的蛋白聚集，最后会导致细胞凋亡。此外，亨廷顿病基因(*HD*基因)产生的蛋白产物可通过多聚谷氨酰胺与GAPDH结合使其失活，特别是多聚谷氨酰胺超过60个重复时可明显抑制GAPDH活性，使脑细胞无法通过糖酵解获得能量而导致神经退行性疾病的产生。(CAG)$n$的扩增可干扰Sp1转录因子的富含谷氨酰胺区段与TAFⅢ30中的富含谷氨酰胺区段之间的相互作用而导致神经退行性疾病。

三核苷酸拷贝数扩增除了存在于人类神经系统遗传性疾病外，还与一些发育异常的疾病有关。例如，在引起人类常染色体显性遗传的多趾综合征相关基因*HOXD*13中就存在丙氨酸密码子重复扩增，其蛋白产物N-端的丙氨酸重复拷贝数在22个以上，明显比正常基因中的15个丙氨酸重复拷贝要高。而且引起人类多趾综合征的*HOXD*13基因中的丙氨酸重复拷贝数以及丙氨酸密码子都不是固定的，可以动态变化。如在三个家系的人类多趾综合征患者中，其HOXD13蛋白产物的N端丙氨酸重复拷贝分别是22、23和25个，但编码丙氨酸的密码子可以是GCG、GCA、GCT和GCC当中的任意一种。

此外，三核苷酸重复序列的扩增程度差异会影响基因的显隐性遗传特征，其具体机制仍不清楚。如位于14号染色体长臂14q11的人类眼咽肌营养不良症(*OPMD*)基因，在正常人中*OPMD*基因的末端具有6个GCG拷贝(丙氨酸密码子)，当GCG增加到7份拷贝时，其纯合基因型(GCG)7/(GCG)7就会表现出疾病症状，即常染色体隐性遗传；而在(GCG)7/(GCG)9杂合子中症状表现为特别严重，可能与9个GCG拷贝的存在有关，并表现为显性遗传。表现为隐性遗传的(GCG)7在人群中约占2%，而表现为显性遗传的(GCG)8～13较多。

已知任何涉及单链DNA的生物过程，例如DNA修复、重组、复制或转录均可导致三核苷酸重复序列拷贝数目的异常。现已证明，表观遗传修饰如甲基化的异常和组蛋白修饰异常、插入序列、转录调控异常以及DNA重组及修复异常等均可以导致三核苷酸重复拷贝数的不稳定。

## 3.2 DNA损伤

细胞癌变的原因之一是遗传信息的不稳定。人类细胞中的DNA每天都会由于外源和内源的代谢进程而遭受成千上万次损伤。细胞基因组的改变可能导致DNA转录过程出现错误，进而通过翻译过程影响信号转导和细胞功能必需的蛋白质。如果有丝分裂之前这些基因组突变尚未完成修复，则还会进一步遗传给子代细胞。一旦细胞丧失了有效修复 DNA 损伤的能力，就可能引起细胞的衰老、凋亡和细胞癌变。DNA 损伤的类型多种多样，包括外界环境中各类物理化学因素及机体自身 DNA 分子的自发性损伤。主要包括碱基的改变，如去氨基作用、脱嘌呤作用，碱基错配，嘧啶二聚体 DNA 加合物及嵌入剂引起的损伤，还有就是 DNA 双链或者单链断裂、链间交联等(图 3-1)。

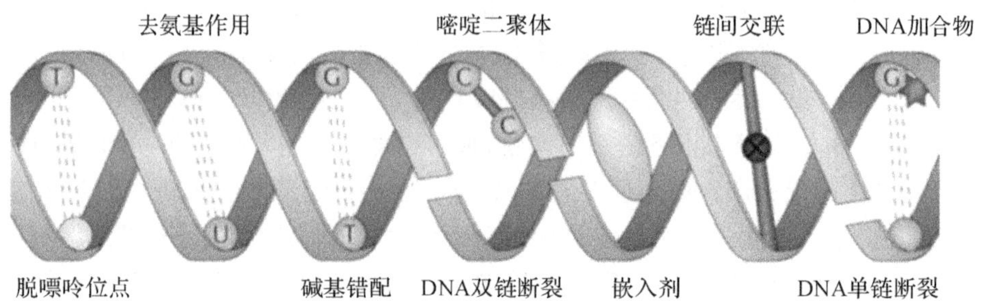


图 3-1　DNA 损伤的类型及引起损伤的因素

## 3.2.1　物理因素引起的 DNA 损伤

物理因素引起的 DNA 损伤一般指的是各类射线造成的 DNA 改变。DNA 分子损伤最早就是从研究紫外线的效应开始的。紫外线的波长正好与核酸和蛋白质的最大吸收波长一致(～260 nm)。因此当 DNA 受到紫外线照射时，紫外线的能量被转化为分子内能，导致分子振动或使碱基发生电子跃迁而处于高能状态(激发态)，被激发的碱基和水发生水合作用，使同一条 DNA 链上相邻的嘧啶以共价键连成二聚体，相邻的两个 T，或两个 C，或 C 与 T 间都可以形成二聚体，包括环丁烷嘧啶二聚体(cyclobutane pyrimidine dimmer，CPD)和 6-4 光生成物(6-4 photoproduct，6-4PP)(图 3-2)，其中最容易形成的是胸腺嘧啶二聚体。胸腺嘧啶二聚体通常发生在同一 DNA 链上两个相邻的胸腺嘧啶之间，也可以发生在两个单链之间，这种形式的二聚体结构是很稳定的。特别是发生在两条链之间的嘧啶二聚体会由于交联作用而阻碍双链的解螺旋，从而影响 DNA 复制；发生在相邻位置的嘧啶二聚体会阻碍腺嘌呤 A 的正常掺入，导致 DNA 复制在该处突然终止。

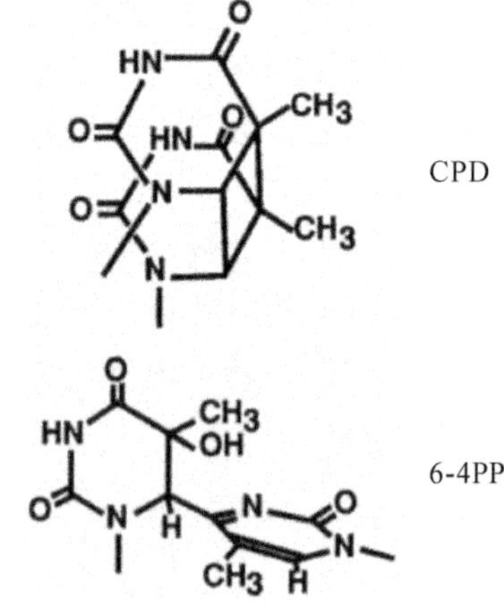


图 3-2　UV 照射引起的嘧啶二聚体结构

二聚体结构的形成通常会引起 DNA 双螺旋发生局部的弯曲和扭结，这严重影响了 DNA 双螺旋的局部结构，从而影响碱基的互补配对，直接影响 DNA 复制和转录过程。6-4 光生成物能使 DNA 链上相邻的两个嘧啶如 TT、CC 或 CT 之间通过环丁基环(cyclobutane ring)连成嘧啶二聚体。此外，紫外线还能引起颠换和移码突变，以及引起大片段的缺失和重复。这些突变可能是紫外线的直接作用、间接作用和SOS修复系统共同作用的结果。微生物受紫外线照射后，引起嘧啶二聚体、碱基错配、DNA链断裂等损伤，如不能及时修复将直接影响其生存。人皮肤细胞是直接接受紫外线照射的，因受紫外线照射而形成二聚体的频率较高，可达每小时 $5\times10^4$ 次/细胞，但机体也有强大的修复机制，能减少二聚体的积累，从而保证基因组的相对稳定。

电离辐射如γ-射线及X-射线等具有较高的能量，能引起被照射物质中原子的电离，故称为电离辐射。电离辐射损伤DNA有直接和间接的效应，直接效应是DNA直接吸收射线能量而遭损伤，间接效应是指DNA周围水分子等其他分子吸收射线能量产生具有很高反应活性的自由基进而损伤DNA。电离辐射可导致DNA分子的多种改变。首先就是碱基变化，主要是由OH—自由基引起，包括DNA链上的碱基氧化修饰、过氧化物的形成、碱基环的破坏和脱落等，一般嘧啶比嘌呤更敏感。第二，脱氧核糖也能发生变化。脱氧核糖上的每个碳原子和羟基上的氢都能与OH—反应，导致脱氧核糖分解，最后会引起DNA链断裂。而电离辐射引起最严重的的事件是DNA链的断裂，严重程度随照射剂量而增加。射线的直接和间接作用都可能使脱氧核糖破坏或磷酸二酯键断开而致DNA链断裂。DNA双链包括两种，一种是DNA单链断裂(single strand break)，还有一种是DNA双链断裂(double strand break)。此外，电离辐射还能引起链间的交联以及DNA-蛋白质的交联。同一条DNA链上或两条DNA链上的碱基间可以共价键结合，DNA与蛋白质之间也会以共价键相连，组蛋白、染色质中的非组蛋白、调控蛋白、与复制和转录有关的酶都会与DNA共价键连接。这些交联是细胞受电离辐射后在显微镜下看到的染色体畸变的分子基础，会影响细胞的功能和DNA复制。

### 3.2.2 化学因素引起的DNA损伤

#### (1)碱基类似物

碱基类似物在化学结构上与天然DNA的碱基结构非常相似，因此在DNA复制时可以取代正常的碱基掺入到新合成的DNA子链中。但是由于在结构上与正常碱基有微小的差异，加上分子的互变异构现象，这些碱基类似物在与正常碱基配对时，其专一性较差，容易引起碱基置换。互变异构现象使DNA碱基出现不同形式的分子构型的互变异构体，这些不同的分子构型是有些原子的位置和化学键发生改变的结果。酮式(keto)分子构型是DNA正常碱基的较为常见的存在状态，而烯醇式(enol)或亚氨基形式的分子构型较为罕见，但却是碱基配对错误发生的主要原因。

例如5-溴脱氧尿苷(BrdU)和5-溴尿嘧啶(BU)是胸腺嘧啶(T)的结构类似物。当在细菌培养基中加入5-BrdU进行培养时，BrdU就可以取代T掺入到DNA中导致细菌的突变。5-BrdU有两种互变异构体，酮式结构在DNA复制时可与A配对；烯醇式结构则更容易与G配对。由于溴原子电子拉力的影响，其烯醇式发生率很高，显著提高了诱变力，可以使细菌的突变率提高近 $10^4$ 倍。A-T对转变成为G-C对这种错误发生在DNA

复制中，故称为复制误差。当 5-BrdU 以烯醇式参与 DNA 复制时，在第二轮复制中又转变成酮式，就会导致 G-C 对转变成为 A-T 对，这种错误发生在掺入过程中，所以又称为掺入误差。也就是说 5-BrdU 既可引起 A-T 对转变成为 G-C 对，也可以诱发 G-C 对转变为 A-T 对，因此 5-BrdU 可以诱发回复突变。

除了 5-溴脱氧尿苷(BrdU)和 5-溴尿嘧啶(BU)以外，还有 5-氟尿嘧啶(FU)、5-氯尿嘧啶(ClU)以及其他形式的脱氧核苷。其中 2-氨基嘌呤(2-aminopurine，2-AP)是一种广泛使用的碱基类似物。其结构与腺嘌呤 A 的结构类似，因此正常情况下 2-AP 可与 T 配对，在发生质子化(protonation)后 2-AP 以亚氨基状态存在，就可与 C 配对。在 DNA 复制时，2-AP 掺入 DNA 后与 T 配对，当发生与 C 的错误配对后，可诱发 A-T 对转变成为 G-C 对；或者 2-AP 掺入 DNA 后与 C 发生错误配对，而在其后的 DNA 复制过程中 2-AP 又与 T 配对，结果使 G-C 对转变成为 A-T 对，发生回复突变。

### (2)烷化剂

某些诱变剂并不掺入 DNA 分子中，而是通过碱基烷基化使其化学结构发生改变而引起 DNA 复制时碱基错配来诱发突变。这样的化合物称为烷化剂(alkylating agent)，其分子结构中含有一个或多个活性烷基。烷化剂是一类极强的化学诱变剂，较常见的有氮芥、硫芥、甲基磺酸乙酯(EMS)、甲基磺酸甲酯(MMS)、乙基磺酸乙酯(EES)和亚硝基胍(NTG)。烷化剂的活性烷基很不稳定，能转移到其他分子的电子密度较高的位置上，并置换其中的氢原子，使其成为高度不稳定的物质。DNA 碱基的 N 原子是发生烷基化的靶点，A、T、G、C 四种碱基的分子结构不同，因此烷基化的靶点位置有差异。如 EMS 通常将乙基加到鸟嘌呤 G 的第 6 位氧原子上，产生 *O*-6-乙基鸟嘌呤。由于结构上的变化使其无法与胞嘧啶 C 进行正常配对，但却可与胸腺嘧啶 T 配对，使 G-C 对转变成为 A-T 对。EMS 也可使胸腺嘧啶 T 的第 4 位的 N 发生烷基化而形成 *O*-4-乙基胸腺嘧啶，直接与鸟嘌呤错配，使 A-T 对转变成为 G-C 对。

除了使碱基发生烷基化外，烷化剂也可以引起鸟嘌呤发生脱嘌呤作用。烷基使鸟嘌呤 N 位活化 β-糖苷键而引起断裂，使嘌呤从 DNA 上脱落下来形成无碱基位点。在 DNA 复制时，如果在无碱基位点错误地掺入其他碱基，则可能引起转换或颠换，可导致错义突变；或者因为鸟嘌呤缺失引起移码突变。而且无碱基位点稳定差，容易发生断裂；或由 AP 内切酶修复系统进行修复。此外，烷化剂还可以使 DNA 链内或链间不同碱基之间发生交联，使 DNA 局部结构发生改变而干扰碱基的正常配对，影响 DNA 复制和转录。在切除修复时，可引起几个或一段核苷酸的丢失。如氮芥和硫芥能使 DNA 同一条链或不同链上的鸟嘌呤发生交联形成二聚体结构，阻碍正常的 DNA 复制过程。因此氮芥和硫芥的致癌性极强。而 NTG 在条件适宜的情况下可以使大肠杆菌的 DNA 复制叉部位出现多个成簇的突变，使每个细胞都发生一个以上的突变。如果在培养 *E. coli* 时精确控制各种因素，并把握好 NTG 的加入时间和剂量，就可以选择性地获得 DNA 特殊片段发生突变的大肠杆菌细胞。因此，利用 NTG 作为诱变剂，可以获得大肠杆菌的各种突变株。

在临床上用于肿瘤治疗的药物有许多是烷化剂，如环磷酰胺(cyclophosphamide)、异环磷酰胺(ifosfamide)、替哌(tepa)、噻替哌(thiotepa)、白消安(busulfan,又称马利兰 myleran)、卡莫司汀(carmustine)、洛莫司汀(lomostine,环已亚硝脲)、司莫司汀(semustine,甲环亚硝脲)、尼莫司汀(nimustine)、二溴甘露醇(dibromomannitol)、二溴卫矛醇(dibromodulcilol)及盐酸丙卡巴肼(procarbazine hydrochloride)等。

**(3)嵌入剂**

嵌入剂是 DNA 的另一种重要的修饰物。这类化合物包括原黄素(proflavine)、黄素(acriflavine)、吖啶橙(acridine orange)、溴化乙锭(ethidium bromide,EB)等染料。这些大分子能以静电吸附形式嵌入 DNA 单链的碱基之间或 DNA 双螺旋结构的相邻多核苷酸链之间,它们多数是多环的平面结构,特别是三环结构,其结构大小与碱基相似,长度为相邻碱基距离的 2 倍。嵌入剂插入碱基重复位点处时,可造成碱基对发生倾斜而使两条链错位,如果嵌入到新合成的互补链上,就会使之缺失一个碱基;如果嵌入到模板链的两碱基之间,就会使互补链插入一个碱基,引起移码突变。一些具有金属螯合作用的嵌入剂如糖肽抗生素和抗癌药物博莱霉素 A 在嵌入 DNA 的同时还可通过金属离子对 DNA 进行切割,使 DNA 裂解。在有合适的金属离子存在下,冠醚类和聚乙二醇类嵌入物都显示了对 DNA 链的剪切活性。

除了以上 3 种类型的化合物外,还有一些致突变物可直接改变或破坏碱基的结构,如具有氧化作用的亚硝胺能使腺嘌呤和胞嘧啶脱氨,形成次黄嘌呤和尿嘧啶。羟胺能使胞嘧啶 C6 位氨基变成羟氨基,在进一步配对时引起碱基转换。亚硝胺也能使鸟嘌呤变为黄嘌呤,但黄嘌呤配对性质与鸟嘌呤相同,不会引起碱基置换。黄曲霉素可引起鸟嘌呤的碱基和糖基之间的糖苷键断裂,产生无嘌呤位点,修复时添加腺嘌呤将引起碱基替换。还有些化合物可以形成自由基或过氧化物,使嘌呤结构发生改变,容易出现 DNA 断裂,如甲醛、氨基甲酸乙酯和乙氧咖啡碱等。

### 3.2.3 DNA 分子的自发性损伤

多年来,外源性损伤一直被认为是致癌 DNA 突变的首要来源。不过,Jackson 与 Loeb 提出内源性 DNA 损伤也可能是致癌突变的重要来源。内源代谢和生化反应也可能造成 DNA 损伤,但人们对其中的一些机制还知之甚少。

生物体内 DNA 分子自发性损伤基本是来自细胞代谢过程,尤其是 DNA 复制、转录过程。水解反应可能部分或彻底切割 DNA 链上的核苷酸碱基。碱基的环外氨基会自发脱落,胞嘧啶会变成尿嘧啶、腺嘌呤会变成次黄嘌呤(H)、鸟嘌呤会变成黄嘌呤(X)等,遇到复制时,U 与 A 配对、H 和 X 都与 C 配对就会导致子代 DNA 序列的错误变化。一个哺乳类细胞在 37 ℃条件下,20 h 内 DNA 链上自发脱落的嘌呤约 1000 个、嘧啶约 500 个;估计一个长寿命不复制繁殖的哺乳类细胞(如神经细胞)在整个生活期间自发脱嘌呤数约为 108,这占细胞 DNA 中总嘌呤数约 3%。脱嘧啶活动(在胸腺嘧啶或胞嘧啶的位置丢失嘧啶类碱基)也可能发生,但频率要比脱嘌呤活动低很多。细胞中也会发生脱氨作用,即腺嘌呤、鸟嘌呤与胞嘧啶环上的氨基丢失,分别形成次黄嘌呤、黄嘌呤与尿嘧啶。DNA 修复酶能够识别和纠正这些非天然的碱基，但未被纠正的尿嘧啶碱基在后续的DNA复制过程中可能会被误读为胸腺嘧啶，随之形成C→T点突变。在细胞内，与S-腺苷甲硫氨酸(SAM)的反应可以介导DNA甲基化(一种特殊的烷化作用)。SAM是一类细胞内代谢中间体，包含一个具有高度活性的甲基基团。在哺乳动物细胞中，甲基化发生在胞嘧啶碱基的胞嘧啶环5号位置上，进而形成了一个鸟嘌呤碱基，即序列CpG。突变错误的一个重要来源是甲基化产物5-甲基胞嘧啶的自发脱氨基作用。氨基丢失导致形成胸腺嘧啶碱基，从而无法被DNA修复酶识别为异常碱基。这一碱基置换作用在DNA复制过程中被保留，形成C→T点突变。

DNA中的4种碱基各自的异构体间都可以自发地相互变化(例如烯醇式与酮式碱基间的互变)，这种变化就会使碱基配对间的氢键改变，可使腺嘌呤能配上胞嘧啶、胸腺嘧啶能配上鸟嘌呤等。如果这些配对发生在DNA复制时，就会造成子代DNA序列与亲代DNA不同的错误性损伤。此外，体内还可以发生DNA的甲基化或结构的其他变化等，这些损伤的积累都可能导致细胞老化和基因组的不稳定。

细胞呼吸的副产物$O_2^-$、$H_2O_2$等会造成DNA损伤，能产生胸腺嘧啶乙二醇、羟甲基尿嘧啶等碱基修饰物，还可能引起DNA单链断裂等损伤，每个哺乳类细胞每天DNA单链断裂发生的频率约为5万次。嘌呤与嘧啶类碱基均会受到氧化作用的影响，最为常见的突变是鸟嘌呤被氧化为8-氧代-7,8-二氢鸟嘌呤，形成8-氧代脱氧鸟苷(8-oxo-dG)。8-oxo-dG能够与脱氧腺苷而非预期的脱氧胞苷相配对。如果这一错误未被错配修复酶识别并纠正，则随后复制出的DNA产物就会包含一个C→A点突变。ROS也可能会介导脱嘌呤、脱嘧啶作用以及DNA单/双链的断裂。在细胞周期S期，DNA复制过程中还可能引入其他类型的基因组突变。

复制模板DNA的聚合酶有少量但不可忽视的错误率，会将错误碱基按照沃森-克里克配对原则整合进合成链中，与模板DNA相配。化学上发生改变的核苷酸前体也可能被聚合酶整合进入DNA合成链，代替正常碱基。此外，聚合酶在复制含有大量重复核苷酸或重复序列(微卫星区域)的DNA区段时，容易发生“打滑(stuttering)”现象。这一“打滑”的酶学现象是链之间发生滑动所致，此时模板与复制链之间可能出现的滑动会导致两者之间难于对准。其结果是聚合酶不能准确插入模板DNA指定数量的核苷酸，导致子链中的核苷酸过多或过少。单链与双链DNA可能发生断裂。单链断裂可能由DNA脱氧核糖磷酸酯链上的脱氧核糖基团损伤引起。断裂也可能发生在碱基切除修复途径中AP-内切酶1去除脱氧核糖磷酸基团之后的一个中间步骤。发生单链断裂后，核苷酸碱基与脱氧核糖骨架都会从DNA结构中丢失。双链断裂经常出现在S期，此时DNA发生解螺旋并成为复制的模板，更容易发生断裂。

## 3.3 DNA损伤修复

生命状态的生存和延续必须要求DNA分子保持高度的精确性和完整性。但由于各种环境条件的影响以及生物自身内在的因素干扰，DNA复制的真实性受到很多潜在的威胁。如 DNA 复制错误，自发损伤引起的错误，以及外界环境中的诱变剂的作用等都大大提高了基因的突变率。在长期进化过程中，活细胞形成了各种酶促系统来修复或纠正偶然发生的 DNA 复制错误或 DNA 损伤。修复系统可以说是生物机体细胞在长期的进化过程中形成的一种保护功能，在遗传信息传递的稳定性方面具有主要作用。

细胞内的 DNA 分子因物理、化学等多种因素的作用使碱基组成或排列发生变化，若这些变化都表现为基因突变，机体则难以生存。然而生物在长期进化过程中，细胞或机体形成了多种 DNA 损伤的修复系统。DNA 损伤修复(DNA repair)是在细胞中多种酶的共同作用下，使 DNA 受到损伤的结构大部分得以恢复，降低了突变率，保持了 DNA 分子的相对稳定性。机体进化出多种修复方式。在原核生物和高等真核生物中，DNA 损伤修复还存在很大的不同。

### 3.3.1 DNA 损伤的直接修复

DNA 修复方式中最简单的是直接修复(direct repair)也称为损伤逆转(damage reversal)，是将 DNA 被损伤的碱基直接回复到原来状态的一种修复方式，不用切断 DNA 或切除碱基，是最简单、最直接的修复方式。包括光复活修复、DNA 甲基转移酶直接修复和单链断裂修复3种途径。

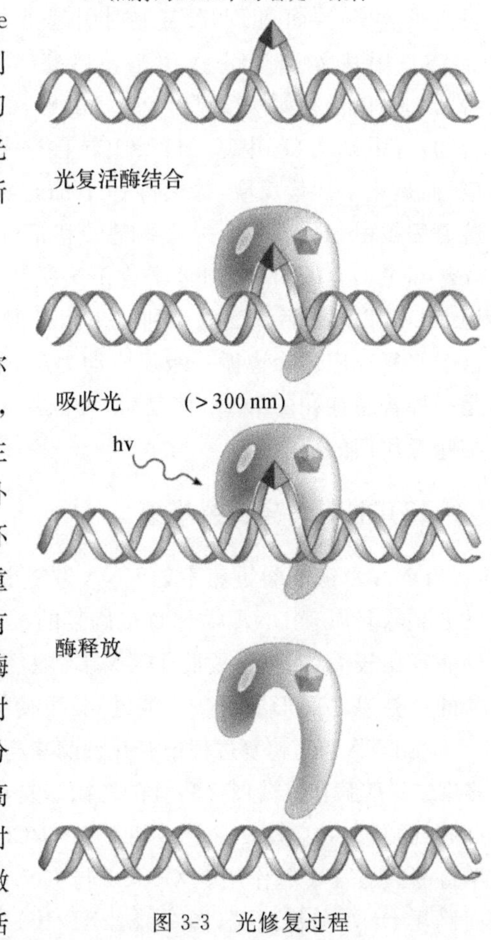

图 3-3 光修复过程

#### (1)光复活修复

光复活修复(photoreactivation repair)又称光修复，是一种高度专一 DNA 直接修复过程，它只作用于紫外线引起的 DNA 嘧啶二聚体，主要是胸腺嘧啶二聚体。当基因组 DNA 在紫外线照射时，DNA 中相邻的嘧啶碱基可以形成环丁烷嘧啶光二聚体和6-4光生成物，是一种严重的 DNA 损伤形式。光修复过程中，可见光(有效波长为400 nm 左右)激活细胞内的光复活酶(photoreactivating enzyme)，分解紫外线照射而形成的嘧啶二聚体。光复活酶在生物界分布很广，从低等单细胞生物到鸟类都有，而高等的哺乳类却没有。DNA 光复活酶在黑暗时首先结合到环丁烷嘧啶二聚体上，可见光能激活光复活酶，裂解二聚体并释放出酶。光复活酶与二聚体特异性结合是不需要光的，结合后受300～600 nm 波光的光照射，酶即被激活，分解二聚体成为单体后即从 DNA 链上解离，DNA 修复完成(图 3-3)。

DNA 光复活酶分子量为 55～65 kD，是一个单体蛋白质。目前发现的所有光复活酶均含有两个非共价结合的辅基：一个是 1,5-二氢黄素腺嘌呤二核苷酸($FADH_2$)，具有催化活性(其活性形式为阴离子 $FADH^-$)。另一个是次甲基四氢叶酸(MTHF)或 8-羟基-5-去氮杂核黄素(8-HDF)，可很好地吸收近紫外一可见光区的光子，具有“天线”作用。根据天线辅基的种类，光解酶可分为两类：一类是叶酸类，含 MTHF 的光复活酶吸收波长范围为 360～390 nm，例如大肠杆菌和酿酒酵母中的光复活酶。另一类是去氮杂黄素类，含 8-HDF，其作用谱中相应的波长为 430～460 nm，灰色链霉菌(*Streptomyces griseus*)光复活酶即属此类。

### (2) $O^6$-甲基鸟嘌呤-DNA 甲基转移酶(MGMT)直接修复

烷化剂可以引起 DNA 上碱基的烷基化，形成 6-甲基鸟嘌呤、4-烷基胸腺嘧啶和甲基化的磷酸二酯键等。烷基化碱基的直接修复是在烷基转移酶的作用下完成的。$O^6$-甲基鸟嘌呤是在鸟嘌呤第 6 位 O 原子上甲基化后形成的碱基，甲基化导致其碱基配对的性质发生了改变，因而在 DNA 复制时引起错误。

$O^6$-甲基鸟嘌呤-DNA 甲基转移酶($O^6$-methylguanine methyltransferase，MGMT)自身的 145 位半胱氨酸残基($Cys^{145}$)能够从 DNA 的鸟嘌呤碱基结构上剪切甲基和乙基加合物，将甲基从 $O^6$-甲基鸟嘌呤上转移过来，使这种损伤得到修复。这一反应并非催化反应，而是化学计量反应，每去除一个加合物，就消耗一个 MGMT 分子。甲基转移酶的半胱氨酸被甲基化后就会失去甲基转移活性，发生不可逆失活，因此是一种自杀酶(suicide enzyme)。以 1 个酶蛋白分子自杀失活为代价去修复 1 个受损伤的碱基似乎很不经济。但 MGMT 失活后却变成一种活化因子激活了自身基因和另一些修复基因的表达，并且这个修复反应途径遵循一级反应动力学，因此从形式上来讲却是简单而有利的。MGMT 是一种普遍存在的 DNA 修复酶，可以保护染色体免受烷化剂的致突变作用、致癌作用和细胞毒作用的损伤。

### (3) DNA 单链断裂修复

DNA 单链断裂虽然不如 DNA 双链断裂那样严重，但也是一种常见的损伤形式。单链断裂修复属于 DNA 损伤直接修复的一种，也不需要对 DNA 进行剪切加工。这类损伤的修复比较简单，只需要将 DNA 单链断裂的两端重新连接起来，在缺口处的 5′磷酸与相邻的 3′羟基之间形成磷酸二酯键，就可使损伤得到修复。

在 DNA 单链修复过程中有几种酶参与其中，首先是 PARP(poly ADP-ribose polymerase，多聚二磷酸腺苷核糖聚合酶)，它是在修复单链 DNA 损伤中起重要作用的分子，用于感知 DNA 的断裂并启动切除修复机制。XRCC1-DNA ligase 3 复合物在细胞周期 $G_0$ 期 DNA 单链断裂修复中起作用。XRCC1 与 DNA Polβ、DNA ligase 3 及 PARP 一起形成复合物而修复 DNA 单链断裂(图 3-4)。XRCC1 存在一个命名为 BRCT 的约 90 个氨基酸多肽区，BRCT 内氨基酸替换可使 XRCC1 的结构不稳，通过蛋白异常折叠或通过 XRCC1 特殊复合结构的改变而影响 XRCC1 与 PARP、DNA ligase 3、DNA Polβ 之间的关系导致

DNA 修复功能丧失。

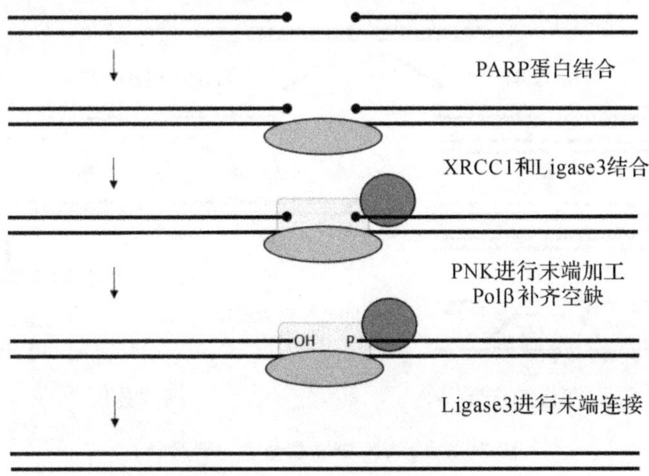


图 3-4 DNA 单链断裂修复

### 3.3.2 DNA 双链断裂修复

染色体不可避免地要受到来内外的各种因子损伤而产生各种类型的 DNA 异常，其中 DNA 双链断裂（double strand break，DSB）是最为严重的一种。这是因为 DNA 双链断裂如果没有及时修复会导致细胞凋亡或衰老，而如果修复不当又会导致染色体畸变、基因组不稳定及杂合性缺失。DNA 双链断裂有两种原因，一是外界的诱变因子或内源性的活性氧自由基直接攻击 DNA 双链，另一个是 DNA 复制等代谢过程中如复制叉断裂等原因造成。

目前修复 DNA 双链断裂的主要方式有两种，即非同源末端连接（non-homologous end joining，NHEJ）和同源重组（homologous recombination，HR）。这两种方式在精确性和复杂性上存在一定差异，其中非同源末端连接修复相对较为简单，即尽可能快速地将两个断裂的末端进行连接，但准确性上不如同源重组修复。同源重组修复利用同源拷贝序列，精准修复损伤的 DNA。因为同源重组修复需要具备同源序列，因此一般仅发生在 DNA 复制的 S 期及完成复制的 $G_2$ 期，而非同源末端连接则往往在整个细胞周期过程中均可发生（有丝分裂期可能会被抑制）。非同源末端连接修复不需要同源模板，只基于断裂末端的结构，因此容易产生错误（包括缺失、插入和点突变）。酵母和细菌中，主要通过 HR 途径进行 DNA 双链断裂修复，而高等动植物中主要通过 NHEJ 途径进行 DNA 双链断裂修复。除了上述两条主要途径外，细胞内还有一条依赖于微同源序列进行的 MHEJ（microhomology mediated end-joining）途径（图 3-5）。

NHEJ 的基本过程是：DNA 双链断裂产生后，Ku70-Ku80 二聚体蛋白（Ku 蛋白）识别并结合断裂末端，随后 Ku 蛋白招募 DNA-PK（DNA-dependent protein kinase），稳定 DNA 两个断裂末端，使它们在空间上排布在一起。DNA-PK 通过自磷酸化和磷酸化下游蛋白传递修复信号，主要是一些 DNA 末端加工的酶类，包括核酸酶、DNA 聚合酶等。

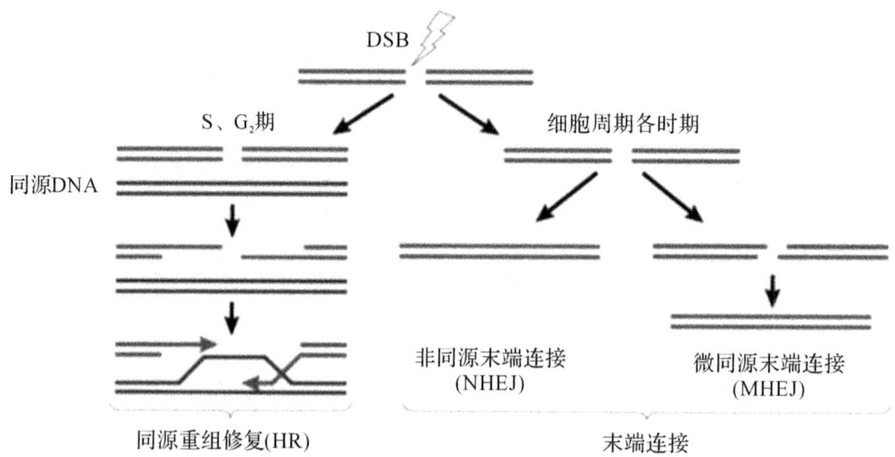


图 3-5 DNA 双链断裂修复主要途径

这些核酸酶及损伤相关的 DNA 聚合酶将断裂末端加工成可以连接的结构，最后经复合体执行连接功能。NHEJ 是在不存在同源序列时将断裂的 DNA 末端重新连接起来，因此可能在断裂处产生插入或缺失（InDel）等 DNA 变异，即使 DNA 断裂得到修复也无法精确恢复原来的状态。NHEJ 途径需要一系列修复蛋白因子参与，包括 Ku、DNA-PK、XLF、XRCC4 和 Lig4 等。理论上 NHEJ 可以发生在细胞周期的各个时期，而对处于 $G_1$ 时期的细胞而言，NHEJ 是目前仅见的一种修复 DNA 双链断裂的有效手段。同时，它又是和同源重组并重和相互补充的一种 DNA 双链断裂的修复手段。与 DNA 双链断裂的同源重组修复机制相比，NHEJ 不需要重组断端之间的具有严格的 DNA 之间的同源性，不是一种忠实的 DNA 双链断裂修复方式。

当存在同源序列时，断裂末端则通过同源重组（HR）来完成损伤修复。HR 修复机制需要 Mre11/Rad50/Nbs1 组成的 MRN 复合物（酿酒酵母为 MRX，其中 X 为 Xrs2），MRN 复合物的外切酶活性从 3′至 5′切割单链，产生长度超过 1000 bp 的单链末端。这些单链 DNA 尾是在同源性染色体或姐妹染色单体中寻找同源性 DNA 序列的重要的启动结构。由 Rad50 与同源性序列形成核蛋白纤丝来介导 DNA 链的侵入，侵染的 DNA 单链由 DNA 聚合酶延伸而产生一含有 DNA 交换的相互连接结构（holliday junction 结构）。修复便由分解霍利迪连接体（holliday junction）及 DNA 连接来完成，其具体的分子机制还有许多不甚明了，基本过程见图 3-6。

DSBs 的错误修复是染色体异常的诱因。缺失 DSB 修复能力的细胞有明显的易位趋向，且更容易产生 DNA 缺失、遗传调节失控、非整倍体或具有新特性的融合基因。DSBs 也可以引起基因倍增，导致细胞稳态失衡。此外，由易位或倍增引起的癌基因活化是导致细胞癌变的重要原因。因此，了解其分子机制以避免正常细胞发生这类事件是很有必要的。

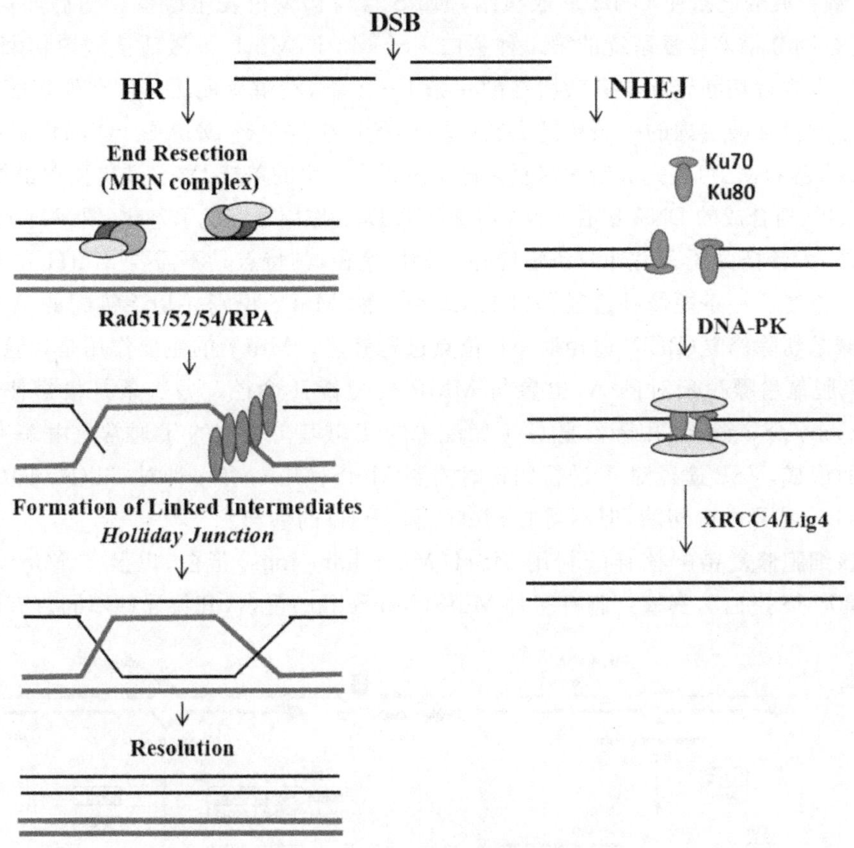


图 3-6　同源重组和非同源末端连接修复

### 3.3.3　错配修复

错配修复(mismatch repair)可校正 DNA 复制和重组过程中非同源染色体偶尔出现的 DNA 碱基错配,错配的碱基可被错配修复酶识别后进行修复。在 DNA 复制过程中,DNA 聚合酶能够利用其 3′→5′核酸外切酶活性去除错配的核苷酸,但是这种校正作用并不十分可靠,某些错配的核苷酸可能逃避检测,出现于新合成的 DNA 链中。每一种核苷酸可以和其他三种核苷酸形成错配,总共可形成 12 种错配。错配修复系统能够发现和修复这些错配核苷酸,将复制的准确性提高 2～3 个数量级。

在大肠杆菌中,Dam 甲基化酶,能使位于 GATC 序列中腺苷酸的 N6 位甲基化。一旦复制叉通过复制起始位点,母链就会在开始 DNA 合成前的几秒之几分钟内被甲基化。此后,只要两条链 DNA 链上碱基配对出现错误,错配修复系统就会根据"保存母链,修正子链"的原则,找出错误碱基所在的 DNA 链,并在对应于母链甲基化腺苷酸上游鸟苷酸的 5′位置切开子链,然后重新合成新的子链。

错配修复蛋白 MutS 二聚体沿着 DNA 运动,能够发现 DNA 骨架因非互补碱基对之间的不对称而产生的变形,从而识别错配核苷酸。MutS 在错配位点夹住 DNA,利用

ATP 水解释放的能量使 DNA 形成扭结，MutS 自身构象也发生改变。随后，MutS-错配DNA 复合物募集该修复系统的第二种蛋白因子 MutL，MutL 再激活核酸内切酶 MutH，在错配位点附近切断错配核苷酸所在的一条 DNA 链，在解旋酶 UvrD 和外切酶作用下，将包括错配核苷酸在内的一条单链 DNA 去除，所产生的单链 DNA 缺口由 DNA 聚合酶Ⅲ填补，DNA 连接酶封口，完成错配修复。这个过程中产生的单链 DNA 还需要单链结合蛋白 SSB 的保护，新合成的 DNA 链在 DNA 甲基化酶 Dam 作用下完成甲基化(图 3-7A)。

此外，大肠杆菌还有另外两条短修补 MMR 途径，其特点是不需要 MutH 和 UvrD 的参与进行修复。一条短修补途径是以 DNA 糖苷酶 MutY 识别并切除错配的 A 碱基，随后按照碱基切除修复(BER)途径对 AP 位点进行修复。MutY 的主要作用是切除与 8-氧-7,8-二氢脱氧鸟嘌呤配对的 A，也参与 MMR 的短修补途径。另一条是极短修补(very short patch，VSP)途径，用于修复 G-T 错配中的 T 碱基。错配的 T 通常是由 5-甲基胞嘧啶脱氨而形成，VSP 途径对 T 进行纠正时需要 MutS、MutL 和一种对 CT(A/T)GG 序列中错配 G-T 特异的内切酶，但不需要 MutH 和 UvrD 的参与。

真核细胞修复错配核苷酸利用 MSH(MutS homologs)蛋白，以及与 MutL 同源的 MLH 和 PMS 蛋白。真核细胞有多种 MutS(MutS-like)蛋白，其特异性不同。有的 MutS

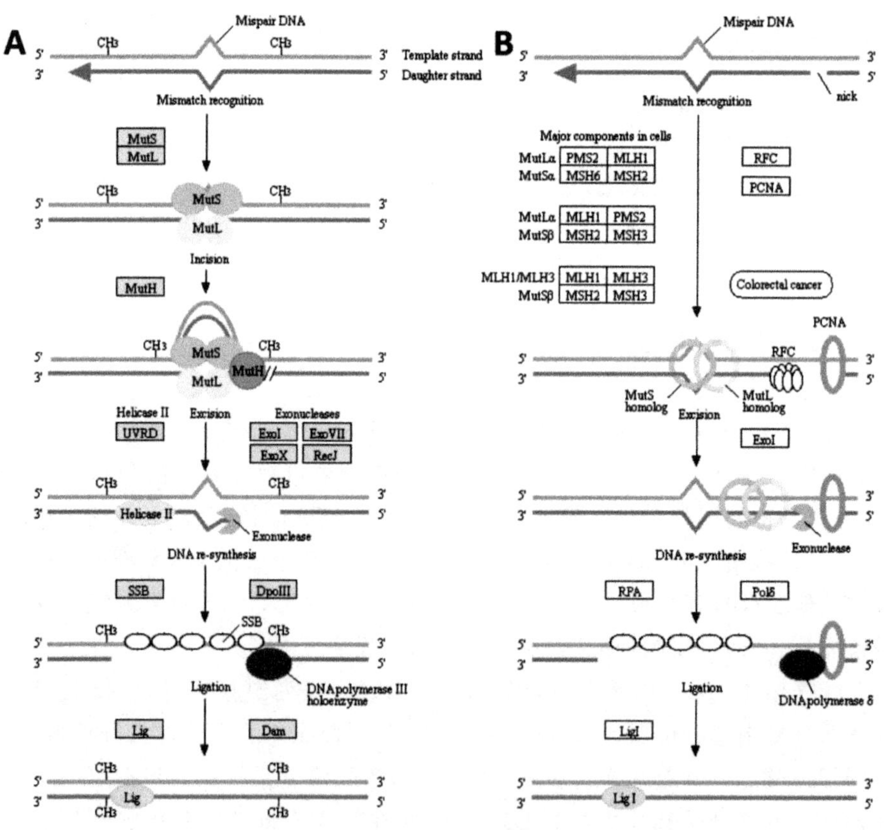


图 3-7 DNA 错配修复的模型

A 图为以大肠杆菌为代表的原核生物错配修复过程，B 图为以人细胞为代表的真核生物错配修复过程。

特异作用于简单的错配核苷酸，有的则识别在DNA复制中因"滑动"而出现的少量核苷酸插入或缺失。真核细胞错配修复系统辨别校正DNA的机制与*E. coli*不同，在DNA复制过程中，随从链的合成是不连续的，冈崎片段通过DNA连接酶相连接。连接前，冈崎片段与以前合成的DNA链之间存在一个缺口，这个缺口相当于大肠杆菌的MutH在新合成的DNA链上产生的切口。人MSH蛋白通过与复制体组分增殖细胞核抗原(PCNA)相互作用，被募集于随从链的合成位点。通过与PCNA相互作用，也可能将错配修复蛋白募集于前导链的3′端。

人类的MMR系统有6个蛋白质，即hMSH2、hMSH3、hMSH6、hMLH1、hMLH3、hPMS1。与大肠杆菌MutS蛋白类似的二聚体有hMutSα和hMutSβ两种，hMutSα由hMSH2/hMSH6组成，参与单个碱基缺失/插入错配修复，hMutSβ由hMSH2/hMSH3组成，可与多个碱基的缺失/插入错配位置结合进行错配修复。hMutLα二聚体由hMLH1和hPMS1组成，可与hMutSα或hMutSβ形成一种暂时性的复合物，与有关的酶相互配合，切除含有错配碱基的一段DNA链，以代替被切除的DNA链，从而完成含错配碱基DNA核酸链的修复(详细过程见图3-7B)。酵母和人类中都缺乏MutH和UvrD的对应物，其识别母链和子链的方式与大肠杆菌不同，其机制还不清楚。

### 3.3.4 切除修复

相对于光修复来讲，切除修复不需要有可见光存在，所以也称暗修复。切除修复对多种DNA损伤包括碱基脱落形成的无碱基位点、嘧啶二聚体、碱基烷基化、单链断裂等都能起DNA损伤修复的作用。光复活酶虽然广泛存在于各种生物中，但人类和其他有胎盘类哺乳动物体内却缺乏该酶，因此切除修复则成了目前唯一已知的清除日光引起的环丁烷嘧啶二聚体结构(CPD)、6-4光产物及其他常见的累积DNA损伤，如碱基氧化和烷基化损伤的重要途径。

切除修复有两种形式：一是碱基切除修复(base excision repair，BER)，它是在DNA糖基化酶的作用下从DNA中除去特定类型的损伤或者不合适的碱基。二是核苷酸切除修复(nucleotide excision repair，NER)，它是一个识别广谱DNA损伤的系统。这些损伤能被一个含有UvrA，UvrB和UvrC亚基的多功能酶复合物除去，它产生一个能被DNA聚合酶和DNA连接酶修复的缺口。

#### (1)碱基切除修复

碱基切除修复是DNA糖苷化酶(glycosidase)或转葡萄糖基酶(glycosylase)参与的修复途径，主要切除和替换由内源性化合物作用产生的DNA碱基损伤。该途径首先作用于*N*-糖苷键，切除受损伤的碱基，比如尿嘧啶、次黄嘌呤、烷基化碱基、被氧化的碱基和其他一些被修饰的碱基等，随后，再进行进一步的修复反应。细胞中有各种特异的DNA糖苷酶，能识别DNA中不正常的碱基。该酶的作用是切开*N*-糖苷键，释放被修饰的碱基产生一个无嘌呤无嘧啶的位点，称为AP位点(apurinic or apyrimidinic site)。如DNA链上出现的尿嘧啶可被尿嘧啶-*N*-糖苷酶切除，腺嘌呤脱氨形成的次黄嘌呤可被次黄嘌呤-

*N*-糖苷酶切除，对其他碱基的修饰产物如 3-甲基腺嘌呤、3-甲基鸟嘌呤和 7-甲基鸟嘌呤、开环嘌呤、碱基的氧化损伤以及 UV 导致的二聚体等也有专门的糖苷酶来识别和切除。碱基切除后形成的无嘌呤位点由 AP 内切酶切开磷酸二酯键从而打断 DNA 链，启动了由外切酶、DNA 聚合酶Ⅰ和 DNA 连接酶作用的切除修复过程。APE-1（AP endonuclease-1）是负责 DNA 碱基切除修复途径中的 AP 位点修复的内切酶，广泛存在于真核细胞中。不同 AP 内切核酸酶的切割方式不同，或在 5′ 侧或在 3′ 侧，之后外切核酸酶将包括 AP 位点在内的 DNA 链切除。DNA 聚合酶Ⅰ兼有外切核酸酶活性，并使 DNA 链 3′ 端延伸以填补空缺，DNA 连接酶将链连上。在 AP 位点必须切除多个核苷酸后才进行修复。此外，细胞中还存在 APE-1 非依赖的修复机制，多聚核苷酸激酶（polynucleotide kinase，PNK）与 DNA 聚合酶 β、连接酶Ⅲ α 和 NEILI 共同作用，进行碱基切除修复。

碱基切除修复（BER）特别适于修复较轻的碱基损伤，如 DNA 单链断裂和小的碱基改变，几乎所有的 DNA 糖苷酶都只作用于单个损伤碱基，对于几个碱基的较大损伤，DNA 糖苷酶很少参与其修复。在 T4 噬菌体和黄色微球菌（*Micrococcus luteus*）中存在一种糖苷酶，嘧啶二聚体是该酶的特异性作用靶点。但不是所有的糖苷酶都有很高的特异性，在目前发现的 10 多种 DNA 糖苷酶中，就有一些特异性较低的糖苷酶。DNA 糖苷酶沿着 DNA 双螺旋的小沟进行滑动来寻找损伤位点，通过结合到受损伤的碱基使 DNA 发生结构扭曲，受损伤的碱基从双螺旋突出进入酶的活性中心被切除。在人的细胞中已经发现了多种参与碱基切除修复的 DNA 糖苷酶，如负责嘧啶损伤修复的 hNTH1、hNEIL1 或 hNEIL2 以及负责嘌呤损伤修复的 hOGG1。

在受损伤碱基切除后，可以通过两种途径进行修复合成。根据其切除的片段大小可以分为组成型的短补丁修复（short-patch repair）和诱导型的长补丁修复（long-patch repair），具体修复过程见图 3-8。一般短补缀修复切除几十 bp 到 1 kb 左右的 DNA 片段，是一种精确的修复途径；而长补缀修复切除的 DNA 片段一般在 1.5 kb 以上，由于可能出现缺失等而导致突变的发生。在核苷酸切除修复过程中，损伤的 DNA 链由切除酶（excinuclease）切除。

短补丁途径（short-patch）进行修复时 AP 内切酶作用于紧靠 AP 位点 5′端的磷酸二酯键，形成 3′-OH 和 5′-脱氧核糖磷酸。由 dRPase 切除 5′-脱氧核糖磷酸形成单核苷酸缺口，然后由 DNA pol 填补，连接酶进行连接。哺乳动物细胞参与短补丁途径的酶有 DNA Pol θ、Pol β、DNA 连接酶Ⅰ等，XRCC1/DNA 连接酶Ⅲ复合物也可催化 DNA 连接。

长修补途径（long-patch）进行修复时 AP 内切酶在紧靠 AP 位点 5′-端的磷酸二酯键切割，产生具有 5′-脱氧核糖磷酸和 3′-OH 的切口。该修复途径与短补丁途径的主要区别是产生的 5′-脱氧核糖磷酸并不被 dRPase 除去，而是由 DNA 聚合酶（真核细胞是 Pol δ 或 ε）在切口的 3′端逐个添加核苷酸，一般添加 2～10 个核苷酸。同时，切口 5′端的脱氧核苷酸短链脱离其互补链，形成的 flap 结构随后被特定的核酸酶（如真核细胞的翼式内切核酸酶 FENl）切除。最后，由连接酶（如真核细胞 DNA 连接酶Ⅰ）连接切口。真核细胞的长补丁途径需要 PCNA 将 DNA Pol δ 或 DNA Pol ε 装载到 DNA 上，同时激活 FEN 1。

DNA 分子上碱基的自发脱落也可能形成 AP 位点，由这种方式产生的 AP 位点直接由 AP 内切酶启动修复过程。环境中低浓度烷基化剂可以刺激 *E. coli* 产生适应性反应

(adaptive response)，一些基因如 *ada*、*aid*B、*alk*A 和 *alk*B 被诱导表达，*alk*A 编码的 3-甲基腺嘌呤 DNA 糖苷酶参与碱基的切除修复。*ada* 编码的 Ada 酶被甲基化后失去活性，又被转变成一种刺激自身基因 *ada*、*aid*B、*alk*A 和 *alk*B 基因表达的正调节物。在修复过程中会造成蛋白质的失活，而失活的蛋白质又可诱导基因的表达，为修复及时补充所需要的蛋白质。

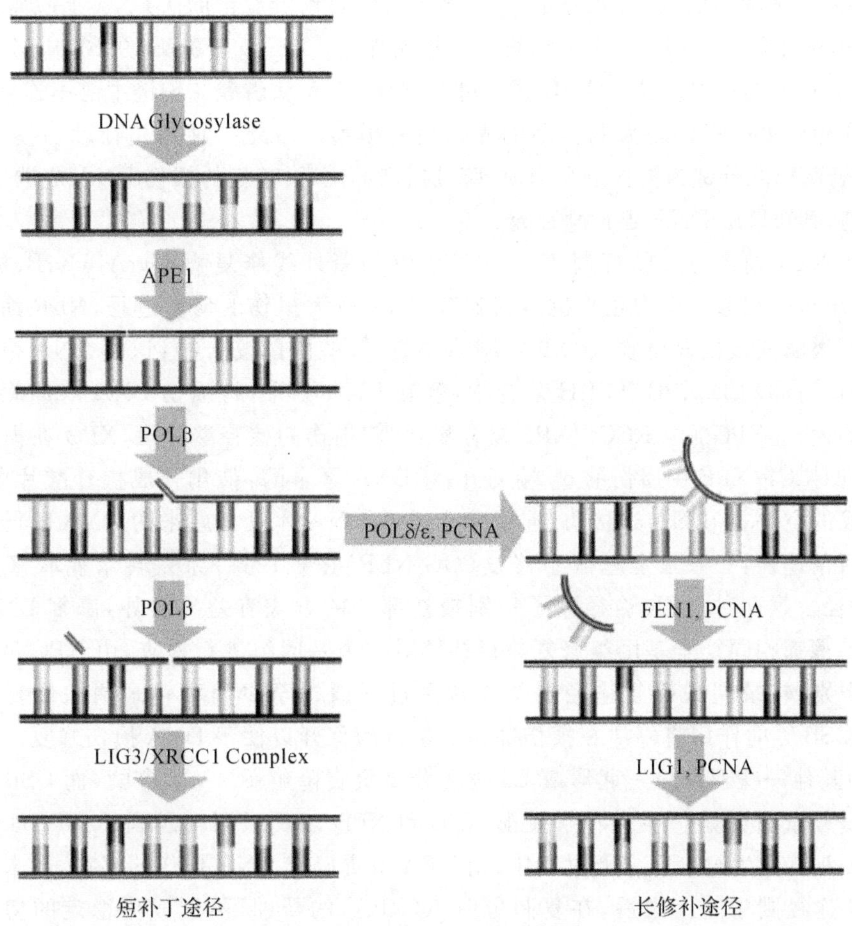


图 3-8　短补丁和长补丁 BER 途径原理

### (2)核苷酸切除修复

核苷酸切除修复途径广泛存在于各种生物中，可清除和修复各种类型的 DNA 损伤。在 *E. coli* 中，二元切割由 UvrA、UvrB 和 UvrC 三种蛋白来完成，而在人体细胞中，需要 6 种修复因子中的 14～15 种多肽来完成此项任务。在原核生物中，损伤位点附近的 12～13 个 nt 将以寡聚物片段形式被清除，而在真核生物中，位于损伤位点左右更大范围内的核苷酸将被清除，寡聚物片段长度为 24～32 个 nt。在缺少光照无法进行光修复时，细菌 NER 基因 *uvr*A、*uvr*B 和 *uvr*C 的同源物对于清除紫外线引起的 DNA 损伤是必需的。而这些基因的缺失将导致细胞对紫外线光的高度敏感并且在缺少光复活作用时失去清除环丁烷嘧啶二聚体结构或6-4光产物的能力。

大肠杆菌 *E. coli* 进行核苷酸切除时由内切核酸酶在损伤部位两侧同时切开，该酶与一般的内切核酸酶不同。多个 *uvr* 基因负责编码此酶的多个亚基。大肠杆菌的内切酶含有 UvrA、UvrB 和 UvrC 三个亚基。UvrA 识别受损伤的 DNA，并和 UvrB 形成复合物，将其带到损伤位点后，UvrA 从复合物上脱离下来，然后 UvrC 结合上 UvrB。由 UvrC 完成对 DNA 单链的切割，12 个碱基的 DNA 链由 UvrD 解旋酶帮助从 DNA 上脱离，然后由 DNA 聚合酶Ⅰ以互补链合成 DNA，再由连接酶连接。UvrD 解旋酶，是 SF1 总家族成员之一，由 720 个氨基酸组成。UvrD 蛋白可对双链 DNA 从磷酸二酯链中的不连续处进行解旋。这种修复过程称为大肠杆菌的先切后补模型。另外一种是先补后切模型，是由 DNA 聚合酶以互补链为模板进行合成，跨过损伤部位后，替换的损伤 DNA 链被 DNA 外切酶切割，其缺口由 DNA 连接酶补充。

人类 NER 途径与大肠杆菌 *E. coli* 等生物的紫外线修复酶 UvrA、UvrB、UvrC 和 UvrD 系统极其相似。作为正常机体细胞对 DNA 较大损伤的修复过程，NER 途径大体涉及五大类酶或蛋白复合物：①XPA/RPA/XPC 等核酸酶复合物：识别 DNA 损伤部位的关键因子；②XPD/XPB/TFIIH 复合物：解旋 DNA 分子，将损伤 DNA 双螺旋上解开的片段扩大；③XPG 和 ERCC1/XPF 复合物：切割损伤的核苷酸片段，XPG 在损伤的 3′端切开，ERCC1/XPF 在损伤的 5′端切开；④DNA 聚合酶：催化合成核苷酸片段，填补切除形成的空缺；⑤DNA 连接酶：连接新合成的 DNA 片段与原来的 DNA 断链。NER 可采用两条途径：一条是全基因组修复(GG-NER)途径；另一条是转录偶联修复(TC-NER)途径。这两种 NER 途径除了识别损伤部位的方式有差异之外，修复 DNA 损伤的其他步骤都相同。全基因组修复途径持续对整个基因组进行检查，由 XPC 负责损伤部位的识别；转录偶联修复途径则是在转录过程通过至少两种转录偶联修复蛋白如 CSA 和 CSB 等的作用将停滞在损伤部位的聚合酶移开以便于 DNA 损伤修复。CSA 与 DDB1 和其他一些亚单位一起形成 E3 酶复合物负责降解 RNA 聚合酶，而 CSB 则可能使转录过程重新开始。在两种解旋酶 XPB 和 XPD 以及通用转录因子 TFIIH 的作用下，DNA 双链发生解旋。在此过程中，由 XPA 负责确定 DNA 损伤的存在，如未发现损伤，NER 途径则中止。之后，在复制蛋白 A(RPA)的帮助下，形成更稳定的切除复合前体；最后，XPG 和 XPF/ERCC1 复合体分别在损伤链的 3′端和 5′端进行切开，从而得到一个包含有损伤部分的寡聚核苷酸片段，其长度为 24～32 个核苷酸，而剩下的单链空缺在复制辅助蛋白 PCNA 的帮助下，由 DNA 聚合酶 δ/ε 进行填充，连接酶进行封口。在转录过程中，模板链损伤的核苷酸使得 RNA 聚合酶无法继续前进，核苷酸切除修复可以挽救 RNA 聚合酶，使转录继续进行，这就是转录偶联修复。

尽管原核和真核生物的切除修复基因没有序列同源性，在进化上无关联，但原核和真核生物的核酸切除酶却是相似的，其中的连续步骤与蛋白质和 DNA 间的特殊相互作用相协调。首先是在 ATP 参与下识别并在损伤部位形成不稳定的 DNA-蛋白质复合体。在切割前经过 ATPase 亚单位的作用将该不稳定的复合体转变成稳定的形式，此时双链被解开成一个开放的结构，以利于更多蛋白质与 DNA 紧密接触。然后，3′端优先于 5′端进行不同步的二元切割。目前对于在分化细胞中是否存在 NER 途径尚无定论，可能不同的 DNA 修复系统在各种分化程度不一的细胞中会发生改变，因为 NER 途径的修复过程与转录过程相偶联，不同程度的分化细胞其基因转录状态有很大差异。NER 途径可能是最通用的 DNA 修复系统，NER 途径在一些类型的细胞中由于分化而减弱，但减弱仅仅发生在全基因组水平，而处于转录状态的基因仍可被有效修复。

先天性 DNA 修复缺陷疾病患者容易发生各种恶性肿瘤，1968 年美国学者克利弗首先发现人体中的常染色体隐性遗传的光化癌变疾病——着色性干皮症（xeroderma pigmentosum，XP）是由核酸内切酶基因突变造成的 DNA 损伤切除修复功能的缺陷引起的。着色性干皮症是一种光敏感的隐性遗传性疾病，是核酸内切酶异常造成 DNA 修复障碍所致。引起该病的隐性基因定位在 1 号染色体的长臂上，而 13 和 19 号染色体也可能有控制 DNA 修复的基因。患者皮肤细胞中的切除修复系统存在缺陷，对 UV 诱发的大量 DNA 损伤不能进行有效修复，特别是人的抑癌基因 *p*53 发生突变就会促进癌症发生。患者皮肤对日光，特别是紫外线高度敏感，暴露部位皮肤出现色素沉着、干燥、角化、萎缩及癌变等，其皮肤和眼部肿瘤的发生率是正常人的 1000 倍，常伴有神经系统功能障碍、智力低下等。病情随年龄逐渐加重，多数患者于 20 岁前因恶性肿瘤而死亡。该病是由于切除二聚体能力的缺失引起的，核苷酸切除修复系统中 8 个基因中的任何一个缺陷都可能造成内切核酸酶功能丧失，引起该病的发生。少数患者是由于复制后修复缺陷所造成，从而导致细胞死亡、染色体断裂、突变及癌变等一系列遗传学效应。此外，核苷酸切除修复基因缺陷引起的遗传性疾病还有 Bloom 综合征、CS 综合征（cockayne syndrome，CS）、人类毛发双硫键营养不良症（trichothiodystrophy，TTD）、Fanconi 贫血和毛细血管扩张性运动失调症（AT）、遗传性非腺瘤性结肠癌（HNPCC）和 Werner's 综合征等。

### 3.3.5 重组修复

切除修复之所以能够精确修复，重要前提之一是损伤通常发生于 DNA 双螺旋中的一条链，而另一条链仍然储存着正确的遗传信息。切除修复一般发生在复制之前，又称复制前修复。而重组修复（recombinational repair）则是对复制起始时尚未修复的 DNA 损伤部位进行先复制再修复，所以也称为复制后修复。重组修复其基本机制是通过对 DNA 模板的交换，跨越模板链上的损伤部位，在新合成的链上恢复正常的核苷酸序列，所以也称重组跨越（recombinational bypass）。如紫外线照射形成的嘧啶二聚体，烷化剂引起的交联和其他结构损伤的 DNA 仍然可以进行复制后的修复。重组修复中最重要的一步是重组，主要是依赖于重组后的过程，有的 DNA 损伤并未直接消除，因此可能在子代细胞中存在并遗传下去，也可能通过其他修复途径被消除。在 DNA 进行复制时，由于损伤导致了 DNA 结构发生扭曲，无法进行碱基配对，所以复制酶不能在损伤部位合成子链，必须先跳过该损伤位点部位，在下一个冈崎片段的起始位置或前导链的相应位置上再进行复制。因此合成的子代 DNA 链上在损伤相应位置有缺口存在，而另一条互补的 DNA 链可以正常链为模板完成 DNA 复制。新合成的双链 DNA 间发生重组，则带有缺口的子链以正常互补母链为模板在 DNA 多聚酶的作用下完成修复，而带有损伤的母链则与一条正常的亲代子链配对，这样随着复制的进行，经过许多代的传递，母链上的 DNA 损伤即使存在，所占比例也越来越小，对表型的影响被大大削弱。

参与重组修复的酶类有多种，主要是负责重组过程的，当然也有负责修复过程的。重组蛋白 RecA 由重组基因 *RecA* 编码，分子量为 38 kD，负责 DNA 链的交换，在 DNA 重组和重组修复过程中起着非常重要的作用。而 *RecBCD* 基因编码的酶 RecBCD 具有解旋酶、核酸酶和 ATP 酶的活性，使 DNA 的重组位点形成 3′ 单链，有利于修复链的延伸。大肠杆菌的重组跨越有两种机制，一种是在新合成的链遇到损伤位点时，在 RecA、RecF、RecO 和 RecR 的作用下，复制叉后退，新合成的 2 条链回折形成互补双链。在损伤部位复制中断，改为以另一条新链为模板进行合成。复制叉向前跨越损伤部位进行正常复制。第二种机制是复制叉在损伤部位时 DNA 聚合酶停止移动并脱落模板，在另一条链上 RecA、RecF、RecO 和 RecR 协调作用进行切割，与损伤的模板链形成互补双链，在跨越损伤部位后继续合成新链，然后在 RuvA、RuvB 和 RuvC 的作用下，交叉部位迁移，在断裂的模板上形成缺口，然后由 DNA 聚合酶和连接酶修补，随后按照正常的 DNA 复制机制进行复制。

重组修复过程主要涉及遗传重组中的酶，也有其他的诱导蛋白参与，因此重组修复机制与正常遗传重组过程有所不同。如大肠杆菌受紫外线诱发所产生的重组蛋白的精确性较低，容易发生差错引起基因突变。其修复的精度不如光修复和切除修复这些无误差的修复途径。

重组修复机制的缺陷，有可能导致肿瘤发生。已经发现，妇女 *Brca1* 和 *Brca2* 两个基因如果有缺陷，发生乳腺癌的概率为 80%。实验表明，这两个基因编码的蛋白质 BRCA1 和 BRCA2 可与重组蛋白 Rad51 相互作用，参与重组修复过程。Rad51 是一种与细菌 RecA 蛋白同源的 DNA 重组酶，该酶参与有丝分裂和减数分裂中同源重组和 DNA 双链断裂修复，并通过与 BRCA1 相互作用进行 DNA 损伤修复。Rad51 和 BRCA1 可以间接通过 BRCA2 定位在 DNA 损伤位点。BRCA1 在对 DNA 双链断裂的响应中具有直接作用，能募集 BRCA2，进而促进 Rad51 蛋白丝状体的形成。细胞经 DNA 损伤因子处理产生 DSB 后，在断裂位点会出现磷酸化的组蛋白 H2AX，随后 MDC1 结合到 DNA 损伤位点激活 ATM/ATR 使组蛋白 H2AX 进一步磷酸化，使其他调控蛋白能够结合到 DNA 断裂位点。DNA 损伤发生后许多蛋白质就结合到 γ-H2AX 位点附近，包括 BRCA1、RAD51、NBS1/RAD50/MRE11 复合物、5-BP1、MDC1。BRCA1 能够超磷酸化并被迅速地重新定位在复制叉上。此外，在细胞核 BRCA1 参与形成 BRCA 1-相关监测复合物(BRCA1-associated surveillance complex，BASC)，该复合物被认为在监控基因组损伤和下游蛋白信号传递中具有传感作用。BRCA1 在 DNA 损伤修复和肿瘤发生中具有重要作用。BRCA1 缺陷能削弱多种 DNA 修复途径，主要包括 HRR(homologous recombination repair，HRR)，NHEJ(nonhomologous end joining，NHEJ)，Fanconi 贫血途径以及 NER (nucleotide excision repair，NER)。DNA 损伤修复缺陷和 $G_2$/M 细胞周期检查点异常能共同引起 BRCA1 缺陷细胞的遗传不稳定性。DNA 损伤的不断积累能激活 *p*53 基因的表达，并诱导细胞周期阻滞和细胞凋亡，引发一系列生理应答，包括细胞增殖缺陷、分化和转录调节缺陷。这些异常使 BRCA1 突变体产生胚胎致死。另一方面，

BRCA1 缺陷也能增加其他基因如 *p*53 的突变。*p*53 的突变使得 DNA 受损伤的细胞不能进入细胞凋亡而存活下来，并经历克隆扩增，最终产生癌变。

人类基因组中的 *RAD*51 基因与酵母 *RecA* 基因具有序列同源性，其功能作用也相似，这两个基因都参与 DNA 损伤修复。*BRCA*1 基因编码的蛋白产物通过一个结构域与 DNA 损伤修复蛋白 RAD51 发生相互作用，与 RAD51 相互作用的结构域位于 BRCA1 蛋白的 758～1064 氨基酸残基。在有丝分裂 S 期，这种相互作用促进了 BRCA1 与 RAD51 共同定位于“BRCA1 核小点”中，并启动 DNA 损伤修复过程。BRCA1 还与 DNA 解旋酶——布卢姆综合征蛋白(Bloom′s syndrome protein，BLM)和 MRN 复合物结合 CH1-BRCA1 信号转导，影响 DNA 损伤修复。在同源重组修复(HRR)过程中，MRN 依赖的 DNA 末端切除需要 BRCA1 蛋白的参与，BRCA1 通过与 MRN 复合物相互作用促进 DNA 损伤修复。另外，存在于真核细胞中催化聚 ADP 核糖化的细胞核酶 PARP-1 (poly ADP-ribosepolymerase-1，聚腺二磷-核糖聚合酶-1)是 DNA 修复和细胞凋亡至关重要的作用因子。在 PARP-1 缺失的细胞中，DNA 对环境损伤因子的作用更加敏感，这些细胞发生肿瘤恶化的概率更高。特别是在 *BRCA*1/2 基因缺陷的情况下，发生在这些细胞株中的 DNA 损伤在进行同源重组修复(HRR)时，PARP1 起着十分重要的作用。

### 3.3.6　SOS 修复

SOS 修复系统是一种旁路修复系统，是在 DNA 分子受到较大程度的损伤情况下使 DNA 的复制受到抑制时出现的一种修复作用。在正常情况下，修复蛋白的合成是处于低水平状态的，这是由于它们的 mRNA 合成受到阻遏蛋白 LexA 的抑制。细胞中的 RecA 蛋白也参与了 SOS 修复。当 DNA 受到严重损伤时，RecA 以其蛋白酶的功能水解破坏 LexA，从而可诱导十几种 SOS 基因的活化，促进这十几种修复蛋白的合成(图 3-9)。

一般可以将 SOS 修复分为两类：避免差错的修复(error-free repair)和易产生差错的修复(error-prone repair)。也有的将其分为通过式修复和切除式修复两类。错配修复、直接修复、切除修复和重组修复都能够识别 DNA 损伤的部位或错配碱基而加以消除，在这些修复过程中不引入错误碱基，属于避免差错的修复。SOS 修复系统允许新生的 DNA 链越过胸腺嘧啶二聚体而生长，但是付出的代价是 DNA 复制的保真度大为下降，因此会使错配碱基增多。大肠杆菌在差错倾向修复时 *umuC* 和 *umuD* 的基因产物参与其中，UmuD 蛋白合成后，被蛋白酶水解形成 UmuD′，并与 UmuC 形成复合物 $UmuD_2$′UmuC，即 DNA 聚合酶 V。正常复制的 DNA 聚合酶可能遇到尚未修复的损伤，例如 T-T 二聚体或 AP 位点。复制必须设法跨越损伤位点进行复制，这就是跨越损伤 DNA 合成 TLS (translation synthesis，TLS)。TLS 需要一类特殊的聚合酶来完成，原核生物和真核生物(包括人)中参与 TLS 的酶有多种，包括原核细胞的 DNA 聚合酶Ⅳ、Ⅴ和真核细胞的 DNA 聚合酶 $\kappa$、$\eta$、$\iota$、REV1 等，由于这些酶在进化上的保守性，统称为 UmuC 超家族。大肠杆菌使用的酶就是 $UmuD_2$′UmuC 复合物。这是在细胞受到大规模的 DNA 损伤并影

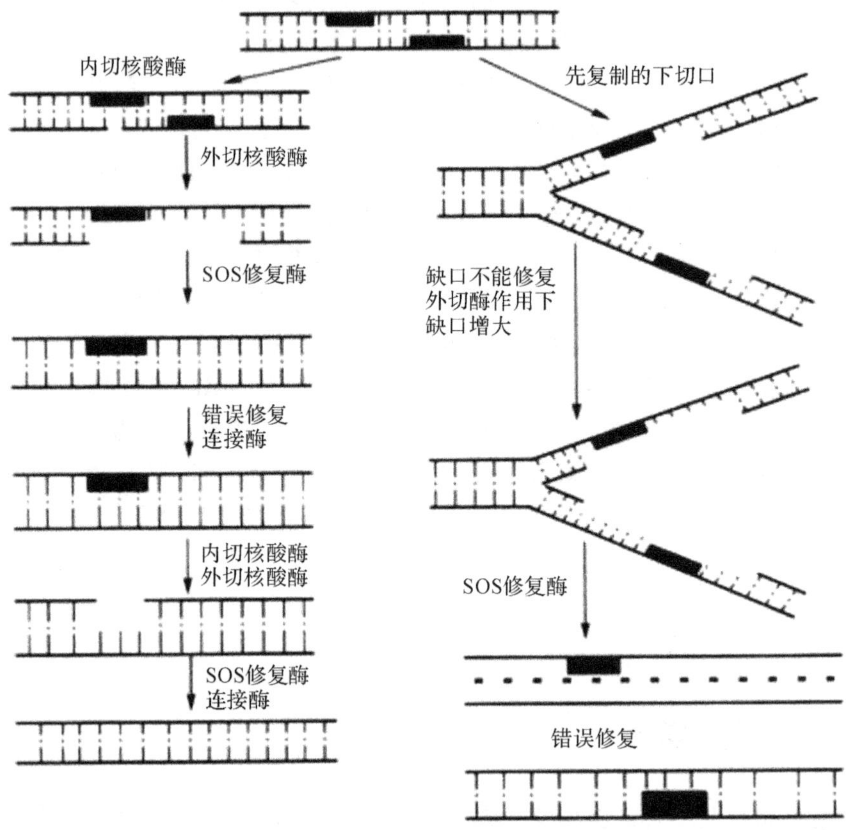


图 3-9　SOS 修复机制(引自陈苏民，2006)

响其生存，且其他修复系统见效甚微的情况下，SOS 修复系统采取的在损失一定保真性的前提下完成 DNA 修复的措施。由于准确性较差，潜伏了一定的碱基错误配对。这也是在不得已的情况下采取的一种牺牲策略，是一种冒着较大的基因突变风险的"保命"措施。差错倾向修复最早是在大肠杆菌噬菌体的诱变过程中发现的，噬菌体在诱变因素作用下，产生各种类型的突变，但总体突变率较低。对宿主大肠杆菌诱变后却出现大量的噬菌体突变(Weigle 效应)，原因是诱变激活了 SOS 修复系统，该系统可以对宿主的大规模 DNA 损伤进行修复，而且对有损伤的噬菌体 DNA 同时进行修复，于是产生了大量的突变。

SOS 反应是生物体在遭遇不利环境时采取的一种求生的策略，并通过自然选择被固定下来，因此 SOS 反应广泛存在于原核生物和真核生物中。SOS 反应可以对 DNA 损伤进行修复，但同时由于其诱导的特殊 DNA 聚合酶的复制精确性较差，发生基因突变的概率也会大大增加。SOS 反应对生物的生存很重要。在一般条件下突变对于细胞来讲是不利的，但在 DNA 受到损伤和复制被抑制的特殊环境中，以牺牲基因组的稳定来求得生存也是值得的，尽管基因突变将随着存活的细胞遗传给子代细胞。此外，许多 DNA 损伤因子如 X 射线、紫外线、烷化剂、黄曲霉素等，在细菌中能引起 SOS 反应，对高等动物却有致癌性。而不致癌的诱变剂往往不引起 SOS 反应，如 5-溴尿嘧啶等。据推测，许多癌变的发生都与 SOS 反应有密切关系。目前，根据 SOS 反应原理设计出了在医药和食品工业中用于致癌物检测的一些简便方法，与动物致癌试验相比，这些方法具有很多优点。因为在动物身上诱发肿瘤的试验不仅涉及动物福利等伦理问题，而且耗费的人力、物力较多，周期较长，与其相比，利用细菌的 SOS 反应检测致癌物显得非常简单而且成本很低。

### 3.3.7　未修复 DNA 损伤的处理

细胞中存在的 DNA 损伤修复机制通常会使受到损伤的 DNA 链得到修复，但是当存在大规模的损伤时，细胞启动的 SOS 反应是一种易错修复途径，不会对损伤的 DNA 进行精确的修复。如果发生的突变不会对细胞的生存造成严重的影响，这种突变就可能保留下来。当然细胞也有一种积极的应对机制，DNA 损伤会通过特定的途径导致细胞凋亡，使发生的突变不会保留下来，不会对个体和后代造成负面的影响。DNA 损伤修复失败，使基因组陷入不稳定状态时，细胞凋亡机制将被启动，DNA 损伤了的细胞通过细胞凋亡机制而被清除，从而避免肿瘤发生的潜在可能。通过 p53 介导细胞凋亡是在 DNA 损伤无法得到修复时采取的一种策略。p53 是 ATM 蛋白和 DNA-PK 的重要靶作用物，通常状态下由于和 Mdm-2 蛋白相互作用而保持在较低水平。Mdm-2 蛋白也是 DNA-PK 的重要靶分子。DNA 损伤后，DNA-PK 的作用，使 p53 或 Mdm-2 磷酸化，并阻止两蛋白的相互作用。p53 激活，水平升高时，上调 p21 及其他 CDIs，抑制 CDKs，发生细胞周期阻滞，等待细胞进行 DNA 修复，实在无法修复的情况下就由 p53 进一步诱导细胞凋亡。p53 作为转录因子，可上调包括 *PUMA*、*Noxa*、*Bax*、*Bid* 和 *Apaf*-1 等在内的多个促凋亡基因。

### 3.3.8　基因组稳定性维持

DNA 损伤对于单细胞生物最大的威胁是造成细胞死亡，对高等生物可导致多种疾病，如发育缺陷、过早老化、癌症和抗感染能力降低乃至死亡。DNA 损伤修复是保障基因组稳定性，维持其编码信息不变，并将遗传信息准确无误地传给子代细胞的关键过程。高等生物已经进化出一套由众多的 DNA 修复因子和细胞周期调控蛋白质构成的基因组稳定性维护体系。DNA 复制发生异常、复制胁迫及 DNA 损伤往往是引起基因组不稳定的一个重要因素，这些损伤如果不能得到修复将会在体内积累。DNA 损伤修复的错误更是一个大的因素，此外还有其他各阶段的涉及染色体复制和分离的机器异常都是引起基因组不稳定性的重要因素(图 3-10)。

目前大多数科学家都认为，维持遗传物质基因组稳定性重要因子功能的缺失，可引起基因组出现不稳定性和基因突变，造成其他肿瘤抑制基因和致癌基因突变积累，而这反过来又引起生长增殖失调，最终在生物宏观现象中导致发育缺陷、过早老化、癌症和抗感染能力的降低。因此，维持基因组稳定性对于防止癌症的发生是至关重要的。

细胞周期运转过程中，时刻受到来自细胞内部和环境因素产生的损伤或胁迫。环境产生的损伤主要包括电离辐射造成的 DNA 双链断裂、UV 照射造成的嘧啶二聚体和烷基

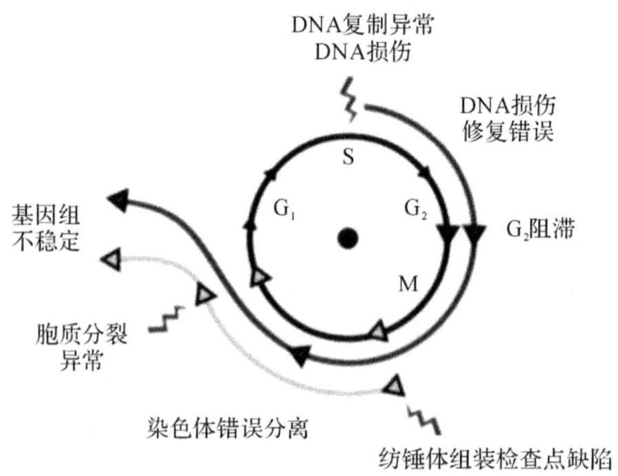


图 3-10 引起基因组不稳定的因素

化试剂造成的碱基修饰等。这些损伤如果不能及时被修复，就会造成基因组的不稳定，增加基因突变频率，这是导致恶性癌症的一个关键因素。为了维持基因组的稳定性，保证遗传信息精确地复制和传递，真核细胞在进化中形成了一套保守而有效的应答机制。在持续受到 DNA 损伤因素刺激或 DNA 复制压力时，细胞激活 S 期检验点通路(intra-S-phase checkpoint)，启动 DNA 损伤应答(DNA damage response，DDR)，停止细胞周期进程并启动修复机制以防止受损的 DNA 传递给子细胞。DNA 损伤应答是细胞内由多条信号传导通路构成的网络来监测和传递损伤信号，并激活一系列的反应通络，包括细胞周期检验点及基因表达的调控等效应来控制基因组的稳定。

在真核生物中，这一应答反应是高度保守的。从单细胞酿酒酵母到高等的哺乳类生物，DNA 损伤应答机制均由保守的 ATM/ATR-Chk1/Chk2 信号通路调控。在哺乳动物细胞的 DNA 损伤应答机制中起关键作用的是蛋白激酶 ATM 和 ATR，ATM 和 ATR 可以被双链断裂或者包裹有单链结合蛋白 RPA 的 ssDNA 激活并募集。激活的 ATM/ATR 能基因不磷酸化 Chk1 和 Chk2 将信号扩大。Chk1/Chk2 与 ATM/ATR 通过多种机制如由转录因子 p53 介导活性的通路来抑制细胞周期蛋白依赖激酶(CDK)的活性。抑制了 CDKs 的活性可以减缓或停止细胞周期中 $G_1$ 期到 S 期、S 期内部以及 $G_2$ 期到 M 期的细胞周期检验点的进程，以此为细胞在复制或有丝分裂前提供充足的时间进行 DNA 修复。同时，ATM/ATR 信号系统能促进修复相关蛋白的表达及激活从而增强 DNA 修复。研究表明，DNA 损伤应答机制还对细胞的其他生理活动进行调节。若通过以上途径 DNA 修复完成则 DNA 损伤应答机制失活，细胞恢复正常的生理功能。若损伤不能被修复则 DNA 损伤应答机制将引导细胞进入细胞凋亡或细胞衰老进程。在人细胞中，ATM/ATR 的突变引起毛细血管扩张性共济失调综合征(ataxia telangiectasia)及严重的家族性癌症。Chk1/Chk2 的相关突变则引起严重的家族性癌症利-弗美尼综合征(Li-Fraumeni syndrome)。

在酿酒酵母中，Mec1/Tel1 是 ATM/ATR 的同源蛋白，构成 S 期检验点信号转导的中心，Rad53/Chk1 是 Chk2/Chk1 的同源蛋白，构成检验点信号的效应因子(图 3-11A)。Mec1/Tel1 激活下游效应蛋白 Rad53(Chk2)/Chk1，调节一系列生物学事件应对并修复损伤。Rad53 调节的 S 期检验点应答包括稳定复制叉、抑制未启动的复制源(late origin firing)、防止细胞过早进行分裂,以及控制一系列修复等相关基因的转录(图 3-11B)。

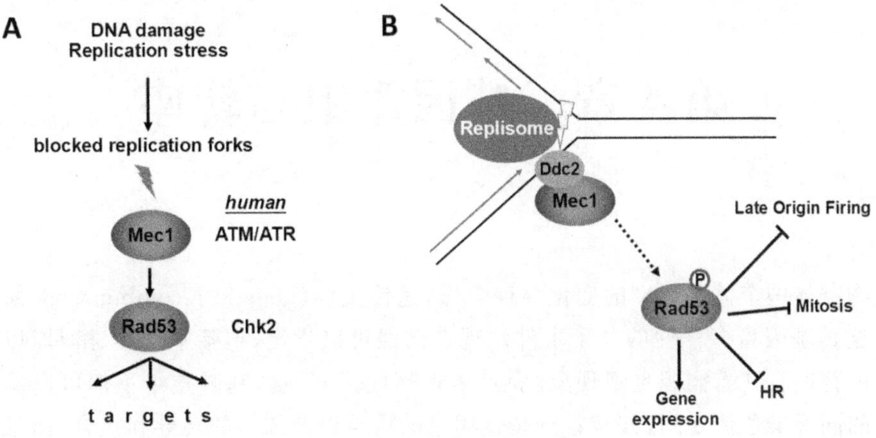


图 3-11　DNA 损伤检验点通路

(曾凡力)

## 思考题

1. 简述基因突变的类型、特征及意义。
2. 简述基因组变异的类型及其意义。
3. 何为动态突变？其产生的原因是什么？其对基因的进化和人类健康有什么意义？
4. 概述化学诱变剂造成 DNA 损伤的原理。
5. 比较 DNA 双链断裂修复的主要方式及过程。
6. 概述嘧啶二聚体和烷基化碱基直接修复的基本步骤。
7. 概述碱基切除修复的基本步骤。
8. 简述原核生物和真核生物核苷酸切除修复的基本过程。
9. 概述错配修复的基本过程。
10. 简述 SOS 修复机制。
11. 何为基因组稳定性？
12. 概述 DNA 损伤应答机制。

# 第4章　基因重组与转座

生物群体中个体基因型的变化多种多样，遗传重组（genetic recombination）简单来说就是指这种基因型多样性的分子事件。现在已经可以肯定，包括噬菌体、酵母，以及人类细胞在内普遍存在着同源重组现象，而且呈现高度保守性。基因重组不但可以发生在同一物种的同源染色体之间，如减数分裂过程中的重组以及细菌的转导和接合，而且可以发生在不同的物种之间，如噬菌体DNA与细菌DNA之间的重组，这两种重组形式需要有同源序列或者专一性位点的存在。此外，还有一种不需要同源序列或专一性位点的重组类型，可使一段DNA序列从染色体的一个位置转移到另一个位置，甚至从一条染色体转移到另一条染色体，这种现象被称为转座（transposition）。

生物的进化本身不仅依赖基因突变，更需要基因重组及转座。通常情况下突变仅仅是为生物进化提供原始材料，但突变的概率很低且涉及的基因数目非常少，而遗传重组及转座可以重新排列数量众多的基因，并且能够分离有害的基因和有利的基因，产生新的组合或抗性基因，并通过自然选择不断淘汰有害的等位基因，积累并传播有利的等位基因。因此，基因重组与转座在生物进化过程中发挥着至关重要的作用。

## 4.1　基因重组

DNA分子内或分子间发生部分片段间的重新组合，通过DNA分子的断裂和连接所引起的遗传信息的重组称为DNA重组、遗传重组或基因重排（gene rearrangement）。依据DNA序列重组时的特征，可以将DNA重组分为四种，即同源重组（homologous recombination）、位点特异性重组（site-specific recombination）、转座重组（transposition）和异常重组（illegitimate recombination）。重组的产物称为重组DNA（recombination DNA）。重组对物种生存意义重大，经过重新组合后产生的基因可以使物种环境适应性增强，进化过程加快，DNA重组还与损伤修复和突变关系十分密切。

### 4.1.1　同源重组

同源重组，又称普遍性重组（generalized recombination），指发生在具有同源DNA序列间的重新组合，依赖较大范围的DNA同源序列间的联会而发生重组。同源重组过程中的“同源性”强调的是能够发生同源重组的 DNA 序列的一致性。原则上，同源重组经常发生在彼此“同源”的姐妹染色单体上的某些区段，这些姐妹染色单体区段所含有的 DNA 序列通常完全一致。在真核生物减数分裂过程中，同源染色体联会时，姐妹染色单体之间或同一染色体上含有同源序列的 DNA 分子之间或分子之内的重新组合即为同源重组。

由于同源重组的发生严格依赖 DNA 分子之间的同源性，所以原核生物的同源重组一般发生在 DNA 的复制过程中，而真核生物的同源重组则常见于细胞周期的 S 期之后。同源重组既可以双向交换 DNA 分子，也可以单向转移 DNA 分子，后者又被称为基因转换(gene conversion)。同源重组中参与 DNA 配对和重组的蛋白质因子或重组酶无碱基序列的特异性，只要两条 DNA 序列相同或接近，即可以发生基因重组。同源区域长短与发生重组成正比，同源区域越长越有利于发生重组，相反，同源区域越短就越难于发生重组。大肠杆菌重组时同源区域至少要有 20～40 bp；大肠杆菌与 λ 噬菌体或质粒重组，同源区要求大于 13 bp；枯草杆菌基因与质粒的重组，同源区的长度大于 70 bp；哺乳动物的同源区长度大于 150 bp。这些类型的重组就可以在同源序列中的任何一点发生，但不同位点发生同源重组的频率有差异，所以产生重组热点，这与重组位点的序列特性有关，重组热点大多是位于重复序列位置上。

### (1)同源重组的分子模型

同源重组的核心是 DNA 链的断裂-重接(breakage and reunion)。DNA 可以在一条链上产生断裂，也可以在两条链上产生断裂。目前，用于解释同源重组分子机制的模型有多种，其中最主要的是 Holliday 模型、Moselson-Radding 单链断裂模型和双链断裂模型三种。

1)Holliday 同源重组模型

第一个被普遍接受的同源重组分子模型是 Holliday 模型，该模型以提出者 Holliday 的名字命名，是 Robin Holliday 在 1964 年提出的重组杂合 DNA 模型(hybrid DNA model)经修正得来。Holliday 模型认为，发生重组的同源姊妹染色单体彼此并排进行联会，DNA 内切酶会同时切开相同位置上配对的 DNA 同源双链，形成游离的 DNA 单链，进而 DNA 单链游离末端彼此交换并重接形成交联桥结构(cross-bridge structure)的十字交叉连接分子(joint molecule)或称 Holliday 中间体(Holliday immediate)。交联桥沿着配对 DNA 分子进行分支迁移(branch migration)，通过互补碱基氢键在两个亲本链间的转换，形成异源双链 DNA 区段组成的 Holliday 结构(Holliday structure)，再绕交联桥旋转 180°，Holliday 结构可以形成异构体。DNA 单链通过左右切割或上下切割方式被切断，再连接成线性 DNA 分子。最终，一段异源双链 DNA 区域通过重组产生(图 4-1)。

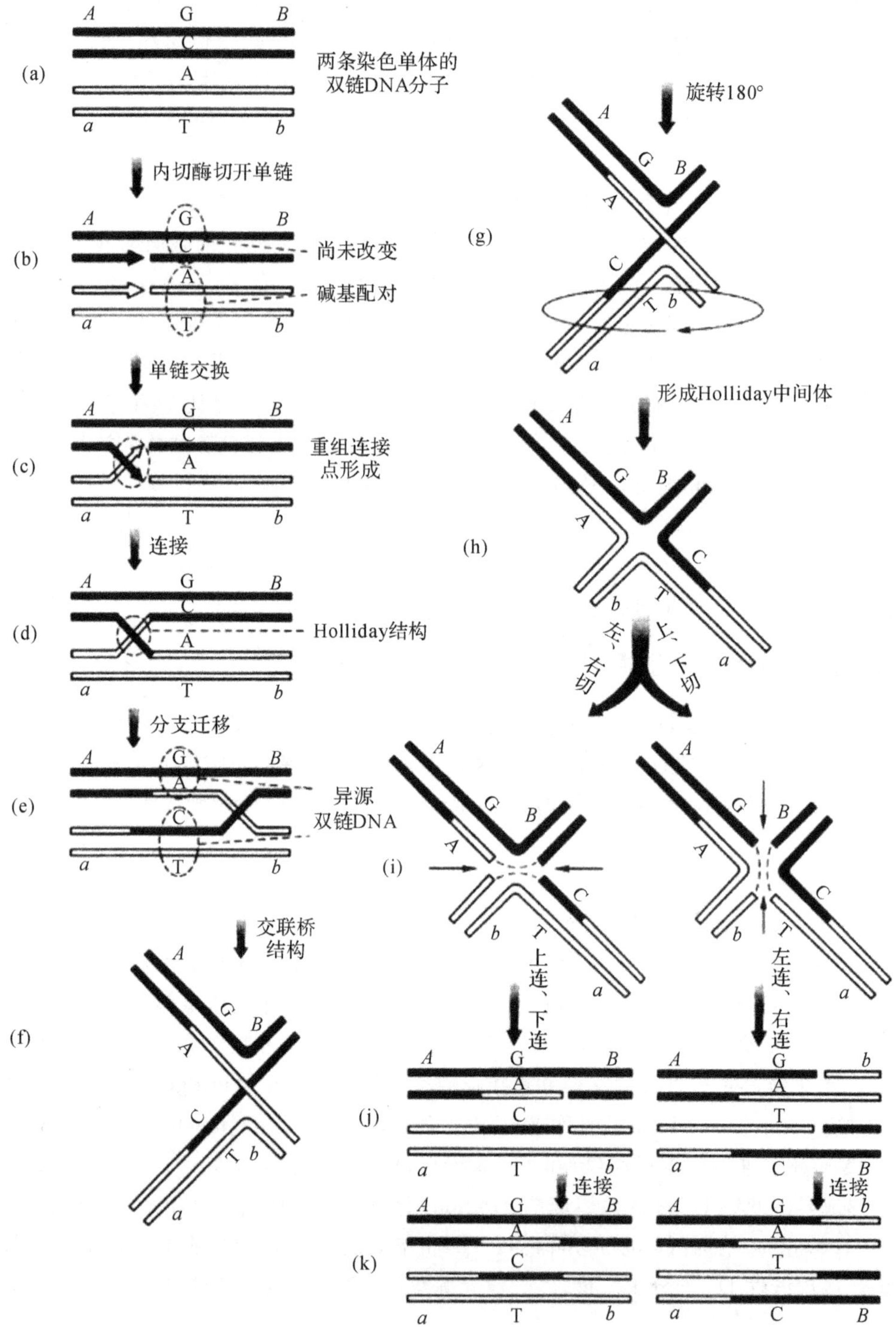


图 4-1　同源重组的 Holliday 模型(引自戴灼华，2010)

分支迁移(branch migration)是 Holliday 模型的第一个重要过程。分支迁移发生在两条 DNA 分子之间,通过交叉点沿 DNA 分子移动来完成该过程,其方向具有任意性,速度一般为 30 bp/s。分支迁移的结果是两条同源 DNA 分子之间的交叉区域完成了单链置换,使得每个双链 DNA 都有一段异源双链(hetero duplex)区,这样两个亲代 DNA 分子链就形成了杂合 DNA(hybrid DNA)(图 4-2)。理论上分支迁移阐述了重组结构的动态性,但实际上很难用体外实验来证实分支迁移的动态过程。造成体外实验困难的因素主要有:首先,分支点在 DNA 分离过程中可能移动,其动态性加深了体外实验的复杂度;其次,体内的分支迁移过程是在重组酶的催化下,完成两条 DNA 链的断裂、修复、连接和重组释放。目前,虽然在原核生物中重组酶的研究较为清楚,但真核生物的重组酶研究深度不足,导致体外实验中缺乏重组酶,因此体外观察的分支迁移速度很低。

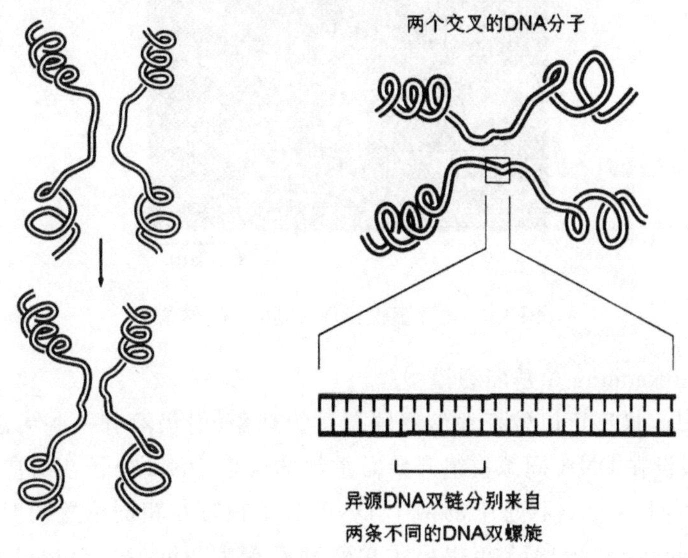


图 4-2　异源双链连接(杂合 DNA)(仿自王亚馥等 ,1999)

Holliday 中间体的结构变化是 Holliday 模型的第二个重要过程。Holliday 中间体可以通过异构化(isomerization)作用而改变 DNA 单链之间的彼此关系,发生立体异构现象。没有键的断裂是异构化(isomerization)过程的一个重要特征。此外,Holliday 中间体由一个构象转变为另一个构象不需要能量,构象转变很快,每种构象各占 50%。

中间体拆分是 Holliday 模型的第三个重要过程。拆分后形成的两个 DNA 分子是否发生重组由拆分时 Holliday 中间体的构象决定。拆分需要内切酶在交叉点处两个相对的位置切开 DNA 链,然后由 DNA 连接酶重新连接使交联的 DNA 彼此分开。Holliday 中间体异构化是动态的,使内切酶有可能随机地与两对同源链中的任意一对接触,并在上面形成切口。在 DNA 链上所处的不同位置的切口,形成了不同的重组产物,如剪接重组体和补丁重组体(patch recombination)。剪接重组体(splice recombinant)是切口发生在未参与交叉的那一对链上,4 条链均被切开,导致异源双链区的两侧来自不同亲本 DNA 交互重组(reciprocal recombination)而形成的重组体。补丁重组体是切口发生在原来参与交叉的那一对链上,连接分子拆分后形成的。另两条单链除保留一段异源双链 DNA

外，均完整无缺，重组体的异源双链区的两侧来自同一亲本 DNA。

Holliday 模型不但适用于解释两条线状 DNA 双螺旋之间的同源重组，而且对于环状 DNA 分子的重组过程同样适用。环状 DNA 分子重组时首先通过任意同源区配对、断裂、重接，形成 8 字形的中间物(figure-8 intermediate)。这种 8 字形结构与相互环链的 DNA 分子 8 字形结构的主要区别在于有无共价键连接，前者通过共价键连接重组分子，而后者则无共价键连接。4 条臂的 *Chi* 结构(*Chi* structure)可以用切割单链的 DNA 内切酶处理 8 字形中间体形成。Potter 和 Dressler 在电镜下观察到的 *Chi* 结构直接证明了细胞内重组过程中异源双链 DNA 和 Holliday 结构以及其异构体的存在(图 4-3)。

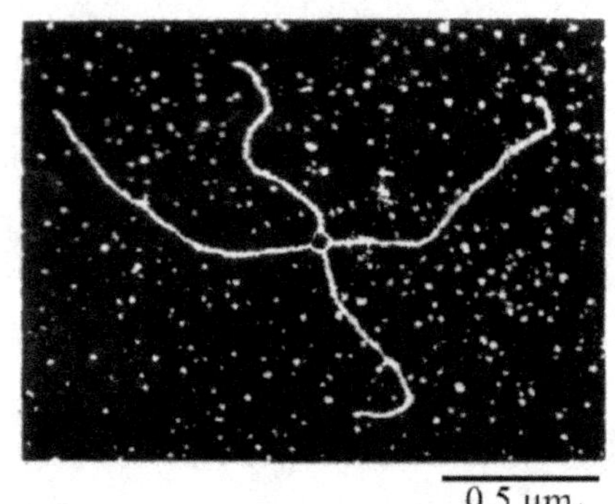


图 4-3　电子显微镜观察到的 *Chi* 结构

2)Moselson-Radding 单链断裂模型

虽然 Holliday 模型可以较好地解释同源重组现象，但仍然有一些无法解释的问题：Holliday 模型假设在 DNA 同源重组开始时重组的两个 DNA 分子在对应链的相同位置发生断裂，而事实上在自然状态下的两个 DNA 分子很难在相同位置同时发生断裂。面对这一问题，Aviemore 于 1975 年提出了单链断裂模型(single-stranded break model)，Moselson 和 Radding 在此基础上进行了修改，认为进行同源重组的两个 DNA 分子只有一个发生单链断裂，随后以多种机制形成 DNA 单链。供体 DNA 通过单链入侵并在同源区域进行同源链置换，被置换的单链形成 D 环(displacement loop，D-loop)。D 环单链区随后被切除，缺口由 DNA 聚合酶填补。Holliday 中间体由末端与断链通过 DNA 聚合酶连接形成。与 Holliday 模型不同，单链断裂模型中的异源双链区只在一条 DNA 分子上出现。如果进行分支迁移和 Holliday 结构拆分，异源双链区在两条双螺旋上均会出现。单链断裂模型能很好地解释细菌等原核生物的同源重组，例如细菌的接合和转化。

3)双链断裂模型

双链断裂(double strand break，DSB)引发了大多数的 DNA 同源重组交换。由核酸内切酶在一条染色单体的一个双链 DNA 分子的同一位置切开造成一个双链切口，双链断裂出现后启动同源重组；在核酸外切酶的作用下这个切口被扩大，并由核酸外切酶在切口的任一端切割形成 3′ 末端，通过单链侵入的方式进入另一条双链的同源区。由于单链 DNA 尾是 3′ 端，可以作为引物以同源链为模板合成一段新的 DNA。新合成的片段通过不断置换完整 DNA 分子的一条链而形成 D 环；当以 3′ 端为引物合成双链 DNA

时，D 环随着该过程进行延伸并逐渐扩大到整个缺口的长度，而突出的单链到达缺口的远端时即可与互补序列进行复性。异源双链 DNA 在缺口的两端形成，由 D 环补上缺口。单链交换时只形成一个交叉，而经过修复再连接则形成了两个交叉结构，最终 Holliday 结构被拆分，两个独立的 DNA 分子形成，从而结束重组事件。

1983 年，Szostak 等提出了双链断裂模型，与 Holliday 模型的区别在于 Holliday 模型中每个分子都只有一段从交换起点到分支迁移终点的异源双链区，遗传信息没有丢失(图 4-4)；而双链断裂模型每个分子有两个异源双链区，位于缺口两侧并有遗传信息丢失。

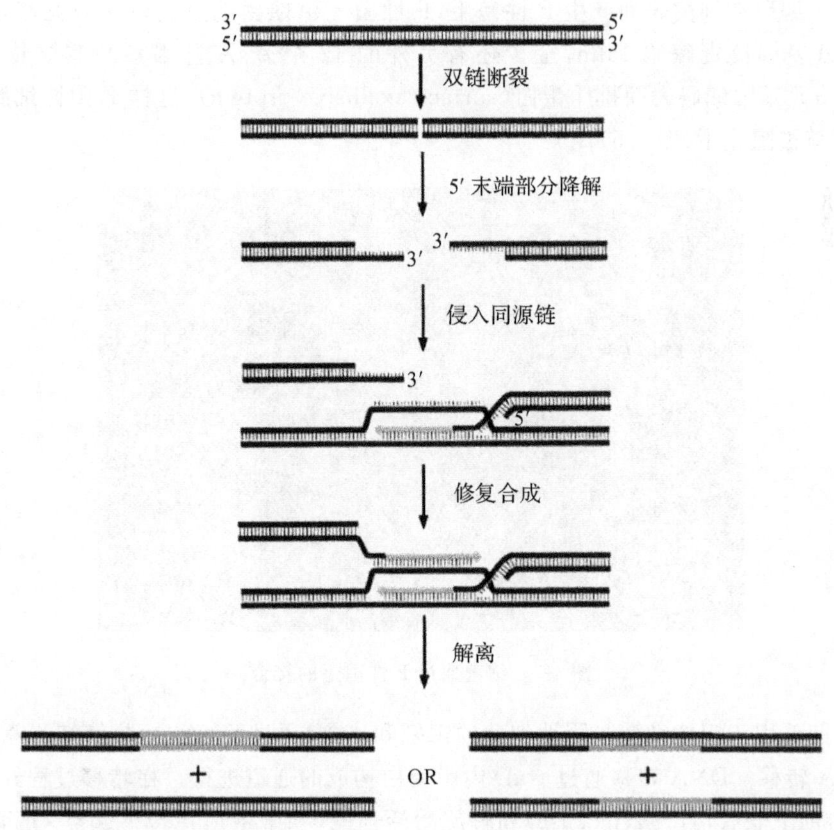


图 4-4　同源重组的双链断裂模型(修改自 Truong LN ,2014)

同源重组过程十分精确地在同源序列间发生链交换。同源重组必须在两个 DNA 分子都含有 75 bp 以上的同源区才可能发生交换，同源区域只要含有一段大体类似的碱基序列即可。同源重组是最基本的重组方式，在基因的加工、整合和转化中的作用十分重要。

### (2)原核生物中的同源重组

1)细菌的同源重组

同源重组发生在 DNA 同源序列之间，除了真核生物减数分裂时染色单体之间的交换外，同源重组还包括细菌的转化、转导和接合。

①细菌的接合作用　接合作用(conjugation)是指阳性细菌中的遗传物质可通过F因子转移到受体细胞中的现象。F因子又被称为致育因子(fertility factor),简称性因子。

大肠杆菌的F因子是闭环双链的大质粒,全长100 kb,包含三大部分,原点区含有复制起点 *OriV* 和转移起点 *OriT*。转移区包含与质粒转移有关的基因 *tra*,占质粒1/3,编码约40个基因产物,在性菌毛的形成、接合、配对、转移和调节中发挥作用。此外,F因子还有配对区,位于该区域的插入序列 *IS* 可以与染色体上的同源序列进行配对,通过交换整合到细菌染色体上。F质粒被称为附加体(episome),因为其不但可以游离存在于细胞内,也可以整合到宿主染色体内。

F因子编码在细菌表面产生F性菌毛,F性菌毛由性菌毛蛋白(Pilin)亚基聚合组装而成,*traA* 基因负责编码Pilin,至少还有另外的12个 *traA* 基因参与其修饰和装配。*traS* 和 *traT* 基因编码表面排斥蛋白(surface exclusive protein),这样F阳性细胞之间的相互作用就被阻止了(图4-5)。

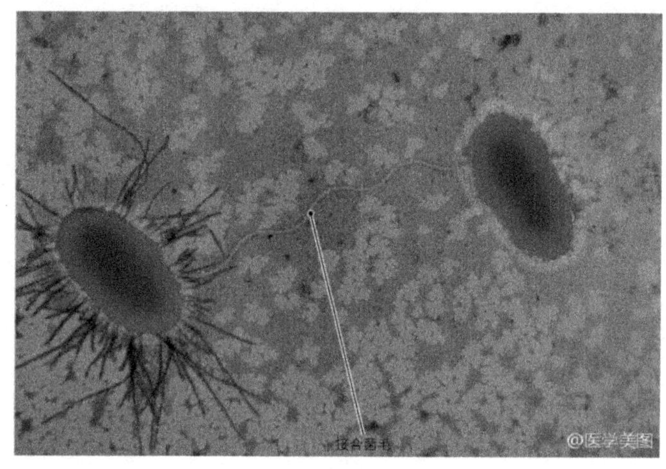


图4-5　细菌通过F性菌毛的接合

F性菌毛用于阳性细菌与阴性细菌的识别和连接,通过回缩和拆装使细胞靠近,但不负责DNA转移。DNA转移通过traD内膜蛋白构成的通道进行。在转移过程开始时,在traY的协助下兼有切口酶(nickase)和解旋酶活性的traⅠ蛋白在转移起点OriT处切开一条链,通过共价结合连接到5′端,然后开始转移到受体细胞。单链在受体细胞中合成互补链使其转变为$F^+$细胞,供体细胞的F质粒单链也合成出互补链。

F质粒可以整合到染色体上,而且可以运用被切开的转移起点引导染色体DNA单链转移,由于细菌染色体很长,转移过程有因外界原因而中断的可能,基因位置的确定可利用转移时间。进入受体细胞的DNA通过复制形成双链并与染色体发生重组,从而交换了细菌间的遗传物质。Hfr(high-frequency recombination)菌株的由来是因为整合F因子的大肠杆菌具有较高的重组频率。F因子整合位置不同可导致染色体上基因转移的起点不同,从而形成不同的Hfr菌株。

F因子引导染色体转移时,*OriT* 处被切开使转移区 *tra* 基因位于染色体的末尾,很容易因为中断无法转移到受体细胞中,这样受体细胞就不能转变成$F^+$细胞。整合的F因子如果在切离时携带宿主染色体的一些基因可能变成 F′ 因子。在进入受体细胞后，形成部分二倍体使受体细胞变成 F′ 细胞，这种现象称为性导(sexduction)。

②遗传转化　遗传转化是指细菌在特定的条件如钙离子和温度变化刺激下，成为感受态细胞(competent cell)并可以吸收外源 DNA 而发生遗传重组的现象。在自然界普遍存在的遗传转化是细菌遗传信息转移和重组的一种重要方式，有很多细菌都具有吸收外源 DNA 的能力，如固氮菌、链球菌、芽孢杆菌、嗜血杆菌，以及奈氏球菌等。但自然发生的遗传转化效率很低，主要是一些小分子 DNA 可以穿过细胞被膜而发生转移。采取人工方法可以使遗传转化效率提高，如用高浓度 $Ca^{2+}$ 处理等，因此，在实验过程中遗传转化(genetic transformation)常用于获得 DNA 重组子。

细菌的遗传转化过程有 10 多个基因的编码产物参与，包括感受态因子(competent factor)，膜连接的 DNA 结合蛋白、自溶素(autolysin)以及核酸酶(nuclease)。感受态因子用于调节其他与感受态有关的基因表达，并促进感受态细胞的形成。自溶素的作用在于促使进核酸与细胞膜上的 DNA 结合蛋白分离，有利于胞外游离 DNA 结合到细胞膜上。

③细菌的转导　利用噬菌体包装和感染过程将细菌的基因从供体转移到受体细胞称为细菌转导(transduction)。由于噬菌体携带不同的供体染色体片段，可以将转导分为普遍性转导(generalized transduction)和局限性转导(specialized transduction)两种。普遍性转导中存在于供体细胞染色体上的各种标记基因以大致相等的频率包装入噬菌体中，进而带入受体菌。而局限性转导是在温和噬菌体存在时将宿主染色体整合部位附近的 DNA 切割下来并包装到转导噬菌体中，所以只有特定部分的基因进入受体细胞。

④细菌的细胞融合　通过细胞质膜融合的方式有些细菌可以使遗传物质发生转移和重组。由于细菌具有细胞壁，其中的肽聚糖需要溶菌酶处理除去，进而获得原生质体，再利用聚乙二醇或灭活的仙台病毒来促进细胞融合(cell fusion)。细胞融合途径可使 DNA 发生转移和重组，再经过细胞壁诱导来生成筛选所需的菌株。

2)大肠杆菌同源重组的分子机制

相对于真核生物，大肠杆菌的同源重组分子机制研究得更为透彻。由于环境中的电离辐射和损伤因子的影响，细菌经常产生 DNA 断裂。如果一些 DNA 双链断裂得不到及时的修复，可导致细胞死亡。DNA 修复与同源重组过程息息相关，同源重组的生物学功能就是修复断裂的 DNA 双链。大肠杆菌的同源重组有四种途径，包括 RecBCD 途径、RecE 途径、RecF 途径和 Red 途径，其中了解较为深入的是 RecBCD 途径。参与 RecBCD 途径的蛋白质有多种，除了 RecBCD 外，还有 RecA、RuvA、RuvB 和 RuvC 等(图 4-6)。

①RecBCD 蛋白　RecBCD 包含 3 个亚基，分别由基因 *recB*、*recC*、*recD* 编码。RecBCD 是一种多功能酶，不但具有依赖 ATP 的外切核酸酶 V 和解旋酶活性，还有可被 ATP 增强的核酸内切酶活性。RecBCD 可以结合到 DNA 分子断裂点，利用 ATP 提供的能量沿着 DNA 移动并使其双链解旋，前提是有单链结合蛋白(single-strand binding protein，SSB)的存在。RecBCD 可利用其外切核酸酶活性将单链和双链 DNA 降解，其内切核酸酶活性也非常重要，可在断裂的双链 DNA 上形成单链 DNA 尾，并帮助 RecA 蛋白结合到单链 DNA 上启动同源重组过程。

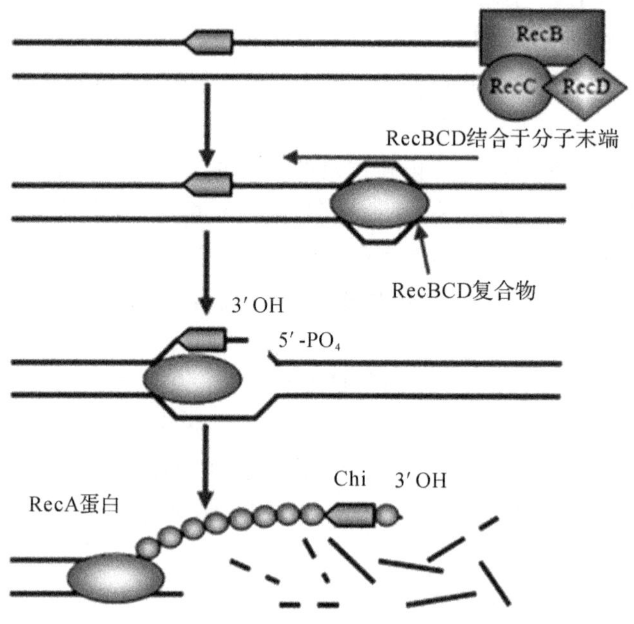


图 4-6　Rec BCD 蛋白作用于双链 DNA(引自袁红雨，2012)

多功能酶 RecBCD 的作用靶点是 *Chi* 位点，RecBCD 的活性也受 *Chi* 位点调控。λ 噬菌体突变体中一个碱基对的改变对重组效率的影响非常明显，使其成为重组热点。*Chi* 位点含有一段 8 bp 的不对称序列：

5′ GCTGGTGG 3′

3′ CGACCACC 5′

在大肠杆菌 DNA 中这一序列每隔 5～10 kb 就会出现一次。当遇到 *Chi* 位点时，RecBCD 的核酸酶活性就会发生改变，其可以抑制 RecBCD 的 3′ 外切酶活性，激活 5′ 外切酶活性，但解旋酶活性未改变。通过 RecBCD 解旋和切割形成游离末端，进一步形成异源双链。在识别 *Chi* 位点之后，RecD 亚基解离或失活，从而该复合物的核酸酶活性丧失，但 RecBC 的解旋酶活性仍然保留，继续起着解旋作用。

②RecA 蛋白　大肠杆菌的 RecA 蛋白具有两种不同的活性，一是能激活 SOS 反应中的蛋白酶，另一种可以促进同源重组过程中 DNA 单链的入侵。通过 RecBCD 在 *Chi* 位点附近切割所释放的单链 DNA3′ 端，RecA 能够与同源双链 DNA 序列形成交联分子。RecA 蛋白的具体作用是在 ATP 存在下引导 DNA 单链与同源双链进行链置换，这一过程被称为 DNA 单链摄取(single-strand uptake)或单链同化(single-strand assimilation)。RecA 在随后进行的 DNA 配对、Holliday 中间体形成以及分支迁移等过程中，发挥着非常重要的作用。RecA 与 DNA 单链结合时可形成每圈 6 个单体的螺旋纤丝(helical filament)，从而激发分支迁移过程。在 RecA 单体协同聚集形成纤丝和拆卸过程中，RecF、RecO 和 RecR 起调节作用。在单链入侵时 RecA 蛋白先结合在 DNA 单链上，进入前联会期；RecA 形成的纤丝可以与双链 DNA 作用，快速寻找与单链 DNA 互补的序列并进一步解旋。单链 DNA 与双链 DNA 的互补序列迅速配对，从而形成杂合的双螺旋连接

点;通过缓慢的置换反应,双螺旋的一条链被替换,产生杂合的 DNA 双螺旋(图 4-7)。如果其中一个 DNA 分子有单链区域和游离的 3′ 末端,并且单链区域和 3′ 端还必须位于这两个分子的互补区域中,在满足这些条件的情况下,DNA 单链同化可以在几种不同构型的 DNA 分子之间进行。

DNA 重组过程实际上类似于酶促反应,有一个中间体存在以便于进行重组。实际上一条或两条单链从一个双链交叉到另一条双链这一过程就是中间体的单链同化。RecA 蛋白催化这一反应。由 RecBCD 在 *Chi* 位点的 8 bp 序列上进行切割并释放出 3′端单链 DNA,然后与 RecA 蛋白结合,由于其携带含有 3′ 端的单链,可与同源的双链 DNA 序列作用,于是联合分子就形成了。

RecA 蛋白与单链或双链 DNA 非共价结合形成螺旋丝状结构,螺旋结构的大沟可与 DNA 双螺旋结合,并与同源序列形成三链结构。右手螺旋为细菌中形成的丝状结构,每圈有 6 个 RecA 分子。每个 RecA 单体结合约 3 个碱基对,每圈有 18.6 个碱基对,比 B 型 DNA 螺旋拉长了 1.5 倍。这种丝状复合物通常有 100 个 RecA 亚基和 300 个核苷酸,稳定性非常强。

在一条单链侵入一条双链 DNA 的过程中,RecA 蛋白与单链结合,并水解 ATP 使双链 DNA 解旋,在形成的三链 DNA 结构中,交换了双链与单链的互补区。联会发生在链交换以前且不需要游离末端,但微丝结构中发生的链交换,3′ 端必须存在(图 4-7)。ATP 调节 RecA 蛋白与双链 DNA 的结合,影响 RecA 蛋白的构象,提高其与 DNA 结合位点的亲和力。而 ATP 水解后 RecA 蛋白与 DNA 的亲和力又降低了,进而释放了异源双链 DNA 分子。

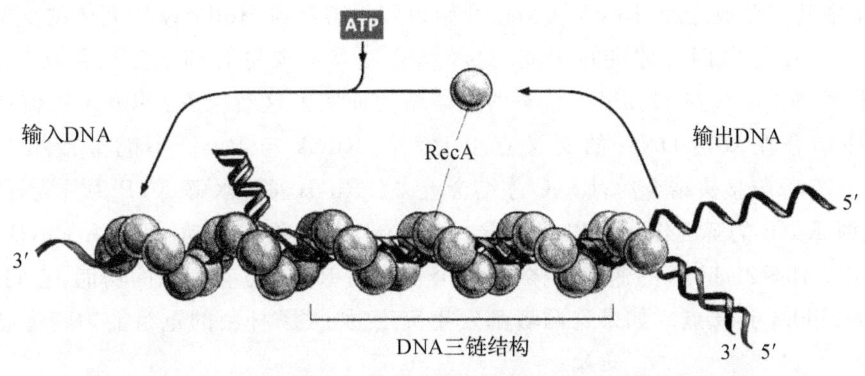


图 4-7　RecA 蛋白催化的 DNA 联会(引自张新跃 ,2008)

RecA 催化单链 DNA 与双链 DNA 置换反应的 3 个主要阶段包括:a. RecA 在单链上聚集组装时,SSB 蛋白与单链 DNA 结合,形成 D 环结构;b. 单链 DNA 与双链 DNA 通过碱基配对迅速结合,异源双链 DNA 分子连接点形成;c. 在接头分子中,通过双链 DNA 和单链 DNA 之间的置换反应,产生一段长的异源双链 DNA 区段。置换反应的进行受 RecA 驱使,SSB 的存在促进了这个反应,其作用是保证细胞内的核酸酶不会降解单链 DNA 或出现二级结构,保持 DNA 单链状态。至于 SSB 如何与 RecA 一起结合在同一段 DNA 上,目前尚无定论。RecA 与 SSB 一样也是按照一定比例与单链 DNA 结合,但两者不同之处是 RecA 可与双链 DNA 结合，而 SSB 只能结合单链 DNA。

异源双链 DNA 的起始区域由两条并排在一起的链组成，称为平行接点(paranemic joint)，其分子结构不同于传统的双螺旋结构，具有负超螺旋结构形式。平行接点在随后的反应中要把这种不稳定的结构转变为更稳定的双螺旋结构形式，消除存在于 DNA 分子连接点区域的负超螺旋。这种结构上的转变过程涉及 DNA 链的断裂、解旋和重新螺旋等，转变过程也需要酶催化。

虽然单链入侵可以很好地解释 DNA 分子重组，但实际上两条双链 DNA 分子只要其中一条 DNA 分子含有一段单链区，其长度至少在 50 bp 以上，也可以在 RecA 引发下发生相互作用。线性分子的尾巴或者环状分子的缺口都可以作为单链区。同化反应从线性分子的一端开始，双链 DNA 中的同源部分被入侵的单链置换，直到置换反应到达两个分子都是双链的区域时为止。此时入侵链与互补链解离，游离出来的互补链再与被置换链进行配对，形成了重组接点，此接点与 Holliday 结构相似的。体外研究表明，RecA 可以促进 Holliday 连接点的形成，该酶的作用是催化互补链发生分支迁移。目前可以推测两条双链 DNA 分子是以交换反应中相同的方式进行排列的，但对于 RecA 如何与两条双链 DNA 分子的 4 条链结合，以及形成的中间体的几何结构尚不完全清楚。

③Ruv 蛋白　同源重组的关键是 Holliday 连接点，其结构拆分是 DNA 分子间链交换的决定因素。在大肠杆菌中，RuvA、RuvB 和 RuvC 为 *ruv* 基因的产物，其作用是负责稳定和解开 Holliday 连接点。RuvA 和 RuvB 可促进异源双链 DNA 结构的形成。1993 年，Parsons 和 West 发现了 RuvA-RuvB-Holliday 接头的三元复合物。Yu、West 和 Egelman 于 1997 年依据电镜图像提出了 RuvA-RuvB-Holliday 接头复合物模型，认为 Holliday 中间体形成之后，RuvA 蛋白便开始识别并结合到 Holliday 中间体的交叉点处，DNA 被 RuvA 蛋白四聚体夹在中间，这种结合使其构象更有利于分支移动(图 4-8)。Rice 等得到的 RuvA 与 Holliday 接头的晶体结构证实了这些现象。RuvA 可促使 RuvB 六聚体环结合在双链 DNA 的交叉点上游。但 RuvA 与 RuvC 不能直接结合，只有 RuvA、RuvB 都与接头结合后，RuvC 才结合上去。RuvB 通过水解 ATP 为分支迁移提供能量，同时 RuvB 的解旋作用可以促进 RuvA-RuvB 复合物的移动。RuvA-RuvB 复合体使其分支以 10～20 bp/s 的速度迁移，另一个解旋酶 RecG 也有相似的功能，它们都可以作用于 Holliday 连接点。如果这两者都发生突变，则大肠杆菌的重组能力将完全丧失。

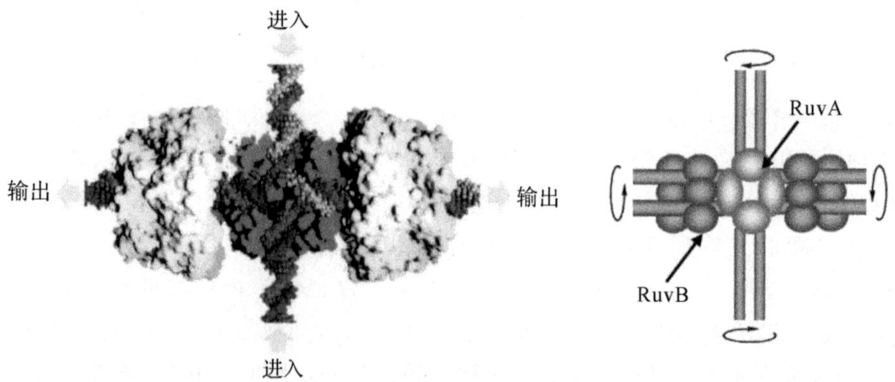


图 4-8　RuvA-RuvB 复合物结合于 Holliday 中间体的模型(修改自赵亚华，2010)

分支迁移后，要通过拆分 Holliday 接头才能完成重组。内切核酸酶 RuvC 负责 Holliday 中间体结构拆分，并由 DNA 聚合酶和连接酶进行修复合成。分支迁移帮助 RuvC 寻找这种序列，不对称的四核苷酸 ATTG 为其靶点，通常 Holliday 中间体结构都是在该序列被切开。由于 RuvC 可以选择切割 Holliday 中间体结构的不同 DNA 链，那么可能产生补丁重组或剪接重组这两种不同的结果(图 4-9)。

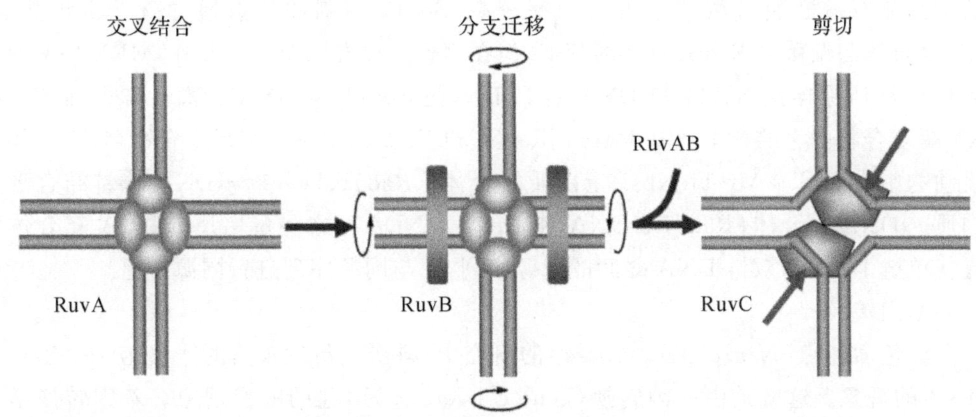


图 4-9　Holliday 联结体的拆分(引自赵亚华，2010)

细菌的遗传重组多用于对染色体内损伤的 DNA 进行修复，主要体现忠实性的特点。有多种蛋白质参与细菌的遗传重组，其中 *ruvA*、*ruvB* 和 *ruvC* 基因的突变会引起重组修复缺陷。这些基因发生突变后 DNA 分子的双链断裂会明显增加，以致不能正常联会，表明联会与细菌 DNA 分子单链的同化反应有关。此外，在酵母和哺乳动物中存在细菌 RuvC 的类似物——解离酶(resolvase)，该酶能将 Holliday 连接点解离，使 Holliday 联结体拆分为双链 DNA 分子。

### (3)真核生物中的同源重组

真核生物的同源重组是细胞进行正常有丝分裂和减数分裂所必需的。在真核生物的有丝分裂和减数分裂过程中，来自父母本的具有相同遗传意义的染色体需要在分裂前期进行配对。在分裂过程中，染色体的一些部位会出现 DNA 分子的双链断裂，这种 DNA 双链断裂以动态形式出现或消失在染色体上。但这种现象不是 DNA 损伤，而是 DNA 同源重组所必需的，它的存在反映了真核生物同源重组的进行状态。

1)减数分裂中的同源重组

在二倍体真核细胞中，每个染色体都有两个拷贝，即同源染色体。但在减数分裂中形成的配子其染色体数目减半。减数分裂的另外一个重要特征就是同源染色体可以在细胞的中心发生联会或配对，并且在联会交叉的位点可能发生同源重组。在交换发生后，遗传物质重新组合，所形成的子代细胞遗传物质不完全相同。因此，在真核生物减数分裂形成配子的过程中，发生在同源染色体之间的基因交换可以形成遗传物质的多样性。

2)真核细胞同源重组的过程

真核细胞同源重组的过程与原核细胞相似，所涉及的酶和蛋白质的作用机制也非常相似。在减数分裂的前期 I 同源染色体开始配对时，Spo11 可在染色体上切断 DNA 形成双链断裂区。随后 MRX 复合物将断裂区加工成 3′ 端游离的单链片段，其作用类似于 RecBCD，另外 Rad51 和 Dmc1 是酵母、小鼠和人类中的 RecA 同源蛋白，负责起始链的交换（催化单链 DNA 与双链 DNA 的联会反应）。Mus81 负责拆分 Holliday 连接点。

Spo11 可以在染色体上核小体包装松弛的区域进行切割，如基因启动子区。DNA 上出现的高频双链断裂区域往往重组频率较高，Spo11 切割的位点通常就是重组热点。MRX 复合体与细菌的 RecBCD 功能相似，但在序列上没有同源性。此外，MRX 酶复合物还可以通过清除连接 Spo11 与 DNA 的 P-Tyr，使 Spo11 与 DNA 分离。酵母细胞中的 MRX 酶复合物由它的三个亚基 Mre11、Rad50 和 Xrs2 的第一个字母组合命名，而人类等哺乳动物中为 Rad50-Mre11-Nbs1 蛋白质复合体。Rad51、Dmc1 与 DNA 单链结合形成蛋白质-ssDNA 复合体（Rad51-ssDNA 和 Dmc1-ssNDA），这些蛋白质-ssDNA 复合体可以寻找单链 DNA 与双链 DNA 之间的同源序列，并与同源序列进行同源重组。

3）基因转换

在红色面包霉（*Neuraspora crassa*）的研究中，科研人员发现有时子囊孢子会出现偏离 4∶4 的现象。这就是由基因转换（gene conversion）引起的畸变现象。基因转换是指同源序列之间非交互性的信息转换。例如，细胞减数分裂生成 4 个子细胞时，如果 3 个子细胞得到了一个亲本的等位基因，只有 1 个子细胞得到另一个亲本的等位基因，这种亲本之间等位基因被调换的现象称为基因转换。基因转换现象在同源重组中很普遍，但以子囊菌中的基因转换研究最为深入。

基因转换具有三个特点：①基因转换有一定的极性（polarity）。一个基因内部不同位点的基因转换频率是不同的，极化元（polaron）假说认为：越是优先靠近起始点的遗传标记，越容易发生基因转换。这样，基因转换的频率就形成一种自起点由高到低的变化梯度。②基因转换不依赖于交互重组的发生，但与之有关。基因转换常同时伴随着两侧基因的重组，而这种重组几乎在转换位点的一侧，且常在转换的那条染色体上。③当同一基因内不同突变型杂交时，这一等位基因内不同的位点之间可能发生交互重组，由于这些位点位于一个基因内，距离很近，也可能被同一段异源双链区覆盖，以基因转换的方式发生重组，当异源双链的同一段按相同方向同时被修复校正时，这些同一基因内的几个不同位点同时发生转换，即共转换。

在通常情况下，子囊菌的两个不同基因型的单倍体细胞会融合形成二倍体杂合细胞。二倍体细胞经过减数分裂后形成四分孢子，四分孢子再通过细胞分裂产生 8 个线性排列的子囊孢子。正常情况下，8 个孢子呈 4∶4 的分离比。但如果出现 DNA 复制错配，就可能产生 5∶3 或 3∶5 的分离比。而在对其进行校正时，又可能产生 6∶2 或 2∶6 的结果（图 4-10）。

这种基因转换过程与同源重组一同发生，一般认为是 DNA 重组与基因修复的直接结果。在重组的初期，由于单链 DNA 入侵另一个双链 DNA 同源区形成 D 环，再通过连接体异构化和分支迁移在两条 DNA 上形成异源双链区。该错配区域在随后的细胞错配修复系统的作用下被随机校正，未能校正的基因会引起基因转换导致孢子分离比的异常。DNA 复制以 a 基因为模板，使重组后的染色体上 a 基因取代 A 基因。

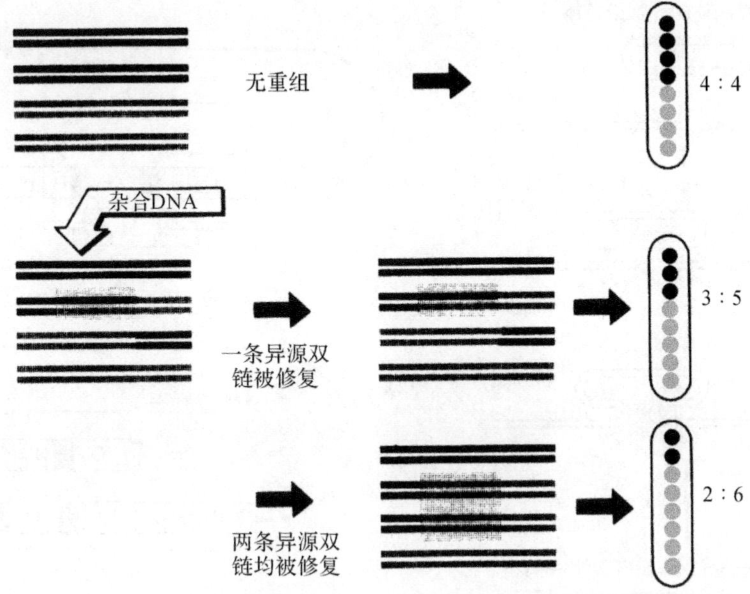


图 4-10 子囊孢子形成过程中的基因转换引起的畸变现象

## 4.1.2 位点专一性重组

同源重组能导致染色体等位基因的交换，但相互交换的染色体上基因序列常保持不变。而位点专一性重组(site-specific recombination)不仅能在染色体的非同源位点间转移特定的核酸序列，而且还能改变被转移基因的顺序，甚至可以向基因组引入新的遗传信息。

### (1)位点专一性重组的过程

λ 噬菌体的整合和切除是一种典型的位点专一性重组(site-specific recombination)。侵入大肠杆菌的 λ 噬菌体有两种命运，一是以游离噬菌体形式存在，裂解宿主细胞进行生长繁殖；二是噬菌体基因组与宿主基因组整合形成溶原噬菌体(prophage)。通过整合(integration)和切离(excision)，噬菌体可以由溶原状态转为裂解状态。λ 噬菌体与大肠杆菌染色体之间的特异性重组在反应机制上明显不同于同源重组，这个过程发生在 λ 噬菌体与宿主的特异性重组位点，称为附着位点(attachment site，*att*)，而整合和切离就是通过宿主 DNA 和 λDNA 上的附着位点 *att* 之间的重组而实现的。在细菌染色体上的 *att* 位点称为 *attB*，由 BOB′ 序列组成，而噬菌体 DNA 的附着位点称为 *attP*，由 POP′ 序列组成，两者相差很大，*attP* 长度为 240 bp，而 *attB* 长度仅有 23 bp。*attB* 和 *attP* 都有核心序列 O(core sequence)，为 15 bp 富含 AT 对的同源序列，无回文对称，重组事件就发生在核心序列。侧翼的序列 B、B′ 和 P、P′是臂(arm)，它们在序列上存在差异。*attB* 和 *attP* 具有不同的结构，表明两者在 DNA 重组中的功能不同。原噬菌体插入序列位于重组产生的两个新 *att* 位点之间，原噬菌体左边的位点 *attL* 由序列 BOP′ 组成，右边的 *attR* 由序列 POB′组成(图 4-11)。这些序列的重要性在于 DNA 重组过程中的整合和切离反应不发生

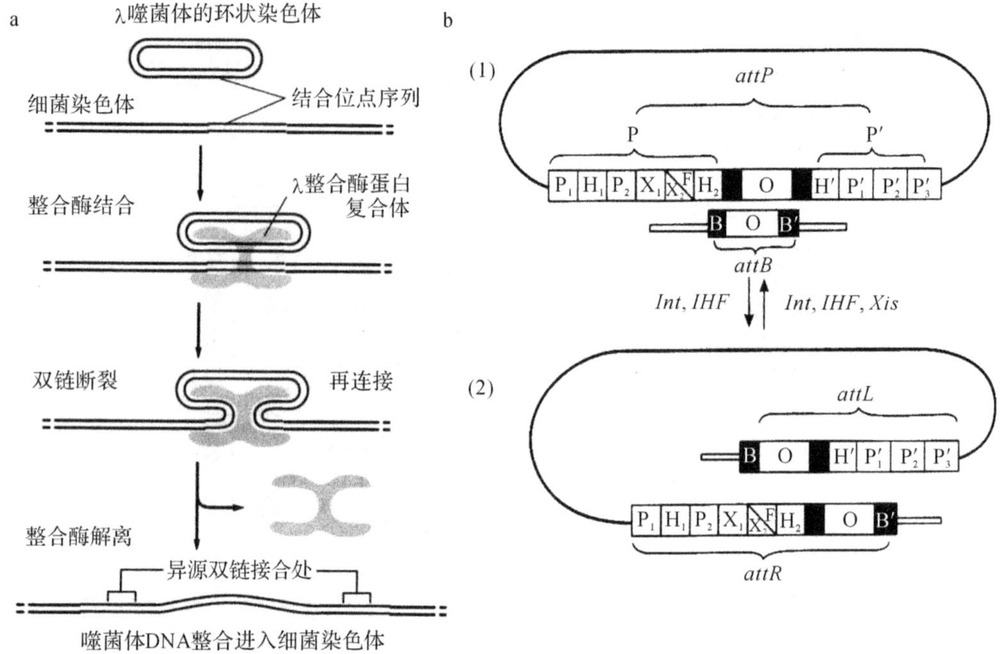


a. λ 噬菌体的整合与切离；b. λ 噬菌体整合与切离有关位点上的重要序列元件。核心序列 O 两端的 C、C′是 Int 识别位点，中间是交换区，O 序列两侧的 P、P′是臂，含有其他蛋白质的结合位点。包括：Int 识别位点($P_1$、$P_2$、$P_3$、$P_1'$)，IHF 识别位点($H_1$、$H_2$、$H'$)，Xis 识别位点($X_1$、$X_2$)，Fis 识别位点(F)。大肠杆菌的重组位点包括核心序列 O 和臂(B、B′)。

图 4-11　λ 噬菌体的整合与切离及有关位点上的重要序列元件(引自张新跃，2008；赵武玲，2010)

这些序列的重要性在于 DNA 重组过程中的整合和切离反应不发生在相同的序列中。位点专一性重组精确地发生在特定的 DNA 位点，*attP* 与 *attB* 在 15 bp 的交换区上发生相同的交错切割，产生相同的约长 7 bp 的单链末端。互补链间的杂交在噬菌体和宿主 DNA 之间形成了接头，最后被拆分开来(图 4-12)。

所有与位点专一性重组有关的酶和蛋白质都结合在 *att* 位点。整合反应是由 λ 噬菌体的 *int* 基因产物——“整合酶”(integrase，Int)催化完成。Int 在 *attP* 上有 4 个结合位点，每个单体识别 15 bp 序列。除了 Int 外，宿主整合因子(integrase host factor，IHF)对整合反应也是必不可少的。IHF 是大肠杆菌中与 λ 噬菌体的整合有关的整合辅助性细胞因子，其在 *attP* 上有 3 个结合位点，每个结合位点约 20 bp。IHF 的两个亚基均由宿主基因编码。Int、IHF 与 *attP* 结合形成类似于核小体的复合物，称整合体(intasome)，结合位点都位于复合物上。切离过程除了 Int 和 IHF 两种蛋白外，还需要噬菌体 *xis* 基因编码的切离酶(excisionase，Xis)参与。Xis 蛋白特异性地催化溶原状态的噬菌体左右臂 *attL* 和 *attR* 之间的重组反应，主要负责将溶原噬菌体从大肠杆菌染色体上切除。Xis 与 DNA 结合可导致 DNA 形成 140°的弯曲结构，并与 Int 和 IHF 形成更大的复合物，使 Int 和 IHF 无法组装而抑制整合(图 4-13)。

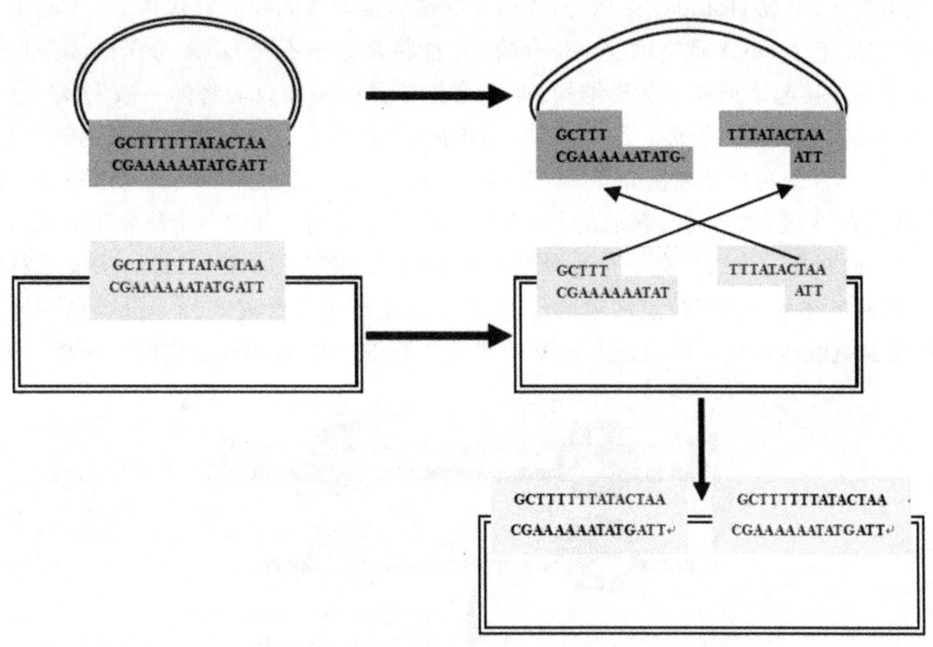


图 4-12　*attB* 与 *attP* 核心序列的交叉切割

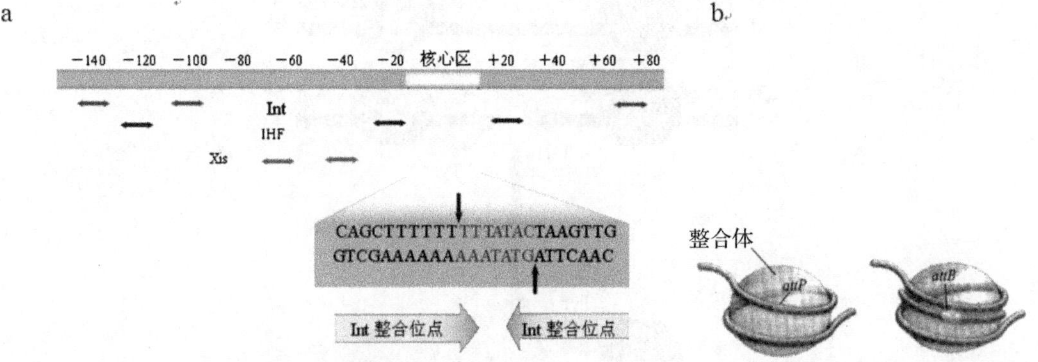


图 4-13　Int 结合位点序列及 *attP* 整合体启动位点专一性重组(引自戴灼华 2010)

a. Int 和 IHF 在 *attP* 上不同的结合位点；b. 多个 Int 蛋白可将 *attP* 组成整合体，通过识别游离 DNA 的 *attB*，整合体能启动位点专一性重组

### (2)位点专一性重组机制

在噬菌体侵入大肠杆菌细胞后，λ 噬菌体 DNA 以两种存在形式：裂解状态和溶原状态。在裂解状态下，λ 噬菌体 DNA 在被感染的细菌中以独立的环形分子结构存在；在溶原状态下，噬菌体 DNA 将会整合到宿主基因组中，成为细菌染色体的一部分，称为原噬菌体(prophage)。λ 噬菌体的整合酶 Int 具有Ⅰ型拓扑异构酶活力，可以作用于超螺旋 DNA，使两条 DNA 分子的单链产生断裂，经过瞬间旋转以后在断裂处的 Int 作用下重新

连接成半交叉，形成 Holliday 结构；另外两个单链紧接着以同样的方式将 DNA 断裂处连接起来，完成整个 DNA 重组过程。整合酶 Int 能将来源于不同 DNA 分子的 4 条单链断裂末端重新连接起来形成十字形结构；而 Ⅰ 型拓扑异构酶却只能将同一条 DNA 分子的末端断裂后再重新连接起来。整合酶 Int 是单体蛋白质，含有一个含酪氨酸的活性位点，负责切开 DNA 后再重新连接异源 DNA 链，该酶的活性中心位点酪氨酸通过磷酸二酯键与 DNA 链的 3′端相连，同时释放出 DNA 游离的 5′羟基端。其中两个酶分子分别与重组位点连接，而在每一位点只有一个酶的活性位点侵入 DNA 链（图 4-14）。系统的对称性确保了互补链在每个重组位点都被切开，切口位点处产生的游离 5′羟基进攻另一位点的 3′磷酸化酪氨酸连接点。再通过形成新的磷酸二酯键产生 Holliday 中间体结构。另外，

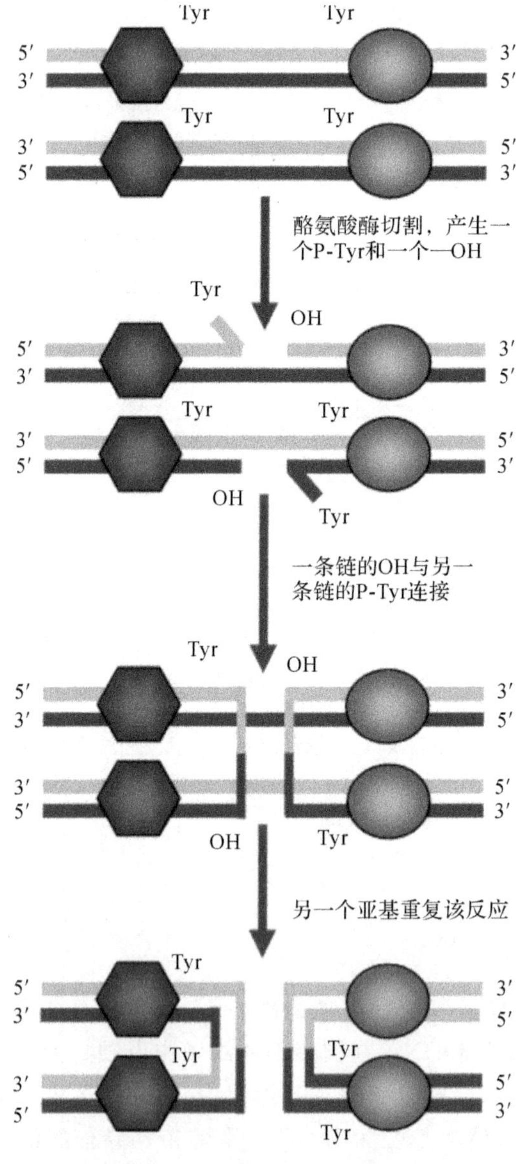


图 4-14　重组酶催化 DNA 重组反应的机制

两个酶分子作用于另一对 DNA 互补链时，Holliday 中间体结构就被解离。这样连续的 DNA 重组作用完成了一条保守链的交换，在此过程中交换位点没有碱基的缺失或插入。

整合酶在 DNA 上交错切割，3′磷酸端与酶的酪氨酸共价连接之后，每条链的游离羟基入侵另一位点的 P-Tyr 连接。每一次交换形成 Holliday 结构，接着和其他配对链一起重复这个过程就解离了 Holliday 结构。

调控位点专一性重组的蛋白酶属于整合酶家族，该家族共有 100 多个成员，主要分为酪氨酸重组酶和丝氨酸重组酶两类。酪氨酸重组酶家族包含有噬菌体 λ 整合酶，噬菌体 P1 的 Cre 重组酶，大肠杆菌中的 XerC 和 XerD 蛋白以及酵母的 FLP 蛋白等。2001 年 Van Duyne 等报道了 Cre-*loxP* 复合物的晶体结构，Cre 蛋白共有 343 个氨基酸，其四聚体有 2 个 *loxP* 位点。其 Tyr 的—OH 攻击 DNA 的 3′ 端形成 3′-P-Tyr 中间物。共价结合的蛋白质-DNA 复合物将磷酸二酯键断裂时产生的能量保存在蛋白质-DNA 的连接键中，这种机制被称为保守的位点专一性重组（conservative site-specific recombination，CSSR）。

### 4.1.3　基因重排

#### (1)免疫球蛋白基因重排

1)免疫球蛋白基因重排及其机制

基因重排是自然界广泛存在的一种生物现象，也是生物多样性在分子水平上的呈现。在 B 淋巴细胞分化成熟过程中所发生的免疫球蛋白基因重排，就是一个最典型的实例。免疫球蛋白(Ig)是 B 淋巴细胞合成和分泌的，通常包括 4 条多肽链，由 2 条重链(heavy chain，H)和 2 条轻链(light chain，L)组成，其中的轻链和重链分别是各自相同的，在轻链和轻链、重链和重链之间通过二硫键相互连接。这些轻重链分别由三个独立的基因家族(gene family)负责编码，其中轻链由 κ 和 λ 基因编码。

在 B 细胞分化成熟过程中，首先是 *Ig* 基因的位移，之后进行 *V*(*D*)*J* 重排。胚原型重链基因群中除了含有 *L*、*V*、*J*、*C* 四类基因片段区段之外，还含有 *D* 多样性片段(diversity segment)。在连接片段 *J* 和恒定片段 *C* 之间存在有增强子序列。*V* 区负责抗体和抗原识别，而 *C* 区在不同独特型抗体之间表现比较稳定。

*V*(*D*)*J* 重组是 B 细胞特有的，不同 *V*、*D*、*J* 基因片段的组合形成了免疫球蛋白 *V* 区的多样性。决定 *V* 与 *J* 重排成 *VJ*，以及 *V*、*D*、*J* 重排成 *VDJ* 的因素是位于 *VJ* 和 *VD* 基因片段之间的高度保守的重排识别信号(recombination signal sequence，RSS)。免疫球蛋白通过重链和轻链基因中的两个 7 聚体和 9 聚体回文结构，以及位于回文结构之间的两个不对称间隔基因序列，为重组酶提供酶切和连接的基因信息，使 *V-J-D* 和 *V-J* 实现拼接(图 4-15)。

除了淋巴细胞以外，所有细胞中免疫球蛋白基因家族的种系结构均相同，只有骨髓干细胞在分化成为成熟 B 细胞的过程中，才出现免疫球蛋白基因的体细胞重排(somatic rearrangement)。B 细胞在成熟的过程中，一对同源染色体中只有一个发生基因重排。当

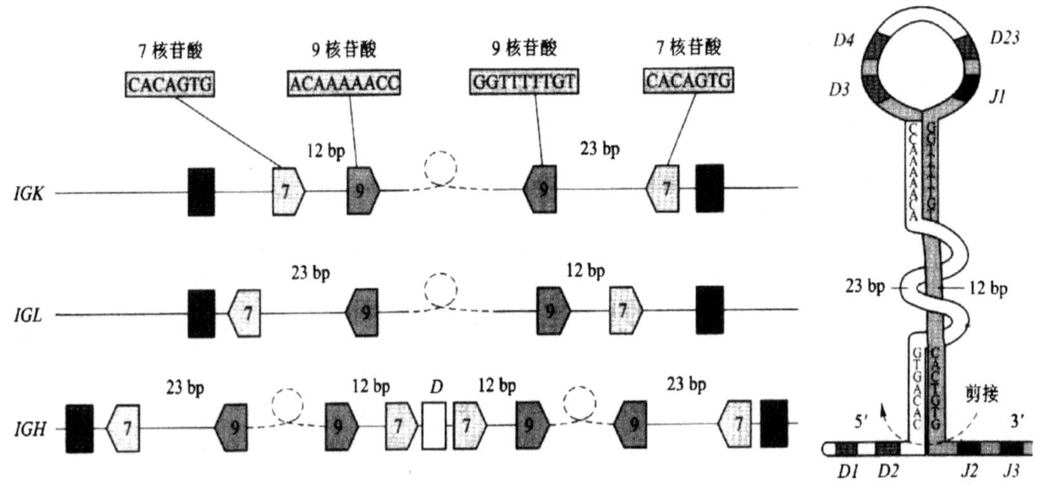


图 4-15 *Ig* 基因重排识别序列和茎环结构示意图(引自高晓明，2006)

第一个基因重排失败时，另一染色体才会发生基因重排。因此，B 细胞在其全部生命过程中只表达免疫球蛋白杂合体中一个等位基因，这种现象称为等位基因排斥（allelic exclusion)。

B 细胞的等位基因排斥现象就发生在 $V$ 片段与 $DJ$ 重排的这个阶段，而不是发生在 $D$ 与 $J$ 连接阶段。在重链基因片段完成重排后，轻链基因片段的重排才会开始。与重链基因重排相比，轻链基因片段的重排次序有些不同，$V$ 片段和 $J$ 片段先进行拼接后，形成的 $VJ$ 片段再与 $C$ 片段进行连接。在 B 淋巴细胞的分化过程中，$\kappa$ 链更易发生基因重排缺失，导致这种 DNA 缺失现象的原因是在 $\kappa$ 链上存在一段具有活跃 DNA 重组作用的基因序列——RS 序列。RS 序列是重组酶的识别靶点，重组酶通过 $V_\kappa$ 片段的最下游 12 bp 的识别序列或 $C_\kappa$ 片段上游的部分识别序列与位于下游端的 RS 序列重组连接，这样就可使 $C_\kappa$ 外显子或整个 $J_\kappa$-$C_\kappa$ DNA 片段发生 DNA 缺失。

在人类 $\kappa$ 链缺失而编码 $\lambda$ 链的 B 细胞中，研究人员也发现了类似于小鼠 RS 序列的 $\kappa de$ 元件(kappa deleting element)。$\kappa de$ 元件位于 $C_\kappa$ 的下游并能介导 $C_\kappa$ 或 $J_\kappa$-$C_\kappa$ 缺失，具有活跃的 DNA 重组作用。介导 DNA 重组过程的信号是位于 RS 序列 5′ 端的 23 bp 识别序列与 $V_\kappa$3′ 端紧邻位置上的 12 bp 序列；$\kappa de$ 元件通过 23/12 bp 系统的识别作用，最终造成 $C_\kappa$ 或 $J_\kappa$-$C_\kappa$ 的基因缺失。当 B 细胞不能实现 $V_\kappa$、$J_\kappa$ 和 $C_\kappa$ 的有效 DNA 重排时，都会在 $V_\kappa$ 的下游出现 RS 序列。$\lambda$ 链替代 $\kappa$ 链并启动基因重排的过程也受 RS 序列活化调控。一旦有 RS 序列出现，就表明 $\kappa$ 链有缺失存在，需要 $\lambda$ 链进行基因重排来替代 $\kappa$ 链的基因重排，故将 RS 序列看作活化 $\lambda$ 基因重排的信号(图 4-16)。

尽管 $V(D)J$ 重组的基本过程已经比较清楚，但 $V(D)J$ 重组在 B 细胞中的特异性调控机制仍不清晰，包括如何起始及调节的分子机制。近期的研究发现表明，染色体中组蛋白乙酰化所引起的染色体重构与 $V(D)J$ 重组密切相关。组蛋白 H3 的尾部丝氨酸在组蛋白乙酰转移酶(histone acetyltransferase，HAT)催化下完成乙酰化修饰。这种表观遗传修饰导致的染色体结构改变，降低了空间位阻效应，使 DNA 上的蛋白质结合位点(包

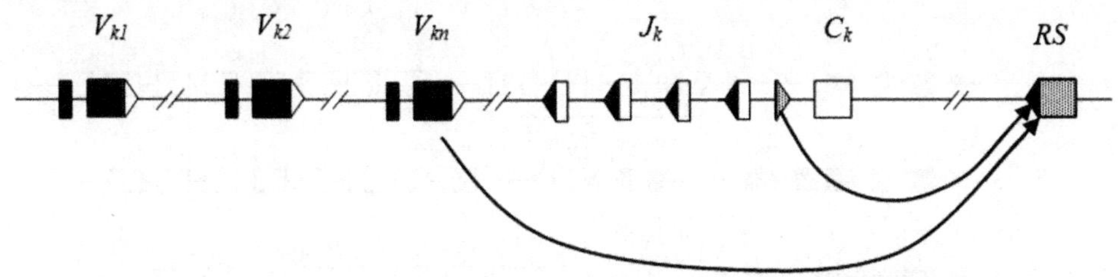


黑白方格示 $V_k$、$J_k$ 和 $C_k$ 片段；点方格示 RS 序列；点三角示部分识别位置；
黑白三角代表 23、12 识别系统；箭头示假设性重组位置，导致 $J_k$—$C_k$ 或 $C_k$ 缺失

图 4-16　RS DNA 重组作用示意图

括转录因子结合点、DNA 重组位点 RSS 等）充分暴露。理论上讲，免疫球蛋白重链和轻链发生 DNA 重组的概率是相同的，但实际上，这种重组是严格按先重链、后轻链的次序在 B 细胞中进行的。*IgH* 基因位点上的组蛋白乙酰化与 *V*(*D*)*J* 重组的激活密切相关。首先，在 *DH-JH* 重组前，*DH*、*JH* 基因片段区之间，包括 DNA 重组位点 RSS 在内的染色体超乙酰化。此时，*VH* 基因片段区处于怠惰的未乙酰化状态。因而，可以部分解释 *DH-JH* 重组早于 *VH-DH* 重组的现象。*DH-JH* 重组完成后，*VH* 区发生超乙酰化激活，从而实现 *VH-DH* 重组。在 B 细胞发育过程中，通过改变组蛋白的乙酰化状态，促进或抑制 *V*(*D*)*J* 重组。*V*(*D*)*J* 重组的调控非常复杂，除染色体乙酰化修饰外，染色体的甲基化修饰也在 *V*(*D*)*J* 重组中起重要作用。重组 *IgJ* 基因呈去甲基化状态，而未重组的 *IgJ* 基因处于甲基化状态。在原 B 细胞甲基化的 *IgJ* 基因进入前 B 细胞后进行脱甲基化，这种甲基化状态的改变在时空上，与 *IgJ* 的重组相一致。体外重组实验进一步揭示，组蛋白 H4 的脱乙酰化状态和 H3 第 9 位的丝氨酸的甲基化修饰使染色体呈抑制状态。脱甲基化本身并不能消除染色体的抑制状态，仅能使染色体部分开启，有利于组蛋白的进一步修饰（包括乙酰化）。如果在脱甲基化的基础上，局部 DNA 乙酰化，就能够诱导 *IgJ* 重组。因此，染色体的有序、不同层次的修饰，使得免疫球蛋白重组位点开启，可能是控制 *V*(*D*)*J* 重组的重要分子机制。

2）重链基因座的重排

组成重链 *V* 区的三个基因片段 *V*、*D* 和 *J* 需要经过基因重排拼接才能形成一个完整的 $V_H$ 基因。重链基因重排的第一步是将 *D* 和 *J* 两个基因片段连接形成 *D-J* 片段；基因重排的第二步是 *DJ* 片段与 *V* 基因的一个片段连接形成 *V-D-J* 基因复合物，成为一个完整有活性的 $V_H$ 基因，重排形成的 $V_H$ 基因可转录和翻译形成重链。*V-D-J* 重排是 *Ig* 基因表达的一个关键控制点，这一重排事件发生在分化的 B 细胞中。在此重排过程中，*D* 基因的 5′ 端形成一个启动子，同时在 $J_H$ 和 $C_H$ 之间还有相关的转录增强子。最靠近 *VDJ* 片段的是编码重链恒定区的 $C_\mu$ 基因，随后依次是 $C_\delta$ 基因，以及其他各类 *C* 基因。第三步是前体 mRNA 的加工剪接，首先是剪除 *VDJ* 复合物与 $C_\mu$ 基因间的内含子，再于 $C_\mu$mRNA 后端加上 poly(A)尾，形成成熟的重链 $\mu$ mRNA，重链 $\mu$ mRNA 进一步翻译形成免疫球蛋白 IgM，经糖基化修饰后成熟（图 4-17）。

负责基因重排的重组酶基因 *rag*（recombination activating gene）编码两个基因产物，

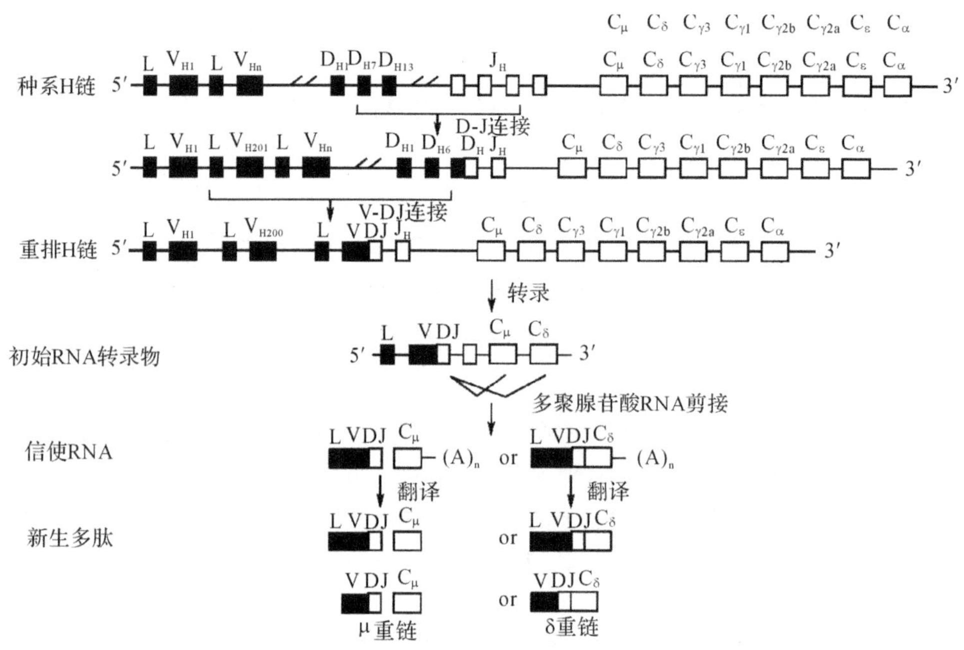


图 4-17 免疫球蛋白重链基因重排与肽链合成(胡维新，2007)

分别是 RAG1 和 RAG2。RAG1 和 RAG2 可以识别 DNA 序列 RSS,并在 RSS 处制造出重排所需的 DNA 断裂。其中,RAG1 负责识别的 RSS,如 12 bp、23 bp 间隔序列以及 7 核苷酸和 9 核苷酸信号,而 RAG2 具有切割 DNA 的作用。当 RAG2 与 RAG1 结合形成重组激活酶复合物后,在 7 核苷酸信号处进行切割。切割产生的单链突出末端在经过互补合成后,形成了一个称为回文结构(palindrome)的 P 核苷酸片段延长末端,该延长末端与单链末端片段方向相反但序列相同。此延长末端核苷酸也会因外切核酸酶的切除而变短;或者,也可通过末端脱氧核苷酸转移酶的作用而伸长,延长过程中所添加的新片段称为 N(new)核苷酸的片段。末端 DNA 片段经过填平补齐后的两个基因片段由 DNA 连接酶连接起来,在 DNA 接头处的加工有多种形式,可以是随机插入或是删除若干个核苷酸,增加重排后抗体的基因多样性。但是,如果插入或删除核苷酸的总数不是 3 的整倍,将造成移码突变而导致基因重排后的抗体基因失活。这一现象表明,DNA 重排虽然增加了抗体的基因多样性,但有时也会因为抗体基因发生突变而付出很大的代价。在 *D-J* 和 *V-DJ* 片段间加入的核苷酸可多达 15 个,其不确定因素很多,形成重链的基因多样性也非常大。因为 *N* 区核苷酸序列是完全随机组成的,且随机组合事件发生在 CDR3 位置。而信号端(即切开后的平头端)连在一起时,并不加入另外的碱基或删除碱基,形成一个环出(looping out)结构而离开编码区,这就是连接的环出模型,是 *V-J* 或 *V-D-J* 连接的最多见的模型(图 4-18)。

人类和其他脊椎动物在淋巴细胞的成熟过程中,*V*、*D*、*J* 基因片段通过 DNA 重排形成完整的 $V_H$ 基因,再与 $C_\mu$ 基因重排形成一个负责 *IgM* 重链合成的 *IgM* 重链基因。在受到来自病原体的抗原刺激后,这种免疫重排反应会被进一步的激活,使重排形成的 *VDJ* 基因从靠近 $C_\mu$ 基因的位置转换到 $C_\gamma$、$C_\alpha$ 或 $C_\varepsilon$ 基因的位置,最后形成编码不同类或

亚类的 *Ig* 基因，如 *IgG*、*IgA* 或 *IgE* 等。这种发生在重链恒定区导致不同转录单位转换的过程，称为类别转换(class switch)，对可变区和轻链类型均无影响(图 4-19)。所以，

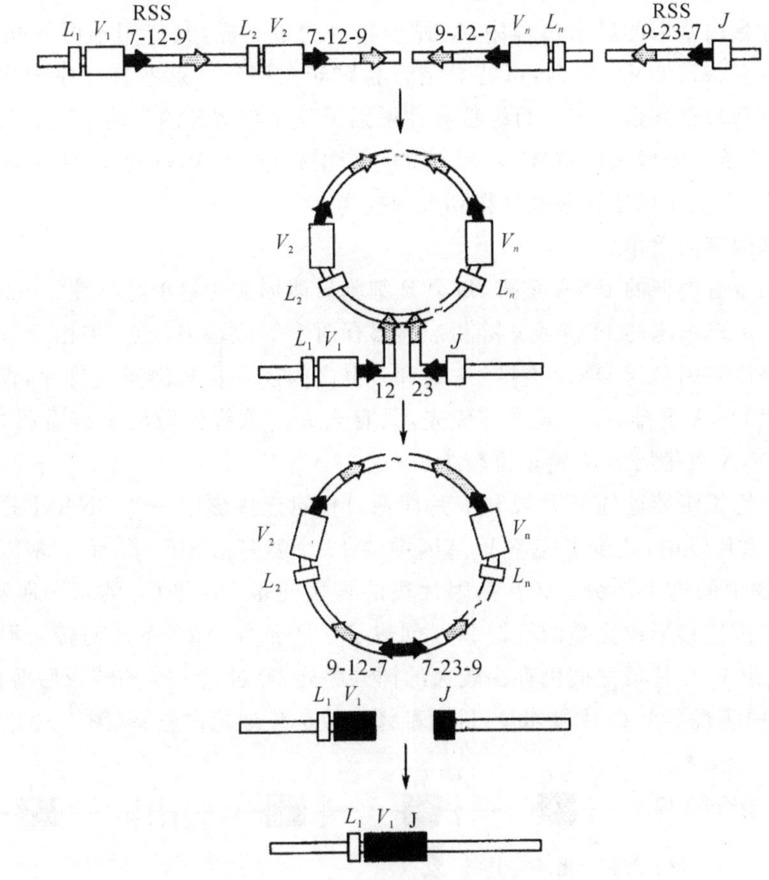


图 4-18　免疫球蛋白基因环出重排(胡维新，2007)

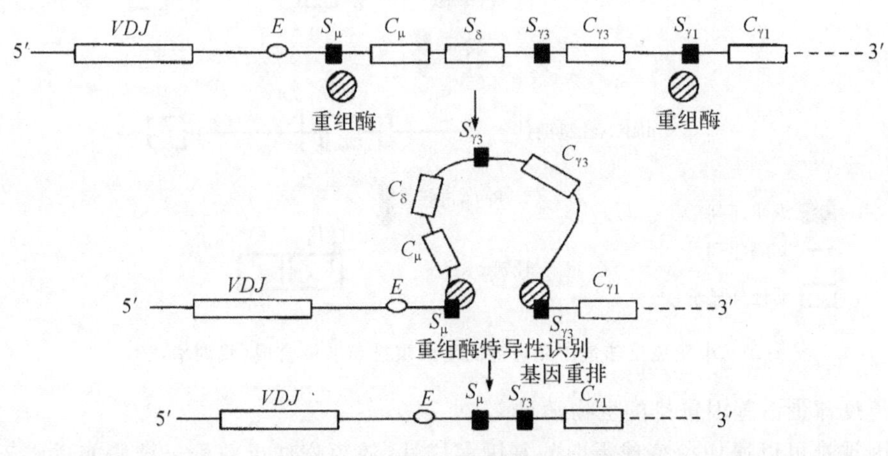


图 4-19　免疫球蛋白类别转换缺失方式(胡维新，2007)

IgM、IgG 或其他抗体的抗原特异性虽然不变，但由于类别转换引起的生理效应却有很大的差别。转换重排沿着 DNA 的 5′ 端向 3′ 端的方向进行，因而重链基因的表达顺序总是从 $\mu$ 链的合成开始，然后才进行各类重链基因的表达。

在免疫球蛋白基因的转录过程中，增强子和启动子一样，其作用不可忽视。*Ig* 基因的增强子有许多特殊 DNA 序列，可特异结合各种转录因子。这些特异序列的突变可使增强子活性下降数倍到数十倍。组织特异性增强子只有与适合的启动子联合时才能发挥最大作用，如小鼠免疫球蛋白重链 $J_H$ 3′ 端的一个增强子，在 *VDJ* 重排时会与 *V* 基因 5′ 端的启动子靠近，从而可使转录效率得到大幅提高。

3）轻链基因座的重排

轻链基因也有类似的 DNA 重排，每个 B 细胞只能形成一种单特异性（mono specific）的抗体基因。淋巴细胞的 H 链或 $\kappa$ 链和 $\lambda$ 链都有两个等位基因位点，但由于等位基因排斥只有一个等位基因参与 DNA 重排。$\kappa$ 链和 $\lambda$ 链之间还存在轻链类型排斥，即只有一个轻链基因发生 DNA 重排，以 $\kappa$ 链重排优先，只有当 $\kappa$ 链重排失败时 $\lambda$ 链重排才会启动。因此 $\kappa$ 链的 DNA 重排居多，$\lambda$ 链重排较少。

胚系中位置相距较远的 *V* 片段和 *J* 片段通过任意连接形成一个 DNA 重排的轻链基因。在 $V_L$ 基因片段中，缺少了完整 *V* 基因中的 13 个氨基酸密码子，而 *J* 基因片段恰好编码 *V* 基因缺少的这个部分。*V-J* 基因片段的连接使得 $V_L$ 和 $C_L$ 的基因距离拉近，为 $V_LJ_L$ 与 $C_L$ 基因连接形成完整的轻链基因创造了必要条件。DNA 最初转录形成的大分子前体 RNA 中 *V*、*C* 片段之间仍存在较大的插入序列，经过进一步的转录后剪接加工，在成熟 mRNA 中实现了 *V-C* 片段连接，最后翻译形成免疫球蛋白轻链（图 4-20）。

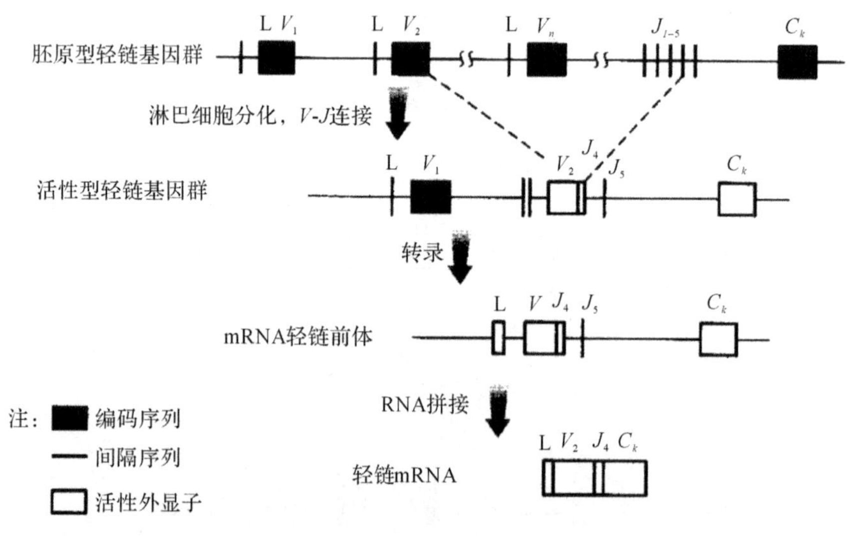


图 4-20　小鼠免疫球蛋白 $\kappa$ 轻链的基因重排与肽链合成（戴灼华，2010）

4）免疫球蛋白基因重排的生物学意义

基因重排可以增加免疫球蛋白的基因多样性，使免疫球蛋白分子结构能适应千变万化的抗原分子。免疫球蛋白的多样性有利于生物应对各种病原体的侵袭感染，是长期进化保留下来的一种宿主免疫防御机制。基因重排产生了免疫球蛋白基因的 DNA 序列多样性，轻链和重链之间的随机组合则进一步加剧了蛋白质水平的多样性。重链基因类别转换与B细胞分化阶段相一致，经过类别转换的重排基因才进行转录表达，并形成5类不同的免疫球蛋白。但每类免疫球蛋白的 $C_H$ 氨基酸还存在微小差异，形成了免疫球蛋白不同亚类(subclass)间的差异。

免疫球蛋白分子本身表现出的不同类、亚类以及分泌型和细胞表面结合型等结构差异，具有不同的生理效应。机体中免疫球蛋白的数量不少于 $10^{10}$，而目前所知，人类基因组总共才有3万～5万个基因，显然"一个基因一条肽链"的原则不适合解释这种现象。Dreyer 和 Bennett 在1965年提出，免疫球蛋白的一条肽链由位于不同基因区域(*C*区和*V*区)的多个基因负责编码的假设。该假说认为在B细胞分化成熟过程中，*C*区和*V*区的基因序列可以连接起来形成一个完整的免疫球蛋白多肽链基因，使B细胞具备分泌不同抗体的能力。Dreyer 和 Bennett 的假设表明了真核细胞基因表达调控的复杂性，并不是"一个基因一条肽链"的简单模式。B淋巴细胞群产生的免疫球蛋白之所以千差万别，一方面是由于基因重排产生了基因连接的多样性(junctional diversity)，另一方面还有基因结构本身的差异形成了DNA组合的多样性(combinational diversity)；当然，由于环境因素诱导的体细胞高频突变(somatic hypermutation)也是产生基因多样性的一种因素。在B淋巴细胞的成熟过程中，一方面，由多种种系*V*基因编码产生出了多种不同的重链和轻链，形成了具有不同序列、不同特异性的抗体；另一方面，不同的*D*和*J*基因组合又会形成抗原结合区的基因序列差异性，增加抗体的多样性。

免疫球蛋白基因要通过三次基因重排才能完成*V*(*D*)*J*重排过程，其中包括重链*D-J*和*V-DJ*的两次重排，以及轻链*V-J*的一次重排。虽然*V*、*D*、*J*基因都有RSS并按照12—23规则，但有时也不免发生DNA重排错位，从而导致在DNA重排连接处的氨基酸序列错误，造成无效DNA重组。此外，免疫球蛋白基因在DNA重排连接处也会被切除少数碱基，或增加几个核苷酸，形成第Ⅲ高变区。在免疫球蛋白基因的高变区中不同氨基酸序列的数目多于种系基因组中*V-J*和*V-D-J*接头数目。

免疫球蛋白基因片段经过DNA重排后形成了完整的、可识别的不同抗原决定簇组成的功能基因后，重链和轻链的*V*基因还可能因体细胞的突变(somatic mutation)而发生改变。发生在淋巴细胞中的*V*基因突变，通常只会引起IgG和IgA基因的改变，而不会影响IgM基因，这种基因突变与免疫球蛋白的类别转换有关。在*V*基因外显子中靠近3′端序列的点突变，其突变频率很高，远高于基因自发突变的平均概率(每次细胞分裂过程中每对碱基的平均突变概率约为 $10^{-3}$)。

除了免疫球蛋白基因片段存在DNA重排之外，位于T细胞表面的抗原识别受体(T cell receptor，TCR)也存在重排现象。TCR由两条肽链组成，根据两肽链的组合不同，可分为TCRαβ和TCRγδ两种类型，其中表达TCRαβ的成熟T细胞占95%左右。αβ型受体存在于大多数成熟的T细胞中，而γδ型受体只有在T细胞和发育早期T细胞缺失α、β链时才能形成。TCR以MHC-抗原肽-TCR·CD3复合物形式识别抗原。TCR四条肽链的编码基因分别位于不同染色体上，与Ig一样亦为胚系基因片段，这些编码基因分别由不同数目的*V*、*D*、*J*、*C*或*V*、*J*、*C*基因片段组成。这两种受体基因的DNA重排与免疫球蛋白基因重排十分相似，其β链与γ链通过类似*V-D-J*连接的方式进行DNA重排，而α

链与δ链则通过 $V$-$J$ 连接进行重排。在T细胞分化成熟过程中，γ链和δ链基因首先进行基因重排，一旦DNA重排成功，α链和β链就不重排；只有当γ链和δ链重排失败时，α链和β链才会随即发生基因重排。TCR基因发生重排后才能进行基因转录和表达，β链和δ链的 $V$ 区基因进行 $D$、$J$ 连接后，再进行 $V$、$DJ$ 连接形成 $VDJ$ 基因片段，然后再与 $C$ 基因连接形成完整的β链和δ链基因。α链和γ链进行DNA重排时，$V$、$J$ 连接形成 $VJ$ 片段，再与 $C$ 基因连接形成完整的α链和γ链基因。与Ig基因相似，TCR的基因重排也遵循12—23规则，并存在等位排斥现象。T细胞只进行一次成功的DNA重排，也即一个细胞克隆只表达一种抗原识别特异性的TCR，如果两个等位基因的DNA重排均失败，T细胞就会发生凋亡。

### (2)酵母结合型的转换

酿酒酵母(*Saccharomvces cerevisiae*)的生命周期中存在两种基因类型：二倍体细胞和单倍体细胞。单倍体细胞具有a型和α型两种接合型(mating type)，由可以转座的a和α基因控制。单倍体酵母的基因型是a型或α型的，由单个基因座 *MAT* 决定。*MAT* 有一对等位基因 *MAT*a 和 *MAT*α。在同源接合(homothallic)的酵母菌株中，接合型转换十分频繁，如a型转换成α型后在下一代又转换为a型。位于 *MAT* 基因座两侧的 *HML*α 和 *HMR*a 基因贮存了两种接合型的等位基因，当 *HML*α 或 *HMR*α 转座给 *MAT* 基因座时，接合型就转换成α型或a型。这种通过 *HML*α 或 *HMR*a 的转座使 *MAT* 的基因序列得以改变并导致其接合型转换的机制称为基因转换(gene convertion)，而且这种转换必须在 *HO* 基因存在条件下才能发生。有研究人员提出盒式模型(cassette model)来解释这种转换的机制，该模型认为 *MAT* 存在a型和α型2种活性盒，而 *HML* 和 *HMR* 是分别携带α型和a型接合信息的沉默盒(silent cassette)，但 *HML* 和 *HMR* 自身却不能转录表达，只有 *MAT* 才能转录形成特异性的mRNA(图4-21)。盒式转换模型认为基因转座引起了 *MAT* 盒的转换，其转座的受体是 *MAT* 活性盒，而 *HML* 和 *HMR* 沉

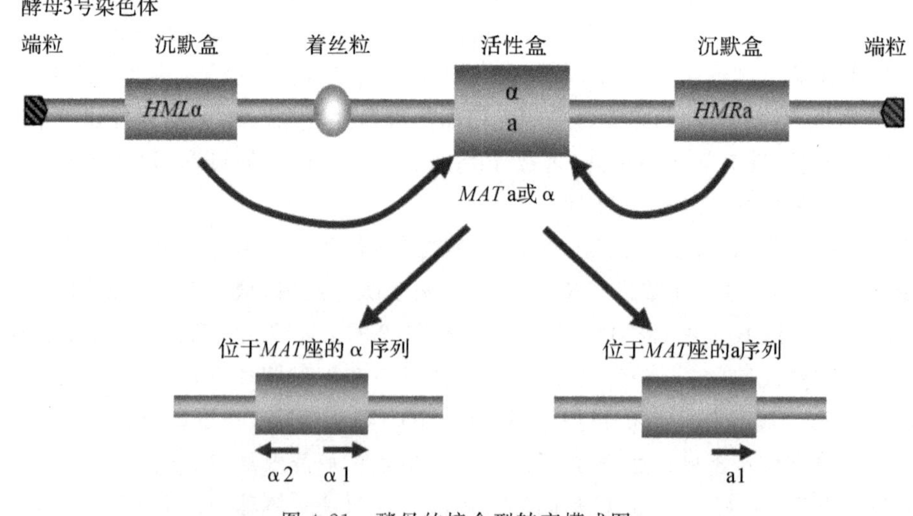


图4-21　酵母的接合型转变模式图

默盒则是转座的供体。两种活性盒的转录方式存在差异，*MAT*α 从其内部的 Yα 区启动子向两侧分别转录 mRNAα1 和 mRNAα2；而 *MAT*a 却是从 Ya 区启动子向两侧分别转录 mRNAα1(图 4-22)。沉默盒能够通过基因转换取代 *MAT* 活性盒引起接合型转换，其转换频率一般可达 80％～90％。

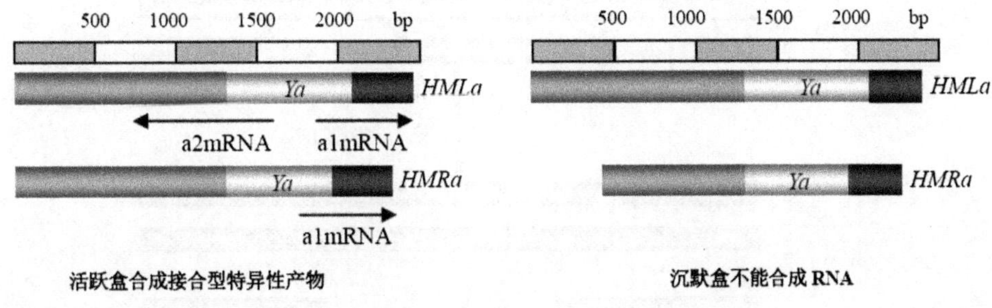


图 4-22　α 型与 a 型之间在 Y 区存在的差异

不同接合型细胞之间的识别是由一个细胞分泌的外激素(pheromone)和另一个细胞表面的受体的特异性相互作用决定的。酵母的两种接合型只相差一个氨基酸残基。其中，a 型细胞分泌的 a 因子是一种由 12 个氨基酸组成的多肽，而 α 型细胞分泌的 α 因子则是一种由 13 个氨基酸组成的多肽。成熟的 a 因子和 α 因子都是通过其前体分子进行剪接和羟基化、甲基化修饰后再释放到细胞外壁上，分泌的外激素通过与另一细胞的受体分子相互作用来介导不同接合型细胞间的相互识别。每种接合型细胞表面都携带有识别另一型细胞分泌的外激素的特异性受体，所以细胞接合的始动实际上是一个类型的细胞外激素与另一类型细胞的表面受体之间的相互作用过程。

图 4-23 为交配型转换的重组模型。在该模型中，HO 内切酶(homing endonucleases)催化序列特异性的重组位点处的 DNA 切割，形成 DNA 双链断裂；随后，在 Rad51 的帮助下完成链的侵入过程，以侵入链的 3′端作为引物启动 DNA 合成过程，并形成一个完整的复制叉，同时复制前导链和后随链；再通过链置换，最终形成与模板相同的具有双螺旋 DNA 结构的新片段。接合反应可激活类似于受体 G 蛋白偶联系统的信号通路，镶嵌在膜上的受体分子被激活时，可使 G 蛋白亚单位分离并激活下一个通路分子。信号通路中的 G 蛋白的 α、β 和 γ 亚单位分别由 *SCG*1、*STE*4 和 *STE*18 基因编码。

沉默子(或沉默基因)的作用与增强子相反，与 *ARS* 序列相关联。一些 *SIR*(silent information regulatory)基因座的突变可以解除 *HML* 或 *HMR* 的表达沉默，已发现 *SIR*2、*SIR*3 和 *SIR*4 三个编码沉默调节蛋白的基因，其蛋白产物可以与染色质结合形成 Sir 沉默复合体。其中，*SIR*2 基因编码产物是一种组蛋白脱乙酰酶，其他的一些基因，如 *RAP*1(维持端粒异染色质处于惰性状态)、*ORC*(识别起始位点的复合物)组分编码基因和组蛋白 H4 编码基因发生突变也可解除表达沉默。

a2、a1 和 α 蛋白通过自身及其与其他蛋白的相互作用来调控转录。PRTF 蛋白与一个短的 P 框(P box)结合参与这些相互作用。在一些基因中，P 框可用于活化基因转录，但 PRTF 可抑制另一些基因座的表达，其具体作用取决于其他与 P 框附近位点相结合的蛋白。在单倍体 α 细胞中，a 基因的表达被 a2 蛋白和 PRTF 共同抑制，a2 蛋白和 PRTF

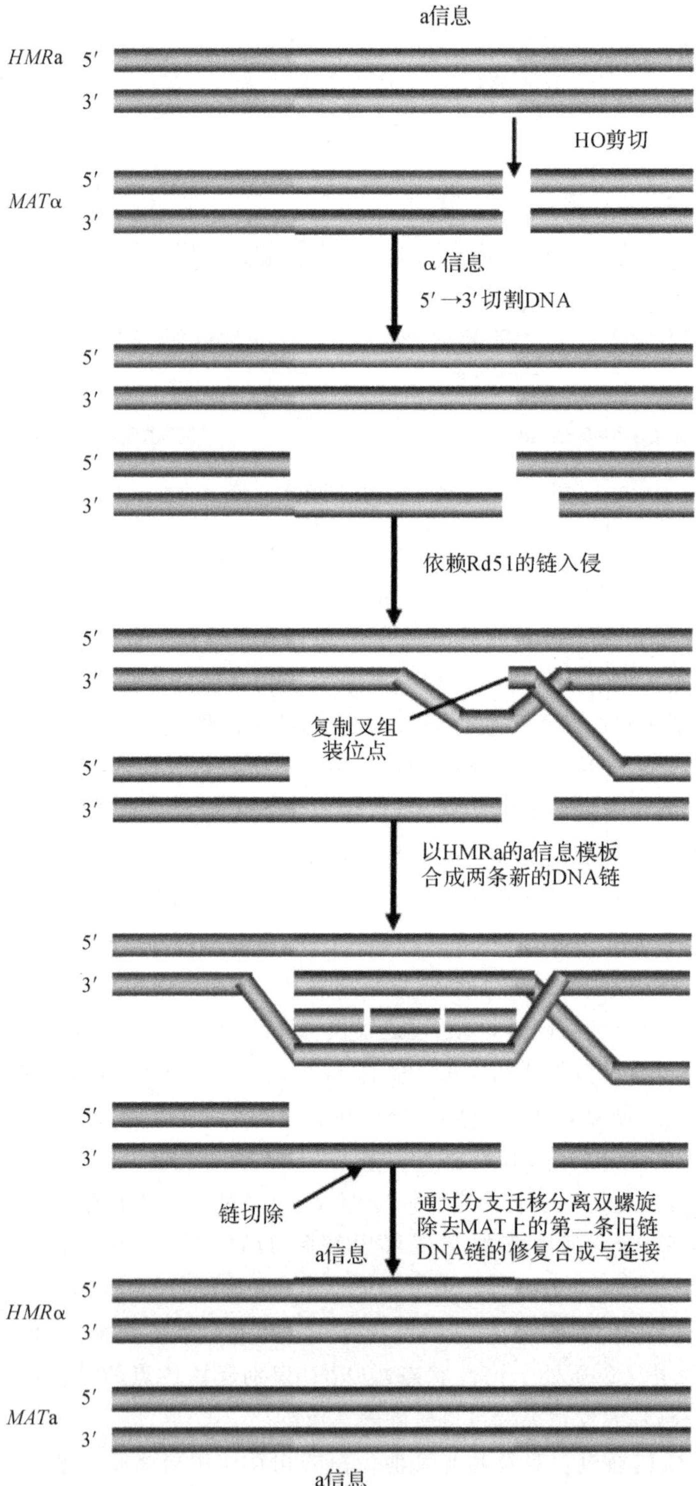


图 4-23　交配型转换的重组模型(袁红雨,2012)

以协同的方式与操纵基因结合。而α基因的表达需要a1活化因子，a1因子只有当PRTF存在时才能与靶部位DNA结合，单独存在时不具有DNA结合能力。

## 4.2　转座子

转座子最初是由Barbara McClintock于20世纪40年代在玉米的遗传学研究中发现的，她发现玉米的不稳定突变与染色体断裂及转座活动有关，当时称之为控制元件(controlling element)。这些发现当时并未引起重视，直到20世纪60年代后期，细菌学家J. Shapiro在大肠杆菌中发现一种由插入序列所引起的多效突变，之后又在不同实验室发现一系列可移动的抗药性转座子，才重新引起人们重视。现在，转座子或转座因子被定义为一类可自主复制和移动的遗传因子，是基因组中能改变位置的一段DNA序列。已经发现，转座子广泛存在于生物界，对转座子的深入研究将使人们从分子水平上了解许多目前还不清楚的生物学问题。

转座子的DNA顺序可以从原位上单独复制或断裂下来，环化后插入另一位点，并对其后的基因起调控作用，此过程称为转座，即由转座子介导的遗传物质重排现象。这段可移位的序列称跳跃基因(jumping gene)，既可以沿着染色体移动，也可以在不同染色体之间跳跃。转座子具有两个主要特征：一是能够从细胞染色体的一个位点迁移(转座)到另一个位点，引起生物基因组或基因的重组和变异，加速生物多样性和进化速率；二是能够在生物基因组中大量扩增拷贝，在转座过程中，转座子的一个拷贝常常留在原来位置上，在新位点上出现的仅仅是它的拷贝，因此称其为一类“自私基因”(selfish gene)。这也是转座有别于同源重组之处，转座依赖于DNA复制。Izsvák等人根据非自主性转座子具有末端重复的特性，提出一种“茎-环”扩增理论，该理论认为细胞DNA多聚酶在经过转座子模板复制时，合成了包含转座子的新链，自身末端反向重复序列折叠后，形成一个“茎-环”结构。DNA多聚酶转换复制模板，以折叠的“茎-环”结构为合成模板，重新进行DNA的合成，扩增转座子序列，产生的转座子再整合到染色体中，导致转座子在基因组中的拷贝数不断增加。

值得注意的是，基因组中并非只有转座因子才能发生转座，有些内含子和假基因也可以发生转座，比如，酵母线粒体*lsu*基因中的内含子ScLSU.1就具有可移动性的特点；*T. thermophilar* RNA Ⅰ型内含子也可以通过反向自我剪接，使内含子回归(intron homing)和内含子转座(intron transposition)。Ⅱ型内含子也可发生反转座，内含子先被从转录产物上剪掉，内含子翻译出来的蛋白质产物与编码自身的RNA结合形成RNP复合物。RNP催化内含子逆剪接进入靶基因的RNA产物。然后反转录形成DNA并插入到新的基因位点。一些假基因如$IgC\psi_{\lambda 1}$就可以转移到基因组的其他位置，其两端有与转座子类似的正向重复序列，与基因组中的*Alu*家族十分相似。

### 4.2.1 DNA 转座途径

最初,B. McClintock 在玉米中发现的转座因子以及 Shapiro 在大肠杆菌的半乳糖操纵子中发现的插入序列(insertional sequence,IS)都是 DNA 转座子。多年的研究表明,转座子存在于所有生物体内,人类基因组中有约 35%以上的序列为转座子序列。根据转座的机制不同,DNA 转座可以分为 3 种类型。

#### (1)复制型转座

复制型转座(replicative transcription)是由转座因子先进行复制,而复制形成的新拷贝转座到基因的新位置,在原先的位置上仍然保留原来的转座因子,见图 4-24(a)。复制型转座会导致基因组中的转座子拷贝数增加,该转座类型需要两种酶,即转座酶(transposase)和解离酶(resolvase)参与转座过程。转座酶作用于原来的转座因子末端,解离酶则作用于复制的拷贝。*TnA* 型转座是复制型转座的例子。

#### (2)非复制型转座

非复制型转座(non-replicative transposition)与复制型转座不同,在转座时不进行复制,原始转座子作为一个可移动的实体直接被移动,这种转座只需转座酶的作用,见图 4-24(b),如插入序列 *IS* 和复合转座子 *Tn*10 和 *Tn*5 的转座就属于非复制型转座。非复制型转座的结果是在基因原来位置上转座因子丢失,而在插入位置新增了转座因子。

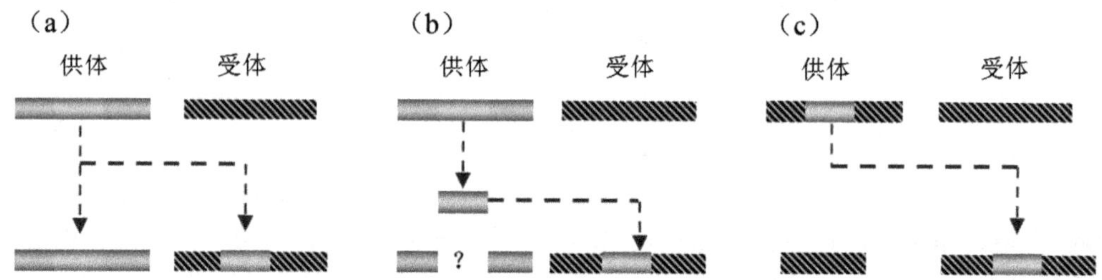


(a)复制型转座;(b)非复制型转座;(c)保留型转座

图 4-24 三种不同的 DNA 转座类型(仿自戴灼华等,2008)

#### (3)保留型转座

保留型转座(conservative transposition)实际上也非复制转座的一种。其转座特点是转座因子的切离和插入类似于 λ 噬菌体的整合作用,转座酶也是属于 λ 整合酶(integrase)家族。应用保留型转座机制的转座因子都比较大,而且转座的往往不只是转座因子自身,而且还能将宿主的 DNA 转移到另一细菌,见图 4-24(c)。

### 4.2.2　真核生物的转座子

转座子不仅存在于原核生物(如细菌、病毒),也同样存在于从低等真核生物如酵母,高等真核生物玉米、果蝇和人类中。已有大量的研究证实,几乎所有高等生物基因组中都存在类似转座子的序列,而且高等真核生物基因组的流动性可能要比原核生物还要大。下面我们将以玉米、果蝇和人类转座子为例介绍真核生物的转座子。

玉米的控制因子有3个系统:*Ac-Ds* 系统;*Spm-dSpm* 系统;*Dt* 系统。

在著名的 *Ac-Ds*(activator-dissociation system)系统,即激活-解离系统中,*Ac* 携带参与切割和转座有关的转座酶(transposase)基因,其结构复杂且分子较大,长约4536 bp。*Ac* 转座子是结构和功能都完整的自主转座因子,该转座子两翼含有11 bp的反向重复序列(inverted repeat,IR),可以在靶DNA位点复制形成8 bp正向重复,从而实现自主转座,并形成不稳定的基因突变,但不使染色体断裂。而 *Ds* 为一种结构和功能都不完整的转座子,含有与切割有关的识别序列,不能自主转座,但可以受 *Ac* 活化而实现转座,已知的所有 *Ds* 都是 *Ac* 转座子的缺失突变体。

### 4.2.3　转座的遗传学效应

转座子引发了许多遗传变异,因其可导致突变而被发现。当转座子插入靶基因后,可能使基因突变失活,这是转座子的直接遗传学效应;当转座子自发插入细菌的操纵子时,即可阻止所在基因的转录和翻译,并影响操纵子下游基因的表达,从而表现出转座子的极性(方向性),由此产生的突变只能在转座子被切除后才能恢复;转座子的存在一般能引起宿主染色体的DNA重组,造成染色体断裂、重复、缺失、倒位及易位等。因此,转座子的插入是基因突变和重排的重要原因;转座子也可通过干扰宿主基因与其调控元件之间的关系或通过转座子本身的作用而影响邻近基因的表达,从而改变宿主的表型。由此,我们归纳出转座因子的共同特点以及其遗传学效应为以下几个方面。

#### (1)转座引起插入突变

转座子的转座频率通常为$10^{-8}$～$10^{-3}$,不同的转座子,如 *IS*、*Tn* 和 *Mu* 噬菌体等都可以引起插入突变。如果转座子插入的位置是一个操纵子的前端基因序列,那么将可能产生一个极性突变,导致该操纵子后部分结构基因表达沉默。相反,一般碱基置换突变没有极性效应,只有造成终止密码突变和移码突变才有极性效应。

#### (2)转座子插入产生新的抗性基因

自然环境的环境选择压力使致病微生物通过转座子获得多种多样的抗性,包括抗药性、抗重金属等。转座子上带有抗药性基因,它一方面可能会造成一个基因插入突变,另一方面在这一位置上出现一个新的抗性基因。

### (3)转座产生染色体畸变

转座因子插入染色体后引起其旁边的染色体畸变，转座子插入染色体后引起染色体畸变的原因，可能是当复制型转座发生在宿主 DNA 原有位点附近时，通常会导致转座子两个拷贝之间的同源重组，引起 DNA 缺失或倒位。如果同源重组发生在两个正向重复转座区之间，就会导致宿主染色体 DNA 的缺失；如果重组发生在两个反向重复转座区之间，则引起染色体 DNA 倒位。

### (4)转座引起生物进化

转座作用使原来在染色体上相距甚远的基因组合到一起，并有一定概率构建成一个操纵子或表达单元，产生新的生物学功能的基因和编码产物。

（史　明，吕　交）

## 思考题

1. 什么是 DNA 重组？它有哪些类型？
2. 什么是同源重组？阐述 Holliday 模型的基本特点。
3. 什么是位点特异性重组？以 λ 噬菌体为例说明其整合和切离过程。
4. 简述转座子的概念。转座子可分为几类？
5. 简述插入序列和复合型转座子的区别。
6. 以玉米 *Ac*/*Ds* 转座子为例阐述其对基因表达的作用。
7. 什么是果蝇的 *P* 因子？果蝇 *P* 因子是如何引起杂种不育的？
8. 什么是转座靶点免疫？
9. 试述酵母接合型转换的分子机制。
10. 阐述原核生物同源重组机制。
11. 同源重组在真核生物与原核生物中有何异同？
12. 试述免疫球蛋白多样性产生的机制。
13. 阐述基因重排中的等位基因排斥。
14. 什么是轻链类型排斥？
15. 什么是转座子？转座子的种类有哪些？
16. 反转座子对基因功能有何影响？其生物学意义何在？
17. 转座的遗传学效应有哪些？

# 第5章　转录及转录调控

将存储于DNA序列中的遗传信息经过转录和翻译，转变成具有生物活性的蛋白质分子称为基因表达（gene expression）。对这一过程的调节称为基因表达调控（gene regulation或gene control）。想要了解生物体的生长发育规律、形态结构特征以及生物学功能，就必须弄清楚基因表达调控的时间和空间概念。基因表达调控主要包括：①转录水平上的调控（transcriptional regulation）；②mRNA加工成熟水平上的调控（differential processing of RNA transcript）；③翻译水平上的调控（differential translation of mRNA）。在生物体内，基因表达的第一阶段和基因调节的主要阶段是转录（transcription）。

转录是遗传信息由DNA转换到RNA的过程。作为蛋白质生物合成的第一步，转录是mRNA以及非编码RNA（tRNA、rRNA等）的合成步骤。在RNA聚合酶催化下，以双链DNA中的一条链为模板，以ATP、CTP、GTP、UTP四种核苷三磷酸为原料合成RNA。RNA的转录过程大体可分为起始（promotion）、延长（elongation）、终止（termination）三个阶段。原核生物不存在细胞核结构，RNA在转录后可直接作为模板进行蛋白质翻译，所以原核生物的基因表达调控主要发生在转录阶段，并且营养状况（nutritional status）和环境因素（environmental factor）对基因表达也具有重要的影响。

## 5.1　原核核生物的转录调控

### 5.1.1　原核生物的RNA聚合酶

RNA聚合酶（RNA polymerase）是以一条DNA链或RNA为模板，以三磷酸核糖核苷为底物、通过磷酸二酯键而聚合的合成RNA的酶。在细胞内其与DNA的遗传信息转录为RNA有关，所以也被称转录酶。催化转录的RNA聚合酶是一种由多个蛋白亚基组成的复合酶。RNA聚合酶无需引物，可以直接在模板上合成RNA链。

原核生物的RNA聚合酶包含2个大亚基β和β′，其相对分子量分别为$1.5\times10^5$ kD和$1.6\times10^5$ kD。此外，在SDS-PAGE上还能够观察到σ亚基和α亚基的存在，其相对分子量分别为$7\times10^4$ kD和$4\times10^4$ kD。实际上，该酶中还有一个未被检测到相对分子量为$1\times10^4$ kD的ω亚基，在对相同*E. coli* RNA聚合酶样品进行尿素-聚丙烯酰胺凝胶电泳时，证实 ω 亚基的存在。总的来说，RNA 聚合酶全酶由 1 个 β′亚基、1 个 β 亚基、1 个 σ 亚基、2 个 α 亚基和 1 个 ω 亚基组成，即两分子 α 亚基和各一分子的其他亚基（图 5-1）。其中两个 α 亚基和 1 个 β′亚基、1 个 β 亚基组成核心酶（core enzyme）。σ 亚基可以从核心酶上分离下来。各个亚基的功能简单总结如下。

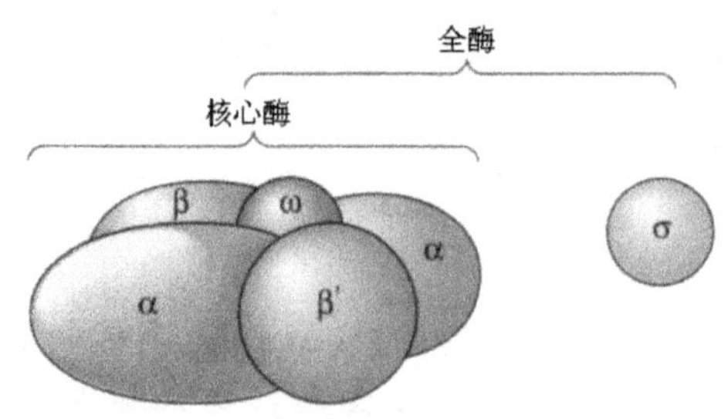


图 5-1　RNA 聚合酶的结构示意图

两个 α 亚基分别位于核心酶的首尾，中间两侧是 β 和 β′亚基，ω 亚基位于正中间，σ 亚基可以从核心酶上分离下来。

α 亚基是核心酶的组成因子，能促使 RNA 聚合酶与 DNA 模板链上游转录因子结合，发动 RNA 的转录，两个 α 亚基分别位于核心酶的首尾，位于前端的 α 因子使 DNA 双链解链为单链，位于尾端的 α 因子使 DNA 单链重新聚合为双链。σ 亚基的作用是指导 RNA 聚合酶在特异的启动子处起始 DNA 开始转录 RNA。β 亚基的功能是聚合 NTP，合成 RNA 链，完成 NMP 之间磷酸酯键的连接。构成全酶后，β 亚基含有两个位点：起始位点（Ⅰ）对利福平敏感，只专一性与 ATP/GTP 结合，这也决定了 RNA 的第一个核苷酸为 A 或 G；延伸位点（E），对利福平不敏感，对 NTP 没有专一性，保证了 RNA 的延伸。

### 5.1.2　原核生物的启动子

启动子区（promoter）是一段位于结构基因上游 5′端区域 RNA 聚合酶识别的 DNA 片段，启动子区能够使 RNA 聚合酶与模板 DNA 准确结合，并形成转录起始复合体。

20 世纪 60 年代初期，Jacob 和 Monod 在研究 *E. coli* 乳糖操纵子模型时提出启动子的概念，后来研究证明了启动子的存在，并陆续发现了多种操纵子和启动子。1975 年，Pribnow 采用 DNA 足迹法对 *E. coli* 和噬菌体的多个启动子进行序列比对后，发现了 1 个长度为 6 或 7 bp 的共有序列，这个序列的中心位于转录起位始点上游约 10 bp 处，这一序列因其发现者而命名为“Pribnow 盒”，或按照其位置称其为－10 盒。1987 年，研究者通过对 263 个来源于细菌、噬菌体和质粒的启动子分析，发现－10 盒和－35 盒都存在典型或保守序列，现已知 92％的启动子在两个盒之间有 17±1 个核苷酸的间隔区。

－10 盒与－35 盒也称之为核心启动子元件（core promoter element），一些强启动子的上游较远处还有上游元件（up element）。核心启动子元件和上游元件统称为延伸启动子。例如 *E. coli*7 个编码 rRNA 的基因均含有上游元件，它们与这些基因在指数增长期高强度转录有关。

### 5.1.3 原核转录的起始与终止

一般认为转录起始可分为四个步骤：①闭合启动子复合体(closed promoter complex)的形成；②开放启动子复合体(open promoter complex)的形成；③聚合最初的几个核苷酸(即起始核苷酸的聚集)；④启动子清除(promoter clearance)。

原核生物的RNA聚合酶全酶可以松散结合在DNA链的任意部位。如果RNA聚合酶全酶开始时没结合在启动子序列上，它将会沿着DNA分子进行扫描，在发现启动子后，RNA聚合酶全酶则先与启动子松散结合，所形成的复合体称为闭合启动子复合体。在闭合启动子复合体内，RNA聚合酶与DNA链的结合处于松散并且可逆的状态，且这时与RNA聚合酶结合的DNA分子仍然保持闭合的双链形式，转录起始的下一个阶段要求RNA聚合酶与DNA分子更紧密地结合在一起。

从闭合式复合体到开放式复合体的转变过程，涉及RNA聚合酶结构的变化和DNA双链打开并暴露出模板链和非模板链。RNA聚合酶与启动子结合后，会引起邻近转录起始位点处DNA的解链，解链的长度为10～17 bp。转录泡随着聚合酶的移动而移动，暴露出模板链，使之得以转录。局部解链标志着开放启动子复合体的形成。

RNA聚合酶以一条DNA为模板起始新的RNA链合成时并不需要引物。这就要求RNA聚合酶必须通过某种机制严格控制起始核苷酸和第二个核苷酸的方向，使其可以形成磷酸二酯键。可能正是这种特异机制导致了大多数转录物的第一个核苷酸都是腺嘌呤核苷酸。最后，当合成的转录本达到足够长度时(≥10 nt)，转录物就不能停留在与DNA配对的区域，而是必须穿过RNA的出口通道。然后RNA聚合酶构象发生改变，形成延伸构象，再移出启动子区域进入转录的延伸阶段。

RNA合成的终止发生在被称为终止子(terminator)的DNA序列上，当RNA聚合酶到达终止子时就会从DNA模板上脱离，释放出RNA链。*E. coli* 基因组中有2类数量大致相同的终止子。第一类不需要其他蛋白质的帮助，自身能够与RNA聚合酶发生作用被称为内源性终止子(intrinsic terminator)，这类终止子引发的终止称为ρ非依赖型终止。第二类需要辅助因子Rho(ρ)的辅助，所以被称为ρ依赖型终止子，由这类终止子引发的终止称为ρ依赖型终止。

## 5.2 真核生物的转录调控

基因表达实质上是遗传信息解读为可遗传的生物性状或生物性状的组件的过程。根据中心法则，基因表达的完成必须通过遗传信息从DNA到RNA，然后从RNA合成蛋白质。RNA分子以DNA分子的一条链为模板，依据沃森-克里克碱基配对原则，在RNA聚合酶的催化下合成，即基因转录(gene transcription)。

### 5.2.1 真核生物 RNA 聚合酶

现代研究认为，RNA 聚合酶是转录过程中最关键的酶，它以双链 DNA 为模板，以 4 种核苷三磷酸酸为底物，并以 $Mg^{2+}$/$Mn^{2+}$ 为辅助因子，沿 5′→3′催化合成 RNA 链的酶，它催化合成的 RNA 产物是与 DNA 的模板链互补的。

原核生物细胞内只有一种 RNA 聚合酶，负责细胞中所有 mRNA、rRNA 和 tRNA 的合成。而真核生物的基因组远大于原核生物的基因组，其用于转录的 RNA 聚合酶也相对复杂。真核生物共有 3 类 RNA 聚合酶，分别为 RNA 聚合酶Ⅰ、RNA 聚合酶Ⅱ和 RNA 聚合酶Ⅲ。每种 RNA 聚合酶中有 5 个以上相同的亚基和 4～7 个特异亚基。不同于原核生物的 RNA 聚合酶，真核生物的 RNA 聚合酶没有全酶和核心酶的区别，也没有类似于 σ 因子的蛋白质负责识别启动子，而是由一系列的转录因子协调转录起始。它们在细胞核中的位置不同，负责转录的基因不同，对鹅膏蕈碱(amanitin)的敏感度也不同(表 5-1)。α-鹅膏蕈碱是一种来自真菌毒蕈的八肽二环的剧毒物，对真核生物 RNA 聚合酶具有特异性的抑制作用，依据对 α-鹅膏蕈碱的敏感性不同，也可以区分三类 RNA 聚合酶，其中 RNA 聚合酶Ⅰ对 α-鹅膏蕈碱不敏感，RNA 聚合酶Ⅱ对 α-鹅膏蕈碱较敏感，低浓度的 α-鹅膏蕈碱($10^{-9}$～$10^{-8}$ mol/L)即可抑制其活性，较高浓度的 α-鹅膏蕈碱($10^{-5}$～$10^{-4}$ mol/L)才可以抑制 RNA 聚合酶Ⅲ的活性。

与原核生物的 RNA 聚合酶一样，真核生物的 RNA 聚合酶参与的转录也不需要引物，RNA 合成的方向也是按照碱基互补配对原则由 5′→3′延伸。其中，RNA 聚合酶Ⅱ是最重要的真核生物 RNA 聚合酶，主要负责转录所有编码蛋白质的结构基因。

**表 5-1 真核生物 RNA 聚合酶的分类和性质**

| 聚合酶种类 | 存在位置 | 分子大小/kD | 主要转录产物 | 相对转录活性 | 对 α-鹅膏蕈碱敏感性 |
|---|---|---|---|---|---|
| RNA 聚合酶Ⅰ | 核仁 | 500～600 | 大多数 rRNA 前体 | 50%～70% | 不敏感 |
| RNA 聚合酶Ⅱ | 核质 | 550～650 | mRNA、snRNA 前体 | 20%～40% | 敏感 |
| RNA 聚合酶Ⅲ | 核质 | 600～700 | tRNA、5SRNA 前体 | 约 10% | 中度敏感 |

由于不同的抑制剂作用于不同的 RNA 聚合酶，所以常见的转录抑制剂也可用于区分 RNA 聚合酶，一些常见的抑制剂及其作用的酶见表 5-2。

**表 5-2 常见的抑制剂及其作用**

| 抑制剂 | 抑制的酶 | 抑制位点及作用 |
|---|---|---|
| 利福平霉素 | 细菌全酶 | 结合于 β 亚基，阻止起始 |
| 放线菌素 D | RNA 聚合酶Ⅰ | 结合于 DNA，阻止延伸 |
| α-鹅膏蕈碱 | RNA 聚合酶Ⅱ | 结合于 RNA 聚合酶，阻止转录 |
| 链霉素 | 细菌核心酶 | 结合于 β 亚基，阻止起始 |

### (1)RNA 聚合酶Ⅰ

RNA 聚合酶Ⅰ位于细胞核的核仁内，主要负责转录 45S rRNA 的前体，经转录后加工产生除 5S rRNA 外的各种 rRNA，包括 5.8S rRNA、18S rRNA 和 28S rRNA，RNA 聚合酶Ⅰ的相对活性在三类 RNA 聚合酶中最高，占总 RNA 聚合酶活性的 50%～70%，$Mg^{2+}$ 与 $Mn^{2+}$ 能促进其活性。RNA 聚合酶Ⅰ对 α-鹅膏蕈碱不敏感。

### (2)RNA 聚合酶Ⅱ

RNA 聚合酶Ⅱ在细胞核内转录生成信使 RNA 前体(hnRNA，pre-mRNA)，经剪接加工后生成的 mRNA 被运送到细胞质中作为蛋白质合成的模板。RNA 聚合酶Ⅱ由十二个亚基组成，其中，三个大的亚基与细菌的 RNA 聚合酶存在同源性，组成基本的催化装置。两个最大的亚基 RPB1 和 RPB2 可能携带催化位点，另外三种亚基 RPB6、RPC5 和 RPC9 为三种 RNA 聚合酶的共有亚基，有三种亚基以双拷贝存在，大多数亚基是单拷贝的(图 5-2)。RNA 聚合酶Ⅱ的最大亚基 RPB1 的羧基末端具有七肽重复片段的特殊结构，称为羰基末端区域(carboxy-terminal domain，CTD)。由 CTD 结构域组成的重复肽段是聚合酶活性所必需的。

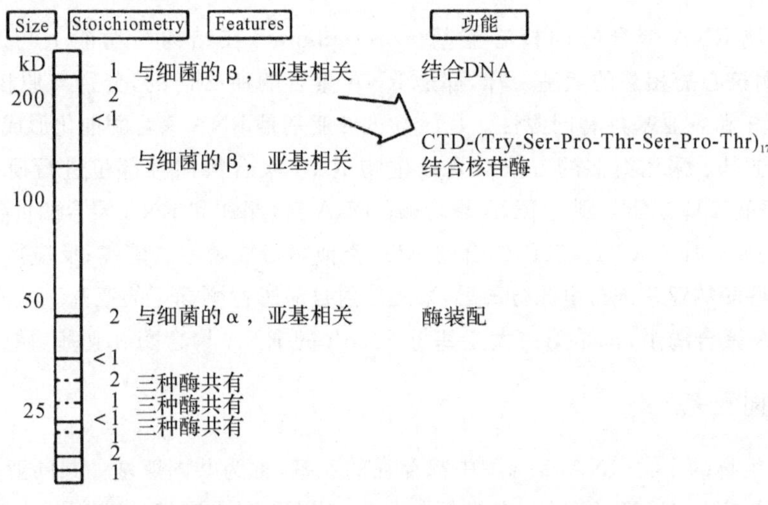


图 5-2　真核生物 RNA 聚合酶Ⅱ的亚基组成(引自部金荣，2007)

### (3)RNA 聚合酶Ⅲ

RNA 聚合酶Ⅲ主要调控与细胞生长和细胞周期有关的事件，所需调控蛋白较 RNA 聚合酶Ⅱ少，但在应激条件下，受 RNA 聚合酶Ⅲ转录抑制因子 MAF1 调控。RNA 聚合酶Ⅲ存在于核质内，负责合成 tRNA、5S RNA 和一些稳定的小分子 RNA 转录物，包括参与 mRNA 前体剪接的 U6 snRNA 及参与运输蛋白质到内质网上的信号识别颗粒(signal recognition particle，SRP)7S RNA。RNA 聚合酶Ⅲ的相对活性为 10%，在离子浓度很宽的范围内都有活性，$Mn^{2+}$ 对其活性的促进作用最为明显，高浓度 α-鹅膏蕈碱可抑制动物细胞 RNA 聚合酶Ⅲ的活性。酵母和昆虫细胞的 RNA 聚合酶Ⅲ对 α-鹅膏蕈碱不敏感。

## 5.2.2 真核生物 RNA 聚合酶的亚基组分

真核生物的 3 类 RNA 聚合酶的组成都比原核生物的 RNA 聚合酶复杂，每种聚合酶都是由 14～17 个亚基组成的多亚基蛋白质复合体。这三类 RNA 聚合酶的一般特点为：①所有真核生物的 RNA 聚合酶结构都非常复杂。②3 类 RNA 聚合酶结构上彼此相似，都含有两种分子质量大于 100 kD 的大亚基和各种小亚基，它们拥有一些共同的亚基和许多结构特征。如细菌的 RNA 聚合酶一样，含有两种大亚基 β 和 β′，还有小亚基 α 和 σ。研究表明，真核生物的 RNA 聚合酶的亚基与原核生物的 RNA 聚合酶的核心酶亚基之间具有一定的相互关系，而且相互间存在较高的同源性。③3 类 RNA 聚合酶有几种共同的亚基，如酵母的 RNA 聚合酶至少有 5 种亚基是相同的，而且 3 类真核生物的 RNA 聚合酶与原核生物的聚合酶之间有较高的同源性。

依据亚基的结构与功能，真核生物的 RNA 聚合酶的亚基可分为核心亚基、共同亚基和非必需亚基 3 类。

### (1)核心亚基

真核生物 RNA 聚合酶的核心亚基(core subunit)在结构与功能上与原核生物的 RNA 聚合酶核心酶相关的亚基一样，都是 RNA 聚合酶所必需的，分别与原核生物 RNA 聚合酶的 β、β′和 α 亚基具有同源性。*E. coli* 的 β 亚基是 RNA 聚合酶催化形成磷酸二酯键的催化活性亚基。采用类似的方法对真核生物 RNA 聚合酶活性部位进行研究。首先把 ATP 的 4-甲酰苯基-δ-酯分别与 RNA 聚合酶Ⅰ、RNA 聚合酶Ⅱ和 RNA 聚合酶Ⅲ混合孵育，再经 $NaBH_4$ 还原后加入 $\alpha$-$^{32}$P-UTP，结合的 ATP 类似物形成磷酸二酯键；反应产物再利用凝胶电泳对这些酶的亚基进行电泳分离后，采用放射自显影检测标记的亚基。检测结果表明，在 3 种 RNA 聚合酶中，都是第二大亚基与 *E. coli* 的 RNA 聚合酶 β 亚基功能相似。

### (2)共同亚基

在真核生物的 3 类 RNA 聚合酶中都存在的亚基，称为共同亚基。共同亚基在转录过程中主要参与底物 NTP 的定位、在模板上的滑动以及防止连续合成很长的转录产物时 RNA 聚合酶从模板上脱落等。

### (3)非必需亚基

组成 RNA 聚合酶的亚基中，有两个亚基对 RNA 聚合酶的催化活性不是绝对需要的。如，酵母中的 Rpb4 蛋白，*Rpb4* 基因缺失的酵母菌株会缺失 Rpb4 蛋白，而且 Rpb4 蛋白缺失的 RNA 聚合酶Ⅱ也可能同时缺失 Rpb7 蛋白。因为 Rpb4 蛋白是 Rpb7 蛋白的锚定蛋白，Rpb7 蛋白在 Rpb4 蛋白的锚定作用下偶联到 RNA 聚合酶Ⅱ的分子上。研究表明，当模板缺少启动子时，这种突变型的 RNA 聚合酶Ⅱ仍然可以正常启动基因的转录。之后的研究又发现，这种突变型的 RNA 聚合酶Ⅱ上存在 Rpb7 蛋白，只是不能正常发挥作用。有学者认为，这两个亚基具有 *E. coli* 的 σ 因子活性，可以从一个 RNA 聚合酶Ⅱ转移到另一个 RNA 聚合酶Ⅱ的分子上，从而使核心酶具备转录起始的能力。

### 5.2.3　真核生物的启动子与转录起始

启动子位于结构基因 5′端上游，能够活化 RNA 聚合酶，使之与模板 DNA 准确结合并特异地起始转录，是 DNA 上 RNA 聚合酶和基本转录因子的结合区域，它们共同组装成转录前起始复合物。基因的特异性转录取决于 RNA 聚合酶与启动子能否有效地形成二元复合物。

#### (1) Ⅰ类启动子

Ⅰ类启动子是能与 RNA 聚合酶Ⅰ结合的启动子元件，主要负责启动 rRNA 前体基因的转录，其转录产物经加工后生成成熟的 rRNA。rRNA 基因在每个细胞中通常都是多拷贝的，其拷贝数从数百到 2 万以上不等，每个拷贝都具有相同的启动子序列。Robert Tjian 等通过接头分区突变实验鉴定了人类 rRNA 启动子的重要区域。Ⅰ类启动子由两个保守序列组成，一个是位于基因 −45～+20 bp 的转录起始点周围，称为核心启动子(core promoter)，主要任务是负责起始基因转录。另一个位于基因 −180 与 −107 bp 之间，称为上游控制元件(upstream control element，UCE)，可有效增强基因的转录效率(图 5-3)。

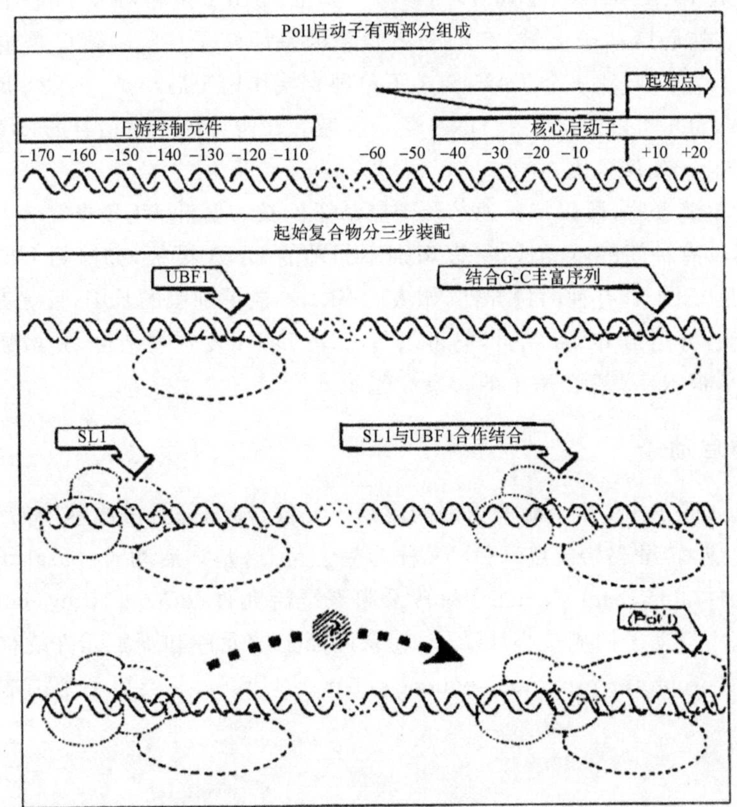


图 5-3　RNA 聚合酶Ⅰ的启动子的组成(引自部金荣，2007)

距上游控制元件 70 bp,UBF1 可与两个区域结合,之后 RNA 聚合酶Ⅰ与核心启动子结合。这两个保守序列区域间的间距很重要,当两个区域之间插入或缺失碱基,将可能减弱启动子的启动强度。研究表明,在启动子元件间删除 16 bp 的片段后,突变启动子的启动强度将下降至野生型的 40%左右,删除 44 bp 的 DNA 片段后启动强度则降至野生型的 10%。如果在两个区域间插入长度为 28 bp 的片段,启动子的启动强度不受影响,但当添加碱基长度为 49 bp 时启动强度降低 70%。说明启动子区域序列的删除比插入更容易影响启动子起始转录的效率。分析发现,这两个区域的 GC 含量较高,序列约有 85%相同。Ⅰ类启动子结构与转录因子的结合位置见图 5-4。

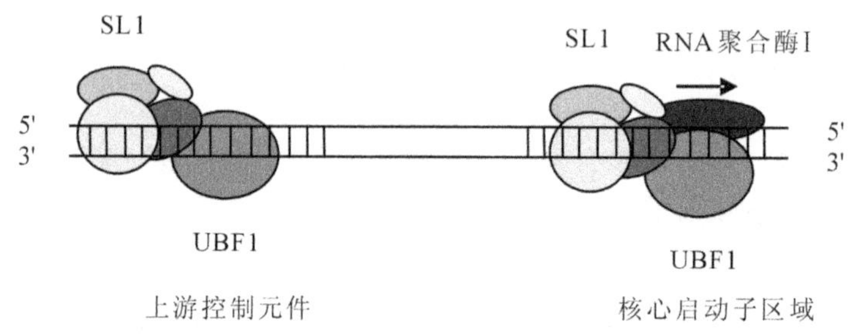


图 5-4 Ⅰ类启动与转录因子的位置(仿自赵亚华,2011)

RNA 聚合酶Ⅰ调控基因的转录需要两种辅助因子 UBF1(upstream binding factor 1,UBF1)和 SL1(selectivity factor 1)的参与。其中,UBF1 是相对分子量为 $9.7\times10^4$ 的蛋白质,结合在核心启动子区域,有助于高效率的基因转录。SL1 蛋白是由 4 个亚基组成,其中包含 1 个 TBP 和 3 个 TAF,SL1 不单独直接作用于启动子,一旦 UBF1 结合在核心启动子区域,SL1 可以协同扩展 DNA 覆盖区域。在两种因子被结合后,RNA 聚合酶Ⅰ就与启动子结合起始转录。

UBF1 是单链多肽,可以特异地结合于启动子的核心区和 UCE 中富含 GC 的结合区域。UBF1 不具有种间的特异性,可以识别不同种的 DNA 模板,如鼠的 UBF1 可以识别人的基因;相反,SL1 具有种的特异性,如人的 SL1 不能识别鼠的基因,反之亦然。

SL1 不能特异地与 DNA 结合,它可以与 UBF-DNA 复合物结合,并增强该复合物的稳定性,主要负责 RNA 聚合酶Ⅰ的转录和起始。

### (2) Ⅱ类启动子

Ⅱ类启动子是 RNA 聚合酶Ⅱ识别的启动子元件,即编码蛋白质基因的启动子,由四个功能区域组成:转录起始位点(Inr),又称为帽子位点;基本启动子(basal promoter);转录起点上游元件(upstream element)和转录起点下游元件(downstream element)。转录起始位点与基本启动子构成核心启动子;转录起点上游元件和下游元件统称为启动子的近端序列元件(promoter proximal sequence element,PSE),Ⅱ类启动子结构的一般模式见图 5-5。

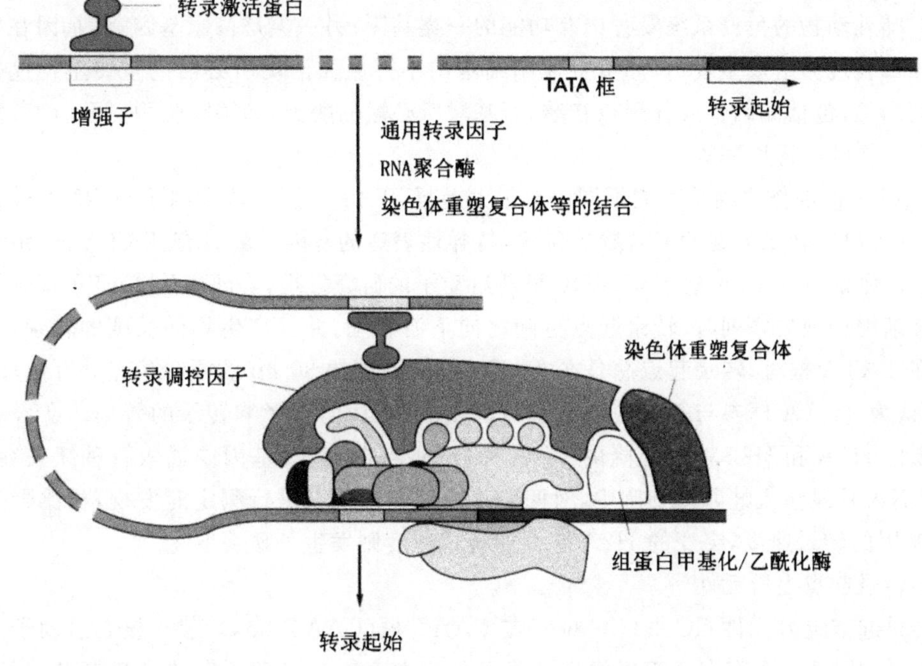


图 5-5　Ⅱ类启动子结构的一般模式图(引自李钰,2014)

1)转录起始位点

转录起始位点多为碱基 A,两侧含有若干个嘧啶核苷酸,转录起始位点的保守序列为 PyPyANT/ApyPy(Py 指嘧啶 C 或 T,N 为任意碱基),这个保守序列称为转录起始位点。通常,转录起始位点与 TATA 框一起组成核心启动子,负责选择准确的起始位点,并保证转录起始效率。具体启动位于其下游的任意基因转录,只是基础转录效率较低,可被它上游的启动子元件或增强子促进。

转录起始位点是确保任何一个基因能够正常转录的必需条件。在发育过程中一些基因的启动子缺乏 TATA 框和 UPE,只存在 17 bp 的转录起始位点,这个转录起始位点能够启动从转录起始位点序列内单一位点开始的基础水平的转录,因此其转录水平相对较低。

2)基本启动子

真核生物基因中,发现的基本启动子 Hogness 框(Hogness box),也称 TATA 框(TATA box),其保守序列都是由 AT 碱基组成的,是位于转录起始位点上游－30～－25 bp的 7 bp 左右的共有序列,其碱基组成和碱基频率为:

| T | A | T | A | A/T | A | A/T |
|---|---|---|---|---|---|---|
| 82 | 97 | 93 | 85 | 6337 | 83 | 5037 |

TATA 框是许多真核生物Ⅱ类启动子的核心启动子组成元件,与原核生物启动子的－10 序列(Pribnow 框)相似程度非常高。差别仅在于与转录起始位点的距离不同,原核生物的转录起始位点距离为－10 bp,真核生物约为－25 bp。但是酵母的 TATA 框位置变化较大,在起始位点－120～－30 bp 范围内变化。有两种类型基因的启动子没有发现

TATA框，一类是在发育中受到严格调控的基因，如参与控制果蝇发育的同源异型框基因和在哺乳动物的免疫系统发育中有功能的一类基因；另一类是持家基因，该基因在所有细胞中都表现为组成型表达，如负责控制细胞内维持生命活动所必需的重要生化途径的一系列酶类，包括编码合成各种核苷酸、氨基酸所必需的酶类，如腺嘌呤脱氨酶、胸苷酸合成酶和二氢叶酸还原酶等。

TATA框的作用因基因的不同而有很大差异，TATA框使转录因子与RNA聚合酶装配，并且决定转录前起始复合物的位置，特异性表达的基因一般具有TATA框，组成型表达基因则缺少TATA框。对SV40早期启动子的研究发现，当缺失从TATA框开始向下游逐渐增加缺失序列时，转录起点也随之向下游移动，并且产生不同长度的转录产物。当存在TATA框时，转录起点总是在TATA框向下游约30 bp的嘌呤位点处开始转录。因此，认为TATA框参与基因的转录起始位点的定位，但不影响转录的效率。在含有海胆组蛋白H2A和H2B基因克隆的DNA片段中，当在H2A基因中插入各种缺失突变，再将DNA片段注入蛙卵母细胞中，对两个基因的转录速度进行测定时发现，相比野生型H2B基因的转录速度，突变的H2A基因的转录速度则发生了显著变化。

3)转录起点上游元件

转录起点上游元件GC框(GC box)或CAAT框(CAAT box)，位于核心启动子上游－200～－100 bp，含有多个组成型启动子元件。大多数基因都具有转录起点上游元件，有的基因还不止一个，并且具有细胞类型的特异性，其作用是控制转录起始频率和特异性，基本不参与转录起始位点的确定。真核生物Ⅱ类启动子的转录起点上游元件在位置和功能上与原核生物基因的启动子上游区域类似(图5-6)。

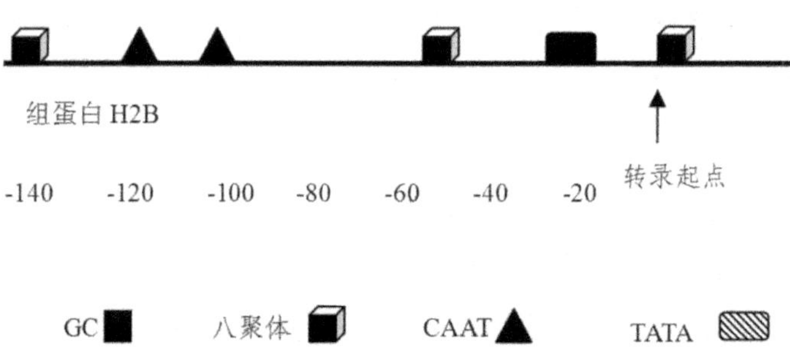


图5-6 几种Ⅱ类启动子转录起点上游元件

启动子元件除TATA框外，还有与其活性有关的其他区域，如位于－64～－47 bp区和－105～－80 bp区的碱基突变能显著地降低启动子的转录启动效率。在非模板链上，这两个区的保守序列分别为GGGCGG和CCGCCC，被称为GC box(GC框)。GC box几乎存在于各类启动子中，通常位于TATA box的上游。在疱疹病毒的*tk*基因的启动子中，两个GC box以相反方向排列。许多基因启动子的上游都发现有GC box。在SV40早期启动子内有6个串联的GC box，当失去其中1个GC box时，SV40病毒的转录水平即下降为野生型的66%；当失去第2个GC box时，其转录水平继续下降13%。

CAAT框是最早被发现的常见启动子之一，其位于基因转录起始点上游－80～－70 bp处，保守序列为GGGTCAATCT，是真核生物基因常规的转录调节区，控制着转录起始的频率。

4)转录起点下游元件

转录起点下游元件位于起始位点的下游,对基因转录的效率有重大影响,但是下游元件没有固定的特征,也不存在特定的保守序列。

对疱疹病毒(herpes virus)胸苷激酶基因的研究发现,启动子区域除了 TATA 框等保守转录元件之外,还影响启动子活性的其他区域。如 −64～−47 bp 和 −105～−80 bp 区域内的基因突变也可以显著降低启动子的效率。

### (3)Ⅲ类启动子

RNA 聚合酶Ⅲ所识别的真核生物启动子为Ⅲ类启动子为,依据Ⅲ类启动子所处的细胞位置,可以分为三种类型:①基因内启动子;②转录起点上游启动子;③混合型启动子。

1)基因内启动子

Ⅲ类启动子绝大多数都属于基因内启动子,位于基因的编码区内部,5S rRNA、tRNA 的启动子为典型的基因内启动子。有研究发现,把非洲爪蟾(*Xenopus laevis*)5S rRNA 基因的转录起始点 +1 上游的所有序列完全去除后,该基因仍能够正常起始转录。用外切核酸酶将非洲爪蟾 5S rRNA 基因的 5′ 端上游序列不同程度切除后,该基因仍然能够正常合成 5S rRNA 的产物。上述实验表明,非洲爪蟾的 5S rRNA 基因的启动子位于基因的内部。5S rRNA 基因启动子内部存在 3 个转录起始敏感区,即上游顺式作用元件 A 框、C 框和中间元件,它们碱基的改变会显著降低启动子的功能。tRNA 基因中也存在两个转录控制元件,分别为 A 框和 B 框,在 tRNA 基因内发现启动子由两个约 20 bp 的序列组成,位于 +8～+72 bp,其中 A 框位于 +8～+30 bp,B 框位于 +51～+72 bp(图 5-7)。基因内启动子的序列是极为保守的,5S rRNA 基因的 A 框与 tRNA 基因的 A 框相似,在转录起始过程中执行类似的功能。

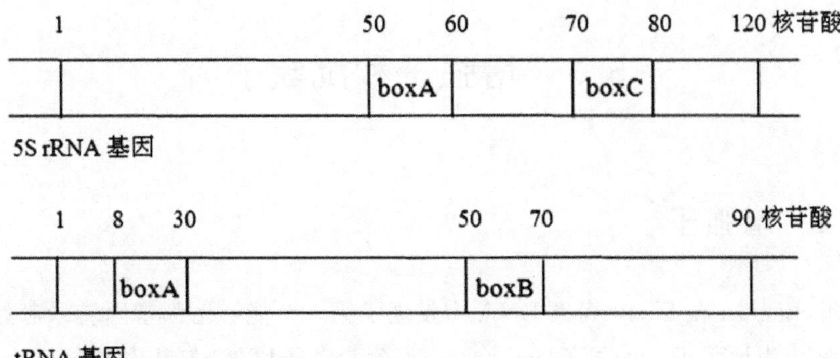


BoxA 的共同序列为 5′-TRGCNNAGY-3′(R＝嘌呤,Y＝嘧啶,N＝任意核苷酸)

图 5-7　5S rRNA 和 tRNA 的基因内启动子(引自赵亚华,2011)

2)转录起点上游启动子

转录起点上游的启动子是近年来发现的类型Ⅲ非典型启动子,又称为基因外启动子。在 snRNA、U6 和人的 7SK RNA 等基因中都存在,位于转录起始点的上游区域。这类启动子包含 4 种元件：①TATA 框；②近端序列元件(PSE)；③远端序列元件(DSE)；④八聚体基序元件(OCT)(图 5-8)。

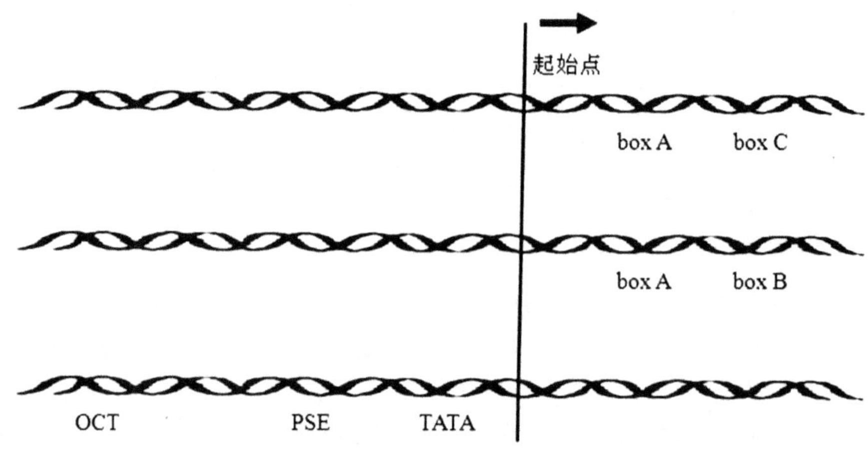


图 5-8　RNA 聚合酶Ⅲ的转录起点上游启动子(引自李钰,2014)

TATA 框是 RNA 聚合酶Ⅲ在转录基因时必须要识别的保守区域，在序列和位置上类似于 mRNA 编码基因的 TATA 框，并且二者的序列元件在功能上可以互换。这些远端序列元件位于－250 bp 附近，是类型Ⅱ启动子的 snRNA 基因和类型Ⅲ基因的外在启动子所共同的增强子元件。八聚体基序元件的主要功能是增加转录的效率。

3)混合型启动子

混合型启动子是具有基因内的和基因外的启动子序列元件构成的启动子。如，海胆硒代半胱氨酸的 $tRNA^{ser}$ 基因就具有基因内和基因外混合启动子元件。该基因的上游启动子由 TATA 框、近端序列元件和没有鉴定的远端序列元件组成。

## 5.3　增强子和沉默子

### 5.3.1　增强子

1981 年，Benerji 在 SV40 病毒 DNA 中发现了第一个能够增强基因转录起始的 DNA 序列，后来称之为增强子。增强子(enhancer)是除启动子以外，与基因转录起始有关的另一 DNA 序列，具体是指能够远距离作用调节启动子，增加转录效率的 DNA 序列。增强子不是启动子的一部分，但能增强或促进转录的起始，除去增强子序列会大大降低基因的转录水平。其主要存在于真核生物的基因组中，由多个独立的、特异性序列组成，基本的核心序列由 8～12 bp 组成，以完整的或部分的回文结构存在。具体来说，增强体是由多个转录因子在基因启动子/增强子段上形成三维立体的大分子复合物，它通过影响或参与转录起始复合物形成从而起上调基因表达的作用。一方面，增强子与 DNA 结合后促使

DNA发生弯曲,DNA的弯曲形变促进了其他转录因子与其作用位点的结合;另一方面,通过弯曲DNA使众多的调节蛋白空间上彼此靠近,形成立体特异的增强体。

增强子调控转录的作用方式与启动子有很大不同,它可以双方向增强上游和下游基因的转录效率(图5-9)。尽管增强子对上下游基因都能提高转录效率,但有些基因具有优先权,而且增强子具有组织特异性,但并非所有细胞中都存在增强子。

上游增强子激活启动子

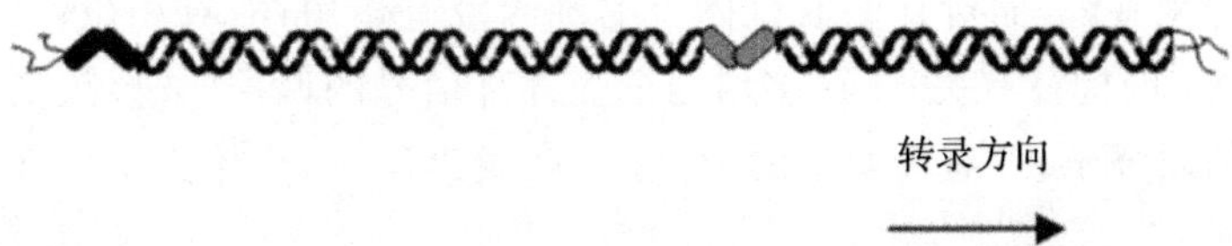

转录方向

下游增强子激活启动子

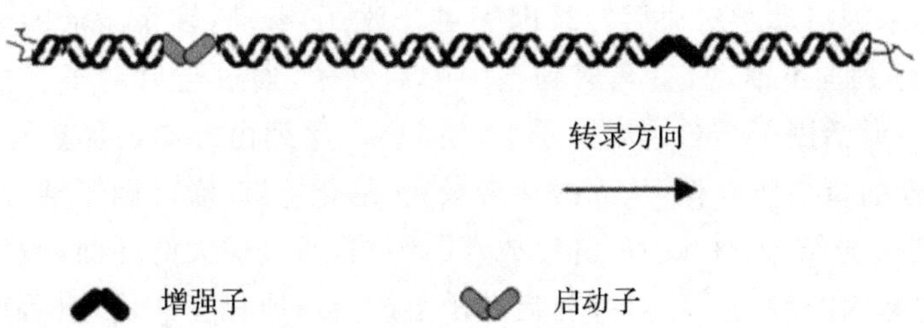

转录方向

增强子　　启动子

图5-9　增强子的作用模式

增强子通常由两个或两个以上的增强子元件组成,每个增强子元件又由两个紧密相连的增强子单位构成。增强子最突出的特点是对基因转录的远程调控,其调控的距离可能在其附件,也可能在几十kb之外。增强子对转录的远程调控需要反式作用因子的协助,一些可以激活转录的蛋白质因子,通过识别增强子而结合到增强子DNA序列上,之后再通过与启动子上的转录激活蛋白相互作用,导致DNA分子发生变形、扭曲,使增强子和启动子在空间上相互靠近,实现激活转录。因此,增强子和启动子都可以激活基因的转录,但二者调控转录的特点不同(表5-3)。

**表5-3　对比分析启动子和增强子调控转录的作用特点**

| 调控元件 | 与调控基因的距离 | 作用方式 | 调控效率 |
| --- | --- | --- | --- |
| 启动子 | 近 | 双向 | 启动转录 |
| 增强子 | 远 | 单向 | 增强转录 |

增强子与启动子在本质上是不同的,但很多时候是难以区分和辨别的。有一些基因的增强子序列与转录的起始位点很接近,如β-干扰素基因的增强子;有些增强子和启动子有部分重叠,如人的金属硫蛋白基因;甚至还有些基因的增强子序列还会出现在其他的基因的启动子中,如免疫球蛋白基因的八联体增强子。

增强子具有以下特点:①远距离效应:增强子可以实现远距离对启动子的影响和调控,增强子一般位于上游－200 bp处,转录效应明显,可使基因的转录效率提高10～200

倍,甚至可以提高到上千倍,即使相距>10 kb 也能发挥作用;②无方向性:增强子对基因转录的促进功能与序列的方向无关,无论位于靶基因的上下游或内部,都可发挥增强转录的作用;③具有组织或细胞特异性:增强子的增强效应仅对特定的转录或激活因子起作用,如 SV0 增强子在 NIH-3T3 细胞中要比多瘤病毒的增强子弱,而在 HeLa 细胞中 SV0 增强子要比多瘤病毒的增强子强很多倍;④无物种和基因的特异性:增强子可以连接到不同物种的异源基因上发挥增强转录的作用,没有基因的专一性;⑤顺式调节:只调节位于同一染色体上的靶基因,而对其他染色体上的基因没有作用;⑥有相位性:增强子的转录增强作用和 DNA 的构象有关;⑦许多增强子受外部信号的调控:如金属硫蛋白的基因启动子上游所带的增强子,可对环境中的锌、镉浓度做出反应,热休克蛋白在高温下才启动表达等。

对于增强子的作用机制研究,目前有四种颇受关注的增强子远程作用模型:①改变拓扑结构:激活因子与增强子结合,可以改变整个 DNA 双链的拓扑结构或形状,使之成为超螺旋,由此使基因启动子对通用转录因子更开放;②滑动:转录激活因子结合到增强子上,沿着 DNA 序列向下滑动,直至遇到基因的启动子,通过与启动子直接相互作用而激活转录;③成环:激活因子结合到增强子上,使 DNA 序列由外向内形成环状结构,通过增强子与启动子上的蛋白质互作,从而激活转录;④易化追踪:激活因子结合到增强子上后,与 DNA 的下游部分结合,使 DNA 链形成环凸结构,通过扩大此环凸,激活因子向启动子方向移动,到达基因的启动子位点并与启动子上的蛋白质相互作用,激活转录(图 5-10)。

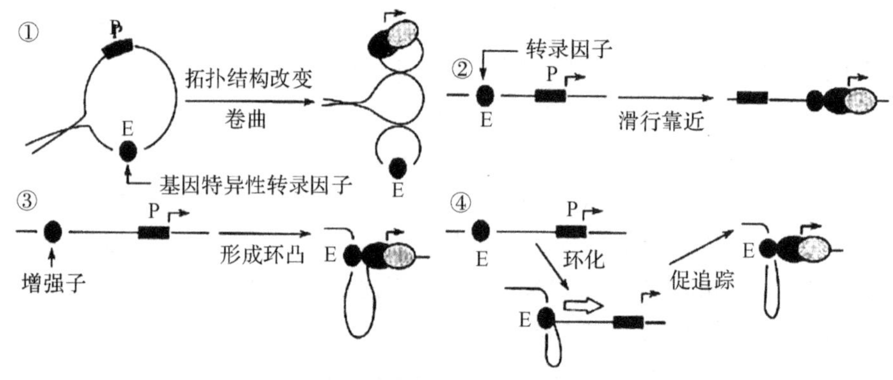


图 5-10　增强子作用的 4 种模型(引自 Weaver,2008;赵亚华,2011)

德国海德尔堡欧洲分子生物学实验室(European Molecular Biology Laboratory, EMBL)于 2012 年 1 月 9 日在《自然—遗传学》杂志发表了其关于增强子研究的最新发现,即胚胎发育过程中染色质修饰特异性组合决定增强子的活性。该研究揭示,在胚胎发育时,不同细胞中不同基因被激活转录以形成肌肉、神经元和身体其他组织器官。在每个细胞的细胞核内增强子发挥着类似远程控制器的作用,而且研究人员已经能够精确地观察和预测分析出何时激活真实胚胎中的每个远程控制器。来自 EMBL 实验室的 Eileen Furlong 研究发现在发育过程中,于某些特定的时间点将染色质修饰(促进或阻碍基因表达的化学基团)的特异性组合增添于增强子上或者从增强子中移除,可以开启或关闭这些远程控制器(图 5-11)。在发育中的多细胞胚胎里,该新方法提供了关于基因和增强子活性状态的细胞特异性信息。

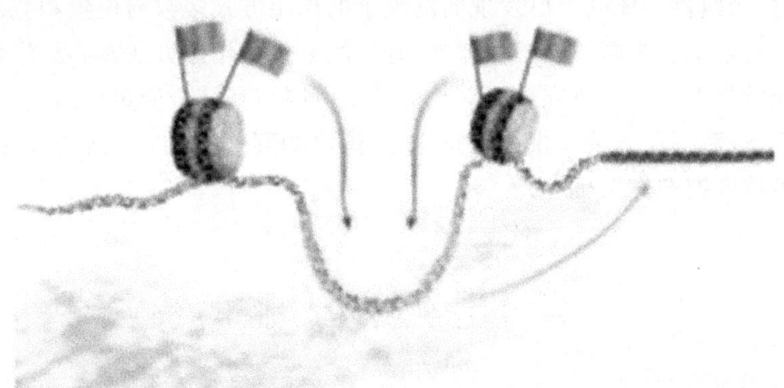

染色质修饰化学标记(小旗)激活远程控制器的增强子(两个向下箭头所指区域),将一个基因(向上箭头指向区)开启或关闭。

图 5-11　染色质修饰与增强子(EMBL/P. Riedinger,2012)

2013 年 10 月,美国怀特黑德生物医学研究所的研究人员发现了一套称为“超级增强子”的基因调控器。这类“超级增强子”能控制、影响人类和小鼠的多种类型细胞。超级增强子富集在基因组的变异区,而这些变异区又与多种疾病谱系密切相关,所以它们有潜力在疾病诊断与治疗方面发挥重要作用。虽然基因控制元素的整体数量达到数百万之多,但只有几百个超级增强子控制着关键基因的转录活性,赋予每个细胞本身独特的属性和功能。这些超级增强子不仅起着控制健康细胞的作用,而且还和病变细胞的功能与障碍调控有关。

## 5.3.2　沉默子

沉默子(silencer,也称沉默子元件或沉寂子)是真核基因中的一种特殊的序列,属于真核生物的顺式作用元件,能够抑制附近基因表达的 DNA 序列,它是基因的负调控元件。沉默子对基因转录的调控与距离和方向无关,其调控基因转录的特点与增强子类似,真核细胞中沉默子的数量远少于增强子的数量。沉默子的 DNA 序列被调控蛋白(反式因子)结合后,阻断转录起始复合物的形成或活化,阻断增强子及反式激活因子的作用,进而抑制基因的转录,阻碍基因表达活性。最早发现的沉默子是酿酒酵母沉默接合型座位沉默子。单倍体酿酒酵母有 a 和 α 两种接合型,由染色体Ⅲ上 *MAT* 座位中的基因控制,当该座位为 *MAT*a 时,接合型为 a,当该座位由 *MAT*a 换为 *MAT*α 时,接合型也相应地成为 α,与接合型相关的遗传信息即位于 *MAT* 座位两侧的 *HMR*a 和 *HML*α 座位中。尽管这两个座位中含有 a 和 α 的完整基因及其启动子,但通常保持沉默而不被转录,这对于单倍体酵母表现正常的接合状态也是必要的,否则将导致不育。

沉默子在基因调控中起着重要的作用。目前,在真核生物、原核生物和病毒中都发现了沉默子的存在,如在 T 淋巴细胞的 T 抗原受体基因的转录和重排中就有沉默子发挥作用。沉默子与增强子都在基因表达调控中有着重要的作用,但真核生物中沉默子的数量远远小于增强子，相应的关于沉默子的研究报道也比较少。沉默子与增强子的结构组成类似，也是由多个组件构成的。已发现的沉默子的作用方式多数与位置和方向无关，但也有某些沉默子对位置和方向较敏感。此外，有的沉默子的作用方式具有组织特异性，有些则不具有组织特异性。还有研究表明一个沉默子可因与其结合的蛋白的改变而执行增强子的功能。因此，对沉默子结合蛋白及沉默子-蛋白相互作用的深入研究，将有助于进一步理解基因表达调控的作用机理。

## 5.4 真核生物转录调控的特点

尽管真核基因表达调控与原核生物比，具有更加复杂和更多调控环节的特点，但真核基因转录调控的许多基本原理与原核生物相同。主要表现在：①与原核的调控一样，真核基因表达调控也存在转录水平调控和转录后的调控，并且也以转录水平调控为最重要；②在真核结构基因的上游和下游（甚至内部）也存在着许多特异的调控成分，并依靠特异蛋白质因子与这些调控成分的结合与否调控基因的转录。

真核生物转录调控具有协同作用。Brittin K. J. 和 Davidson E. H. 提出了真核生物单拷贝基因的转录调控模型，即 Britten-Davidson 模型，认为在真核生物个体发育中，许多基因是可以被协同调控的，且重复序列在协同调控中具有重要作用。转录激活协同性的 3 种产生机制为：①激活蛋白之间的相互作用；②激活蛋白与多个 DNA 位点的协同性结合；③激活蛋白与转录复合体的协同性结合。基因芯片和信息学分析都表明真核生物的一种激活蛋白往往调控着功能相关的一组基因的转录。因此，真核生物转录协同的本质是结合在 DNA 调控位点上的多个激活蛋白之间的直接或者间接的相互作用。

真核生物与原核生物在基因表达调控上的主要区别首先是由两者的基本生活方式的不同决定的。原核生物一般是独立存在的单细胞，只要环境条件适合，养料供应充分，它们就能不断生长、分裂，因此它们的基因表达调控系统主要是在特定环境中为细胞创造迅速生长的条件，或使细胞在受到损伤时能尽快修复。其次，原核生物的表达调控多以操纵子为单位，通过开启或关闭某些基因的表达，在转录水平上进行调控以适应环境条件的变化。而真核生物在进化上比原核生物高级，有更复杂的细胞形态、致密的染色体结构、庞大的基因组，并承担着十分复杂的生物学功能，例如，人类细胞基因组蕴含了 $3\times10^9$ bp 的总 DNA，约为大肠杆菌基因组总 DNA 的 1000 倍，是噬菌体基因组总 DNA 的 10 万倍左右。在多细胞生物尤其是高等动、植物中，随着发育和分化进程，出现了不同类型和功能的细胞和组织器官，尽管它们的染色体具有相同的 DNA，但却合成了不同的蛋白质。对不同序列的 mRNA 研究显示，真核细胞中有 1 万～2 万种蛋白质；另有数百种丰度较低的蛋白质，在不同类型的细胞中表现不同，其中大部分的功能是调控蛋白质或酶，这数百种不同的蛋白质虽然所占比例不大，但足以使细胞表现出不同的形态和行为，并行使不同的生物学功能。另外，真核生物基因组 DNA 中有许多重复序列、基因内部被内含子隔开，而且基因之间分布着大段的非编码序列。再次，真核生物以核小体为单位的染色质结构，以及众多与 DNA 相互结合的蛋白质，成为调节基因转录起始的重要因素。尤其重要的是，随着细胞核被膜的出现，转录和翻译在时间和空间上被分隔开，基因的转录本及翻译产物需经过复杂的加工与转运过程，由此形成了真核基因表达的多层次调控系统。总之，真核基因的表达调控，贯穿于从DNA到功能蛋白质的全过程，涉及基因结构的活化、转录的起始、转录本的加工、运输以及mRNA的翻译等多个调控点。这些都使真核生物采取了不同于原核生物的更加复杂而精细的表达调控策略。

在真核生物基因表达调控中，至少在四个方面与原核基因的表达调控不同，归纳如下：

(1)原核细胞的染色质是裸露的DNA，而真核细胞染色质则是由DNA与组蛋白紧密结合形成的核小体组成。在真核细胞中染色质结构对基因的表达存在明显的调控作用，而在原核细胞中这种调控作用不明显。

(2)在原核基因转录的调控中，既有用激活因子的正调控作用，也有用阻遏物的负调控作用，二者同等重要。而真核细胞中虽然也有正调控因子和负调控因子，但迄今已知的主要调控因子都是正调控作用的。且一个真核基因通常都有多个调控序列(顺式作用元件)，必须有多个激活物同一时刻特异地结合到调控序列上并协同发挥作用，才能调节基因的转录。

(3)原核细胞基因的转录和翻译通常是相互偶联的，即在转录尚未完成之前翻译便已开始。在大多情况下，原核细胞的转录与翻译在拟核中同步进行。而真核基因的转录与翻译在时空上是分隔的，从而使真核基因的表达又多了一个层次，表达调控机制也更复杂，其中许多机制是原核细胞所不存在的。

(4)真核生物大都为多细胞生物，在个体发育过程中，细胞基因组中的某些基因的表达可能被沉默，而另一些主要编码持家蛋白(house-keeping protein)的基因，如细胞骨架蛋白、染色体组分蛋白、核糖体蛋白和执行各类基本代谢所必需的蛋白质和酶的基因，即持家基因(house-keeping gene)，在各种细胞类型中基本上都表达，但仍处于严格地表达调控之下，以适应不同生长发育和细胞周期的特殊要求。细胞发生分化后，不同细胞的生物学功能不同，其基因表达的水平也不一样。某些基因仅特异地在某种组织或细胞中表达，称为细胞特异性或组织特异性表达，因而具有调控这种特异性表达的机制。在不同的细胞类型中，也有若干组基因在每个细胞内的数量极少，以及不同组合的基因在表达的方式和数量上都不同，由此导致分化的细胞在细胞行为和功能上的巨大差异。

总体概括来说，真核生物基因表达的调控主要发生在7个层次上。如图5-12所示，7个层次主要包括：①在染色体和染色质水平上的结构变化与基因活化。②转录调控，包括基因的转录起始、转录效率的高和低。③转录后加工水平上的调控，包括对初始转录产物的特异性剪接、修饰、编辑等。④转运的调控，即转录产物在从细胞核向细胞质转运过程中所受到的调控。⑤翻译调控，对某一种mRNA结合核糖体进行翻译的选择以及蛋白质表达水平的控制。⑥mRNA降解的调控。⑦翻译后加工的调控在蛋白质合成后被选择性地激活的控制，蛋白质和酶分子水平上的剪切、活性水平的控制。

在各个不同层次的调控环节中，染色体和染色质的活性、转录、转录初始产物的加工、翻译等4种水平上的调控是基因表达比较重要的调节过程。

如上所述，真核生物基因表达调控过程非常复杂，这种复杂的调控过程还分为两种不

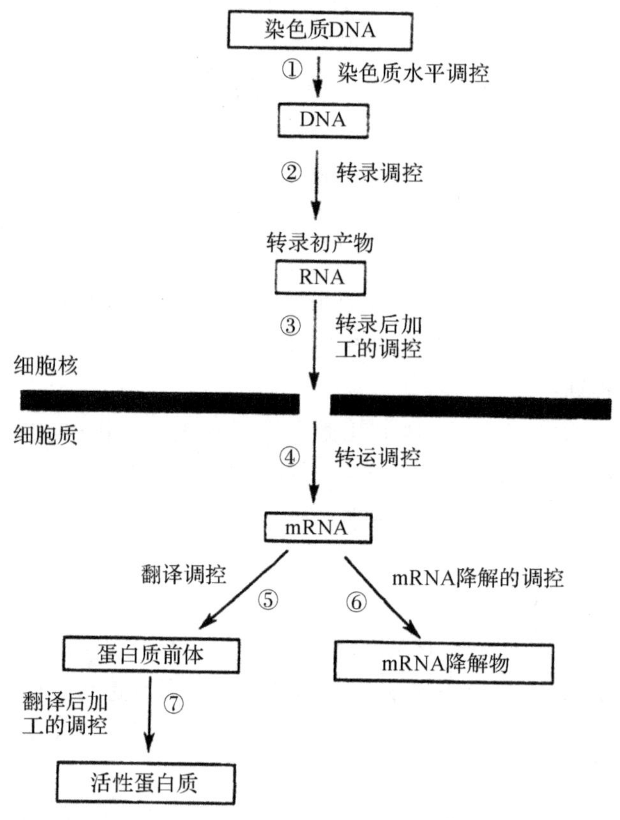


图 5-12 真核生物基因表达调控的 7 个层次(引自李钰,2014)

同的时相,即短暂调控(short-term regulation)和长期调控(long-term regulation)。短暂调控所涉及的内容是基因的快速活化或沉默。与原核生物基因活性变化的主要区别是,真核生物基因的活化因素主要是激素和生长因子,而不是营养物质。真核生物基因的活性可以在短时或瞬时被快速调控,致使细胞内的蛋白质组被不断重建,以适应当时细胞代谢状况的具体要求。长期调控则是指基因被永久性地或半永久性地开启或关闭,从而不间断地或不可逆地改变细胞的生理和生化特性,这些长期变化的最终结果是细胞分化成为具有特定生理功能的细胞或组织。所以,长期调控与外界环境变化的关系不大,是生物体在发育和分化过程中,基因及基因组具有被活化或表达沉默的倾向,并受到程序化控制的过程。长期调控涉及非常复杂的调节机制,是真核生物细胞发育和分化所必需的生理过程。

## 5.5 转录因子

真核生物基因表达是一个十分复杂而有序的过程,它是众多的反式因子和顺式作用元件之间相互作用的结果。基因的表达在各个层次上都受到精密的调控;转录水平的调控发生在基因表达的初期阶段,是很多基因表达调控的主要方式之一。与细菌相比,真核生物的

RNA 聚合酶不能独立结合到启动子上，需要依赖称为转录因子(transcription factor，TF)的蛋白质引导才能发挥作用。转录因子的蛋白质特异地结合到靶基因调控区的顺式作用元件上，或调节基因表达的强度，或控制靶基因的时空特异性表达，或应答外界刺激和环境胁迫。真核细胞 RNA 聚合酶自身对启动子并无特殊亲和力，单独不能进行转录，也就是说基因是无活性的。因此，转录需要众多的转录因子和辅助转录因子形成复杂的转录装置。

转录因子分为两种，一种为通用转录因子，也称基本转录因子或普遍型转录因子(general transcription factor)，另一种为基因特异性转录因子(gene-specific transcription factor)，也称激活(转录)因子(activator)。当只有通用转录因子参与的时候，转录以很低的速率进行，称为基础转录。

## 5.5.1　通用转录因子

### (1) Ⅱ类转录因子

Ⅱ类转录因子是与 RNA 聚合酶结合形成前起始复合体(preinitiation complex)的一类通用转录因子。Ⅱ类转录因子与 RNA 聚合酶的紧密结合也意味着一个开放启动子复合体的形成，DNA 也从转录起始子开始解链，以便让 RNA 聚合酶读取。我们首先从含有 RNA 聚合酶Ⅱ的前起始复合物的组装开始，虽然过程很复杂，但研究得最清楚。只要掌握了Ⅱ类通用转录因子的作用机制，Ⅰ类和Ⅲ类的作用机制也就比较容易理解了。

1)RNA 聚合酶Ⅱ前起始复合体

前起始复合物包括 RNA 聚合酶Ⅱ、TATA 结合蛋白 TBP 和 6 种通用转录因子，分别为 TFⅡA、TFⅡB、TFⅡD、TFⅡE、TFⅡF 和 TFⅡH。体外研究表明，Ⅱ类通用转录因子与 RNA 聚合酶Ⅱ以一定的时间先后顺序结合到形成中的前起始复合物上。Reinberg、Sharp 及其同事通过 DNA 凝胶迁移率变动分析、DNase 足迹实验和羟基自由基足迹实验，确定了Ⅱ类前起始复合物中各个转录因子的结合顺序。

综上所述，各转录因子和 RNA 聚合酶在体外实验中形成前起始复合物的顺序为：TFⅡD (或 TFⅡA＋TFⅡD)、TFⅡB、TFⅡF＋RNA 聚合酶Ⅱ、TFⅡE、TFⅡH。确定了体外主要通用转录因子及 RNA 聚合酶结合到前起始复合物的顺序后，研究重点就转移到每个转录因子在 DNA 链上的具体结合位置。从 Sharp 研究小组开始，几个研究团队利用足迹法对此进行了研究。

2)TFⅡD 的结构与功能

TFⅡD 是一个含有 TATA 框结合域的结合蛋白(TATA-box-binding protein，TBP)和 8～10 个 TBP 相关因子(TBP-associated factor，TAF，具体为 TAFⅡ)的复合物。这里必须标注“Ⅱ”，因为 TBP 也参与Ⅰ类和Ⅲ类基因的转录，并且分别与Ⅰ类和Ⅲ类前起始复合物中的不同 TAF(TAFⅠ和 TAFⅢ)结合。

TATA 框结合蛋白(TBP)是第一个在 TFⅡD 复合物中被鉴定出来的多肽亚基，在进化上高度保守，即使在酵母、果蝇、植物和人类这些相距很远的不同物种中，该蛋白的

TATA 框结合域的氨基酸序列也有 80%以上的相似性，这些区域包含该物种 TBP 蛋白 C 端的 180 个富含碱性的氨基酸。另一个进化的保守性的证据是，酵母 TBP 在哺乳动物通用转录因子形成的前起始复合物中也可正常发挥功能。

Tjian 研究小组通过 DNase Ⅰ足迹实验证明了 TBP 的 C 端 180 个氨基酸对其的功能非常重要，将仅含 C 端 180 个氨基酸的重组蛋白的人类 TBP 与启动子的 TATA 框结合，仍能像天然 TFⅡD 转录因子一样有效。

TFⅡD 中的 TBP 如何与 TATA 框结合呢？TBP 与 DNA 的启动子结合，起初 TBP 被认为是像其他大多数 DNA 结合蛋白一样与 TATA 框大沟中的碱基发生特异性相互作用，后来证明这一推测是错误的。以 Diane Hawley 和 Robert Roeder 为首的两个研究小组证实，TFⅡD 中的 TBP 结合在 TATA 框的小沟中。

那么 TFⅡD 是如何与 TATA 框小沟结合呢？Nam-Hai Chua、Roeder、Stephen Burley 及其同事的拟南芥 TBP 的晶体结构信息被揭示后，这一问题便逐渐有了答案。从 TBP 蛋白的晶体结构信息中发现，TBP 的晶体结构像马鞍(saddle)，有两个"马镫"(stirrup)，让人自然地联想到 TBP 像马鞍固定在马背上那样结合在 DNA 上，其两侧的镫子使 TBP 的结构大致保持"U"形。而后，在 1993 年，Paul Sigler 研究小组和 Stephen Burley 小组独立解析出与人工合成小片段双链 DNA 结合的 TBP 的晶体结构，该 DNA 片段包含有 TATA 框(图 5-13)。该研究发现 TBP 并不是像马鞍那样被动地结合在 DNA 上，马鞍弯曲的下部与 DNA 并不十分吻合，而是沿 DNA 的长轴排开，其弯曲度迫使 DNA 弯曲 80°。这一弯曲伴随着 DNA 螺旋的变形使 DNA 小沟张开。该结构在 TATA 框的第一个和最后一个碱基处最明显(碱基对 1 和 2 之间、7 和 8 之间)。在这两个位点处，TBP 马镫的两个苯丙氨酸侧链插入两个碱基对之间，引发 DNA 扭结。这一形变有助于解释为什么此处的 TATA 序列如此保守：与其他二核苷酸键相比，DNA 双螺旋中的 T—A 键相对容易断裂，由此推测 TATA 框的形变对基因的转录起始很重要。事实上

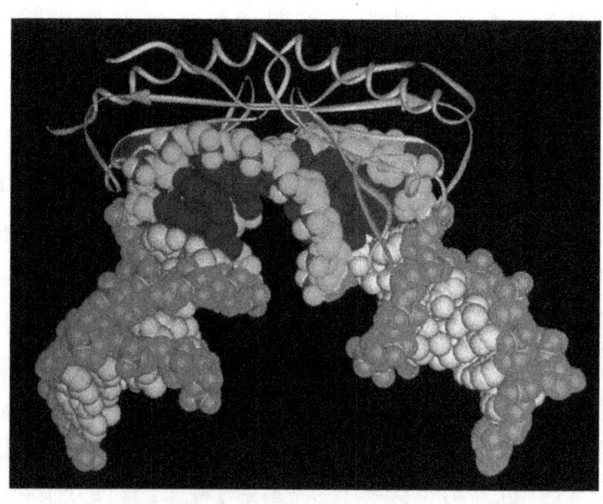

马鞍的长轴在纸平面上。位于 TBP 下方的 DNA 以多种颜色显示。

图 5-13　TBP-TATA 框复合物的结构 顶部显示 TBP 的骨架

也很容易想到，DNA小沟的张开有助于DNA双链的解离，这是形成开放启动子复合体的重要部分。

3)TFⅡB的结构和功能

在前起始复合物组装过程中，TFⅡB结合的顺序位于TFⅡD和TFⅡF/RNA聚合酶Ⅱ之间，这一点提示，TFⅡB作为该装置的一部分将RNA聚合酶置于合适位置启动转录。照此推理，TFⅡB应该有两个结合结构域，分别与以上两个蛋白质结合。事实上，TFⅡB确实有两个不同的结构域：N端域（TFⅡ$B_N$）和C端域（TFⅡ$B_C$）。2004年，Kornberg对TFⅡB的结构研究中发现，这两个结构域的确在连接TATA框处的TFⅡD和RNA聚合酶Ⅱ之间起着桥梁作用，其使RNA聚合酶的活性中心位于TATA框下游26～31 bp处，正好位于转录起始处。特别是该研究还揭示了TBP通过弯曲TATA框处的DNA，使DNA包绕TFⅡ$B_C$，而TFⅡ$B_N$则与RNA聚合酶结合，将其正确地置于转录起始位点上。

Kornberg及其同事从酿酒酵母中获得了RNA聚合酶Ⅱ-TFⅡB复合物的晶体。图5-14从两个角度的视图显示了该复合物的晶体结构。从图中可以看到在复合物中TFⅡB的两个结构域TFⅡ$B_C$和TFⅡ$B_N$。TFⅡ$B_C$与TBP和TATA框处的DNA发生相互作用，而被TBP弯曲的TATA框处的DNA包裹在TFⅡ$B_C$和RNA聚合酶周围。弯曲的DNA直接伸向位于RNA聚合酶活性中心附近的TFⅡ$B_N$。

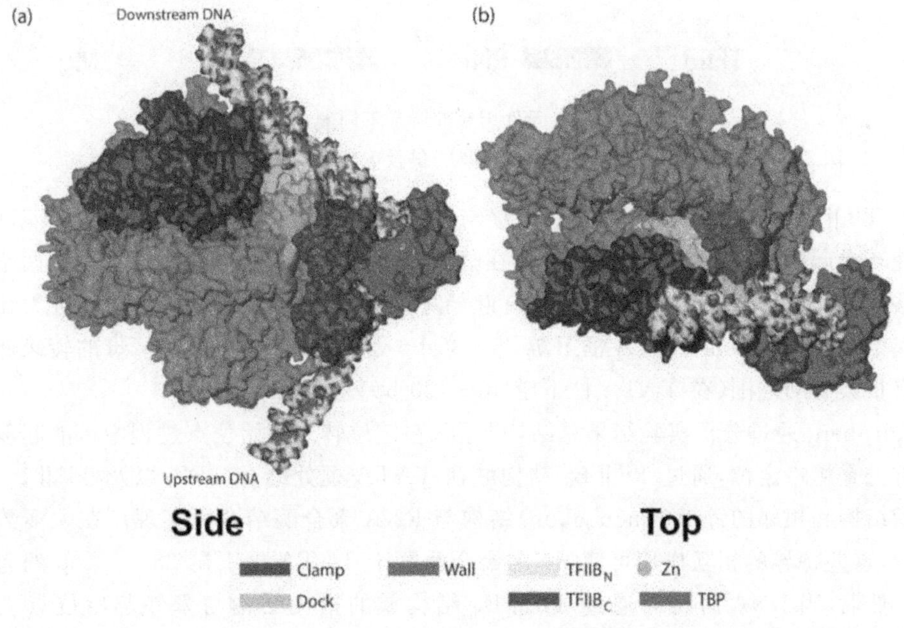


(a)和(b)显示Kornberg从两个独立复合物的结构所推测的结构。
一个是TFⅡ$B_C$-TBP-TATA框DNA，另一个是RNA聚合酶Ⅱ-TFⅡB，
显示两种不同视角的结构。底部的图标用以区分蛋白质及结构域。

图5-14 TFⅡB-TBP-聚合酶Ⅱ-DNA复合体的结构模型

早期研究表明，TFⅡ$B_N$ 的突变可以改变转录起始位点，而目前的研究为其提供了理论依据：特别是已知在 62～66 位残基处的突变可改变起始位点，这些氨基酸位于 TFⅡ$B_N$ 的指形域的一侧，与 DNA 模板链上的－6～－8 位碱基（起始位点为＋1）接触（图 5-15 的左上部）。而且，指尖靠近 RNA 聚合酶的活性中心，并位于启动子中的起始位点（围绕起始位点）附近。

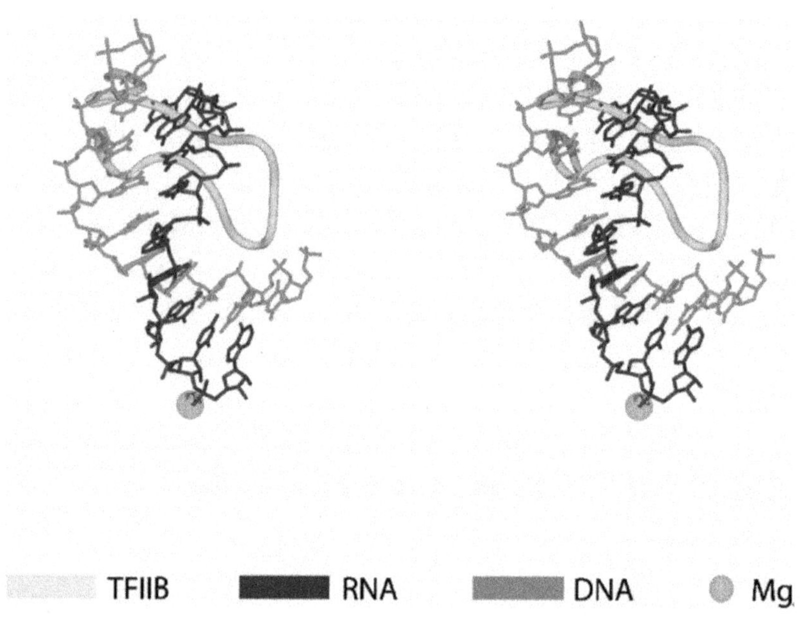


结构中的各元件用底部所示不同颜色区分

图 5-15　TFⅡ$B_N$ 的 B 指结构、DNA 模板链及 RNA 产物相互作用的立体结构

人 TFⅡB 的指尖结构含有两个能够与 DNA 起始位点很好结合的碱性残基（赖氨酸），使转录起始精确地定位于此处。但在酵母 TFⅡB 中，这两个碱性氨基酸被两个酸性氨基酸取代，且酵母 DNA 启动子中没有起始序列。这些事实可能有助于分析为什么人类前起始复合物能够在 TATA 框下游 25～30 bp 处成功起始转录，而酵母的转录起始位点则有很大变动范围（在 TATA 框下游 40～120 bp）。

Kornberg 通过分析实验结果总结，TFⅡB 在定位转录起始位点过程中可能起双重作用。首先是粗略定位，通过 TFⅡ$B_C$ 结构域在 TATA 框处结合 TBP，以及 TFⅡ$B_N$ 结构域的指结构和相邻的锌带（zinc ribbon）结构与 RNA 聚合酶结合而实现。在大多数真核生物中，这些特异的相互作用可使 RNA 聚合酶置于 TATA 框下游 25～30 bp 的起始位点上。然后，当 DNA 解旋时通过 TFⅡ$B_N$ 结构域的指尖结构与紧邻起始位点上游的 DNA 作用而实现精确定位。值得注意的是，TFⅡB 不仅决定转录的起始位点，也决定转录的方向。这是因为它与启动子的非对称性结合，以其 C 端结构域结合 DNA 启动子的上游，其 N 端结构域结合启动子下游，由此造成了前起始复合物的不对称性，进而确立了转录的方向。

以下实验结果显示了 TFⅡB 和 RNA 聚合酶Ⅱ在确定转录起始位点中的重要性。在出芽酵母（*Saccharomyces cerevisiae*）中，转录起始位点在 TATA 框下游 40～120 bp 处，而在裂殖酵母(*Saccharomyces pombe*)中,此位点则位于TATA框下游25～30 bp处。但是,如果将裂殖酵母的TFⅡB和RNA聚合酶Ⅱ与来自出芽酵母的其他通用转录因子混合时,转录就发生在TATA框下游的25～30 bp处。相反的实验也证明,将出芽酵母的TFⅡB和RNA聚合酶Ⅱ与来自裂殖酵母的其他通用转录因子混合时,转录起始在TATA框下游的40～120 bp处。

相似的现象在古菌中也被观察到。古菌中转录需要一个由多亚基RNA聚合酶、古菌TBP及与真核生物TFⅡB同源的转录因子B(TFB)构成的基本转录装置。2000年,Stephen Bell和Stephen Jackson的研究显示,在古菌*Sulfolobus acidocaldarius*中的转录起始位点,相对于TATA框的位置由RNA聚合酶和TFB决定。

4)TFⅡH的结构与功能

TFⅡH是已知的最后一个结合到前起始复合物中的转录因子。在转录起始过程中,它可能具有两个主要功能,一是使RNA聚合酶Ⅱ的CTD(羰基端结构域)磷酸化修饰,另一个是使转录起始位点的DNA解螺旋形成"转录泡"。

RNA聚合酶通常以两种生理形式存在:未磷酸化的ⅡA和磷酸化形式的ⅡO(在CTD中有大量磷酸化的氨基酸)。未磷酸化的RNA聚合酶ⅡA,参与前起始复合物的形成;而磷酸化的聚合酶ⅡO催化RNA链的延伸。磷酸化引起的功能差异提示,RNA聚合酶磷酸化修饰发生在结合前起始复合物与启动子清除两个时段之间。也就是说,RNA聚合酶的磷酸化可能是聚合酶从起始模式向延伸模式转换的信号。支持这一推测的证据是RNA聚合酶ⅡA中未磷酸化的CTD与TBP的结合比聚合酶ⅡO中磷酸化的CTD更紧密。因此,RNA聚合酶Ⅱ的CTD磷酸化可以破坏聚合酶与TBP在启动子区的结合,允许基因转录阶段进入延伸阶段。但是这一假说也受到了一定的质疑,因为有研究人员发现体外转录无需CTD磷酸化也可以发生。

为了证明RNA聚合酶Ⅱ的亚基在激酶反应中不能发挥作用,Reinberg及其同事克隆了一个重组的嵌合基因,表达包括CTD、转录因子GAL4的DNA结合域和谷胱甘肽-S-转移酶的融合蛋白。结果显示,TFⅡH自身就可以使此融合蛋白的CTD区域磷酸化。因此,即使是在缺少其他RNA聚合酶Ⅱ亚基的情况下,TFⅡH也具有完全的激酶活性。

以上所有实验都是在RNA聚合酶(或聚合酶的结构域)结合DNA的条件下进行的。为证实其重要性,Reinberg研究小组用RNA聚合酶Ⅱ与不同的DNA进行了激酶分析。所用DNA为有完整启动子,或仅有TATA框,或仅有起始位点区,或完全没有启动子。结果表明,当TATA框或起始位点存在时,TFⅡH对磷酸化修饰具有很强的促进作用,但在人工合成的DNA poly(dI-dC),不含TATA框或起始位点存在时,其激酶的作用非常弱。因此,只有当RNA聚合酶Ⅱ与DNA结合时,TFⅡH才能使聚合酶磷酸化。目前已知,TFⅡH的激酶活性是由其两个亚基提供的。

通常,TFⅡH的蛋白激酶在RNA聚合酶Ⅱ的CTD亚基的Ser2和Ser5位添加磷酸基团,并且有时Ser7也被磷酸化修饰。在启动子附近的转录复合物中的CTD上的Ser5被磷酸化,而当转录起始后进一步向前延伸时,磷酸化位点迁移至Ser2;即在转录中当Ser5去磷酸化时Ser2被磷酸化。其中,特别值得注意的是,TFⅡH中的蛋白激酶只能使

CTD 上的 Ser5 磷酸化，而另一个酵母中被称为 CTDK-1 的激酶及后生动物（metazoan）中的 CDK9 激酶能使 Ser2 磷酸化。有时在转录的延伸过程中，CTD 的 Ser2 的磷酸化也会被去除，引起 RNA 聚合酶的转录暂停。要使基因转录延伸继续，CTD 的 Ser2 必须重新磷酸化。

从结构上或功能上分析，TFⅡH 都属于复合蛋白。TFⅡH 共含有 9 个亚基，可分解成两个复合物，其中 4 个亚基组成蛋白激酶复合物，另外 5 个亚基组成核心 TFⅡH 复合物，这一核心复合物具有两种独立的 DNA 解旋酶和 ATP 酶（helicase/ATPase）活性。其中一个酶活性在 TFⅡH 复合物的最大亚基中，对酵母的生存至关重要，当其基因（RAD25）突变时，酵母细胞不能存活。Satya Prakash 研究小组证明，这种 DNA 解旋酶活性对于转录非常重要。它们在酵母细胞中过量表达了 RAD25 蛋白，纯化均一后证实此产物具有解旋酶活性。该研究小组用部分双链 DNA 作为底物，该底物由一条 $^{32}$P 标记合成的 41 bp DNA 单链与单链 M13 DNA 杂交形成，如图 5-16(a)所示。在有或无添加 ATP 的情况下，将 RAD25 和底物混合孵育后进行电泳。解旋酶可以从较长的互补链上释放出具有较高电泳迁移率的标记 DNA 片段，条带在凝胶下部显示。正如图 5-16(b)中所示，RAD25 具有 ATP 依赖的解旋酶活性。

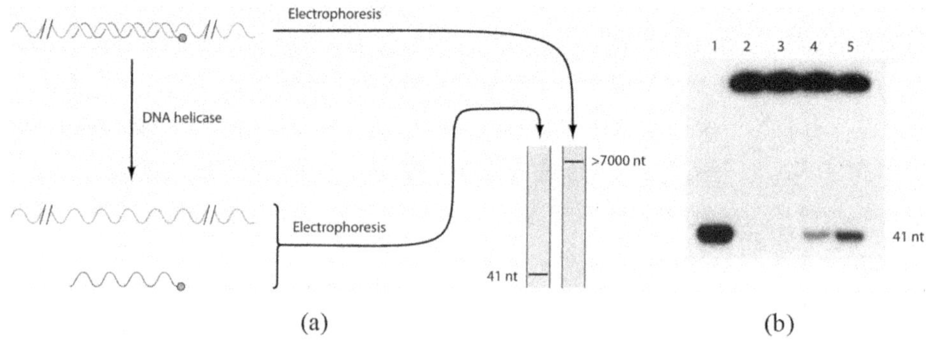


(a)解旋酶实验。标记的 41 bpDNA 片段（带有圆点的片段）与较长的未标记单链 M13 噬菌体 DNA 杂交，DNA 解旋酶可解开这一短螺旋，从较大的互补链中释放标记的 41 bpDNA。通过电泳可区别短 DNA 与其互补链。(b)解旋酶实验结果。泳道 1，热变性底物。泳道 2，未加蛋白。冰道 3，20 ng 的不含 ATP 的 RAD25。泳道 4，10 ng 的加有 ATP 的 RAD25。泳道 5，20 ng 加有 ATP 的 RAD25。

图 5-16　TFⅡH 的解旋酶活性（Nature 369，16 June 1994，p. 579）

该研究小组进一步分析了 TFⅡE 和 TFⅡH 对基因转录延伸过程的影响。通过剔除第 17 位核苷酸，它们在超螺旋 DNA 模板上起始（没有 TFⅡE 和 TFⅡH）了转录并进行到第 16 位核苷酸（用超螺旋 DNA 模板是因为在这种模板上体外转录不需要 TFⅡE 和 TFⅡH，也不需要 ATP）。然后用限制酶进行酶切使 DNA 模板线性化，再加入 ATP，在有或无添加 THⅡE 和 TFⅡH 情况下继续转录。结果发现，TFⅡE 和 TFⅡH 的有或无对转录的延伸无任何影响。根据以上实验结果，Goodrich 和 Tjian 认为，由于 TFⅡE 和 TFⅡH 对起始和延伸都无影响，TFⅡE 和 TFⅡH 在启动子清理这一步应该是必需的。图 5-17 总结了以上情况，图(a)显示 TBP（或 TFⅡD）与 TFⅡB、TFⅡF 和 RNA 聚合酶Ⅱ共同在启动子处形成最小起始复合体。TFⅡH、TFⅡE、ATP 的添加使 DNA 在转录起始区解链，RNA 聚合酶最小亚基的 CTD 产生部分磷酸化修饰。这些过程导致中断转录物的产生，RNA 聚合酶随后在＋10～＋12 bp 位置停止转录。(b)随着 ATP 的添加为反应提供了能量，TFⅡH 的 DNA 解旋酶引起 DNA 进一步的解螺旋，转录泡随之增大。这一过程释放了 RNA 聚合酶并使其跨过启动子区。(c)显示了随着聚合酶 CTD 在 TEFb 作用下进一步磷酸化及 NTP 的不断添加，延伸复合物继续使 RNA 链延长，TBP 和 TFⅡB 仍然留在启动子上。

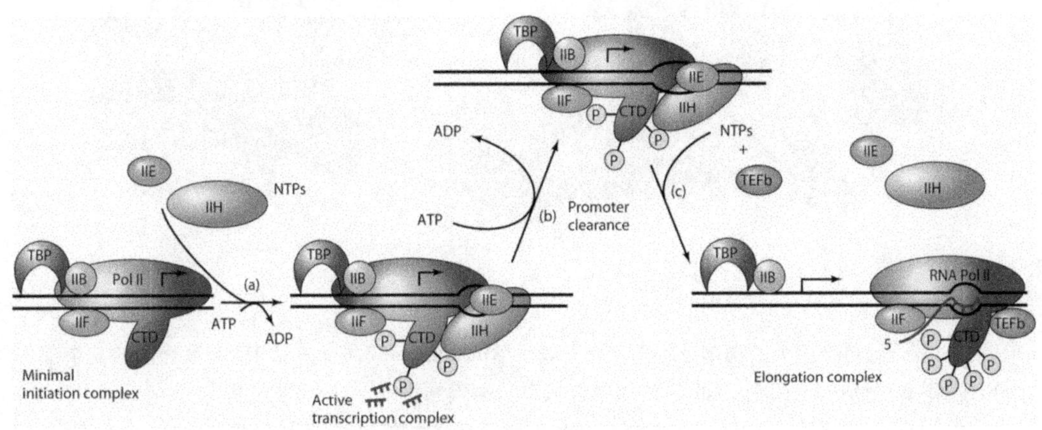


图 5-17　通用转录因子参与转录起始、启动子清理、延伸过程的模型(Cell,1994,77:145-156)

有研究表明，TFⅡH 解旋酶负责转录延伸过程中形成转录泡，但此处的交联实验则表明 TFⅡH 不直接使转录泡的 DNA 解旋。那么 TFⅡH 如何产生转录泡呢？Kim 及其同事认为解旋酶可以像分子“扳手”那样使下游 DNA 解旋。因为 TFⅡD 和 TFⅡB(或其他蛋白质)紧紧地结合在转录泡上游的 DNA 链上，而且加入 ATP 仍不能解除蛋白复合物与 DNA 的相互作用；转录泡下游 DNA 的解旋将在上下游之间产生一种张力，从而打开转录泡的 DNA 双螺旋。这使聚合酶起始转录并向下游移动 10～12 bp，但以前的研究表明 RNA 聚合酶将在此处停顿，等待 TFⅡH 的结合并协同作用，使下游 DNA 进一步扭曲以加长转录泡，最终释放停止的 RNA 聚合酶从而使启动子得以清理。

Kornberg 及其同事根据以前对 TFⅡE 聚合酶Ⅱ、TFⅡF-聚合酶Ⅱ及 TFⅡE-TFⅡH 复合物的结构研究，模拟了除 TFⅡA 以外的所有通用转录因子在前起始复合物中的位置(图 5-18)。TFⅡF 第二大亚基(Tfg2)与细菌 σ 因子同源，而且在启动子上 Tfg2 与 σ 因子几乎处于一致的位置。图中所示为，Tfg2 与大肠杆菌 σ 因子的 2、3 区同源的两个域已标记为“2”和“3”。TFⅡE 位于 RNA 聚合酶活性中心下游 25 bp 处，以履行召集 TFⅡH 的职责。而 TFⅡH 则通过直接或间接诱导反向超螺旋行使其作为“分子扳手”的 DNA 解旋酶功能，以打开启动子区的双螺旋 DNA 链。

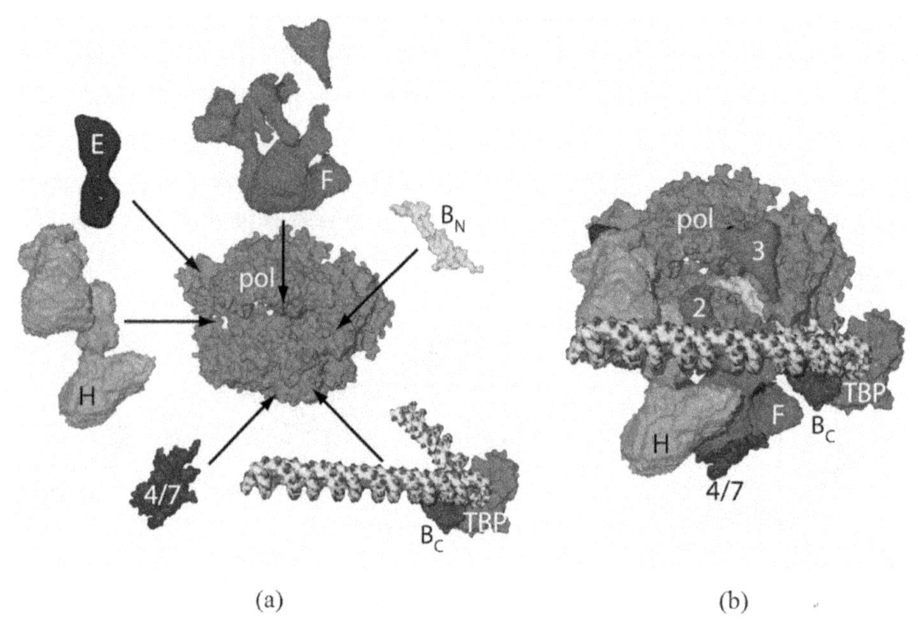


(a)复合物单个组分的局部分解图:(4/7)表示 Rpb4 和 Rpb7,Pol 表示 RNA 聚合酶的其余部分,$B_N$ 和 $B_C$ 分别表示 TFⅡB 的 N 末端结构域和 C 末端结构域。(b)完整结构。

图 5-18　Ⅱ类前起始复合物模型

5)RNA 聚合酶Ⅱ全酶

前面我们讨论Ⅱ类启动子上前起始复合物的组装都是按一次一个蛋白质进行的,这种情况可能确实存在。但也有证据表明,Ⅱ类转录前起始复合物可以通过将预先形成的 RNA 聚合酶Ⅱ全酶(RNA polymerase Ⅱ holoenzyme)结合到启动子上而组装。全酶包括 RNA 聚合酶、一套通用转录因子和其他一些调控蛋白质。

1994 年,Roger Kornberg 和 Richard Young 实验室的研究提供了有关全酶概念的实验证据。两个研究小组分别从酵母细胞中分离到一种复合物,它含有 RNA 聚合酶Ⅱ和其他多种蛋白质。Kornberg 及其同事用抗全酶某个组分的抗体直接对整个复合物进行免疫共沉淀,获得了 RNA 聚合酶Ⅱ的亚基、TFⅡF 的亚基和其他 17 种多肽组分。再通过加入 TBP、TFⅡB、TFⅡE 和 TFⅡH,就可以完全恢复这个全酶的转录活性,此时 TFⅡF 已经是全酶复合体的一部分。

Anthony Koleske 和 Young 用一系列纯化步骤从酵母中分离纯化出含有 RNA 聚合酶Ⅱ、TFⅡB、TFⅡF 和 TFⅡH 的全酶,只需要添加 TFⅡE 和 TBP 就能在体外进行精确转录,因此该实验中分离的全酶比 Kornberg 等分离的全酶含有更多的通用转录因子。Koleske 和 Young 在全酶中鉴定出一些具有调控作用的中介物多肽并称其为 SRB (suppressor of RNA polymerase B)蛋白。SRB 蛋白是由 Young 及其同事在遗传筛选中发现的,实验表明 SRB 蛋白对酵母最佳转录激活是必需的。此外,哺乳动物包括人的全酶也已经分离出来了。

6)延伸因子

真核生物转录调控主要发生在转录起始阶段,但至少在对Ⅱ类基因转录延伸过程中也实施了一些调控,其中涉及克服转录暂停和转录停滞的措施。RNA聚合酶的一个普遍特征是它并不以均一的速度转录,而是有转录暂停现象,有时在重新开始转录前要经历很长的暂停时间。这些暂停倾向于在DNA特定的暂停位点发生,因为这些位点的DNA序列使RNA-DNA杂合双链变得不稳定,并导致RNA聚合酶后退,使新合成RNA的3′端被排入RNA聚合酶的一个孔中。如果后退仅限于几个核苷酸,则聚合酶可自行恢复转录;但如果后退距离过长,RNA聚合酶就需要辅助性的TFⅡS因子来帮助其恢复转录。后者是一种转录暂停的更严重状态,被称为转录停滞(transcription arrest),而不是转录暂停(transcription pause)。

1987年,Reinberg和Roeder在HeLa细胞中发现了一个转录因子,并命名为TFⅡS。TFⅡS能显著促进体外转录的延伸,该因子和ⅡS同源。Reinberg和Roeder在预先起始的复合物上对TFⅡS的活性进行了检测,他们把RNA聚合酶Ⅱ、DNA模板和核苷酸一起孵育进行转录的起始,然后加入肝素(肝素是如同DNA一样可以与RNA聚合酶结合的多聚阴离子)让其结合游离的RNA聚合酶,以阻断新的转录起始,最后加入THⅡS或缓冲液来测定标记GMP掺入RNA的速率,结果显示TFⅡS显著增强了RNA合成的速度。

1993年,Daguang wang和Diane Hawley发现RNA聚合酶Ⅱ具有内在的弱RNase活性,且能被TFⅡS激活。由此,提出了TFⅡS重起转录停滞的假说,停滞的RNA聚合酶后退太远致使新合成的RNA 3′端离开酶的活性中心,并通过孔和漏斗排出RNA聚合酶;在没有3′端核苷酸加入的情况下,RNA聚合酶停止工作;TFⅡS的存在进一步激活了RNA聚合酶Ⅱ的RNase活性,切去新生RNA被排出的部分序列,再于酶的活性中心产生了一个新的3′端核苷酸序列。

### (2)Ⅰ类转录因子

在rRNA启动子上的前起始复合物比前面讨论的聚合酶Ⅱ的要简单得多。此复合物中除RNA聚合酶Ⅰ之外,只包含两个转录因子,一个为核心结合因子(core-binding factor),在人类细胞中称为SL1,在其他一些生物中称为TIF-IB;另一个是UPE结合因子,在哺乳动物细胞中称为上游结合因子(upstream-binding factor,UBF),在酵母中称为上游激活因子(upstream activating factor,UAF)。SLl(或TIF-IB)和RNA聚合酶Ⅰ是基本转录激活所必需的。

UBF(或UAF)是结合UPE的组装因子,通过使DNA剧烈弯曲帮助SLl结合到核心启动子上,因此也称构架转录因子(architectural transcription factor)。人和非洲爪蟾在转录Ⅰ类基因时绝对依赖UBF,而其他生物,包括酵母、大鼠、小鼠,在没有组装因子时也可以进行部分转录。还有一些物种,如卡氏棘阿米巴变形虫(*Acanthamoeba castellanii*)的Ⅰ类基因转录几乎不依赖组装因子。

1)核心结合因子

1985 年,Tjian 及其同事在将 HeLa 细胞提取物分离成两种功能成分的过程中发现了 SL1 因子。其中一种成分有 RNA 聚合酶Ⅰ活性,但是不能在体外对人 rRNA 基因精确地起始转录;另外一种成分自身没有 RNA 聚合酶活性,但可以指导前一组分在人 rRNA 模板上精确地起始转录。而且,转录因子 SL1 表现出物种特异性,即它可以区别人和小鼠的 rRNA 启动子。但是在以上实验中使用的都是低纯度的 RNA 聚合酶Ⅰ和 SL1 因子。后续实验通过高纯度成分进行的深入研究显示,人类 SL1 因子不能独立激活人 RNA 聚合酶Ⅰ与Ⅰ类基因启动子结合并起始转录,它需要 UBF 帮助才具有激活转录的作用。与此不同的是,阿米巴变形虫的Ⅰ类基因启动子在无 UBF 时也可以转录。

无 UBF 时,用核心结合因子 SL1 进行的人源Ⅰ类基因的转录效果很差,因此不宜用人类系统研究核心结合因子募集 RNA 聚合酶Ⅰ结合启动子的功能。而卡氏棘阿米巴变形虫是较好的选择,因为它对 UPE 结合蛋白几乎没有依赖性,可以单独研究核心结合因子。Marvin Paul 和 Robert White 研究了该系统,发现核心结合因子(TIF-IB)可以召集 RNA 聚合酶结合到启动子上并在合适的位置激活转录起始,而 RNA 聚合酶结合 DNA 的实际序列好像与此无关。

Paul 及其同事在 TIF-IB 结合位点和正常转录起始位点间插入或删除不同数目的碱基,制备了突变体模板。研究发现,在 TIF-IB 结合位点和正常转录起始位点之间增加或删除多至 5 个碱基时转录仍能发生,并且转录起始位点随着增加或删除的碱基数而向上游或下游移动,当增加或删除多于 5 个碱基时转录被阻断。于是 Paul 及其同事得出结论:TIF-IB 与 RNA 聚合酶Ⅰ作用并将其定位于下游若干个碱基处起始转录。

实验显示 RNA 聚合酶结合 DNA 的准确序列并不重要,因为在各突变 DNA 中它们不尽相同。为了确定 RNA 聚合酶在各突变体中结合 DNA 的位点与 TIF-IB 结合位点之间是否有相等间距,Paul 及其同事用野生型和不同突变体对 DNA 模板进行了 DNase 足迹实验。结果表明,不同 DNA 模板的足迹基本无区别,这也更加证实了无论 DNA 序列如何,RNA 聚合酶都以相同的位距结合 DNA 的结论。这与 TIF-IB 结合靶 DNA 并通过直接的蛋白-蛋白相互作用定位 RNA 聚合酶Ⅰ的假设是一致的。RNA 聚合酶看起来与 DNA 接触,因为它扩展了 TIF-IB 形成的足迹,但这种接触是非特异性的。

2)UPE 结合因子

人源 SL1 因子本身不能直接结合到 rRNA 启动子上,但经过部分纯化的 RNA 聚合酶Ⅰ制备物中的 SL1 却能够做到。于是,Tjian 及其同事开始从中寻找 DNA 结合蛋白,终于在 1988 年获得了人 UBF 的纯化产物。纯化的 UBF 由 97 kD 和 94 kD 两个多肽亚基构成,其中,97 kD 多肽自身就具有 UBF 活性。用高纯度 UBF 进行足迹分析发现,它与部分纯化的 RNA 聚合酶Ⅰ制备物在启动子上的行为很相似,即在核心元件和 UPE 的部分区段(称为位点 A)上具有相同的足迹,而 SL1 因子可加强此足迹,并使它扩展至 UPE 的另一部分(称为位点 B)。因此,可以判断以前实验中与启动子结合的是 UBF 而不是 RNA 聚合酶Ⅰ,而 SL1 因子使结合变得更容易。但该研究没有证实 SL1 因子在含 UBF 的复合物中是否与 DNA 接触,或者仅改变了 UBF 的构象使其与延伸至 B 位点接触更长的 DNA。基于这一结果和其他同类实验,可以认为 SL1 本身不能结合 DNA,而

UBF 可以。但是 SL1 和 UBF 是协同性地结合，并由此产生比其各自单独结合更广的结合效应。

Tjian 及其同事还发现 UBF 能够促进 rRNA 基因的体外转录。图 5-19 是利用人野生型 rRNA 启动子和突变体启动子（△5′-57，缺失 UPE），在不同 SLl 因子和 UBF 组合条件下进行转录的结果。所有反应中都有 RNA 聚合酶Ⅰ，通过 S1 作图技术分析转录效率；泳道 1 含 UBF 但无 SL1 因子，显示两个 DNA 模板都不转录，再次证明 SL1 因子是转录绝对必需的；泳道 2 含 SL1 因子但无 UBF，显示本底水平的转录，再次证明 SL1 自身能够激活基因基本的转录。如图 5-19 的下半幅图显示，无 UPE 模板的转录水平不如野生型高，表明 UBF 需通过 UPE 来激活转录；泳道 3 和 4 表明，在有 SL1 因子和渐增 UBF 的条件下两个模板的转录水平明显加强，特别是含 UPE 的模板。于是，研究人员得出结论：UBE 作为转录因子能够结合到 UPE 上激活转录，但无 UPE 时，UBF 也可能结合到核心元件上发挥作用。

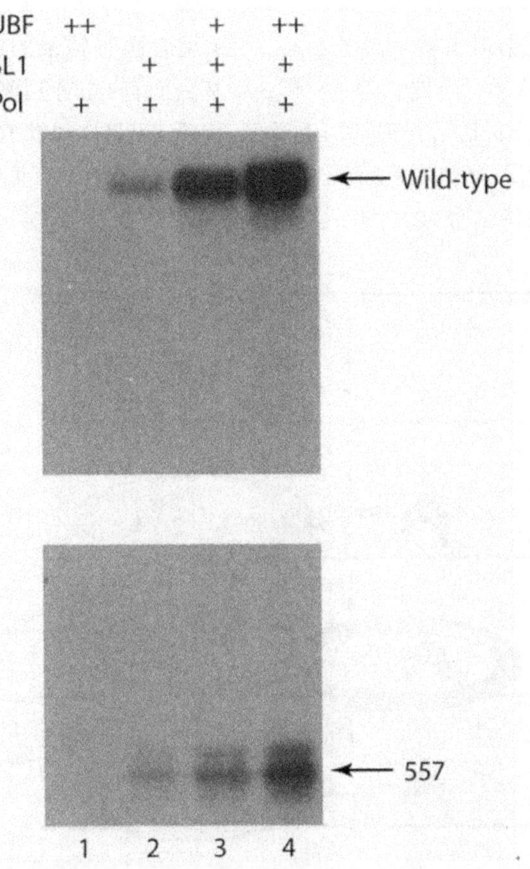


在 RNA 聚合酶Ⅰ与不同 UBF SLl 组合的条件下，S1 分析法测定人 rRNA 启动子的转录活性。上图显示野生型启动子的转录，下图显示无 UPE 功能的突变启动子（△5′-57）的转录。SLl 对本底转录是必需的，而 UBF 对两种模板的转录均起增强作用

图 5-19　SL1 和 UBF 对 rRNA 启动子的转录激活（Science，1988，241，p1194）

3) Ⅲ类转录因子

①TFⅢA　TFⅢA是由*GTF3A*基因编码的转录因子。1980年，Roeder及其同事发现了可以结合到5S rRNA基因内部启动子并激活其转录的蛋白因子，并将其命名为TFⅢA。进一步研究表明，在tRNA基因转录是不需要TFⅢA的，而TFⅢA只有在5S rRNA基因转录中是必需的。TFⅢA是第一个被发现的真核转录因子，它是DNA结合蛋白家族中所谓锌指(zinc finger)大类家族的第一个成员。锌指的实质是一个粗略指形蛋白功能域，含有结合在一个锌离子周围的4个氨基酸。在TFⅢA和其他典型的锌指蛋白中，结构域中的4个氨基酸由2个半胱氨酸和2个组氨酸组成，而其他一些类指形蛋白的结构域中只有4个半胱氨酸，没有组氨酸。

②TFⅢB和TFⅢC　TFⅢB和TFⅢC是所有典型RNA聚合酶Ⅲ基因转录所必需的，两因子间的活性彼此依赖。1989年，Peter Geiduschek及其同事获得了一个粗制的转录因子制备物，它结合着tRNA基因的内部启动子及其上游区域。随后，进一步纯化得到了TFⅢB和TFⅢC。

根据目前实验证据提出转录因子参与RNA聚合酶Ⅲ转录的作用模式(图5-20)。首先，TFⅢC(或TFⅢA和TFⅢC，对5S rRNA基因而言)结合到基因内部启动子上，接着这些组装因子帮助TFⅢB结合到基因上游区，而后TFⅢB帮助RNA聚合酶Ⅲ结合到转录起始位点，最后RNA聚合酶开始转录基因。在此过程中，TFⅢC(或A和C)可能被除去，但TFⅢB始终保持结合，以促进后续转录。

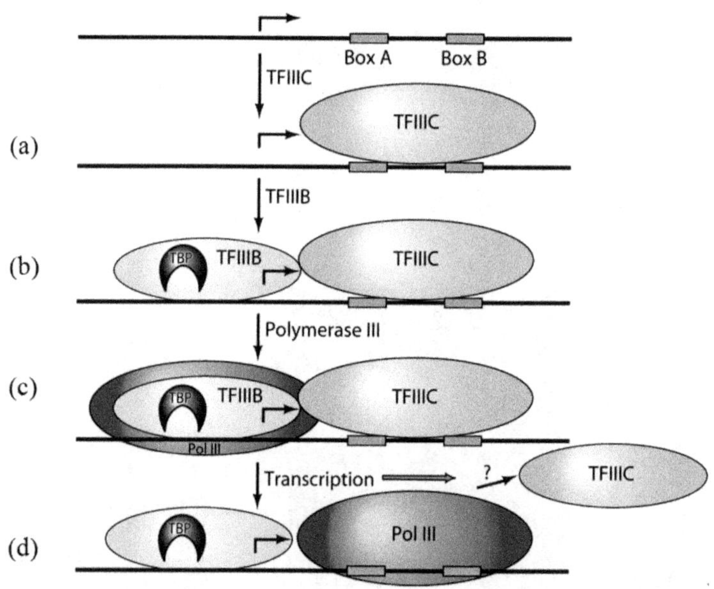


(a)TFⅢC与内部启动子的A框、B框结合。(b)TFⅢC促使TFⅢB以其TBP结合转录起始位点的上游区。(c)TFⅢB促使聚合酶Ⅲ结合到起始位点，准备起始转录。(d)转录开始，聚合酶向右移动，产生RNA。(引自李钰，2014)

图5-20　经典聚合酶Ⅲ启动子(tRNA基因)上前起始复合物的组装和起始转录的假设模式

TFⅢC是一种分子量很大的蛋白质，可以结合tRNA基因的A框和B框，这已由DNase足迹和蛋白质DNA交联实验证实。有些tRNA基因在A框和B框之间存在内含子，但TFⅢC仍能结合到这两个启动子元件上，它是如何做到的呢？考虑TFⅢC是已知转录因子中分子量最大且结构最复杂的，可能有助于理解这一问题。酵母TFⅢC含6个亚基，分子质量约为600 kD。电镜研究进一步表明TFⅢC具有哑铃形结构，两个球状区域被一个可伸缩的接头区隔开，使整个蛋白能跨越相当长的距离。

## 5.5.2　转录激活因子

虽然通用转录因子能够识别转录起始位点并指示转录方向，但它们自身只能激发很低的转录水平（本底水平的转录），而细胞中活跃表达的基因转录水平通常远远高于其本底转录。要达到所需的转录增强，真核细胞另有一类与增强子（一种DNA元件）结合的基因特异性转录因子——转录激活因子（transcription activator）。由转录激活因子产生的转录激活也使细胞对其基因表达进行调控。而转录激活因子可以通过识别和结合DNA的环腺苷酸应答元件而激活基因表达。

### (1)转录激活因子的结构特征

转录激活因子可激活也可抑制RNA聚合酶Ⅱ的转录活性。它们至少都有两个基本的功能域——DNA结合域（DNA-binding domain）和转录激活域（transcripton-activating domain）。有些激活因子还具有结合像类固醇激素这种效应分子的结合位点。以下分别讨论这三种结构－功能域的实例。需要注意的是，多数情况下蛋白质是一个有多种可能构象的动态分子，其中某些构象可能对结合其他特定的DNA序列有优势，而这种结合也能稳定这些构象。

1)DNA结合域

蛋白质结构域是指蛋白质的独立折叠单位。每种DNA结合域都有一个DNA结合模序（DNA-binding motif），是以结合特定DNA基序为特征的结构域的一部分。大多数DNA结合模体可归为如下几类：

①含锌组件（zinc-containing module）　至少有三类含锌组件具有DNA结合模体的功能，它们利用一个或多个锌离子形成合适的构象，使DNA结合模体的α螺旋能进入DNA双螺旋大沟，并结合在特定的位置上。这类含锌组件包括：锌指（zinc finger），存在于前述的TFⅢA和Spl转录因子中；锌组件，在糖皮质激素受体和其他的细胞核受体成员中发现；含2个锌离子和6个半胱氨酸组件，在酵母转录激活因子GAL4及其家族成员中发现。

②同源域（homeodomain，HD）　含有约60个氨基酸，与原核生物蛋白中（如λ噬菌体阻遏物）螺旋转角——螺旋的DNA结合域在结构和功能上类似。HD最早发现于调控果蝇发育的激活因子同源异型框蛋白（homeobox protein），广泛存在于各类激活因子中。

③bZIP和bHLH模体　CCAAT框/增强子结合蛋白（C/EBP）、MyoD蛋白（肌细胞

定向分化调控因子)及其他真核细胞转录激活因子均有一个强碱性 DNA 结合模体,与1~2 个蛋白质二聚化结构域(protein dimerization motif)连接,该结构域叫作亮氨酸拉链(leucine zipper)和螺旋-环-螺旋模体(helix-loop-helix,HLH)。

事实上,近年来鉴定的多种转录激活因子不能归入上述任何一类。因此,转录激活因子的功能域不限于以上三种。

2)转录激活域

大多数激活因子具有一种转录激活域,有些具有几种激活域。目前发现的转录激活域可归为如下三种类型:

①酸性域(acidic domain) 酵母转录激活因子 GAL4 是典型代表。在由 49 个氨基酸组成的激活域中,有 11 个氨基酸为酸性氨基酸。

②富谷氨酰胺域(glutamine-rich domain) Spl 转录激活因子有两个这样的功能域,谷氨酰胺占该区氨基酸总数的 25%左右。其中一个功能域在 143 个氨基酸肽段中含有 39 个谷氨酰胺。此外,Spl 还有两个转录激活域不能列入这三类的任何一种。

③富脯氨酸域(proline-rich domain) 如转录激活因子 CTF,在 84 个氨基酸组成的功能域中有 19 个是脯氨酸。

3)转录激活因子功能域的独立性

我们已经看到了几种激活因子的 DNA 结合域和转录激活域。蛋白质的这些结构域彼此独立折叠,形成特定的三维结构,独立行使功能。为了揭示其独立性,Roger Brent 和 Mark Ptashne 利用一种蛋白质的 DNA 结合域和另一种蛋白质的转录激活域构建了一种嵌合体(chimeric)。该杂合蛋白仍能作为激活因子起作用,其特异性由 DNA 结合域决定。

4)转录激活因子 DNA 结合基序的结构

与转录激活域相比,DNA 结合域的结构研究得较清楚。对各种转录因子的序列进行比较分析,可发现其基序(motif)的共同点是都与 DNA 结合。基序通常很短,仅占蛋白质结构的一小部分。X 射线晶体衍射实验显示了这种结构与靶基因之间的相互作用。此外,类似的结构分析实验已反复证明,二聚化结构域是促使蛋白质单体之间相互作用并最终形成功能性二聚体甚至四聚体的主要部分。这一点非常重要,因为 DNA 结合蛋白大多不能以单体形式结合靶基因序列,它们至少要形成二聚体才能发挥作用。

5)锌指结构

1985 年,Aaron Klug 注意到通用转录因子 TFⅢA 结构具有周期性的重复。这些保守氨基酸的小基团与锌离子结合形成类似手指状的 DNA 结合结构域。由 30 个氨基酸残基组成的相对独立的结构域串联重复单元在蛋白质中重复了 9 次,每个重复序列由一对空间上彼此靠近的半胱氨酸紧随 12 个其他氨基酸,后接一对空间上彼此靠近的组氨酸构成。

①锌指结构的发现 最初,Michael Pique 和 Peter Wright 用核磁共振波谱确定非洲爪蟾的 Xfin 蛋白(一些Ⅱ类启动子的激活因子)的锌指结构。他们发现图 5-21 中描述的并不像指形,或者说只是"一根粗短的手指"。他们还发现许多不同的指形蛋白具有相同构型却结合不同的特定 DNA 靶序列,因此认为此类指形结构自身并不能决定 DNA 结合的特异性。这样只能是该指形结构或相邻区域的精确氨基酸序列决定了 DNA 结合序列

的特异性。Xfin锌指结构的一个α螺旋(图5-21的左侧)包含几个碱性氨基酸,它们看起来都位于与DNA接触的一侧。估计α螺旋结构中的这些氨基酸和其他氨基酸共同决定了该蛋白质的DNA结合特异性。

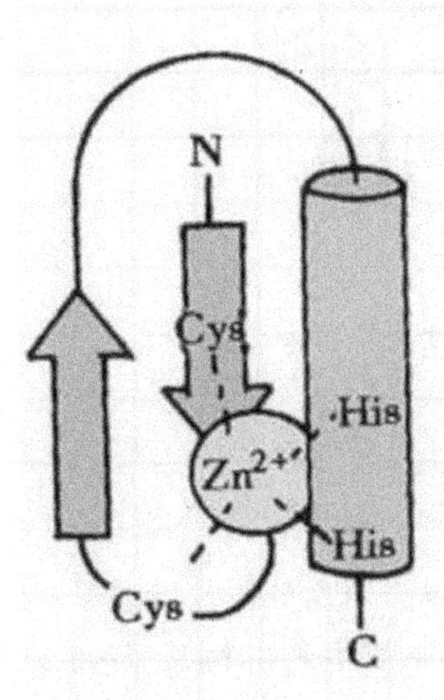


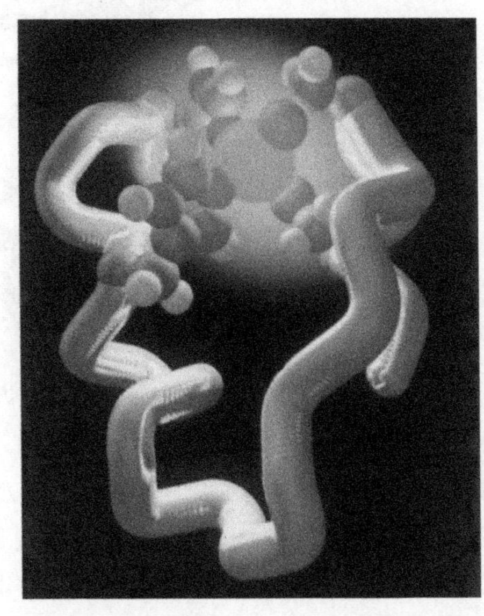

图5-21　非洲爪蟾Xfin蛋白的一个锌指的三维立体结构

Carl Pabo所在研究团队用X射线晶体衍射实验获得了DNA和小鼠蛋白Zif268(TFⅢA类锌指蛋白的一个成员)复合物的结构。小鼠蛋白Zif268被称为"立早蛋白(immediate early protein,IEGs)",指静止期细胞进入分裂期时被最早激活的基因之一,后指受到一系列外界刺激后迅速并且短暂激活的基因,这些基因的激活不需要任何新蛋白的合成。立早蛋白参与很多细胞生物学过程,包括调控细胞生长、细胞分化信号转导,以及调控其他重要的细胞过程。立早基因的表达产物主要包括转录因子(transcription factor),DNA结合蛋白(DNA binding protein)、分泌蛋白、细胞骨架蛋白以及受体的亚单位。表达的产物还可以作为第三信使,跨核膜向胞浆内传导。第三信使受磷酸化修饰后,最终活化晚期反应基因并导致细胞增生或核型变化。

小鼠蛋白Zif268,也称EGR1(early growth response protein 1),作为转录因子发挥作用。Zif268有三个相邻的锌指结构,均嵌入DNA双螺旋的大沟中。中间的锌离子(图5-21中的球样结构)分别和α螺旋内部的一对组氨酸及β折叠中的一对半胱氨酸在空间形成对等构形。三个指形结构几乎一致。

②锌指结构与DNA的相互作用　锌指结构如何与DNA靶序列相互作用呢?如图5-22显示Zif268的三个锌指均与DNA双螺旋大沟接触,3个指呈"C"形弯曲,与DNA双螺旋的凹槽匹配。所有指都以相同角度靠近DNA,故蛋白DNA接触的几何形状极为相似。每个锌指结构与DNA的结合依赖于α螺旋内氨基酸与DNA大沟碱基间的直接相互作用。

立体柱状结构代表 α 螺旋,带状结构表示 β 折叠

图 5-22　Zif268 的三个锌指结构呈弯曲排列嵌入 DNA 大沟中

③与其他 DNA 结合蛋白的比较　对许多 DNA 结合蛋白的研究发现了一致的规律,即它们利用 α 螺旋与 DNA 大沟相互作用。我们在原核生物的螺旋-转角-螺旋(helix-turn-helix)域中看到许多诸如此类的例子,并且在真核生物也存在相似的情况。在 Zif268 的结构中,β 折叠的作用是其可能与螺旋-转角-螺旋蛋白的第一个 α 螺旋功能相同,即与 DNA 骨架相结合并帮助识别螺旋定位,从而利于与 DNA 大沟进行最佳相互作用。

6)GAL4 蛋白

GAL4 蛋白是调节酵母半乳糖代谢基因的激活因子。GAL4 应答基因包括一个 GAL4 靶位点(转录起始位点上游的增强子区),这些靶位点被称为上游激活序列(upstream activating sequence,$UAS_G$)。GAL4 以二聚体形式结合在 $UAS_G$ 上,其 DNA 结合模体位于蛋白质的前 40 个氨基酸中,二聚化模体位于第 50～第 94 位氨基酸残基之间。DNA 结合模体类似锌指,也包含锌离子和半胱氨酸残基,但其结构不同,表现在每个模体包含 6 个半胱氨酸但没有组氨酸,锌离子与半胱氨酸的比例是 1∶3。

GAL4 蛋白的具体结构特点如下:

①DNA 识别组件——DNA 结合域　二聚体 GAL4-DNA 复合体中每个单体的一端包含一个 DNA 结合域,该结构模体包含与 2 个锌离子复合的 6 个半胱氨酸,形成双金属巯基簇。每一模体均特征性地含有一个突入 DNA 双螺旋大沟的短 α 螺旋,并在该处进行特异性相互作用。每个单体的另一端是一个利于二聚化的 α 螺旋。

②复合体的模块化结构　GAL4 单体利用 α 螺旋的二聚化作用在左侧形成平行的螺旋圈。此时二聚化的 α 螺旋直指 DNA 小沟。每个单体 DNA 识别组件和二聚化组件由一个伸展的区域相连(图 5-23)。

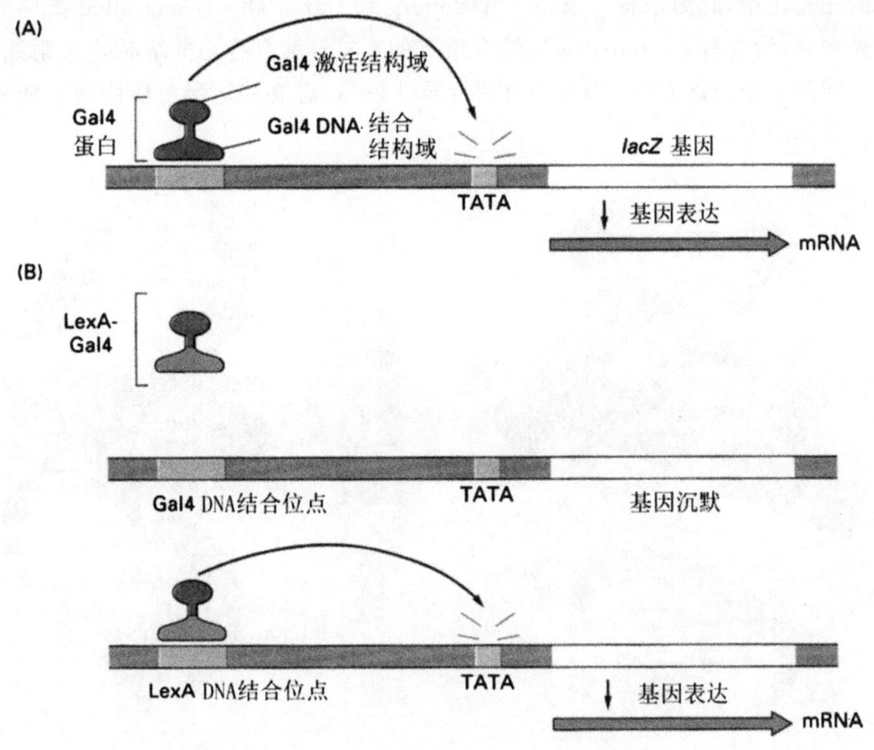


(A)Gal4 蛋白产生的基因转录正常激活；
(B)嵌合基因调节蛋白的活性需 LexA 蛋白 DNA 结合位点
图 5-23 GAL4-DNA 复合体的模块化结构

7)细胞核受体作为转录激活因子

第三类含锌组件存在于细胞核受体(nuclear receptor)中。这些蛋白质与跨膜扩散的内分泌信号分子(类固醇和其他激素分子)相互作用,形成激素受体复合物并结合到增强子或激素响应元件(hormone response element)上,激活相关基因的转录。与我们以前所了解的激活因子不同的是,这类激活因子必须结合一个效应分子(激素分子)才能起激活因子作用。这意味着它们必定有一个重要区域——激素结合域,实验结果也的确如此。此类激素有性激素、黄体酮、糖皮质激素、维生素 D、甲状腺激素和视黄酸。上述每种激素与相应受体结合,激活特定的一组基因。

8)同源异型域

同源异型域(homeodomain)是在一类激活因子大家族中发现的 DNA 结合域,因其编码基因的区域为同源异型框(homeobox)而命名。同源异型框最早发现于果蝇被称为同源基因的调控基因中。该基因的突变会引起果蝇肢体的异位畸形。例如,被称为触角足(antennapedia)的突变体,腿长在原来触角所在的位置。

同源异型域蛋白是 DNA 结合蛋白中的螺旋-转角-螺旋家族成员。每个同源异型域蛋白包括三个 α 螺旋,第二和第三螺旋形成螺旋-转角-螺旋模体,第三个螺旋具有识别螺旋的作用。但大多数同源异型域蛋白的 N 端还有一个不同于螺旋-转角-螺旋的臂,可插入 DNA 小沟。图 5-24 显示来自果蝇的一个典型同源框(由同源框基因编码)与 DNA 靶序列间的相互作用，此图来自 Tholnas Kornberg 和 Carl Pabo 对 engrailed 蛋白的研究。此同源异型域，为含有 engrailed 对应结合位点的寡核苷酸复合物共结晶的 X 射线衍射分析结果。同源异型域蛋白与 DNA 结合的特异性较弱，需要其他蛋白质协助才能高效、专一地结合目标序列。

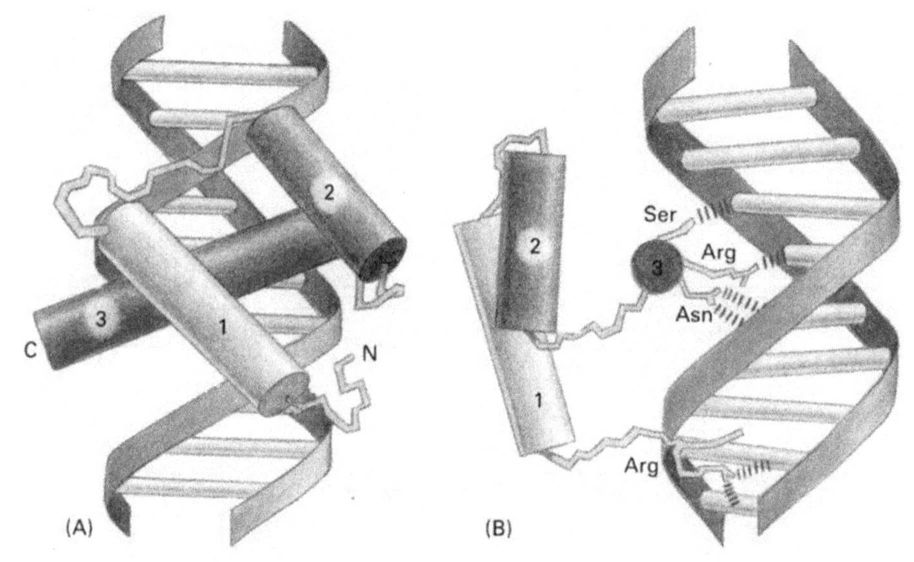


(A)同源异型域结合形成 3 个 α 螺旋；(B)识别螺旋与 DNA 大沟接触

图 5-24 同源异型域-DNA 复合体结构图

9)亮氨酸拉链和螺旋-环-螺旋域

如前述 DNA 结合域一样，亮氨酸拉链和螺旋-环-螺旋域(bZIP and bHLH domain)有两个功能：结合 DNA 和二聚化作用。其中，ZIP 和 HLH 分别指域中的亮氨酸拉链(leucine zipper)和螺旋-环-螺旋(helix-loop-helix)部分，是二聚化模体(dimerization motif)。b 指每个域中的碱性区域，它们构成 DNA 结合模体的主体。HLH 基序由一个环将一个短 α 螺旋和另一个长 α 螺旋连接起来组成。

以亮氨酸拉链为例，来解读这种二聚化/DNA 结合域的结构。该域由两个多肽链组成：α 螺旋中每隔 7 个氨基酸就出现一个亮氨酸残基(或其他疏水性氨基酸)，因此，这些氨酸残基都位于螺旋的同一侧。这种排列非常有利于两个相同蛋白质单体间的相互作用，使两个 α 螺旋成为拉链的两边。

为解析亮氨酸拉链的结构，Peter Kim 和 Tom Alber 及同事按照 CCN4(酵母中调节氨基酸代谢的转录激活因子)的 bZIP 域合成了一种人工多肽，并获得了晶体结构。X 射线衍射实验表明，亮氢酸拉链二聚化域像一个螺旋线圈(图 5-25)。由于氨基端至羧基端的方向一致[图 5-25(b)，从左至右]，从而使两个 α 螺旋形成平行结构。图 5-25(a)中的螺旋线圈直接伸出纸平面指向读者，使螺旋线圈中的超螺旋程度清晰地呈现出来。注意它与 GAL4 螺旋二聚体模体的相似之处。

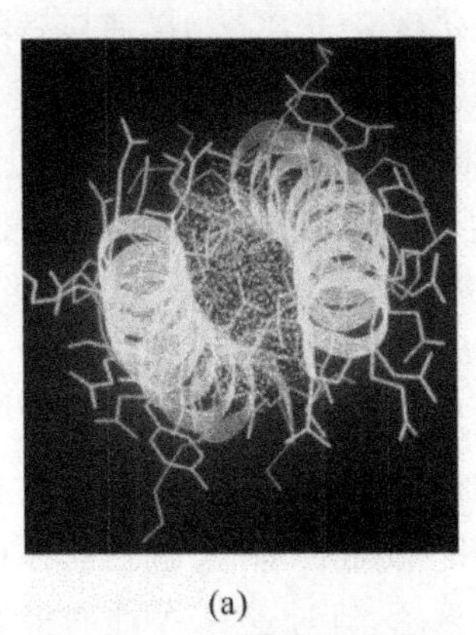

(a)

(b)

(a)转录激活因子 GCN4 中 33 个氨基酸肽段 X 射线晶体衍射实验。晶体沿拉链二聚体螺旋指向纸面外。(b)两个 α 螺旋组成二聚体的侧面。因为两个 α 螺旋的 N 端都在左边,因此组成一个平行的缠绕螺旋

图 5-25　亮氨酸拉链结构

该晶体图主要显示未结合 DNA 的拉链结构,没有提供蛋白质与 DNA 结合的任何信息。Kevin Struhl 和 Stephen Harrison 及同事对结合在 DNA 靶序列上的 GCN4 激活因子中的亮氨酸拉链域所做的 X 射线晶体衍射实验弥补了这一缺陷。图 5-26 表明,亮氨酸拉链不仅将两个单体结合在一起,还将结构域中的两个碱性区置于合适位置,恰似镊子或钳子将 DNA 紧紧抓住,其中的碱性模体嵌入 DNA 大沟内。

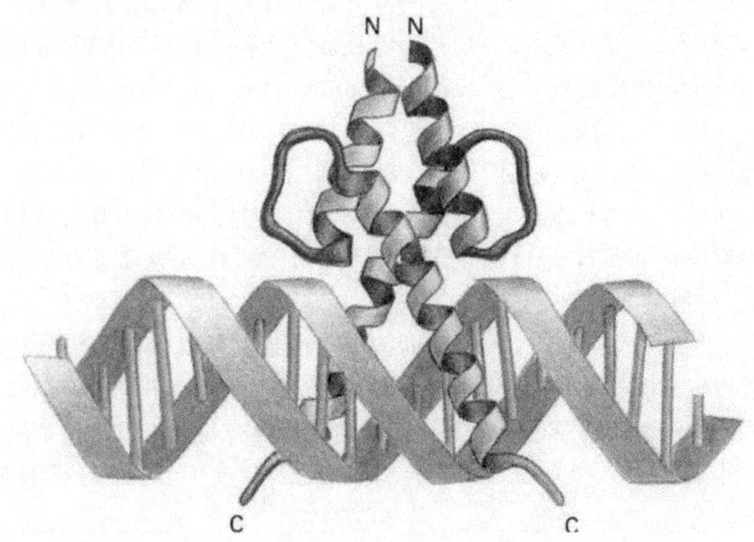


图 5-26　结合 DNA 的亮氨酸拉链模体结构图

在细菌中,RNA 聚合酶核心酶无法起始实质性的转录,而 RNA 聚合酶全酶能催化本底水平的转录。但弱启动子引发的本底水平转录常常不能满足正常的生理需求,因此细胞中的转录激活因子通过募集(recruitment)来提高转录水平。募集作用能促使 RNA 聚合酶全酶与启动子的紧密结合。而真核生物转录激活因子也募集 RNA 聚合酶与启动

子结合。但不像原核生物转录激活因子那样直接。真核转录激活因子刺激通用转录因子及 RNA 聚合酶与启动子结合。

①TFⅡD 的募集作用　Keith Stringer、James Ingles 和 Jack Greenblatt 在 1990 年用一系列实验鉴定了能与疱疹病毒转录因子 VP16 的酸性转录激活域结合的转录因子。研究人员表达了 VP16 转录激活域和金黄色葡萄球菌(*Staphylococcus aureus*)蛋白 A 的融合蛋白。其中,金黄色葡萄球菌蛋白 A 可以专一性地与免疫球蛋白 IgG 紧密结合。将这种融合蛋白(或仅含蛋白 A)固定在 IgG 凝胶柱上,并用这种亲和层析柱筛选与 VP16 转录激活域相互作用的蛋白质。实验中,他们将 HeLa 细胞核提取物通过蛋白 A 层析柱或蛋白 A/VP16 转录激活域融合蛋白凝胶层析柱,然后用"截短转录"实验验证各种洗脱组分在体外精确转录腺病毒主要晚期基因的能力。结果显示,流过蛋白 A 柱的提取液仍足以支持转录,表明没有重要因子与蛋白 A 非特异性结合。但是,流过蛋白 A/VP16 激活域蛋白柱的提取液无转录激活能力,除非将结合于亲和柱中的蛋白质重新加入。因此,某种或某些体外转录必需因子与 VP16 转录激活域发生了结合。

Stringer 等在早先的实验中发现 TFⅡD 是体外转录体系的限速因子。由此他们猜测与亲和柱结合的蛋白质是 TFⅡD。加热耗尽核提取物中的 TFⅡD,然后将结合蛋白 A 亲和柱或蛋白 A/VP16 转录激活域的亲和柱的成分加回到热处理过的核提取物中。实验表明,蛋白 A 柱的结合物不能恢复 TFⅡD 耗尽的核提取物的转录活性,而蛋白 A/VP16 转录激活域亲和柱的结合物可恢复其转录活性,说明 TFⅡD 是结合 VP16 转录激活域的因子。

为进一步验证上述结论,Stringer 及同事首先证明结合 VP16 转录激活域的物质在 DEAE 纤维素离子交换层析柱的表现与 TFⅡD 因子相似。然后,用 VP16 转录激活域亲和柱的结合物测试在模板转换实验(template commitment experiment)中取代 TFⅡD 的能力。先在一个模板上形成转录前起始复合物,然后加入另一个模板看是否能被转录。在该实验条件下,转录第二个模板需依赖 TFⅡD 因子。结果发现,VP16 转录激活域结合物可以将转录转换到第二个模板上,而蛋白 A 亲和柱的结合物则不具有这种功能。利用酵母细胞核提取物的相同实验也提供了强有力的证据,说明该实验体系中 TFⅡD 是 VP16 转录激活域的重要靶因子。

②聚合酶全酶的募集　RNA 聚合酶Ⅱ能以全酶形式从真核细胞中分离出来。全酶是包含一组通用转录因子和其他多肽的复合体。迄今为止,我们的讨论都基于转录激活因子以每次募集一个通用转录因子的方式形成前起始复合物。但也许转录激活因子将全酶作为一个整体来募集,其他的少数因子再单独结合到启动子上。有证据表明,的确存在对全酶的募集。

1994 年,Anthony Koleske 和 Richard Young 从酵母细胞中分离出含聚合酶Ⅱ、TFⅡB、TFⅡF 和 TFⅡH,以及 SRB2、4、5 和 6 的全酶。他们进一步证实这种全酶在 TBP 和 TFⅡE 协助下,可以在体外精确转录带有 CYC1 基因启动子的模板。还证明融合转录激活因子 GAL4-VP16 可以激活此全酶的转录。由于实验提供的是完整聚合酶全酶,所以,后面这一发现提示激活因子募集完整的聚合酶全酶到启动子上,而不是在启动子上一次一个地组装。

1998 年，研究者已从多种不同生物中分离到聚合酶全酶，其蛋白质组成各异。有些全酶含有大多数或者全部通用转录因子和许多其他蛋白。Koleske 和 Young 推测，酵母聚合酶全酶包含 RNA 聚合酶Ⅱ、中介物(mediator，辅激活因子复合物)和除了 TFⅡD、TFⅡE 之外的所有通用转录因子。理论上，此聚合酶全酶可作为前体单元整体被募集，或分批被募集。

1995 年，Mark Ptashne 及同事为聚合酶全酶的募集模型增添了另一个强有力的证据。他们进行了如下分析：如果全酶以整体被募集，则激活因子(结合在启动子附近)的任意部分和全酶的任意部分之间的相互作用应该能募集全酶到启动子上。这种蛋白质间的相互作用无需激活因子的转录激活域，也无须激活因子在通用转录因子的靶位点参与，激活因子和聚合酶全酶之间的任何接触都应导致转录激活。此外，如果前起始复合物是一次一个蛋白质地进行组装，那么在激活因子和全酶的非关键成分间的非正常互作就不会激活转录。

Ptashne 及同事利用一次碰巧的机会验证了这些预测。他们以前曾分离到一种酵母突变体，其全酶蛋白(GAL11)中的点突变改变了单个氨基酸。他们将该蛋白命名为 GAL11P[P 表示增效子(potentiator)]，因为它对激活因子 GAL4 的弱突变型产生了很强的响应。结合生化和遗传的研究方法，他们找到了 GAL11P 增效的原因是能够与 GAL4 的二聚化域(第 58～第 97 位氨基酸之间)的一个区域结合。由于 GAL11(或 GAL11P)是全酶的一部分，GAL11P 与 GAL4 间的新结合可将全酶募集到 GAL4 应答的启动子上，如图 5-27 所示。之所以称这种结合为“新的”，是因为 GAL11P 参与结合的部位在正常情况下是无功能的，GAL4 参与的部位在二聚化域而不是激活域。正常情况下这两个蛋白质区域不会发生任何形式的结合。

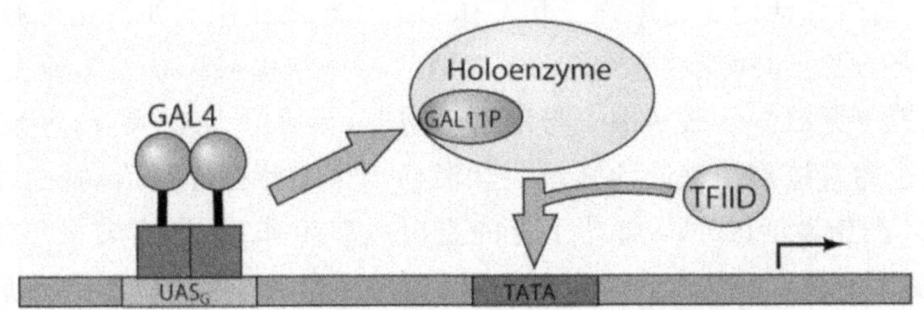


在聚合酶全酶中，GAL4 的二聚化域结合 GAL11P，使聚合酶全酶与 TFⅡD 一起结合在启动子上，激活基因转录

图 5-27　GAL11P 通过 GAL4 二聚化域募集聚合酶全酶的模型(Nature，1997，386：569-577)

为验证 GAL4 第 58～第 97 位氨基酸之间的区域是 GAL11P 转录激活的关键部位，Ptashne 及同事进行了以 F 实验。他们克隆构建了编码 GAL4 的 58～97 位氨基酸区段和 LexA 的 DNA 结合域的融合蛋白质粒，并将其与另外两种质粒一起导人酵母细胞。一个是编码 GAL11 或编码 GAL11P 的，另一个带有 LexA 的两个结合位点，位于 GAL4 启动子上游，驱动下游大肠杆菌 *lacZ* 报告基因。

显然，通用转录因子必须相互作用以形成前起始复合物，但转录激活因子和通用转录因子间也会相互作用。如前述 GAL4 等转录激活因子与 TFⅡD 及其他通用转录因子间的相互作用。此外，激活因子间也会相互作用以激活同一个基因。这种作用有两种发生方式，一种是单体相互作用形成蛋白二聚体，促进对单一DNA靶位点的结合；另一种是结合在不同DNA位点的特定激活因子可以协同激活同一个基因。

1)二聚化作用

在DNA结合蛋白中，蛋白质单体间有许多不同的作用方式。前面讨论了螺旋-转角-螺旋蛋白γ阻遏物，该蛋白质的两个单体间的相互作用使它们的识别螺旋刚好处在与两个DNA大沟相互作用的位置，而另一个螺旋转开。识别螺旋呈反向平行排列，使它们能识别具有回文序列的DNA靶位点的两部分。在本章前面部分我们已经讨论了GAL4蛋白的螺旋卷曲的二聚化域、bZIP蛋白相似的亮氨酸拉链及肾上腺糖皮质激素受体的环化二聚化域等内容。

蛋白质二聚体相对于单体对DNA结合的优势可以总结如下：蛋白质与DNA的结合力与结合自由能的平方呈正相关。因为自由能取决于蛋白质和DNA接触的数量，蛋白质二聚体取代蛋白质单体使接触次数加倍，而蛋白质和DNA之间的亲和力增加至原来的4倍。这对于大多数激活因子都必须在低浓度下行使功能具有重要意义。事实上，大多数DNA结合蛋白都以二聚体存在就证明了它的优势。我们看到某些激活因子，如GAL4形成同源二聚体；其他的如甲状腺激素受体则形成异源二聚体。一个众所周知的异源二聚体(由两个不同单体组成)的例子是Jun和Fos。

2)远距离作用

我们知道原核生物和真核生物的增强子即使远离启动子也能激活相应基因的转录。这种远程调控作用是如何发生的呢？实验证据表明DNA的两个远距离位点之间环凸使与之结合的两个蛋白质相互作用，这一机制也适用于真核生物的增强子。

目前，关于转录激活因子与增强子相互作用的远距离作用有如下几种假说：①激活因子与增强子结合，通过超螺旋使整个DNA双链的拓扑结构或形状发生改变，由此使启动子向通用转录因子开放。②激活因子与增强子结合，然后沿DNA滑动直至遇到启动子，并通过与启动子的直接作用来激活转录。③激活因子与增强子结合，通过增强子与启动子间的DNA环凸使激活因子与启动子上的蛋白质产生作用，激活转录。④激活因子结合增强子后，在其下游DNA链上产生环凸，通过增大此环，激活因子向着启动子方向移动，到达启动子并与之相互作用激活转录。

目前的实验证据支持以下两点结论：增强子不必和启动子位于同一个DNA分子上，但它必须在空间上与启动子足够靠近，以便结合在增强子和启动子上的蛋白质可以相互作用。这很难与超螺旋模型及滑动模型相容，但与DNA环化和促追踪模型相一致。在连环体结构中不需要环化或追踪，因为增强子和启动子位于不同的分子上，而其蛋白质间的相互作用无需DNA环化作用。

3)复合增强子

许多基因都有一个以上的激活因子结合位点，以此应答多重刺激。每个结合在多重增强子上的激活因子都能对前起始复合物在启动子上的组装起作用，这可能是通过将增强子和启动子间的DNA成环外凸而实现的。

多激活因子结合位点调节一个基因的发现改变了我们对增强子一词的定义。增强子最初被定义为一种非启动子 DNA 元件，与至少一种增强子结合蛋白一起激发邻近基因的转录。但现在增强子的定义已经朝涵盖启动子以外相邻的整个调控区方向演变。尽管采用了这种新的定义，但我们仍可认为某些基因由多增强子控制。例如，果蝇黄和白基因就是由三个增强子控制的。

增强子与多个激活因子相互作用的模式实现了对基因表达的精细调控。不同激活因子的组合对不同细胞中的特定基因产生不同水平的表达。事实上，在基因附近各种增强子元件的出现或缺失使人们联想到二进制代码，元件出现为"开"，缺失则为"关"。当然，必须由激活因子来操纵开关。由于多增强子元件之间是协同作用的，所以并不是简单的添加所能够完成的。

重激活因子的作用如同组合代码(combinatorial code)。在特定细胞在特定时间下，所有激活因子的集合构成组合代码。如果一个基因带有一组增强子元件，而每个增强子可应答一至多个激活因子，那么翻译元件就可以阅读此代码，其结果是基因以增强的水平进行表达。

海胆 *Endol*6 基因的表达调控模型是一个典型的多增强子调控的例子。*Endol*6 基因在动物早期胚胎的营养板(指后期发育中产生内皮组织，包括内脏的细胞群)发育中很活跃。研究人员最初测试了 *Endol*6 基因 5′侧翼区结合核蛋白的能力，结果发现这样的核蛋白结合区很多，排布成 6 个模块，如图 5-28 所示。

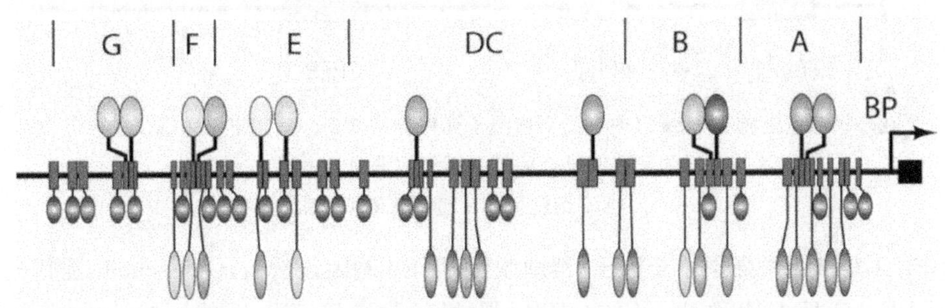


大的椭圆代表激活因子，小的椭圆表示结构转录因子，两者都可以结合到增强子元件上

增强子呈簇状或模块形式排布，分别标记为 G、F、E、DC、B 和 A；

长垂直线代表不同模块的区分位置；BP 代表"基本启动子"

图 5-28　海胆 *Endol*6 基因多增强子模块的排布方式

如何确定有哪些核蛋白结合的模块与基因激活有关？Chiou-Hwa-Yuh 和 Davidson 将这些模块单独或组合起来并与 cat 报告基因连接，然后转染海胆卵细胞，观察在胚胎发育中报告基因的表达模式。实验发现，报告基因在胚胎组织中表达的部位和时间取决于导入不同模块的精确组合；这些 DNA 模块(内含增强子)可以对不均一分布在发育胚胎中的激活因子产生应答。

几乎所有元件在体外都能独立发挥作用，但在体内却是组织特异性发挥功能的。模块 A 可能是唯一直接与基本转录组件相互作用的模块，而其他模块都须通过模块 A 发挥作用。某些上游模块(如 B 和 G)通过 A 协同作用以激活 *Endo*16 基因在内皮细胞发育中的转录；而另一些模块(如 DC、E 和 F)也通过 A 协同阻遏非内皮细胞中 *Endo*16

基因的转录;模块 E、F 在外胚层细胞中起激活作用,而模块 DC 则在成骨间质细胞中起作用。

4)结构转录因子

我们已经知道,将具有一定空间距离的激活因子和通用转录因子拉到一起的 DNA 环凸机制非常实用,尤其是对于结合到相距几百个碱基的不同 DNA 元件上的蛋白质。因为多碱基 DNA 的柔韧性足以产生这种弯曲。但是,许多增强子距其控制的启动子比较近,其间的一小段 DNA 更像僵硬的短棒,而不是"柔韧的弯曲条带",在此情况下,DNA 环凸不会自然发生。

那么,紧密结合在一小段 DNA 上的激活因子和转录因子是如何相互作用来激活转录的呢?如果中间有其他因子干扰促使 DNA 分子进一步弯曲,那它们仍能相互靠近。我们已经遇到几个关于构架转录因子(architectural transcription factor)的实例,其主要作用是通过改变 DNA 调控区的形状,以便不同蛋白质之间能相互作用而激活转录。Rudolf Grosschedl 及其同事首先提供了一个真核生物构架转录因子的例子——人的 T 淋巴细胞受体 α 链基因(*TCRα*)的调控区含有三个位于转录起点上游 112 bp 以内的增强子,分别是激活因子 Ets-1、LEF-1 和 CREB 的结合位点(图 5-29)。

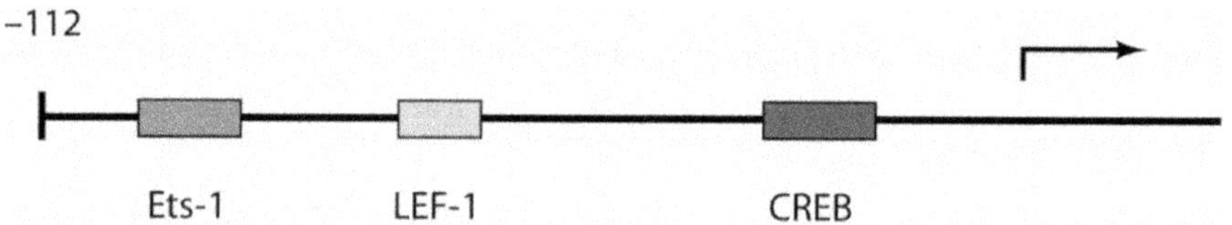


在转录起点上游 112 bp 以内有三个增强子元件分别与 Ets-1、LEF-1 及 CREB 结合,
这三个增强子以其结合的转录因子而非自己的名字来区分

图 5-29 人的 T 细胞受体 α 链(*TCRα*)基因的调控区

LEF-1 是淋巴增强子结合因子,帮助激活 *TCRα* 基因。然而,Grosschedl 及其合作者证实,LEF-1 自身不能激活 *TCRα* 基因,那么它是如何起作用的呢?这个问题仍由 Grosschedl 及其合作者证实,LEF-1 通过与增强子的小沟结合将 DNA 分子弯曲 130°。

他们用两种方法证实了 LEF-1 与增强子小沟的结合。首先,对增强子的 6 个腺嘌呤的 N3(位于 DNA 小沟)甲基化可干扰增强子的功能;然后,将这 6 对 A-T 转换成 6 对 I-C(它们的小沟看起来相同),不减弱增强子活性。这与 Stark 和 Hawley 证明的 TBP 与 TATA 框小沟结合的策略相同。

Grosschedl 及其同事采用与 Wu 和 Crothers 相同的电泳检测方法(为显示 CAP 蛋白可使乳糖操纵子弯曲),证明了 LEF-1 可以使 DNA 弯曲。研究人员将 LEF-1 结合位点置于线性 DNA 片段的不同位置,并与 LET-1 结合,然后检测其电泳迁移率。当蛋白结合位点在 DNA 片段中部时,目的条带电泳的泳动受到了很大阻滞,这表明此时 LEF-1 使 DNA 产生了显著的弯曲。

该研究团队还进一步证实了 DNA 分子的弯曲是位于 LEF-1 上的 HMG 结构域(HMG domain)所致。HMG(high mobility group)蛋白是一类具有高迁移率的小核蛋白。为证明 LEF-1 的 HMG 结构域的重要性,研究人员制备了只含 HMG 域的多肽,并显示此多肽与全长蛋白一样能使 DNA 分子弯曲 130°。将迁移速率曲线外推至最大速率点时，发现弯曲发生在 LEF-l 的结合位点上，此时弯曲诱导元件(bend-inducing element)正好在 DNA 片段的末端。LEF-l 本身不能增强基因的转录，但其可能通过使 DNA 弯曲而间接发挥作用，这样就可能使其他激活因子结合到启动子的基本转录装置从而实现增强转录。

5)绝缘子

增强子通过与转录激活因子结合能对距离很远的启动子产生作用。例如，果蝇 cut 基因位点的翅缘增强子与启动子相隔约 85 kb。在这么远的范围，某些增强子可能与其他不相关基因靠得足够近，并产生激活作用。细胞怎样阻止这种不应有的激活呢？高等生物中(至少包括果蝇和哺乳动物)利用一种叫绝缘子(insulator)的 DNA 元件阻止附近增强子对无关基因的激活作用。

绝缘子是一种 DNA 元件，可屏蔽增强子对基因的激活作用(增强子屏蔽活性)，或沉默子对基因的抑制作用(障碍物活性)。Gary Felsenfeld 将绝缘子定义为"相邻元件相互影响的阻碍物"。当绝缘子能够保护基因免受附近增强子的激活作用时，叫作增强子屏蔽性绝缘子(enhancer blocking insulator)。当绝缘子阻止染色质浓缩对靶基因的侵蚀作用时，叫作阻碍物绝缘子(barrier insulator)。尽管大多数绝缘子能保护基因免受附近增强子或沉默子(silencer)的激活或抑制作用，但并非所有绝缘子都同时具有增强子屏蔽和阻碍物功能。某些绝缘子被特化为只有其中一种功能。酵母中对靠近着丝粒处的沉默子起阻碍作用的 DNA 元件就是一个只有阻碍物功能的绝缘子的典型例子。

绝缘子的作用机制目前还不清楚。但我们知道绝缘子能够定义 DNA 结构域之间的边界。因此，在增强子和启动子之间加入绝缘子可破坏原有的激活作用；同样，在沉默子和基因之间插入绝缘子会消除抑制作用。所以，绝缘子似乎是在基因区和增强子区(或沉默子区)形成一个边界，使基因不能感受到激活(或抑制)作用。

一些实验证据显示，绝缘子可能通过成对合作发挥作用。两个绝缘子上结合的蛋白质相互作用形成 DNA 环，这种环可隔离增强子和沉默子，使其不能再激活或抑制启动子。这样，绝缘子可能在染色体的不同 DNA 区域间形成边界。当两个或更多绝缘子同时位于启动子和增强子之间时，彼此的作用相互抵消，可能是通过其上的结合蛋白相互作用，从而阻止 DNA 成环对增强子与启动子的隔离来完成的。另一种情况是，相邻绝缘子结合蛋白间的相互作用阻止绝缘子与绝缘体的结合，这将阻止绝缘子活性。绝缘子也可对信号沿染色体从增强子向沉默子间的传递起阻碍作用。此信号的本质虽不确定，但可能是一种滑动蛋白或染色质上的滑动(和生长)环。最后，增强子结合绝缘子可能通过结合与增强子和启动子上的蛋白质和(或)DNA 相互作用的蛋白质而起作用，从而阻止这些增强子和启动子之间的相互作用，导致转录不能有效进行。

## 5.6　染色质结构对基因转录的影响

基因组中的调控元件可与所调控的靶基因位于相同或不同染色体上，与靶基因相距几万甚至几十万个核苷酸，在染色质结构层面上形成了一个复杂的调节基因转录活性的三维网，而人们对其认识还十分有限。探讨染色质结构的动态变化与基因转录调控的关系及其功能，已成为后基因组时代一个活跃的领域。目前普遍认为，基因组中的表达调控元件可通过染色质高级结构，与靶基因在空间上充分接近并相互作用，进而激活或抑制靶基因的活性，发挥其远程调控功能。

## 5.6.1 染色质水平上的转录调控与活性染色质

真核生物（除酵母、藻类和原生动物等单细胞类之外）主要由多细胞组成。每个真核细胞所携带的基因数量及总基因组中蕴藏的遗传信息量都大大高于原核生物，基因组DNA中还有许多的重复序列、基因内部有大量不编码蛋白质的序列、真核生物的DNA常与蛋白质（包括组蛋白和非组蛋白）结合形成十分复杂的染色质结构、染色质构象的变化、染色质中蛋白质的变化以及染色质对DNA酶敏感程度的不同等，都直接影响着真核基因的表达调控。此外，真核生物的染色质包裹在细胞核内，基因的转录（核内）和翻译（细胞质内）被核膜在时间和空间上隔开，核内RNA的合成与转运，细胞质中RNA的剪接和加工等无不扩大了真核生物基因表达调控的内容。

概括起来，真核细胞基因表达调控在染色质和染色体水平上主要有染色质的结构、DNA在染色体上的位置、基因拷贝数的变化、基因重组、基因扩增、基因丢失、基因重排、DNA修饰等。这些变化都将导致基因活性永久或半永久性的改变。

### (1)染色质结构

在细胞核内基因组DNA以核小体(nucleosome)为基本结构单位形成染色质(chromatin)。核小体在DNA长链上的组装影响着DNA的复制、基因的表达和细胞周期进程。真核生物基因的表达受到核染色质结构和组分的影响。

在细胞核内的染色质一般有4种状态：①紧密压缩的状态，②被阻遏状态，③有活性的状态，④被激活的状态。

1)紧密压缩的状态

巨大而细长的DNA分子被紧紧地压缩在细胞核内，这种结构不利于基因的表达，因此，基因处于非活性状态。

2)被阻遏的状态

事实上组蛋白就是染色质活性的阻遏蛋白。DNA分子与组蛋白结合后处于被阻遏状态。

3)有活性的状态

只有处于活性状态的染色质，才能使基因得到表达。染色质结构发生变化，使基因处于可转录的状态，即是染色质的有活性状态。组蛋白H1在核小体装配中很重要，它促进核小体装配，阻碍DNA序列的暴露，阻止核小体的移动，对基因活性有抑制作用。研究证明，除去了H1，能使染色质处于伸展的状态，部分基因活化而被转录。

在活性染色质中DNA结构的变化有以下几种方式：富含GC碱基对的序列能形成

ZDNA,这种构型能降低DNA对核心组蛋白的亲和力;DNA拓扑异构酶能够调节DNA超螺旋结构而改变其活性;许多蛋白质因子都参与染色质的活化;还有少数蛋白质能直接结合在核小体上;甚至像Spl能持续地结合在持家基因的启动子上,阻止核小体的抑制作用;研究还发现,HMG-14/-17是形成活性染色质、调节基因表达的重要因子。

4)被激活的状态

基因DNA的启动子上结合通用转录因子、上游元件及增强子结合序列等激活因子后,能促使RNA聚合酶等在启动子区域形成转录复合物,染色质就成为激活状态。

### (2)异染色质化

自利用光学显微镜早期观察开始,科学家就发现染色体的结构并不是均一的。对染色体的早期研究将染色体区域分为两个部分:异染色质和常染色质。异染色质能被多种染料染成深色,具有更为紧密的形态;而常染色质则具有相反的特征,其染色浅而具有相对伸展的结构。随着研究的深入,发现染色体的异染色质区域的基因表达量非常有限,而常染色质区域的基因表达量较高。异染色质在细胞核中处于凝聚状态,不具有转录活性。组成型异染色质在整个细胞周期一直保持压缩状态,其DNA不含有基因。兼性异染色质只在一定的发育阶段或生理条件下由常染色质凝聚而成,没有持久的活性。兼性异染色质被认为含有基因。异染色质的DNA结构高度致密,参与基因表达的蛋白质因子无法接近。故异染色质处于阻遏状态。而含有活性状态基因的DNA区域则相对疏松(常染色质),参与表达的蛋白质因子能够结合而使基因被激活。

### (3)活性染色质对DNase的敏感性

基因组不同区域的染色质被不同浓度的酶水解的特性定义为基因组DNA对酶的敏感性。染色质具有不同的DNase敏感性。在对染色质的研究中,一般用DNase Ⅰ,DNase B和微球菌核酸酶。染色质对这3种内切核酸酶处理的敏感性,能够反映染色质的转录活性。当某个组织或细胞的DNA用DNase Ⅰ水解时,绝大部分DNA都产生各种长度(约200 bp的倍数)的片段,反映了这一部分染色质发生了伸展和去压缩的构象以及核小体在染色质中是有规律排列的。

大多数染色质对DNase Ⅰ有一定抗性。但在转录活化的区域,则呈现出对酶的敏感性。染色质的特定状态决定了该区段容易被DNase Ⅰ酶所攻击。在生物体的不同细胞中,染色质敏感的区域表现出细胞和组织特异性。无论该基因转录活性大小,生成的mRNA多寡,该基因在这个组织或细胞中总是显示出这种活性特性。研究发现,鸡卵清蛋白100 kb的基因簇,在输卵管组织中都对DNase Ⅰ有敏感性,而在不表达卵清蛋白肝细胞中,该基因簇区域不显示对DNase Ⅰ的敏感性。染色质对DNase Ⅰ不同的敏感性也说明了它们在结构域与功能域上的差异。

在染色质中的DNA转录活性区域或潜在活性区域核小体DNA组装较为松弛。有些特异位点用极低浓度的DNase Ⅰ处理时DNA极易断裂,这些特异位点称为高敏感位点(hypersensitive site,HS)。典型的高敏感位点对DNase Ⅰ的敏感性比其他区域高上百倍左右。高敏感位点对其他核酸酶或化学试剂也表现出高敏感性,说明这一区域特别裸露，没有核小体结构，但可能有其他蛋白质的结合。高敏感位点与有关基因的组织和细胞表达特异性有关，一般位于有转录活性的基因启动子上游。如β-珠蛋白基因家族（β-globin gene family）的基因座控制区是一个高敏感位点，而非活性的基因没有敏感位点。

人类β-珠蛋白（β-globin）基因是最早被鉴定出受到远端增强子基座控制区（locus control region，LCR）调控的基因簇，β-珠蛋白基因簇的 3 个染色体亚区是 LCR 区、εγ 和 δβ 区。ε 在胚胎早期表达，$^{G}\gamma$ 和 $^{A}\gamma$ 在胎儿期表达，δ 和 β 在成人期表达。εγ 和 δβ 区只在特定的发育阶段才被激活，对 DNase Ⅰ敏感性比未活化的区域高 2～3 倍，当特定发育阶段来临，基因开始转录时，它们对 DNase Ⅰ敏感性又升高了 2～3 倍，即比未活化区域高 7～8倍。而 LCR 在整个红细胞发育过程中都处于活性状态，在不同发育阶段的红细胞中，LCR 可与不同的靶基因形成染色质环，激活需要被表达的基因，而其他不与 LCR 靠近的基因则沉默。

除了染色质对 DNase Ⅰ的高敏感性外，活化基因的某些区域还表现出超敏感性。人β-珠蛋白基因簇上、下游两个远侧区域就是超敏感位点。在 ε 基因上游 6～21 kb 和 β 基因下游 20 kb 分别具有 LCR。LCR 是一种远距离顺式调控元件，具有增强子和稳定活化染色质的功能，也是特异性反式调控因子的结合位点。LCR 中有 6 个 DNase Ⅰ超敏感区，它们的序列同源性强，空间分布保守。已在许多生物体的 β-珠蛋白基因 5′ 端上游远端都发现有类似 LCR 的结构，它们是层次更高的调控元件，具有红系细胞特异性，但无发育阶段特异性。当除去 LCR，整个 β-珠蛋白基因簇都对 DNase Ⅰ产生抗性，同时失去了珠蛋白基因家族在发育过程中的调控特性。研究还发现，LCR 中的每一个 DNase Ⅰ超敏感位点，在整个发育进程中都具有调控特性。在 5′端和 3′端 LCR 界限之内的所有基因，都具有潜在活化的可能性，推测与细胞的分化有关。

在研究转基因动物过程中发现，LCR 能使与它相连的外源基因（非珠蛋白基因）也都表现出不依赖于整合位点的组织特异性表达。如果敲除 LCR，外源基因的表达就容易受整合位点影响。目前认为，LCR 能为与其相连接的基因提供可以活化的染色体环境。

概括染色质对 DNase Ⅰ敏感性有 5 个方面：

①基因的活性区域对 DNase Ⅰ的敏感性有细胞和组织特异性，只有在活跃表达的细胞中，基因才具有这种敏感性。

②在染色质中的基因 DNA 对 DNase Ⅰ敏感性只能说明该基因具有被转录的潜在能力，并非一定就能转录。

③染色质上对 DNase Ⅰ敏感的区域有一定界限，在某种组织内有转录潜能的区域才表现敏感性，而在该区域之外、无转录潜能的区域则缺乏敏感性。

④即使是在一个基因内，各个区段对 DNase Ⅰ敏感程度也不同，基因编码转录的大范围表现为一般的敏感性，而在基因调控区的少数区域则显示出高度的敏感性。

⑤组蛋白的乙酰化能使染色质对 DNase Ⅰ和微球菌核酸酶的敏感性显著增强。

#### (4)核基质与基因活化

在真核细胞的细胞核内，除核被膜、染色质、核纤丝和核仁外，还存在着一个以蛋白质为主的网状系统，即核基质（nuclear matrix）。许多实验证据表明，染色质结合在核基质上，而非漂浮在细胞核内。核基质是由 3～30 nm 的微纤丝构成的网络状骨架蛋白(scaffolding protein)，主要成分包括 DNA 拓扑异构酶Ⅱ、核基质蛋白以及多种 DNA 结合蛋白，并含有少量 RNA。DNA 通过长约 200 bp 且富含 AT 的特定序列结合在核基质蛋白上。这个特定序列称为核基质结合区(matrix associated region，MAR)，它使纤维状的染色质大分子 DNA 构建成数以万计的环状结构域，两段 MAR 之间的 DNA 区域弯曲呈放射环，每个环的大小为 30～300 kb，平均 60 kb，如图 5-30 所示。核基质的网状构造是 DNA 分子复制以及 RNA 转录和加工的结构支架。

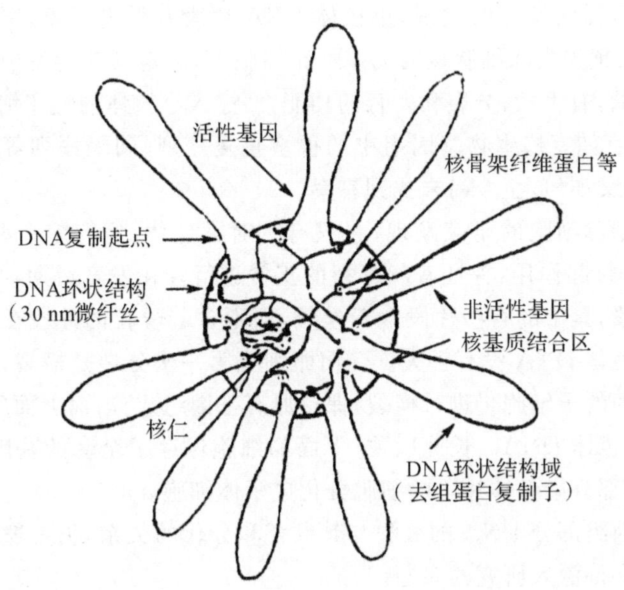


图 5-30　真核细胞核的核基质结构示意图

DNA 与核基质的结合具有特异性，例如，鸡卵蛋白基因与鸡卵巢细胞的核基质结合，而非与小鸡肝脏或红细胞的核基质相结合。珠蛋白基因不与卵巢细胞的核基质结合，而与红细胞的核基质结合。这种特异性的结合对控制基因的表达活性有着重要的意义。

比较不同生物细胞系统中的核基质发现它们有几个共同特点：①限定 DNA 环状结构域的大小，使环状结构成为相对独立的结构域与功能域。该功能域中包括一系列的转录单位以及各种特异的顺式作用元件，如称为限定子(limiter)或绝缘子(insulator)的 DNA 序列等，它们或阻止激活因子，或结合抑制因子对这个功能域进行调节。②各种核基质蛋白之间相互作用，控制染色质组装的疏密程度，从而调节 DNA 的复制与转录。③可能存在着基因的某种增强子元件。④可能有 DNA 复制的起始位点(origin)。

核基质结合区较为保守，一般约为 200 个富含 AT 的核苷酸区段。通过氢键、疏水力等分子间相互作用与核基质蛋白相对松散地结合，或通过共价键与核基质紧密结合。核基质蛋白主要包括不溶性的纤维蛋白网状结构、核纤层——核孔复合物、核仁以及非组蛋白，后者包括与信号转导有关的蛋白、基因复制和转录有关的蛋白和酶等。

### (5)基因的丢失

基因丢失指某些真核生物随着细胞的分化丢失了染色体的某些DNA片段的现象。某些真核生物随着细胞分化丢失了染色体的某些DNA片段,造成基因丢失。生殖细胞保持着全部的基因组,但早期体细胞要丢失部分DNA片段。许多原生动物有大核体和小核体这两种类型的细胞核。在胚胎细胞的分化时期,小核体DNA被切断成0.2～20 kb的片段,之后这些片段逐步被降解。但有些片段却能重复复制达上千个拷贝进入大核中。在研究两栖类的蛙卵时发现,小核体DNA片段有丢失现象。分别分离大核体和小核体DNA注入预先去除细胞核的无核蛙卵细胞中,测定其功能发现,被注入大核体的蛙卵细胞是全能的,有生长、分裂和发育的功能,而注入小核体的蛙卵细胞,却无相应的功能,小核体DNA有如真核生物基因组中的很多重复序列、间隔序列等,它到底有什么功能,在进化上的意义如何,至今尚未找到答案。

对马蛔虫受精卵细胞的研究发现,它只有一对染色体,但有多个着丝粒。在发育早期,只有一个着丝粒起作用,保证有丝分裂的正常进行。在发育后期,纵裂的细胞中染色体分成许多小片段,其中的有些片段含着丝粒,而不含着丝粒的片段在细胞分裂中丢失;横裂的细胞中染色体DNA没有丢失。受精卵细胞第一次分裂是横裂,产生两个子细胞,第二次分裂时下面的子细胞仍进行横裂,保持原有基因组成分;而上面的子细胞却进行纵裂,丢失了部分染色体DNA。长此以往,下面的细胞保存了全套的基因组并发育成生殖细胞;其余丢失了部分染色体片段的细胞分化成了体细胞。

真核生物基因组部分DNA的丢失与其发育和分化的关系,仍是遗传学、发育生物学和分子生物学中有待深入研究的课题。

### (6)基因的扩增

基因扩增(amplification of gene)是指在基因组内特定基因的拷贝数专一性大量增加的现象。在活细胞内,基因扩增的典型实例是爪蟾卵母细胞的rRNA基因扩增。爪蟾的卵母细胞采取了十分特殊的基因扩增方式以高效率扩增基因,产生大量的蛋白质翻译复合体,合成其生长发育所必需的蛋白质。爪蟾的rRNA基因经过两次扩增使其rRNA基因单位放大数千倍,此时卵细胞可以合成$10^{12}$个核糖体,rRNA占整个RNA的75%。它们通过滚环式复制或Q形复制扩增,这些串联的rRNA基因DNA(rDNA),在卵母细胞核中形成数以千计的核仁(nucleoli),每个核仁含有大小不等的rRNA的环状DNA。而仅依靠基因组中上百个拷贝的rRNA基因和核糖体蛋白质基因重复单位,并不能满足卵母细胞及胚胎的发育。

在唾液细胞的多线染色体中,由于常染色质DNA序列在多线化过程中大量复制,而异染色质部分不能大量复制,使其异染色质相对含量很低。测定卫星DNA的含量表明,它们不复制或很少复制。而常染色质在唾液细胞中能被复制9次之多。在果蝇基因组中特定序列也常常发生过量复制(over-replication)或复制不足(under-replication)的现象。

实际研究中选择对一定药物敏感的细胞系,使用特殊的试剂可使真核细胞的特定基因DNA扩增。例如,在细胞系中加入氨甲蝶呤(methotrexate),使二氢叶酸还原酶(DHFR)

基因 DNA 大量扩增。这种内源性序列的扩增(相对于通过转导等方法,把外源的多拷贝串联序列整合到基因组 DNA 内而言)是由那些对一定药物敏感的细胞选择所产生的。这种用药物处理的技术称为基因组序列的选择性扩增。氨甲蝶呤是 DHFR 酶的抑制剂,可阻断叶酸代谢。当 DHFR 酶基因突变,就对氨甲蝶呤产生了抗性,在绝大多数细胞死亡情况下,只有极少数能产生大量 DHFR 的细胞存活。在这些幸存的细胞中,DHFR 基因达上千个拷贝,基因的扩增频率比自发性突变频率高很多。通过药物处理而选择性扩增的基因已达 20 多种。研究还发现,在 DHFR 基因扩增的细胞中,含有许多染色体外的成分,叫作微小染色体,它们每一个都携带一到几个 DHFR 基因的拷贝。逐渐增加氨甲蝶呤的剂量,能使抗性细胞中 DHFR 基因的拷贝数逐步增加。但这些抗性细胞不稳定,当无氨甲蝶呤时,多扩增出来的 DHFR 基因逐渐消失。

#### (7)染色体基因的重排

染色体重排(chromosome rearrangement)是原核与真核生物细胞中广泛存在的一种现象。实质就是染色体发生断裂并与别的染色体相连构成新的染色体。真核生物中的染色体重排十分复杂,涉及众多的蛋白质因子。典型实例是免疫球蛋白(immunoglobulin, Ig)基因的重排和酵母的接合型转换(mating type switch)。基因的重排能够从分子水平上显示出生物多样性,以及生物的基因组与 mRNA 复杂性之间并没有线性关系。

### 5.6.2 DNA 甲基化修饰调控基因转录

#### (1)DNA 甲基化

DNA 甲基化是一种重要的表观遗传修饰,参与机体的许多生物学过程,包括基因转录调控。动物基因组 DNA 中有 2%~7%的胞嘧啶是被甲基化修饰的,形成 5-甲基胞嘧啶($^{m}$C),甲基化位点主要在 5′-CG-3′ 二核苷酸序列上。几乎所有的$^{m}$C 与其 3′端的鸟嘌呤以 5′-$^{m}$CpG-3′的形式存在,可占全部 CpG 的 50%~70%。卫星 DNA 一般都有高度的甲基化。整个基因组都有一定程度的甲基化,当两条链上的胞嘧啶都被甲基化时称为完全甲基化;一般在复制刚完成时,子链上的 C 呈非甲基化状态,称为半甲基化,随着子链中的 C 被甲基化为$^{m}$C,半甲基化位点逐渐形成全甲基化状态。

5′$^{m}$CpG 3′　5′$^{m}$CpG 3′

5′GpC$^{m}$ 5′　3′GpC 5′

在大多数脊椎动物 DNA 中,GC 碱基对的含量约 40%。在一般 DNA 中,GC 碱基对形成 CpG 序列的密度约 l/100 bp,有些区段 GC 碱基对形成二核苷酸序列 CpG 的密度大于 10/l00 bp,这种富含 CpG 的区段称为 CpG 岛(CpG-rich island),主要见于某些基因上游的转录调控区及其附近,长达 l~2 kb。在脊椎动物 DNA 中,约 20%的 GC 碱基列形成 CpG 岛。在 CpG 岛中,GC 碱基对含量大约为 60%,高于大多数 DNA 序列的 GC 含量。人类基因组大约有 75000 个 CpG 岛。无论是否处于表达状态,大多数的 CpG 岛都是非甲基化的。位于 CpG 岛所处的核小体中,组蛋白 H1 含量低,大约 50%的 CpG 岛与持家基因有关，几乎所有的持家基因都有 CpG 岛。另一半 CpG 岛存在于组织特异性调控基因的启动子中，这些基因有 40% 含有 CpG 岛。CpG 岛一般在 RNA 聚合酶Ⅱ转录的基因 5′ 端区域。CpG 岛在不同的基因中，其长度都大致相同，无论该基因有多长，CpG 岛一般伸展到基因编码区的第一个外显子内。

DNA 的甲基化是一个动态修饰过程，其甲基化酶分为两类：一类是构建性甲基化酶，构建性(维持)甲基化酶 DNMT1 可对非甲基化的 CpG 位点进行甲基化修饰，此过程涉及特异性 DNA 序列的识别，它对发育早期 DNA 甲基化位点的确定具有重要作用，DNA 甲基化特征的遗传则由维持性甲基化酶实现，这个酶可在甲基化的 DNA 模板链指导下，使其互补链中对应位置上的 CpG 发生甲基化，从而使其子代细胞中具备亲代的甲基化状态。另一类甲基化酶是重新甲基化酶 (DNMT3a、DNMT3b)，它可以使新合成 DNA 重新进行甲基化修饰。

哺乳动物发育过程中甲基化水平有明显的变化。在最初几次卵裂过程中，去甲基化酶清除来自亲代的几乎全部甲基化标记，然后大约在胚胎植入前后由构建性甲基化酶重新建立一个新的甲基化模式，此后再通过维持性甲基化酶将新模式向后代传递。

CpG 位点的甲基化可通过特殊的限制性内切酶检测。HpaⅡ识别并切割非甲基化的 CCGG 序列，但对甲基化后的 $^{m}$CpG 则不切割；MspⅠ能识别并切割所有的 CCGG 序列，不受甲基化的影响。因此可用 MspⅠ来确认 CCGG 序列的存在，再以 HpaⅡ鉴别其中的 CpG 是否发生了甲基化。利用 MspⅠ/HpaⅡ酶切结合杂交或 PCR 的方法分析不同 DNA 序列，可以获得 DNA 的甲基化图谱。

### (2)DNA 甲基转移酶调节 DNA 甲基化状态

DNA 甲基化主要发生在 CpG 位点，由 DNA 甲基转移酶(DNA methyltransferase, DNMT)催化。DNMT 家族包括 DNMT1、DNMT2 和 DNMT3。DNMT2 有较弱的酶活性，在对 DNA 损伤、DNA 重组、DNA 突变修复中发挥识别作用。DNMT1 是 DNA 复制后维持 DNA 甲基化的酶。DNMT3 由 DNMT3A 和 DNMT3B 组成，能使未甲基化的 DNA CpG 位点重新甲基化。DNMT 的结构由 N 端调节区、C 端催化功能区及中间连接区三部分组成。N 端调节区有多个不同的起始密码子和结构域，包括细胞核增殖抗原结合区(PBD)、核定位信号(NLS)、富含半胱氨酸的锌指结构 DNA 结合基序(ATRX)、多溴同源区(PHD)和四肽染色质结合区。C 端催化功能区含有 10 个不同特性的基序，其中 6 个在进化上是保守的，Ⅳ区能够结合底物胞嘧啶，Ⅰ区结合甲基供体，S2 腺苷甲硫氨酸。

构建性甲基化酶 DNMT1 和重新甲基化酶 DNMT3A 和 DNMT3B 都能特异性结合到 DNA 的 CpG 位点，但其机制是不同的。DNMT1 通过 N 端 PHD 结构域，直接靶向 DNA 复制位点；而 DNMT3A 和 DNMT3B 除了通过其四肽染色质结合区直接与 DNA 结合外，也可与其他蛋白质或转录抑制因子发生蛋白-蛋白相互作用，而募集到 DNA CpG 位点。在特异性组织 DNA 重新甲基化模式的建立中，DNMT3A 和 DNMT3B 选择性地对基因组中不同区域的 DNA 产生作用。DNMT3A 主要作用于核小体裸露的 DNA，尽管 DNMT3A 在组织中广泛分布，但细胞内以裸露形式存在的 DNA 占少数。DNMT3B 能够作用于核小体中心区域非裸露的 DNA，但 DNMT3B 的分布具有组织特异性，仅局限于睾丸、甲状腺、骨髓,其高水平表达也仅局限在胚胎干细胞和生长发育的早期细胞。DNMT3A和DNMT3B对核小体不同区域的DNA选择性地发生作用以及组织分布的特点,对防止机体DNA发生异常甲基化具有重要的生物学意义。

### (3)DNA甲基化与转录抑制

DNA甲基化对转录的抑制作用是通过甲基化的DNA上结合特异性转录阻遏物,或称为甲基化CpG结合蛋白(methylated CpG binding protein,MeCP)而起作用的。这种蛋白质能与转录调控因子竞争甲基化DNA结合位点。已鉴定出了两种这样的转录阻遏蛋白,即MeCP1和MeCP2,它们是介导甲基化对转录抑制作用主要的结合蛋白,缺乏这些蛋白质时不能有效阻遏基因的活化。MeCP可与含有多种甲基化的CpG位点结合,导致含致密甲基化的基因转录受抑制。MeCP2在细胞中比MeCP1丰富,能与只含一个甲基化CpG二核苷酸对的DNA序列结合,并聚集于富含$^{m}$CpG的异染色质化区域。对MeCP2的研究表明,有时DNA甲基化比组蛋白脱乙酰化在转录的抑制上更有效。

利用基因组印记(genomic imprinting)能够研究DNA甲基化如何影响基因的表达。20世纪80年代中期以前,人们一直认为二倍体细胞中来自父方的一套染色体与来自母方的另一套染色体在功能上是等价的,现已证实,哺乳动物某些等位基因性状的表达将由于基因的来源不同而呈现差异,甚至只表达单一亲系来源(父源或母源)的基因版本,犹如基因被打上了亲代的印记。哺乳动物基因组中约含有100个以上的这类基因,亲代配子基因组中发生的不同程度的甲基化修饰,能在基因组印记中表现出来。印记模式的失真可能导致遗传疾病。亨廷顿氏舞蹈病(Huntington's chorea)是由常染色体的显性突变引起的,患者智力逐步减退且发病年龄不定。统计发现,发病年龄小的患者,其突变基因多数来自父方;而携带有母方突变基因的患者发病年龄普遍推迟。DNA分析结果表明,患者中父源突变基因的甲基化程度明显低于母源基因。基因组印记是一个可逆的过程,带有亲代基因组印记的子代个体,其自身产生的配子会因为重新修饰而消除原有印记并产生新的印记。

异染色质化能在更大范围内调节真核基因的表达,致使连锁在一起的大量基因同时丧失转录活性,从而起到遗传平衡的作用。例如,人和多数哺乳动物雌性体细胞中的两条X染色体,在胚胎早期(如1~16天的人胚胎)均呈常染色质状态,随后其中一条X染色体将随机出现异染色质化而失活,只允许另一条染色体上的基因活动。异染色质化与组蛋白H3和H4的N端有关,这些N端区域的乙酰化水平很低,在酵母细胞中可借助RAPl等序列特异性DNA结合蛋白同SIR3/SIR4等蛋白质因子相结合,并连接于核基质。N端的某些突变可消除异染色质化现象。异染色质中的CpG是被高度甲基化的,这是异染色质中基因受到持久阻遏的重要因素。

### (4)甲基化影响DNA与蛋白质的相互作用

甲基化作用能够影响DNA与蛋白质之间的相互作用。尽管DNA碱基的嘧啶和嘌呤碱基有多个位点可以甲基化,并形成多种甲基化产物,但目前发现,引起细胞突变的主要是$C^5$—MeC和$O^6$—MeG两种甲基化方式调控基因的表达:第一种方式是C上加5-甲基能增强或减弱 DNA 与蛋白质(如阻遏蛋白、活化蛋白等)之间的相互作用。当 5-甲基伸入到双螺旋的大沟内部,能在沟内发生特异性的 DNA-蛋白质识别作用。第二种方式是 C 上加 5-甲基使基团拥挤在 DNA 大沟内,导致 DNA 构象偏离标准的 B 型,螺旋扭曲的平衡转向其他构象形式(如 Z-DNA 结构形式的大沟能释放部分构象上的张力)。DNA 构象的这些变化,能极大地改变阻遏蛋白或激活蛋白的结合能力。改变核蛋白与 DNA 的相互作用,使 DNA 形成不同的高级结构。甲基化水平的下降是启动子区域呈现 DNase Ⅰ高敏感性的前提。在基因活化过程中,某些因素识别甲基化的序列,导致该基因的启动子区域去甲基化。去甲基化的启动子有利于与某种特异反式作用因子相互作用,又使启动子区域的染色质偏离正常的高级结构,变得对 DNase Ⅰ高度敏感。这时基因进一步被活化,促进转录的启动。

## 5.6.3 组蛋白修饰对基因转录调控的影响

从进化的角度来说,组蛋白是极端保守的。在各种真核生物中它们的氨基酸顺序、结构与功能都很相似。虽然如此,但组蛋白仍可被可逆性修饰,如甲基化、乙酰基化、磷酸化和泛素化等。

### (1)组蛋白对基因转录的影响

组蛋白是基因活性的重要调控因子。有研究发现,组蛋白与裸露的基因 DNA 混合后,能使该基因的转录停止。例如,在体细胞中,占 5S rRNA 基因总数 98%的卵母细胞型 5S rRNA 基因启动子与组蛋白交联形成核小体复合物,转录受到阻遏,而只有约 400 个拷贝的体细胞型 5S rRNA 基因在卵母细胞和体细胞中都能够被转录。研究发现,在卵母细胞中没有核小体结构。

进一步在有活性的和无活性的染色质中观察组蛋白的组分及行为,发现在无活性的染色质中含有 5 种全部的组蛋白,而在有活性的染色质中没有组蛋白 H1。当在有活性的染色质中加入组蛋白 H1,使其分子比例达到每 200 bp DNA 段有 1 分子 H1,则 5S rRNA 基因的转录明显下降。从卵母细胞和体细胞中分别纯化得到 5S rRNA 基因的 DNA,再加入 RNA 聚合酶Ⅲ以及 3 种转录因子(TFⅢA、TFⅢB 和 TFⅢC),发现能很好地转录该基因。而从卵母细胞和体细胞中温和地抽提得到的染色质,在离体条件下转录,则卵母细胞染色质中的卵母细胞型 5S rRNA 基因有活性;但体细胞染色质中的卵母细胞型基因没有活性。

以上研究结果说明,在体细胞中含有转录因子 TFⅢA、TFⅢB 和 TFⅢC,它们能与 5S rRNA 基因形成前起始复合物(PIC),但不能与卵母细胞型基因形成 PIC。卵母细胞型基因 DNA 链能与组蛋白 H1 交联形成核小体,使基因转录受阻。相反,在体细胞中的体细胞型基因 DNA 上结合的转录因子阻止核小体形成,或阻止组蛋白与 DNA 间的交联,使它们的基因呈活性状态。这实际上是转录因子和组蛋白 H1 竞争性地结合 5S rRNA 基因 DNA,当转录因子结合于基因启动子,则基因有转录活性,否则反之。

重建染色质实验发现,组蛋白 H1 比核心组蛋白(H2A、H2B、H3 和 H4)阻遏转录的作用强。H1阻遏转录模板的活性能被转录因子拮抗，如Spl、Gal4等因子能作为抗阻遏物(anti-repressor)，阻止H1的阻遏作用。这些转录因子还能作为转录活化因子，推测这些抗阻遏物能与组蛋白H1竞争基因DNA上的结合位点。用克隆的DNA与核心组蛋白一起保温时发现形成了核心核小体，基因活性也受到阻遏。这种重建的染色质和裸露的DNA相比，转录能力下降75%，且转录因子不能去除这种阻遏。剩余25%的转录活性可能是由基因启动子区域并未被核小体覆盖所致。再加入组蛋白H1后，则活性转录又下降到原来的1/100～1/25。这种阻遏作用能被活化因子(activator)所阻止。

蛋白H1与连接DNA相结合后稳定了核小体的结构，并引导核小体进一步组装进30 nm的螺线管中。由于核小体和染色质的凝集对H1有依赖性，故组蛋白H1能通过维持染色质的高级结构而抑制了转录过程。

占先模型(pre-emptive model)可以解释转录时染色质结构的变化。该模型认为基因能否转录取决于特定位置上组蛋白和转录因子之间的不可逆竞争性结合。例如，TFⅡA不能激活预先结合有组蛋白的5S rRNA基因，却能和含有该基因的游离DNA结合，当TFⅡA结合后再加入组蛋白将不会阻断基因激活过程，说明决定基因活性的关键是转录因子和组蛋白哪个先占据到DNA上的调节位点上。在RNA聚合酶Ⅱ介导的体外转录中同样可观察到TFⅡD与组蛋白的占先竞争。问题是如果转录因子未能在复制时抢先占据DNA位点，这段基因也就失去了转录的机会；要阻止核小体形成，则必须保持转录因子同DNA的持续结合。尽管该模型揭示了转录因子结合对核小体结构的影响，但这种简单的占先原则并不能很好地反映体内的实际情况。动态模型(dynamic model)则较好地解释了上述问题，并不断被新的实验结果所证实。该模型认为转录因子与组蛋白处于动态竞争之中，基因转录前染色质必须经历结构上的改变，即替换核小体中的全部或部分成分并重新组装，这个耗能的基因活化过程称为染色质重塑(chromatin remodeling)。

某些转录因子可以在结合DNA的同时使核小体解体，甚至影响邻近核小体的定位。果蝇的GAGA序列可结合热激蛋白hsp70启动子中4个富含(CT)$n$的位点，瓦解核小体结构并产生超敏感位点，还能导致附近核小体的重新定位，在位点周围形成“边界”。

细胞中的多种蛋白质因子都参与染色质的重构，通过改变核小体中DNA-蛋白质的相互作用重建核小体构型，影响转录的起始或延伸。它们分别组成不同的重构复合体，一般都包含多个与蛋白质或DNA相互作用的亚基。

在启动子区域，核小体的存在能抑制转录起始，以至于组蛋白长期被认为是一个转录抑制因子。由于结合了组蛋白，真核细胞的染色质从整体上被限制在非活性状态，只有解除了对转录模板的抑制它才能得到表达。染色质是否处于活化状态是决定RNA聚合酶能否行使功能的关键。这一点与原核基因的情况截然相反，在细菌细胞中仅需要改变激活蛋白和抑制蛋白的比例，便能随时调节基因的转录状态。

#### (2)组蛋白的乙酰化-去乙酰化对转录的影响

染色体组蛋白的乙酰化修饰与基因活化、染色质状态以及基因表达水平都密切相关，相应基因启动子区的乙酰化程度不足可能引起基因沉默。组蛋白乙酰化/去乙酰化修饰是一个动态过程，也是基因转录调控的关键机制之一。核小体上的核心组蛋白都能够发生乙酰化修饰。它的8个亚基上有32个潜在的乙酰化位点。在含有活性基因的DNA结构域中,乙酰化程度更高,H3和H4乙酰化程度大于H2A-H2B。H3和H4上分布着乙酰化的主要位点,对组蛋白乙酰化研究最多的是H3和H4的Lys侧基上的ε-$NH_2$。研究发现,果蝇活性染色质H4的乙酰化过程只发生在Lys-5和Lys-78位,而不发生在Lys-12,说明组蛋白亚基的乙酰化是非随机性的,也可认为这是基因活性的一个标志,即组蛋白高乙酰化是基因转录激活的一个标志,组蛋白在转录活性区域被乙酰化,使与之相结合的基因处于转录激活的状态,而去乙酰化的组蛋白与转录受抑制的基因区域结合,因此,其过程是一个与基因活性增加或抑制密切相关的动态过程。

组蛋白的乙酰化过程由组蛋白乙酰基转移酶(histone acetyltransferase,HAT)催化。目前已经发现了4种组蛋白乙酰基转移酶和5种去乙酰化酶(histone deacetylase,HDAC)。HAT是一种乙酰基转移酶,催化乙酰基团从供体(乙酰CoA)转移到核心组蛋白N端富含Lys的侧基上。近年来,已发现大量与转录有关的调控因子能修饰组蛋白,其中Gen5、P300/CBP、TAFⅡ-250/230、PCAF等都具有组蛋白乙酰转移酶(HAT)的活性。这些HAT都是存在于细胞核内的HAT-A型酶。HAT-A型酶可使基因控制区域与核小体的偶联松弛,从而促进转录。HAT-B型见于细胞质,将细胞质中初合成的组蛋白H3,H4乙酰化,并使之进入核内装配核小体,但很快地又被去乙酰化。故HAT-B型酶与基因转录的活性无关。由于体内存在组蛋白乙酰化和去乙酰化的平衡关系,所以组蛋白乙酰化发生频率比较低。

与已知的转录因子功能一样,组蛋白乙酰基转移酶-A(HAT-A)也是一类功能相关的蛋白质,或它们本身就是一些转录调控因子。以往认为转录调控因子与组蛋白修饰无关,而目前的研究发现,HAT本身就是基因活化因子,这个观点拓展了基因活化的概念。

组蛋白去乙酰化酶(HDAC)是在研究鸡红细胞的细胞核基质中发现的,后来用去乙酰化的抑制剂trapoxin作为亲和层析的介质分离到了人的HDAC1酶。发现人HDAC1含有482个氨基酸残基。进一步在人和鼠的细胞中发现了HDAC2,它与HDAC1有85%同源性。利用EST数据库中的EST作为探针,又从人成纤维细胞和HeLa细胞的cDNA文库中获得了含428个氨基酸残基的HDAC3的cDNA。细胞内的HDAC1、HDAC2和HDAC3三者之间有一定的同源性,并具有相同的结构和功能,属于同一家族。

组蛋白的乙酰化/去乙酰化有以下生物功能:

1)乙酰化能促进基因转录的活性

在组蛋白特殊氨基酸残基上的乙酰化,可改变蛋白质分子表面的电荷,影响核小体的结构,从而调节基因的活性。乙酰化修饰与基因活性的典型实例是雌性哺乳动物个体的X染色体。Xa和Xi染色体的H4乙酰化与其基因转录活性呈正相关。雄性个体的Xa染色质H4能乙酰化,而雌性个体Xi染色质H4只有少量乙酰化。研究认为,缺乏乙酰化能使雌性个体X染色体关闭转录,染色质凝聚程度增高。

2)组蛋白乙酰化与转录起始复合物装配

组蛋白的乙酰化作用能导致组蛋白正电荷减少,削弱了它与DNA结合的能力,引起核小体解聚,从而使转录因子和RNA聚合酶顺利结合到基因DNA上。组蛋白乙酰化作用还能阻止核小体装配,使染色质处于比较松弛状态。近年来的研究还发现,组蛋白的乙酰化是许多转录调控蛋白相互作用的一种“识别信号”，组蛋白 H4 的乙酰化作用参与了指示和吸引 TFⅡD 到相应的启动子上，促进转录前起始复合物的装配。在细胞分裂的间期，组蛋白乙酰化程度最高，而在有丝分裂中期最低，说明乙酰化作用还参与细胞周期和细胞分裂的调控。因此说，组蛋白乙酰化是一种重要的细胞调控方式。

3)组蛋白的去乙酰化与基因沉默

核心组蛋白的 N 端暴露于核小体之外，参与 DNA-蛋白质之间的相互作用。组蛋白乙酰化是活性染色质的标志之一，低乙酰化或去乙酰化常伴随着转录沉默，如失活的 X 染色体中 H4 组蛋白完全没有乙酰化，DNA 复制过程也伴随有组蛋白的乙酰化。核心组蛋白的去乙酰化能使基因转录受到抑制，生化测定发现，在基因抑制的区域有低乙酰化组蛋白积聚。在异染色质区域 H3 和 H4 的 N 端的乙酰化水平低于整个基因组 H3 和 H4 的乙酰化平均水平，其中 H4 的 Lys16 残基的去乙酰化作用对于维持基因沉默(silencing)十分重要。HDAC 酶的抑制剂能够诱导某些基因的转录，说明 HDAC 的确与基因的抑制有关。

（罗　驰，白荣盘，赵圆圆）

## 思考题

1.真核基因表达调控与原核生物相比有何异同?

2.简述真核生物基因表达调控的 7 个层次。

3.图示锌指结构示意图，指出指形结构中的 DNA 结合模体。

4.简述真核生物转录水平调控过程。

5.解释Ⅰ型和Ⅱ型核受体的区别，每种举出一个实例。

6.反式作用因子的 DNA 结合结构域有哪几种?

7.同源异型域的本质是什么？它与哪种 DNA 结合域最相似?

8.列举三种模式解释增强子如何作用于相距几百个碱基以外的启动子。

9.复合增强子有什么优势?

10.说明如何在细胞核中鉴定转录工厂。为什么体内和体外转录都是该方法的重要部分？为什么转录工厂的存在意味着染色质环发生在细胞核中?

11.绝缘子有什么作用?

12.绘制模型解释如下的结果：(a)在增强子和启动子之间的一个绝缘子部分抑制增强子活性。(b)在增强子和启动子之间的两个绝缘子不抑制增强子活性。(c)在增强子任意一边的一个绝缘子会严重抑制增强子活性。

13.什么是印记基因?

# 第 6 章　蛋白质的合成及其调控

在细胞内，蛋白质是基因表达的最终产物，其合成是细胞发挥生物功能的分子基础。合成过程主要包括 DNA 转录和 mRNA 翻译，因此 DNA 和 mRNA 的基因表达谱并不能完全代表蛋白质水平。DNA 转录发生在细胞核内，将储存在 DNA 中的遗传信息复制到 mRNA，后者穿过核膜被运送到细胞质中的核糖体上才能被翻译成蛋白质。对蛋白质合成的调控不仅局限于转录过程，翻译阶段对基因表达和蛋白质功能的实现也发挥着重要的调节作用。本章将展开蛋白质合成过程以及调控机制的介绍。

## 6.1　mRNA 翻译

### 6.1.1　遗传密码——三联子

信使 RNA(mRNA)是把贮存在 DNA 上的遗传信息传递到蛋白质的媒介，而 mRNA 与蛋白质之间的联系是通过遗传密码(genetic code)解译来实现的。遗传密码又称密码子、遗传密码子或三联体密码(triplets)，是指 mRNA 分子上从 5′端起始密码子 AUG 开始到 3′端终止密码子为止，每三个核苷酸组成的三联体。这条通过密码子生成的特定多肽链的核苷酸序列称为开放阅读框(open reading frame)，多肽链中氨基酸的组成和排列顺序及蛋白质合成的起始、延伸和终止均是由遗传密码决定的。

#### (1)密码子的破译

密码子的破译是研究蛋白质合成的基础也是必经途径。蛋白质中的氨基酸序列是由 mRNA 中的核苷酸序列决定的，因此首先要揭开的问题就是核苷酸与氨基酸数目的对应关系。mRNA 中有 4 种核苷酸，而蛋白质中有 20 种氨基酸，所以以一种核苷酸代表一种氨基酸是不可能的，两种核苷酸也只能代表 $4^2=16$ 种氨基酸，但假定 3 个核苷酸代表一个氨基酸，则有 $4^3=64$ 种密码，完全满足了编码 20 种氨基酸的需要，而且事实上 Crick 等人从遗传学的角度证实了三联子密码的构想是正确的。

密码子的破译还需确定代表每种氨基酸的具体密码。破译过程中,体外蛋白质合成体系的建立和核酸人工合成技术的发展有着非常重要的作用。其基本原理是以大肠杆菌(可以活跃进行蛋白质合成)制备无细胞合成体系,在含有 DNA、mRNA、tRNA、核糖体、AA-tRNA 合成酶及其他酶类的混合抽提物中,加入 DNase 降解混合体系中的 DNA。当其中的 mRNA 消耗完时,则会使体系中的蛋白质合成停止,此时在体系中如果补充了外源性 mRNA 或者人工合成的各种均聚物作为模板以及 ATP、GTP、氨基酸等成分时,则会合成新的肽链,其氨基酸顺序完全由外源性核苷酸序列决定。同时利用放射性同位素标记($^{3}H$,$^{14}C$,$^{35}S$)的氨基酸研究氨基酸掺入到蛋白质中的情况,便可以获得 mRNA 是如何编码蛋白质合成的信息。

1962 年,科学家用大肠杆菌提取液进行体外合成试验,当加入细菌病毒 f2 的 RNA 后,合成了一个与天然的 f2 外壳蛋白完全相同的蛋白质,而且其氨基酸顺序也完全一样。这就证明了在体外条件下,mRNA 的遗传信息可以准确地合成相应的蛋白质。人们进行的多个蛋白质体外合成实验证明了微生物和高等生物细胞蛋白也能在体外合成。

1964 年,Nirenberg 发现,即使蛋白质合成所需的因子没有全部存在,特异的氨酰-tRNA 分子也可以与核糖体 mRNA 复合物结合。例如,多聚 U 与核糖体形成的复合物只与苯丙氨酰-tRNA 结合,而多聚 C 与核糖体的复合物则只与脯氨酰-tRNA 结合。而且这个特异结合只要一个短的三核苷酸序列就足够,不需要长的 mRNA 分子。例如,加入三核苷酸序列 UUU 可与苯丙氨酰-tRNA 结合,而 AAA 则与赖氨酰-tRNA 特异地结合在核糖体上。因此可以用已知碱基顺序的三核苷酸序列进行实验来测知各种不同氨基酸的密码子。但这个方法尚不能确定全部氨基酸的密码子,因为有些三核苷酸序列与氨酰-tRNA 结合的结合率较低而无法确定密码子和氨基酸的对应关系。

在应用三核苷酸技术的同时,Khorana 采用有机化学与酶学技术相结合的方法,合成了已知顺序的含 2,3,4 种碱基的共聚物,此方法的发明和使用大大加速了遗传密码子的破译过程。通过 Nirenberg 的三核苷酸结合技术和 Khorana 的重复顺序技术,终于在 1966 年将遗传密码完全破译。遗传密码子的详情信息列于表 6-1。

**表 6-1　遗传密码子表**

| | U | C | A | G | |
|---|---|---|---|---|---|
| U | UUU (Phe/F)苯丙氨酸 | UCU (Ser/S)丝氨酸 | UAU (Tyr/Y)酪氨酸 | UGU (Cys/C)半胱氨酸 | U |
| | UUC (Phe/F)苯丙氨酸 | UCC (Ser/S)丝氨酸 | UAC (Tyr/Y)酪氨酸 | UGC (Cys/C)半胱氨酸 | C |
| | UUA (Leu/L)亮氨酸 | UCA (Ser/S)丝氨酸 | UAA 终止 | UGA 终止 | A |
| | UUG (Leu/L)亮氨酸 | UCG (Ser/S)丝氨酸 | UAG 终止 | UGG (Trp/W)色氨酸 | G |
| C | CUU (Leu/L)亮氨酸 | CCU (Pro/P)脯氨酸 | CAU (His/H)组氨酸 | CGU (Arg/R)精氨酸 | U |
| | CUC (Leu/L)亮氨酸 | CCC (Pro/P)脯氨酸 | CAC (His/H)组氨酸 | CGC (Arg/R)精氨酸 | C |
| | CUA (Leu/L)亮氨酸 | CCA (Pro/P)脯氨酸 | CAA (Gln/Q)谷氨酰胺 | CGA (Arg/R)精氨酸 | A |
| | CUG (Leu/L)亮氨酸 | CCG (Pro/P)脯氨酸 | CAG (Gln/Q)谷氨酰胺 | CGG (Arg/R)精氨酸 | G |

续表

| | U | C | A | G | |
|---|---|---|---|---|---|
| A | AUU (Ile/I)异亮氨酸<br>AUC (Ile/I)异亮氨酸<br>AUA (Ile/I)异亮氨酸<br>AUG (Met/M) 甲硫氨酸;起始 | ACU (Thr/T)苏氨酸<br>ACC (Thr/T)苏氨酸<br>ACA (Thr/T)苏氨酸<br>ACG (Thr/T)苏氨酸 | AAU (Asn/N)天冬酰胺<br>AAC (Asn/N)天冬酰胺<br>AAA (Lys/K)赖氨酸<br>AAG (Lys/K)赖氨酸 | AGU (Ser/S)丝氨酸<br>AGC (Ser/S)丝氨酸<br>AGA (Arg/R)精氨酸<br>AGG (Arg/R)精氨酸 | U<br>C<br>A<br>G |
| G | GUU (Val/V)缬氨酸<br>GUC (Val/V)缬氨酸<br>GUA (Val/V)缬氨酸<br>GUG (Val/V)缬氨酸 | GCU (Ala/A)丙氨酸<br>GCC (Ala/A)丙氨酸<br>GCA (Ala/A)丙氨酸<br>GCG (Ala/A)丙氨酸 | GAU (Asp/D)天冬氨酸<br>GAC (Asp/D)天冬氨酸<br>GAA (Glu/E)谷氨酸<br>GAG (Glu/E)谷氨酸 | GGU (Gly/G)甘氨酸<br>GGC (Gly/G)甘氨酸<br>GGA (Gly/G)甘氨酸<br>GGG (Gly/G)甘氨酸 | U<br>C<br>A<br>G |

### (2)密码子的特性

1)遗传密码的连续性

遗传密码的翻译是从 5′端的起始密码子到 3′端终止密码子为止,连续没有重叠地阅读。且两个密码子之间没有任何分隔,即连续阅读没有标点,这称为密码子的连续性。因此,起始密码子决定了所有后续密码子的位置。若某处插入或删去一个碱基,该部位之后的密码就会发生连锁变化。而且增减非 3 的倍数量的碱基对,这种基因突变常常是致死的。

2)遗传密码的简并性

遗传密码的简并性是指同一个氨基酸由一种以上的密码子编码的现象。例如,苯丙氨酸可以用 UUU 和 UUC 编码,丝氨酸可以用 UCU,UCC,UCA,UCG,AGU 和 AGC 编码。以上编码同一氨基酸的密码子称为同义密码子(synonymous codon)。同义密码子一般不是随机分布的,当三联体密码子前两个核苷酸相同时,第三个核苷酸的种类并不改变所编码的氨基酸,即第三个核苷酸则可以是胞嘧啶和尿嘧啶,也可以是腺嘌呤或鸟嘌呤。但不是所有的简并性都体现为前两个核苷酸相同,例如亮氨酸可由 UUA 和 UUG 编码,也可由 CUU,CUC,CUA 或 CUG 编码,它们分别由两种 tRNA 与之结合。密码子的简并性,特别是第三位的胞嘧啶和尿嘧啶或鸟嘌呤和腺嘌呤的简并性常常等同,这就解释了为什么在不同生物的 DNA 中的 AT/GC 比率变异很大,而其蛋白质的氨基酸相对比例却没有很大变化的问题。一般说来,编码某一氨基酸的密码子越多,该氨基酸在蛋白质中出现的频率越高。当然也有例外,精氨酸尽管有 4 个同义密码子,但因为在真核生物中 CG 双联子出现的频率较低,蛋白质中其出现频率并不高。

密码子简并性具有减少有害突变,提高蛋白合成效率的重要生物学意义。若每种密码子只能编码一种氨基酸,那么 61 个密码子中只有 20 个是有意义的,而其余 41 个都不能编码氨基酸而导致肽链合成终止。此外,由于基因突变引起肽链合成终止的概率也会大大增加。而密码子的简并性则使 DNA 分子上碱基组成有较大的变动余地,例如,细菌 DNA 中 G+C 含量变动很大,但不同 GC 含量的细菌却可以编码出相同的多肽链。所以，对于保持物种的稳定，密码简并性发挥着重要的作用。

3）密码子的通用性与特殊性

无论在体内还是体外，也无论是病毒、细菌、动物还是植物，基本上共用同一套遗传密码称为遗传密码的通用性。例如，将兔网织红细胞的多聚核糖体与大肠杆菌的氨酰-tRNA 上的反密码子放到同一个反应体系时，后者可以正确阅读兔血红蛋白 mRNA 的编码序列；烟草花叶病毒 RNA 可以在大肠杆菌无细胞体系中指导 mRNA 和蛋白质的合成；将带有大肠杆菌半乳糖操纵子的 λ 噬菌体感染离体培养的半乳糖血症患者成纤维细胞后，在噬菌体导入的大肠杆菌半乳糖操纵子基因指导下合成了转移酶，使培养细胞能正常代谢半乳糖。上述实验均表明，真核生物基因能在原核细胞中表达，细菌基因能在人的细胞中正确表达，从而充分证明了原核细胞与真核细胞的遗传密码是通用的。密码子的通用性对我们研究生物的进化有很大帮助。

当然密码子的通用性也有例外，在嗜热四膜虫中，终止密码子 UAA 编码谷氨酰胺；在支原体中，另一个终止密码子 UAG 编码色氨酸。这种遗传密码的特殊性还体现在线粒体基因序列中，UAG 编码色氨酸而不是终止密码子；AUA 编码甲硫氨酸等。

### (3)起始密码子和终止密码子

1）起始密码子密码子

AUG 是与 *N*-甲酰甲硫氨酰-tRNA 结合的密码子，在原核生物中启动蛋白质的合成，所以叫作起始密码子。开始人们发现有一种专门携带 *N*-甲酰甲硫氨酰的 tRNA（tRNAMetf），因此推想，它会识别与甲硫氨酸的密码子 AUG 不同的另一种密码子。但顺序分析 tRNAMetf，却发现它的反密码子与运载甲硫氨酸的 tRNAMetm 一样，即 3′-UAC-5′。也就是说，tRNAMetf 和 tRNAMetm 都与 AUG 配对。那么，如何区别这两种 tRNA 的配对呢？这是由蛋白质合成的因子决定的，因为只有 fMet-tRNAMetf 才能和起始因子 IF2 结合生成 30S 起始复合物；也只有 fMet-tRNAMetm 才能与延长因子 EF-Tu 结合。这样，即使它们共用一个密码子 AUG，甲酰甲硫氨酸只能在多肽链合成起始时掺入，而甲硫氨酸则在多肽链延长时掺入到肽链内部。后来还发现 fMet-tRNAMetf 可以与 GUG 密码子结合。在大肠杆菌内，GUG 作为起始密码子的频率只有 AUG 的 1/30。GUG 原是缬氨酸的密码子。GUG 与 tRNAMetf 的反密码子 3′-UAC-5′配对就意味着有一种新的变偶。因为不是密码子的第三个（3′端）碱基发生变偶，而是第一个（5′ 端）与反密码子。对这种异常变偶的一个可能的解释是，根据 tRNAMetf 的顺序分析，邻近反密码子 3′端的碱基是未经修饰的腺嘌呤，而不是在差不多所有其他 tRNA 中都存在的体积巨大的烷基化衍生物。不仅如此，甚至 UUG 和 CUG 有时也具有起始密码子的作用，但其频率则比 GUG 更低。

2）终止密码子

密码子 UAA，UGA 和 UAG 并不编码任何氨基酸，是无义密码子，起着终止肽链合成的作用，因此又称为终止密码子。这 3 个密码子均是作为肽链终止的密码子，它们在蛋白质合成中起着终止肽链延长的作用。但目前尚不清楚为什么需要 3 个终止密码子。据对大肠杆菌的一些基因所做的碱基顺序分析可知，多数基因是用 UAA 作为终止密码子。

有些基因有 2 个甚至 3 个连续的终止密码子。有些 mRNA 中，2 个或 3 个终止密码子是连续的，但有些则分隔开。对保证蛋白质合成的适时终止，多个终止密码子的存在是很重要的。

## 6.1.2 mRNA 翻译元件

### (1)tRNA

1)tRNA 的结构

1956 年，Francis Crick 预言在蛋白质的合成过程中可能存在着一种转接器分子(adaptor molecules)。这种转接器分子后来被证实为 RNA 分子，现在称之为转运 RNA(transfer RNA，tRNA)。tRNA 被称为第二遗传密码，在将基因密码及排列转换为多肽链中的氨基酸序列的过程中 tRNA 起着中心及桥梁的作用，既为三联密码子翻译成氨基酸提供了接合体，也为准确无误地将所需氨基酸运送到核糖体提供运载体。tRNA 的这种双重功能与它的结构是统一的。现已从各种不同生物中测定 350 多种 tRNA 的核苷酸顺序。所有 tRNA 都是长度约为 80 个核苷酸残基的单链分子，二级结构呈三叶草形，由 4 个臂和 4 个环组成，其中可变环含有 5～21 个核苷酸残基(图 6-1)。

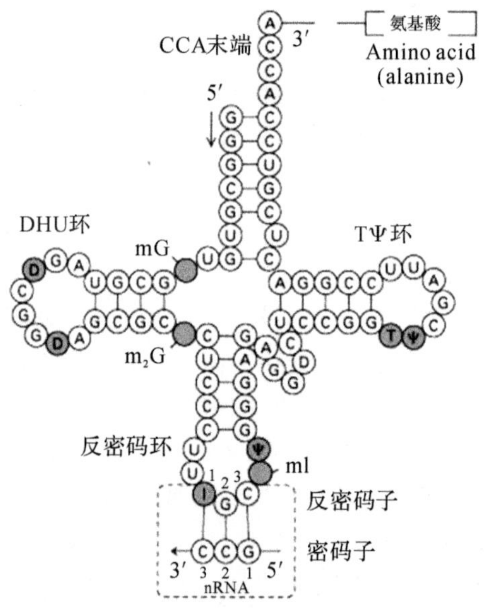


图 6-1 tRNA 的二级结构(引自朱玉贤，2007)

X 射线结晶学阐明了 tRNA 是一个紧密的 L 形分子三级结构，远离残基间的稳定由氢键和疏水堆叠之间相互作用维持。三叶草形 tRNA 分子上根据其结构和功能命名了 4 条手臂：

由 tRNA 5′末端与 3′末端序列碱基配对形成的杆状结构和 3′末端未配对的 3～4 个碱基组成的是接受臂(acceptor arm)。所有 tRNA3′末端的-CCA 是不成碱基配对的，氨酰-tRNA 合成酶反应时接受氨基酸的部位是 tRNA3′末端的 A 残基，这样在三级结构上氨基酸的接受位点就远离了反密码子。

TψC 臂由 3 个核苷酸命名，其中 ψ 表示拟尿嘧啶，是一种不常见核苷酸。

反密码子臂是根据位于套索中央的三联反密码子命名的。

D 臂则是根据它含有二氢尿嘧啶命名的。

每个 tRNA 分子都有各自不同的序列，但所有的 tRNA 都具有共同的结构特征，即存在特殊的修饰核苷，包括单纯的碱基或核糖残基的甲基化和复杂的取代。这些特殊的碱基修饰均发生于转录后，一般都是碱基的改变，偶尔会发生碱基的交换。例如，插入次黄苷或是不常见的碱基 queuosine，取代了在多核苷酸前体中的腺嘌呤或鸟嘌呤。修饰核苷可能发挥着以下作用：稳定 tRNA 三级结构，有助于密码子-反密码子的相互作用，防止不适当的氨基酸错载，增加翻译效率和信实程度，以及解读的框架的维持(图 6-2)。

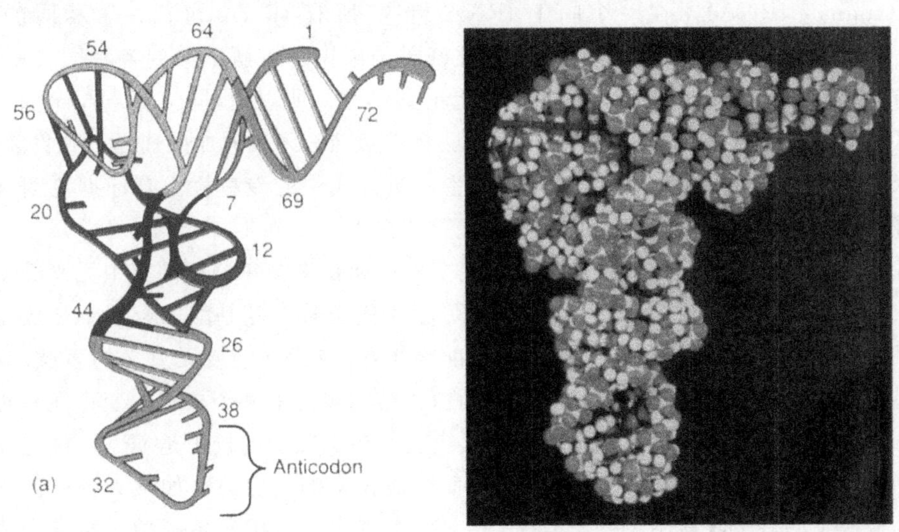


图 6-2　tRNA 的三级结构

2)tRNA 的功能

转录过程是信息从一种核酸分子(DNA)转移到另一种结构上极为相似的核酸分子(RNA)的过程，信息转移依赖于碱基配对。而在翻译过程中，遗传信息依靠 tRNA 的解码机制完成从 mRNA 分子到结构极不相同的蛋白质分子的转移，使得信息以单个氨基酸的三联密码子形式呈现。按照 Crick 的接合体假说，氨基酸必须先与一种接合体接合之后，才能进入核糖体，而后在 RNA 模板的指导下正确合成蛋白质。氨基酸在消耗 ATP 的情况下结合到 tRNA 上，生成有蛋白质合成活性的 AA-tRNA，后由 AA-tRNA 合成酶催化。同时，AA-tRNA 的生成还涉及信息传递的问题，tRNA 与 mRNA 是通过反密码子与密码子相互识别配对发挥作用的，因为氨基酸本身不能识别密码子，只有结合到 tRNA 上生成 AA-tRNA，才能被带到 mRNA-核糖体复合物上，依次插入到正在合成的多肽链的适当位置上，肽链合成后便从核糖体中释放。

实验证明模板 mRNA 只能识别特异的 tRNA 而不是氨基酸。$^{14}$C 标记的半胱氨酸与 tRNAcys 结合后生成$^{14}$C-半胱氨酸-tRNAcys 经 Ni 催化可生成$^{14}$C-Ala-tRNAcys，把$^{14}$C-

Ala-tRNAcys 加进含血红蛋白 mRNA、其他 tRNA、氨基酸以及兔网织细胞核糖体的蛋白质合成系统中,发现$^{14}$C-Ala-tRNAcys 插入到通常由半胱氨酸占据的血红蛋白分子的位置上,以上实验表明 tRNA 并非通过氨基酸发挥识别作用。

3)tRNA 的种类

①起始 tRNA 和延伸 tRNA　起始 tRNA 是在肽链合成过程中,第一个进入核糖体能特异地识别 mRNA 模板上起始密码子的 tRNA。其余 tRNA 参与肽链延伸的统称为延伸 tRNA。起始 tRNA 具有独特的结构特征。原核生物起始 tRNA 携带甲酰甲硫氨酸,且其 Met-tRNAfMet 必须首先甲酰化生成 fMet-tRNAfMet 才能参与蛋白质的生物合成。真核生物起始 tRNA 携带甲硫氨酸。

②同工 tRNA　由于一种氨基酸可能有多个密码子,所以有多个 tRNA 来识别这些密码子,即多个 tRNA 代表同一种氨基酸,我们将几个代表相同氨基酸的 tRNA 称为同工 tRNA(cognate tRNA)。在一个同工 tRNA 组内,所有 tRNA 均专一于相同的氨酰-tRNA 合成酶。同工 tRNA 既要有不同的反密码子来识别该氨基酸的各种同义密码子,又要有能被 AA-tRNA 合成酶识别的结构上的共同性。所以说,同工 tRNA 组内具备了足以区分其他 tRNA 组的特异构造,从而保证合成酶准确无误地加以选择。到目前为止,科学家还无法解释在一级结构上,tRNA 在蛋白质合成中的专一性。有证据说明,tRNA 的二级和三级结构对它的专一性起着举足轻重的作用。

③校正 tRNA　校正 tRNA 分为无义突变校正和错义突变校正。其中无义突变是指在蛋白质的结构基因中,一个核苷酸的改变可能使代表某个氨基酸的密码子变成终止密码子(UAG,UGA,UAA),使蛋白质合成提前终止,合成无功能或无意义的多肽。tRNA 可通过改变反密码子区来校正无义突变。而由于结构基因中某个核酸的变化使一种氨基酸的密码变成另一种氨基酸的密码称为错义突变。错义突变的校正是 tRNA 通过反密码子区的改变把正确的氨基酸加到肽链上,从而合成正常的蛋白质。如某大肠杆菌细胞色氨酸合成酶中的一个甘氨酸密码子 GGA 错义突变成 AGA(编码精氨酸),指导合成错误的多肽链。甘氨酸校正 tRNA 的校正基因突变使其反密码子从 CCU 变成 UCU,它仍然是甘氨酸的反密码子但不结合 GGA 而是与突变后的 AGA 密码子结合,把正确的氨基酸(甘氨酸)放到 AGA 所对应的位置上。

在校正过程中,很多情况都会影响校正的效率,如校正 tRNA 必须与正常 tRNA 竞争结合密码子,无义突变的校正 tRNA 必须与释放因子竞争识别密码子,错义突变的校正 tRNA 必须与该密码的正常 tRNA 竞争。所以,某个校正基因的效率不仅取决于反密码子与密码子的亲和力,也取决于它在细胞中的浓度及竞争中的其他参数。一般情况下,校正效率不会超过 50。无义突变的校正 tRNA 在校正无义突变同时,还会抑制该基因 3′端正常的终止密码子,导致对终止密码子的通读,合成更长的蛋白质,这种蛋白质过多就会对细胞造成伤害。同样,一个基因错义突变的校正也能使另一个基因错误翻译,因为如果一个校正基因在突变位点通过取代一种氨基酸的方式校正了一个突变,它同样可以发生在另一位点使正常位点上引入新的氨基酸。

4)氨酰 tRNA 合成酶

氨酰 tRNA 合成酶(aminoacyl tRNA synthetase,aaRS)是一类催化氨基酸或其前体

与对应 tRNA 发生酯化反应而形成氨酰 tRNA 的特异性酶。aaRS 既要识别 tRNA，也能识别氨基酸，它对这两者的识别都具有高度的专一性。因此氨酰 tRNA 合成酶的种类与标准氨基酸的数量一样都为 20 种。氨酰-tRNA 合成酶通过同时与氨基酸的侧链基团及与 tRNA 相结合，将氨基酸接合于 tRNA。原核生物含有 20 种氨酰-tRNA 合成酶，与相应的氨基酸一一对应，每一种氨酰-tRNA 合成酶可与该氨基酸的多个同工受体 tRNA 结合，但也有例外。如在大肠杆菌中只有一种 tRNALys，但却有 2 种赖氨酸的氨酰-tRNA 合成酶(图 6-3)。在真核生物内，细胞质、叶绿体和线粒体内的氨酰-tRNA 合成酶是不同的，现已对多种不同来源的合成酶进行提纯测序分析。

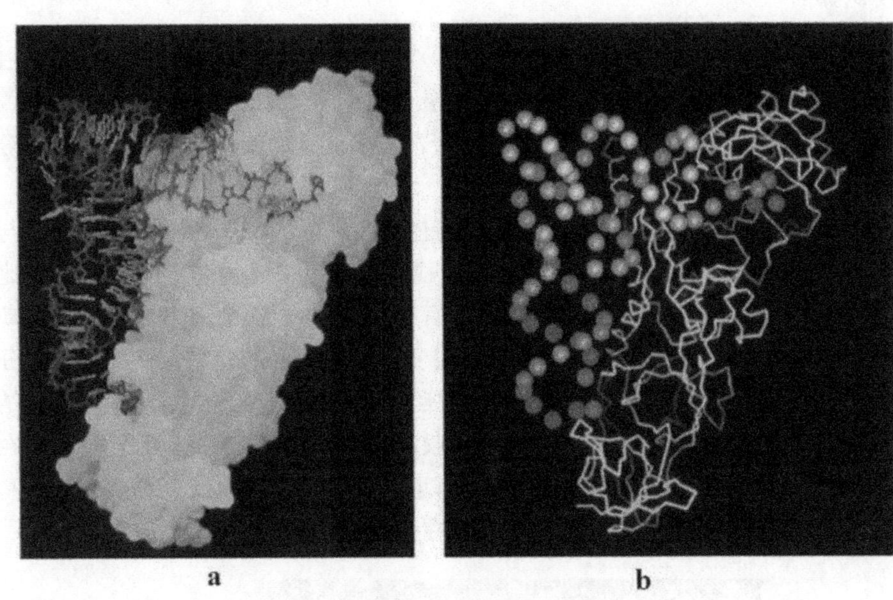

小球代表磷原子

图 6-3　大肠杆菌的 Gln-tRNA 合成酶的晶体结构(a)和模式图(b)

特异性的依据由不同 tRNA 的碱基组成和空间结构为 aaRS 识别提供。现已知合成酶蛋白是在 L 形 tRNA 的侧面与之结合的，而且两类合成酶结合的侧面不同，它们是分别在相对的侧面结合的。具体地说，在 tRNA 的 D-环侧结合的是第一类酶(如 Gln-tRNA 合成酶)，识别其受体臂的小沟(minor groove)，反密码子环在另一端。而另一侧与 tRNA 接触的则是第二类酶(如 Asp-tRNA 合成酶)，识别其可变环和受体臂的大沟(major groove)。由于 tRNA 的受体臂和反密码子臂(anticodon arm)是和合成酶紧密接触的，所以，这两个部位也对 tRNA 的识别。利用突变的方法，改变 tRNA 的个别碱基，然后测定合成酶对它的识别能力，可以了解哪些核苷酸是与识别有关的。据现在所知，这些识别位置为数不多，一般只有 1～5 个。如 Ala-tRNA 合成酶的识别位置只是在受体臂上的 G3・U70 bp 上。而且，对于 tRNA 的识别位置每一种合成酶均不相同，没有一般的规律。由于氨酰-tRNA 合成酶对 tRNA 的识别在蛋白质的正确合成中的重要性，所以，有人称之为“第二遗传密码”。

但是 aaRS 是如何特异性地识别相似结构的氨基酸，一直是令人费解的问题。例如，异亮氨酸比缬氨酸多一个甲烯基团，但是异亮氨酸-tRNA 合成酶对前者的亲和力是后者的 225 倍，体内缬氨酸的浓度比异亮氨酸高 5 倍，理论上计算缬氨酸被错误活化带到异亮氨酸位点上的概率是 1/40，但实际上错误频率只有 $1.5\times10^{-5}$，这提示机体还存在着其他重要的校正手段来保证蛋白合成的真实性。有科学家发现被错误活化的缬氨酸所产生的误差在后一阶段会被再次校正，也就是说，这一类的缬氨酸不会被 tRNAIle 结合，相反会被酶本身水解。

### (2)核糖体

核糖体是主要由几种核糖体 RNA(rRNA)和几十种蛋白质构成的核糖核蛋白颗粒(ribonucleoprotein particle)，普遍存在于除哺乳动物成熟红细胞外的所有细胞中。核糖体是负责执行 mRNA 的指令，将氨基酸合成蛋白质多肽链的细胞内蛋白质合成的分子机器，为蛋白质的生物合成提供了必要条件。

真核生物细胞器的核糖体与细胞质的核糖体有所不同。比如叶绿体的核糖体与细菌核糖体大小相近，但它们的 RNA 比例要比细菌的大，而植物线粒体中的核糖体则比它周围的细胞质的核糖体略小。低等真核生物(如真菌)核糖体比细菌的大，但是，哺乳动物的线粒体或两栖类动物的线粒体中的核糖体显得更小，总共只有 60S，其中 RNA 的分子量比也较小。在真核生物的细胞质中，核糖体常常与细胞骨架(一种纤维状的基质)结合在一起。而在有些真核细胞中，核糖体与内质网膜结合在一起(图 6-4)。尽管核糖体在细胞内的存在方式不同，但其共同特点是在细胞中，承担着蛋白质合成任务的核糖体不是自由存在的，而总是直接或间接地与细胞结构结合在一起。

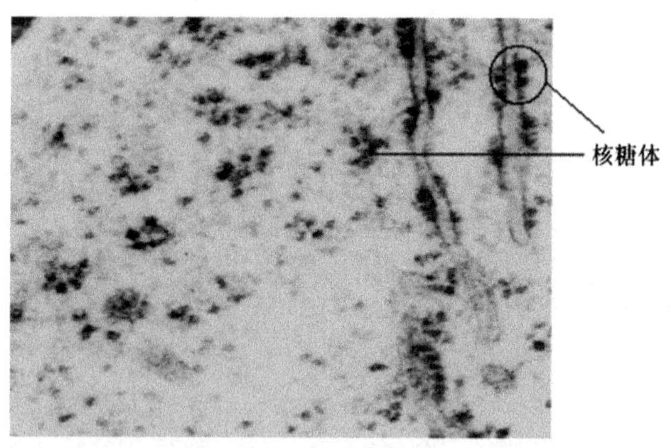


圆圈内的黑色颗粒为结合到内质网上的核糖体

图 6-4 电镜下的核糖体

无论是原核生物还是真核生物，均可从细胞中分离出核糖体、核糖体亚基和多聚核糖体(polysome)3 种类型的核糖体。生物体通过这些核糖体循环在细胞内进行蛋白质的生物合成。大多数核糖体在细胞质中以非活性的稳定状态单独存在。只有少数与 mRNA 一起形成多聚核糖体。在多聚核糖体中，其大小变化，一般视 RNA 链的长短及核糖体的组装紧密程度而异，后者显然与核糖体在一个特定的基因的开端起始的频度有关，而这又与核糖体的结合位点相关。一般一条 mRNA 的最大利用率是每 80 个核苷酸有 1 个核糖体(图 6-5)。

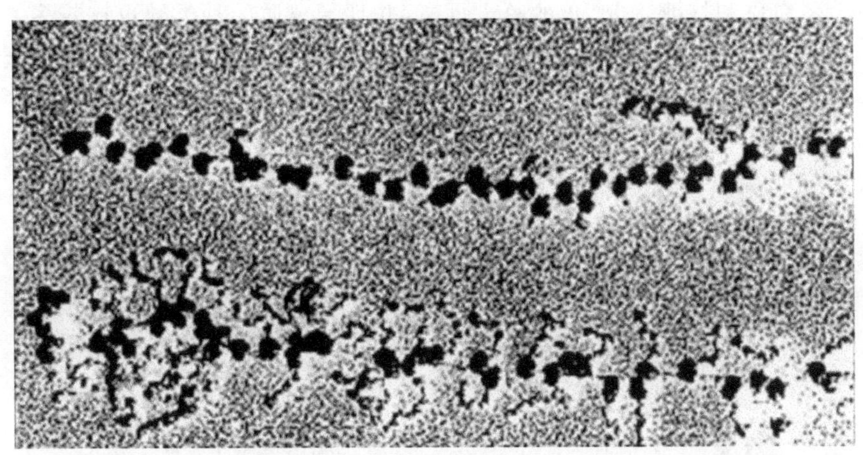

图 6-5　电镜下的多个核糖体与 mRNA 的结合形成念珠状

1)核糖体的结构

①核糖体大小亚基。

利用超速离心与其他分离技术可以解析核糖体组分的化学结构，从形状上看，真核生物细胞质的核糖体与原核生物的核糖体包括大小 2 个亚基，大亚基的相对分子质量约为小亚基的 2 倍。两个亚基均含有一个起主要作用的 rRNA 成分以及许多具有不同功能的蛋白质分子。例如在大肠杆菌中，RNA 和蛋白质的比例约为 2∶1，在其他许多生物体中则为 1∶1。小亚基(30S)由 1 种 RNA(16S，1542 个核苷酸)和 21 种蛋白质构成，大亚基(50S)由 2 种 RNA(5S，120 个核苷酸和 23S，2904 个核苷酸)和 34 种蛋白质构成。根据核糖体的 RNA 测序结果，核糖体大亚基和小亚基的分子量分别是：小亚基蛋白质共 $350\times10^3$ kD，16S rRNA 为 $500\times10^3$ kD，两者之和为 $850\times10^3$ kD；大亚基蛋白质为 $460\times10^3$ kD，23S rRNA 与 5S rRNA 为 $990\times10^3$ kD，共为 $1450\times10^3$ kD，故核糖体总分子量是 $2300\times10^3$ kD。核糖体在原核生物、真核生物细胞质及细胞器中存在着很大的差别。

②核糖体蛋白(ribosomal protein，r-蛋白)。

核糖体上不仅仅只有一个活性中心，每个活性中心都由一组特殊的蛋白质构成。通过氯化铯密度梯度离心可以将这类核糖体蛋白质分为两部分，一种是核心蛋白(core protein，CP)；另一种是脱落蛋白(split protein，SP)。这些蛋白质本身具有催化功能，但是如果把它们从核糖体中分离出来，它们的催化功能会因此完全消失。如果将核心蛋白及脱落蛋白与 rRNA 放在一起保温，两者很快自行组装成为有功能的 30S 与 50S 亚基。因此，核糖体是一个集合体，富含多种酶，只有在核糖体这个集合体内单个酶或蛋白才会具有催化活性，进而行使催化功能，这些核糖体蛋白在这一集合体结构中一起在蛋白质合成中发挥作用。

真核生物的核糖体组成与原核生物不同,并且在真核生物的细胞与细胞器(主要是叶绿体和线粒体)均存在核糖体。真核生物与原核生物核糖体的差异主要反映在核糖体的总体大小及 RNA 与蛋白质的组成上。例如与细菌相比,真核生物的细胞质中核糖体体积大,蛋白质和核糖体 RNA 的总含量高,并且蛋白质的种类数也比较多。核糖体小亚基(40S)由大约 33 个核糖体蛋白质,大亚基(60S)则由大约 49 种核糖体蛋白质组成(图 6-6)。

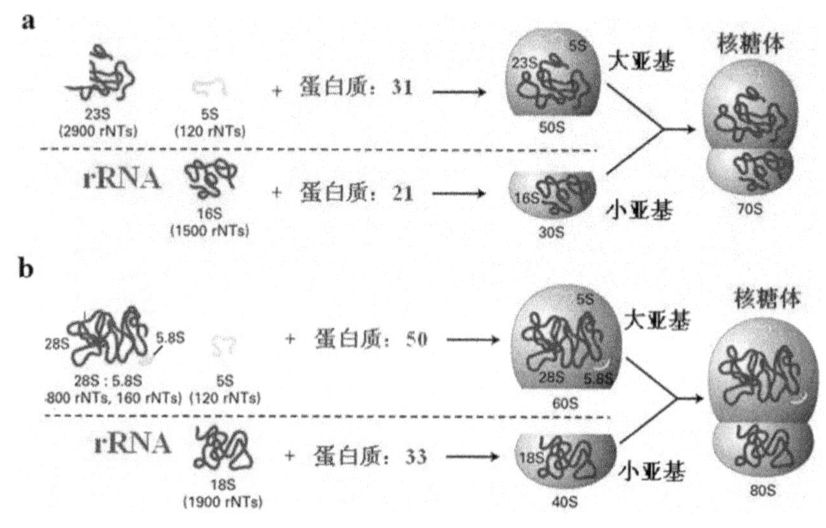


(a)原核生物;(b)真核生物

图 6-6 原核生物和真核生物核糖体示意图

近期研究发现核糖体亚基蛋白除了作为核糖体的基本组成成分外,还具有参与细胞内调控的功能。核糖体蛋白发生突变,能够调节 p53 的活性并影响人类疾病和肿瘤的发生。例如,RPL11 是一种在进化上高度保守的蛋白,在脊椎动物间的同源性高达 95 以上。RPL11 在胞质合成后经核孔进入到细胞核,在核仁内参与核糖体的组装。组装成熟的核糖体又重新通过核孔进入到胞质进一步参与蛋白质合成,RPL11 主要富集在核仁。有研究发现,RPL11 在调节抑癌蛋白 p53 和癌蛋白 c-Myc 的活性功能等方面发挥重要作用。除此之外,RPL5、RPS13、RPS7、RPS14 和 RPS19 等核糖体蛋白也与某些疾病的发生有关。

③核糖体 RNA(rRNA)。

核糖体核糖核酸(rRNA)既是核糖体的重要组成成分,也是核糖体发挥重要功能的主要元件,因此 rRNA 对于核糖体自身组装以及活力表现等方面起着重要作用。运用现代生物学、物理学和化学技术进行测定,可以得知每个细菌的核糖体都由 2 个大的 rRNA(16S,23S)和一个小的 rRNA(5S)分子构成,一旦失去这 3 种 rRNA,核糖体的结构就会完全瓦解。由此可知,rRNA 的功能是与核糖体蛋白质相互作用以维持核糖体的三维结构。除此之外,rRNA 还能够直接参与 mRNA 与核糖体小亚基的结合以及各个亚基之间的联合。有相关体外重组实验证明,rRNA 在蛋白质合成中发挥着决定性的作用。核糖体蛋白质自身并不具备蛋白质合成活性,部分核糖体蛋白质的缺失并不会导致核糖体的失活。下面具体介绍各类核糖体RNA的构成和功能特点。

革兰氏阴性菌的5S rRNA含有120个核苷酸,而革兰氏阳性菌的5S rRNA含116个核苷酸。5S rRNA有两个特殊区域,具有高度保守性。一个区域含有保守序列CGAAC,是5S rRNA与tRNA相互识别的序列,因为这一序列是tRNA分子Tψ C环上的GTψ CG序列相互作用的部位。另外一个区域含有保守序列GCGCCGAAUGGUAGU,因为能与23S rRNA中的某段序列互补,所以是5S rRNA与50S核糖体大亚基相互作用的位点,进而在结构上发挥功能。

16S rRNA主要通过与mRNA、50S亚基以及P位和A位的tRNA的反密码子直接作用影响蛋白质的合成中。16S rRNA长度为1475～1544个核苷酸,含有少量修饰碱基。该分子虽然可被分成几个区,但全部压缩在30S小亚基内。该rRNA的结构十分保守,其中3′端一段ACCUCCUUA的保守序列,与mRNA 5′端翻译起始区富含嘌呤的序列互补。在靠近23S rRNA该rRNA基因的一级结构包括2904个核苷酸,在大肠杆菌23S rRNA第1984—2001位核苷酸之间,存在一段能与tRNAMet序列互补的片段,提示核糖体大亚基23S rRNA可能与tRNAMet的结合有关。有证据显示23S rRNA一方面与tRNA结合,另一方面还与5S rRNA结合,核糖体50S大亚基约有20种蛋白质能与23S rRNA结合。

5.8S rRNA只存在于真核生物中,其功能可能与原核生物的5S rRNA相似。18S rRNA与原核16S rRNA具有广泛的同源性。28S rRNA目前功能不清。

rRNA、tRNA和mRNA三者之间具有复杂的相互作用,并且这种关系是以序列互补或同源为基础的。

④核糖体3个tRNA结合位点。

氨基酸由AA-tRNA运送至核糖体,并通过这个tRNA与携带上一氨基酸的tRNA相互作用,将新氨基酸加到正在生长的新生蛋白质链上。核糖体上有3个tRNA结合位点:A位点(aminoacyl site)、P位点(peptidyl site)和E位点(exit site)。其中,A位点是新到来的AA-tRNA的结合位点;P位点是肽酰-tRNA(peptidyl-tRNA)结合位点;E位点是tRNA释放的位点,发生在延伸过程中。在该位点去氨酰-tRNA脱出,并被释放到核糖体外的胞质基质中。因此tRNA的在各位点的移动顺序是从A到P再到E位点,密码子与反密码子的相互作用可以保证反应的正向进行。

由于tRNA氨基的末端定位在大亚基上,而首端的反密码子与结合小亚基的mRNA相互识别,所以,tRNA结合位点位于核糖体大小亚基的交界面,并横跨两个亚基。

2)核糖体的功能

除哺乳动物成熟红细胞之外的所有细胞中均存在核糖体,核糖体是细胞内蛋白质合成的分子机器。尽管在不同生物体内核糖体的大小有差别,但是其结构基本相同,行使的功能也完全相同。在多肽的合成过程中,不同的tRNA将其分别对应的氨基酸携带到蛋白质合成的部位,并与mRNA进行特异性地相互作用,进而选择对信息具有专一性的AA-tRNA。同时核糖体还需容纳肽酰-tRNA。肽酰-tRNA能够携带肽链,使其能处在肽键易于生成的位置。

核糖体包括多个活性中心：形成肽键的部位（转肽酶中心）、肽基转移部位（P 位）、结合或接受肽酰-tRNA 的部位（E 位）、结合或接受 AA-tRNA 部位（A 位）以及 mRNA 结合部位，除此之外还有具有肽链延伸功能的各种延伸因子的结合位点。

核糖体小亚基上的 mRNA 结合位点，可以对序列进行特异性识别，如密码子与反密码子的相互作用、起始位点的识别等。大亚基具有氨基酸及 tRNA 携带的作用，如 AA-tRNA、肽酰-tRNA 的结合、肽键的形成等。大肠杆菌核糖体大亚基模型如图 6-7 所示。

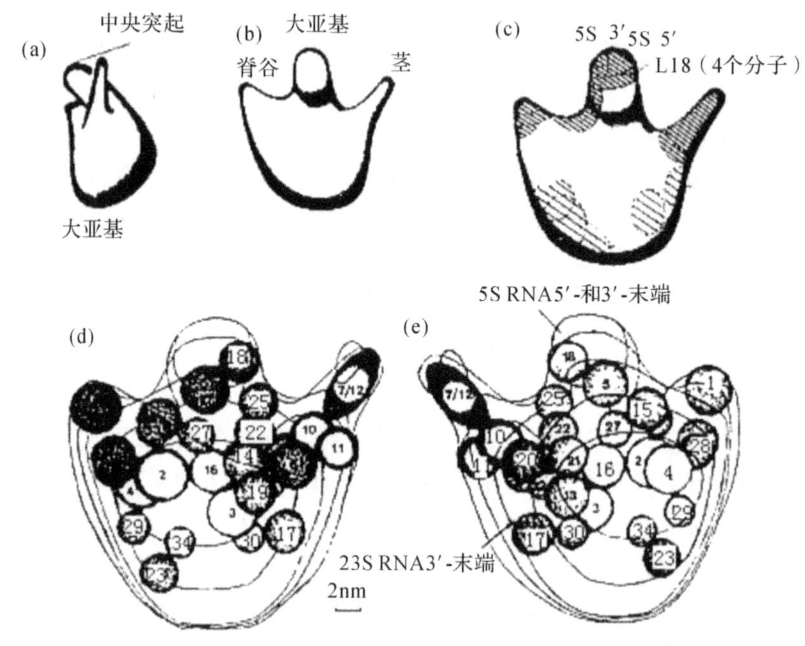


图 6-7 大肠杆菌核糖体大亚基模型（引自阎隆飞等，1997）

# 6.2 蛋白质合成生物学机制

蛋白质是组成人体一切细胞、组织的重要成分，是生命形式的重要表现者，是生命活动的重要物质基础，是生命活动的重要承担者。所以蛋白质的代谢和更新是持续的，不间断的。蛋白质合成过程的第一步是翻译，即根据遗传密码的中心法则，将成熟的 mRNA 中核苷酸序列（碱基排列顺序）进行解码，进而生成与其相对应的特定氨基酸序列的过程。蛋白质的生物合成是一个复杂的过程，包括氨基酸的活化、翻译的起始、肽链的延伸和翻译的终止以及新生多肽链的折叠和加工。本节将从蛋白质合成的各个阶段详细讲述蛋白质合成的生物学机制。

## 6.2.1 氨基酸活化

蛋白质的生物合成是以氨基酸作为原材料的，但是氨基酸并不能直接与模板结合，而是先与接合体——tRNA 相连接。在胞质内，氨基酸能够与 tRNA 结合形成氨酰-tRNA，进而完成氨基酸的活化过程。每一种氨基酸以共价键连接于一种专一的 tRNA，这个过程需要消耗 ATP，形成的氨酰键是一个高能键，能激活生成的复合物。激活的过程需要氨酰-tRNA 合成酶发挥催化作用。

AA-tRNA 合成酶的催化氨基酸活化的反应分两步进行。首先，AA-tRNA 活化氨基酸，生成氨酰腺苷酸（AA-AMP），同时放出焦磷酸。在一般情况下，AA-AMP 中间物紧密地与酶结合，直到与该氨基酸特异的 tRNA 分子发生碰撞时为止。之后，该酶将氨基酸转移到 tRNA 的末端腺苷酸残基上。

AA-tRNA 合成酶催化反应的反应式：

①氨基酸＋ATP→氨酰-AMP＋PPi

②氨酰-AMP＋tRNA→氨酰-tRNA＋AMP

总反应式：氨基酸＋tRNA＋ATP→氨酰-tRNA＋AMP＋PPi

总反应的平衡常数接近于 1，自由能降低极少。这提示 tRNA 与氨基酸之间的化学键是高能酯键，能量来源于 ATP 的水解，并且反应是不可逆的。不同氨酰-tRNA 合成酶对氨基酸的专一性是不同的，有些是高度专一的，只与一种氨基酸结合，有些则同时能与正确氨基酸结构相近的氨基酸结合。但校正（proofreading）机制的存在，导致这些 tRNA 虽然能暂时结合上这些类似物，最终却不能生成稳定的氨酰-tRNA。

在细菌中，甲酰甲硫氨酸是起始氨基酸，*N*-甲酰甲硫氨酸-tRNAfMet 能够与核糖体小亚基结合；而真核生物的每一个多肽的合成都是从生成甲硫氨酰-tRNAiMet 开始的，但是由于甲硫氨酸的特殊性，真核生物的体内存在两种 tRNAMet。普通的 tRNAMet 中携带的甲硫氨酸只能被掺入正在延伸的肽链中，甲硫氨酰-tRNAiMet 才能与 40S 小亚基结合，进而开始肽链的合成。

## 6.2.2　翻译的起始

翻译的起始依赖于两个重要前提：核糖体大、小亚基的解离和产生氨酰 tRNA。AA-tRNA 的合成由氨基酸 tRNA 合成酶催化，具有高度的特异性。自然界中的 20 种氨酰 tRNA 合成酶分别对应一种氨基酸。原核生物起始的 tRNA 是 fMet-tRNAfMet，真核生物是 Met-tRNAMet。原核生物中 30S 小亚基先与 mRNA 模板相结合，再与 fMet-tRNAfMet 结合，最后与 50S 大亚基结合；而真核生物中，40S 小亚基首先与 Met-tRNAMet 相结合，再与模板 mRNA 结合，最后与 60S 大亚基结合形成 80S · mRNA · Met-tRNAMet 起始复合物。这一过程需要 GTP 提供能量，同时 3 个起始因子（IF-1、IF-2、IF-3）以及 $Mg^{2+}$、$NH_4^+$ 也发挥重要作用。30S 小亚基与这些起始因子的结合比较松散易解离，1mol/L $NH_4Cl$ 处理便可使其解离。

### (1)原核生物翻译的起始

细菌中翻译的起始需要如下 7 种成分：30S 小亚基、模板 mRNA、fMet-tRNAfMet、3 个翻译起始因子（IF-1、IF-2、IF-3）、GTP、50S 大亚基和 $Mg^{2+}$。翻译起始可分为三步：

第一步，30S 小亚基与翻译起始因子 IF-1、IF-3 结合，通过 SD 序列与 mRNA 模板相结合。

第二步，fMet-tRNAfMet 在 IF-2 和 GTP 的作用下进入小亚基的 P 位点，tRNA 上的反密码子与 mRNA 上的起始密码子配对。

第三步，带有 tRNA、mRNA、3 个翻译起始因子的小亚基复合物可与 50S 大亚基结合，继而 GTP 水解，随后释放翻译起始因子。

*N*-甲酰甲硫氨酸(fMet)是所有细菌蛋白质合成的氨基端的第一个氨基酸，这是在甲硫氨酸的氨基末端通过酶促反应连接上一个甲酰基修饰，该氨基酸只能在蛋白质合成的起始阶段起作用。因为不存在游离的氨基，所以它在不能在肽链延伸时插入内部。但并非所有甲硫氨酰-tRNA 分子都可以甲酰化。大肠杆菌细胞内有两种类型 tRNAfMet，另一类是 tRNAfMet，一类是 tRNAmMet，只有 tRNAfMet 上的甲硫氨酸可以甲酰化。对 tRNAfMet 和 tRNAmMet 分析发现，它们编码的氨基酸不同，但有着相同的反密码子顺序。tRNAfMet 和 tRNAmMet 主要由以下三点不同：①氨基酸臂 3′ 端第 5 个碱基在 tRNAfMet 是 A，它与 tRNAfMet 5′ 端 C 不配对；在 tRNAmMet 相对应的位置是 C，它可以与 5′ 端的 G 形成配对。②TψC 环上，tRNAfMet 是 TψC，在 tRNAmMet 相对应的位置是 G。③反密码子环上，tRNAfMet 反密码子 3′ 端临位碱基是 A，在 tRNAmMet 相对应位置是烷基化的 A。

核糖体对基因起始密码子 AUG 和内部甲硫氨酸密码子的辨别，直接关系到起始密码子的正确选读。细菌内蛋白质合成的起始的过程是，首先核糖体小亚基 30S 与 fMet-tRNAfMet 和一个 mRNA 分子形成复合物，然后与 50S 亚基结合形成有功能的 70S 核糖体。为了合成一条独立的多肽链，每一个 mRNA 上有一个核糖体结合位点，通过该位点内的核苷酸的顺序，mRNA 分子可在蛋白质合成开始之前正确定位于核糖体内部。关于辨别机制，1975 年，Shine-Dalgarno 等观察到几种细菌 16S rRNA 3′末端顺序为：5′-PyACCUCCUA-3′(Py 代表嘧啶核苷酸)，它可以和 mRNA 中距离 AUG 顺序 5′端约 10 个碱基处的一段富含嘌呤的间隔序列 AGGA 或 GAGG(此区域称为 Shine-Dalgarno(SD)顺序)互补。现认为正是通过与 SD 序列的配对将 AUG(或 GUG，UUG)密码子带到核糖体的起始位置上。由于不同 mRNA 的核糖体结合位点中能够与 16S rRNA 匹配的核苷酸数目以及这些核苷酸到起始密码子之间的距离的不同，起始信号具有不均一性。通常情况下，互补的核苷酸越多，结合的信号越强。

起始因子是一类可溶性蛋白因子，能够参与蛋白质的生物合成过程，主要是在翻译的启动过程中发挥重要作用。翻译起始过程中核糖体 · mRNA · tRNA 起始复合物的形成依赖于起始因子。目前已知原核生物起始因子主要有 3 种，即 IF-1，IF-2 和 IF-3。在 GTP 的帮助下，这 3 种起始因子连接在 30S 亚基上。IF-2 在 30S 起始复合物与 50S 亚基的连接过程中是必不可少的。在 70S 起始复合物生成后，IF-1 会促进 IF-2 的释放，完成蛋白质合成的起始过程。IF-3 通过诱导未翻译的前导序列与 16S rRNA 的 3′端碱基互补配对，让核糖体既能识别 mRNA 上的特异启动信号，又能刺激 fMet-tRNAf 与核糖体结合在 AUG 上。另外，IF-3 能通过改变 30S 亚基形态进而阻止其与 50S 大亚基缔合。fMet-tRNAfMet 和 mRNA 连接于 IF · 30S · GTP 聚集体上。一旦 30S 复合物完全形成，会引起 IF-3 的释放，之后 50S 会参与进来，并进一步引起 GTP 水解以及 IF-1、IF-2 的释放，最后形成的复合物为 70S 起始复合物。简略过程见图 6-8。

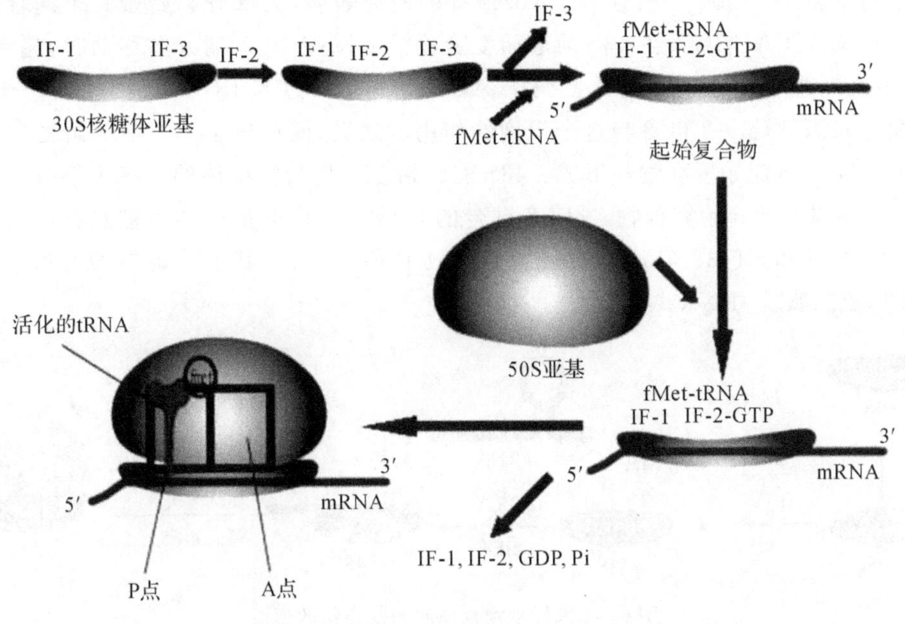


图 6-8　原核生物起始复合物的形成过程

### (2)真核生物翻译的起始

真核生物与原核生物的起始过程不同之处在于：①真核生物蛋白质合成起始于甲硫氨酸 tRNAiMet 而不是甲酰-甲硫氨酸；②真核生物 mRNA 没有 SD 序列，不以 SD 序列特征来确定核糖体翻译起始位点。因此真核生物的翻译的起始机制不同于原核生物，其对起始因子的要求也不同。

真核生物蛋白质合成的起始过程可分为三个步骤(图 6-9)：

第一步，43S 前起始复合物的形成。在起始因子 eIF-3 的作用下，80S 核糖体解聚为 40S 和 60S 亚基，eIF-3、eIF-4C(eIF-1A)有助于 80S 的解聚。起始因子 eIF-2 与 GTP 形成稳定复合物，GTP 与 tRNAiMet 形成三元复合物，进而与 40S 亚基形成 43S 前起始复合物。

第二步，mRNA 的结合。在起始因子 eIF-4A，eIF-4B，eIF-4E 和 ATP 的参与下，43S 与 mRNA 结合。eIF-4A 能解旋 mRNA 的二级结构，eIF-4B 能结合 mRNA 并识别起始密码子 AUG。eIF-3 也在 40S 三元复合物与 mRNA 结合中发挥作用。eIF-4E 也称帽子结合蛋白Ⅰ(cap binding protein，CBPⅠ)，通过与 mRNA 帽子结合发挥作用。eIF-4F 是一个复合物，又称 CBPⅡ，包括 CBPⅠ、eIF-4A 和一种分子量为 220 kD 的蛋白(P220)。除此之外 eIF-6 能够与 60S 亚基结合使核糖体保持解聚状态。由 40S 亚基、Met-tRNAiMet 和一些起始因子组成的前起始复合物在 mRNA 的 5′帽子处或其附近与之结合，结合后沿着 mRNA 滑动，直至遇上第一个 AUG 密码子。帽子结合蛋白(CBP)在这一过程中起着促进作用，并消耗 ATP，mRNA 的 5′端二级结构因此解旋，并呈线状穿过40S亚基颈部的通道。CBP识别帽子结构发生在mRNA的5′端，在识别之后eIF-4A和eIF-4B也参与到沿mRNA的解旋中。43S前起始复合物与mRNA的结合，是在帽子结构下游50～100个核苷酸。Kozak等的研究表明，大部分起始密码子的合适"上下文"为CCACCAUGG。在43S前起始复合物沿mRNA向3′端方向移动时，遇到合适的"上下文"，即停止移动。起始密码子AUG可能是通过与tRNA上的反密码子进行互补配对来识别，eIF-2也参与这个识别的作用。之后，便形成了48S前起始复合物。

第三步，80S起始复合物的形成。48S前起始复合物与核糖体的60S大亚基结合，进而进一步形成80S起始复合物。eIF-2键合的GTP在eIF-5的作用下被水解，并释放出eIF-2-GDP，Pi和eIF-3。其他起始因子也释放P位点，以后其中甲硫氨酸与另一氨酰-tRNA形成二肽酰-tRNA。

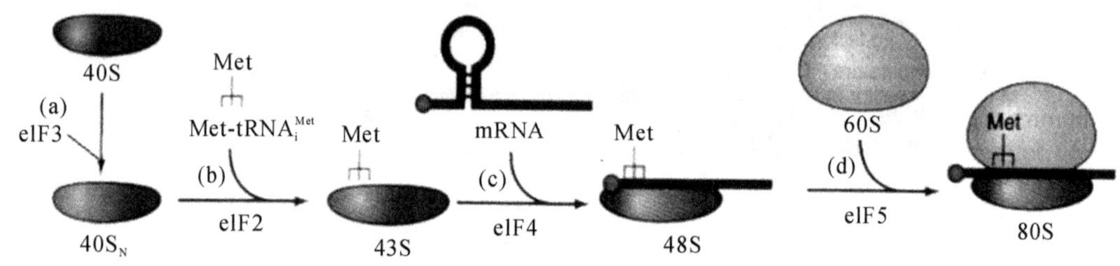


图6-9 真核生物翻译起始复合物的形成

## 6.2.3 翻译的延伸

不同于翻译起始，蛋白质的延伸机制在原核细胞和真核细胞之间是非常相似的。起始复合物形成，第一个氨基酸(fMet/Met-tRNA)与核糖体结合以后，肽链开始伸长。氨基酸按照mRNA模板密码子的排列，通过新生肽键的方式被有序地结合。肽链的延伸包括许多循环，每加一个氨基酸就是一个循环，每一个循环都包括AA-tRNA与核糖体结合、肽键的生成和移位(图6-10)。

### (1)第二个AA-tRNA与核糖体结合

起始复合物形成之后，在延伸因子与GTP形成的二元复合物(EF-TU·GTPcomplex)作用下，第二个AA-tRNA形成EF-Tu· GTP·氨酰-tRNA三元复合物。若此三元复合物进入核糖体结合到A位点上，GTP会被水解，进而释放出不具有活性的EF-Tu·GDP。该复合物可以通过延伸因子EF-Ts再生成GTP，从而形成EF-Tu·GTP复合物，进入新一轮循环。模板上的密码子决定了能被结合到A位点上的AA-tRNA的种类，由于EF-Tu只能与fMet-tRNA以外的其他AA-tRNA作用，所以起始tRNA不会被结合到A位点上，这就是mRNA内部的AUG不会被起始tRNA读出，肽链延伸过程中不会出现甲酰甲硫氨酸的原因。

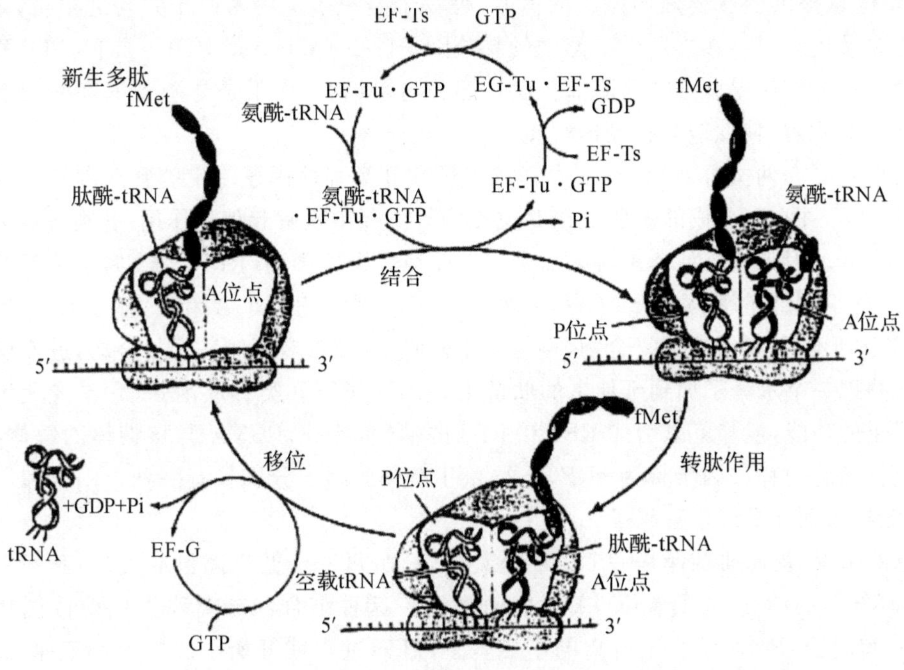


图 6-10　肽链的延伸过程(引自阎隆飞,1997)

### (2)肽键的生成

经过上一步反应后,在核糖体 · mRNA · AA-tRNA 复合物中,AA-tRNA 占据 A 位点,fMet-tRNAfMet 占据 P 位点。肽基转移酶(peptidyl transferase)的催化作用使得 AA-tRNA 从 A 位点转移到 P 位点,进而和 fMet-tRNAfMet 上的氨基酸生成肽键。起始 tRNA 在完成任务后离开 P 位点,而 A 位点准备迎接新的 AA-tRNA,开始下一轮的合成反应。

### (3)移位

移位是肽链延伸过程的最后一步,也就是核糖体向 mRNA 的 3′端方向移动一个密码子。此时二肽酰-tRNA2 仍与第二个密码子相结合,当它从 A 位点进入 P 位点,去氨酰-tRNA 会被挤入 E 位点,此时的 mRNA 上的第三位密码子对应于 A 位点。嘌呤霉素抑制实验证明,核糖体沿 mRNA 移动与肽酰-tRNA 的移位是两个偶联的过程。

综上所述,肽链的延伸需要许多这样的反应,原核生物每次反应需要这 3 个延伸因子,EF-Tu、EF-Ts 和 EF-G,其中 EF-Tu 和 EF-Ts 能够在 AA-tRNA 进入 A 位点的过程中起促进作用,EF-G 促进移位和卸载 tRNA 的释放。

## 6.2.4　翻译的终止

蛋白质合成的终止需要两个条件:一个是终止密码子 UAA、UAG、UGA 出现在核糖体的 A 位点提供多肽链延伸停止的信号;另一个是识别这些密码子并与之结合,水解 P 位点上多肽链与 tRNA 之间的二酯键的释放因子(release factor,RF)。具有 GTP 酶活性的释放因子能够使得肽酰转移酶催化肽基部分与水结合,而不是与游离氨基酰-tRNA 结合,使 GTP 水解,使肽链与核糖体解离。

目前主要有两类释放因子,Ⅰ类释放因子和Ⅱ类释放因子。Ⅰ类释放因子主要识别终止密码子,并在新合成的多肽链在 P 位点的 tRNA 中水解起催化作用;Ⅱ类释放因子是刺激Ⅰ类释放因子从核糖体中解离出来。例如在大肠杆菌中,RF1、RF2 属于Ⅰ类释放因子,RF1 能识别终止密码子 UAG 和 UAA,而 RF2 则识别 UGA 和 UAA。RF1 和 RF2 先与 GTP 形成具有活性的复合物,再与终止密码子相结合,形成三元复合物,进而诱导肽基转移酶把一个水分子加到延伸中的肽链上。RF3 属于Ⅱ类释放因子,它本身无识别终止密码子的功能,但却可以增加 RF1 和 RF2 的活性,此外,RF3 还与核糖体的解体有关。真核生物细胞的释放因子称为 eRF,Ⅰ类和Ⅱ类释放因子分别只有一种,eRF1 和 eRF3。eRF1 能够识别 3 个终止密码子。

总的来说,蛋白质翻译是一个不断循环的过程,每一个循环都包括大、小亚基之间及其与 mRNA 的结合,翻译 mRNA 后各自解离。这种结合和分离称为核糖体循环。当 mRNA 和起始 tRNA 结合于游离的小亚基上,翻译过程就开始了。这个小亚基-mRNA 复合物能随后就能吸引大亚基结合,从而形成完整的、结合有 mRNA 的核糖体。蛋白质合成开始,从 mRNA 的 5′端起始密码子向 3′端移动,当核糖体从一个密码子移位到另一个密码子,一个接一个的活化 tRNA 就进入核糖体解码和肽基转移酶中心。当核糖体遇到终止密码子时,多肽链与 tRNA 间的二酯键发生水解,已合成的多肽链就被释放出来,核糖体大小亚基分离,各自离开 mRNA。然后这些已经分离的亚基就可以结合到新的 mRNA 分子上开始下一轮蛋白质合成的循环。

## 6.3 蛋白质折叠翻译

翻译过程(translation)的产物称为新生多肽链(nascent polypeptide chain),是刚从核糖体上合成出来的,功能和结构都不完整的蛋白质。蛋白质构象变化主要是氨基酸残基围绕多肽链主链旋转,在新生多肽链中,氨基酸残基中的 $\varphi$ 键(Cα—N 键)与 $\psi$ 键(Ca—C 键)围绕其肽键进行不同程度的旋转。与完整的蛋白质相比,新生多肽链的结构采用的是一种僵硬的平面式构象。

在多数情况下,新生的多肽链只有在进行化学修饰和切割之后,才能形成稳定的三维构象,从而表现出生物学活性或功能。因此蛋白质折叠(protein folding)是翻译后形成功能蛋白质的必经阶段,是多肽链从无规卷曲(去折叠态)的仅具有特定氨基酸序列的一维分子折叠到具有特定空间结构(天然态)的三维分子的生物物理过程。这一过程是在能量上有利的相互作用指导下按照一定的途径进行的(Anfinsen 实验,图 6-11)。

牛胰核糖核酸酶 A(RNase A)由 124 个氨基酸残基组成,含有 4 对二硫键,重建可有 105 种不同的组合。由于其活性很容易通过测定水解 RNA 释放出来的核苷酸量来测定,

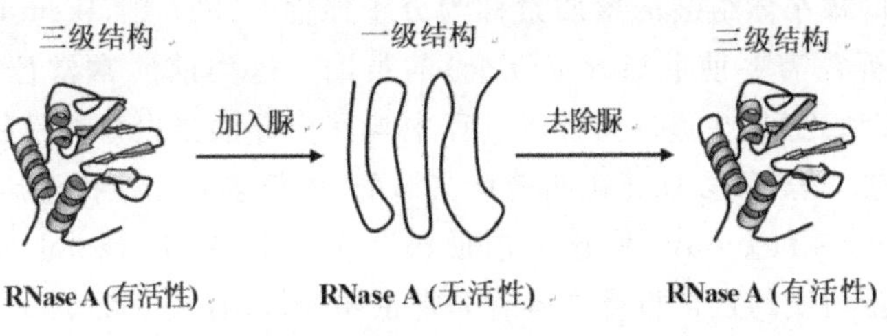


图 6-11　Anfinsen 实验(仿自 Sylvain W. Lapan,王勇,2008)

所以为了揭示 RNase A 在形成天然构象时如何选择正确的方式,Anfinsen 等在体外进行了一个 RNase A 的变性和复性实验:在温和的碱性条件下,使用高浓度的巯基试剂——β-巯基乙醇(β-mercaptoethanol)可将二硫键还原成自由的巯基,如果再加入尿素,进一步破坏已被还原的核糖核酸酶分子内部的次级键,则该酶将去折叠转变成无任何活性的无规卷曲,酶分子变性;接着通过透析的方法除去了导致酶去折叠的尿素和巯基乙醇,再将没有活性的酶转移到其生理缓冲溶液之中,在有氧气的情况下于室温放置,二硫键重新形成,酶分子完全复性,二硫键中成对的巯基都与天然构象中一样,且具有与天然酶晶体相同的 X 射线衍射花样。Anfinsen 实验结果表明,在复性过程中,RNase A 自发地选择 105 种二硫键中最正确的一种配对方式重新折叠成具有活性的天然构象,而不是随机地尝试所有可能的构象。

由于上述过程没有细胞内任何其他成分的参与,完全是一种自发的过程,所以,有理由相信牛胰 RNase A 正确折叠所需要的所有信息全部存在于它的一级结构之中。在此基础上,Anfinsen 提出了“自组装热力学假说”:多肽链的氨基酸序列包含了形成其热力学上稳定的天然构象所必需的全部信息。其他实验也证明了一些小分子量的蛋白,在体外能进行可逆的变性和复性。

但是,不是所有的蛋白质都具有“自组装(self-assembly)”能力。当蛋白质没有进行正确折叠时有可能发生一些不同的相互作用,形成与最终构象不同的错误构象。只有在另一些蛋白质存在的情况下这类蛋白才能正确完成折叠过程,进而形成功能蛋白质。因此,Ellis 于 1987 年提出了蛋白质折叠的“辅助性组装学说”:蛋白质多肽链的正确折叠和组装并非都能自发完成,在多数情况下需要其他蛋白质分子的帮助,这类帮助蛋白包括分子伴侣(molecular chaperones)与折叠酶(foldase)。

### 6.3.1　分子伴侣

分子伴侣(molecular chaperone)是一类具有共同功能的保守性蛋白质,但是它们在序列上没有相关性。它们具有的共同功能体现在能够帮助其他蛋白质的结构在体内进行非共价的组装,在组装完毕后与之分离,不构成这些蛋白质结构执行功能的组成成分。它们在细胞内帮助新生肽链折叠、组装、跨膜定位和成熟为活性蛋白。1987 年,Lasky 首先提出了分子伴侣的概念。他发现必须要在一种核内酸性蛋白即核质素(nucleoplasmin)存在时,组蛋白和 DNA 在体外生理离子强度条件下才能组装成核小体,否则就会发生沉淀。于是他将帮助核小体组装的核质素称为分子伴侣。1987 年,Ikemura 发现枯草杆菌素(subtilisin)的折叠需要前肽(propeptide)的帮助。这类前肽常常位于信号肽(signal peptide)与成熟多肽之间,在蛋白质合成过程中与其介导的蛋白质多肽链一前一后合成,并以共价键相连接,是成熟多肽正确折叠所必需的,成熟多肽完成折叠后即通过水解作用与前肽脱离。Shinde 和 Inouye 将这类前肽称为分子伴侣(intramolecular chaperone)。分子伴侣在保证蛋白质的正常折叠中具有非常重要的作用(表 6-2)。

**表 6-2 分子伴侣的功能**

| 名 称 | 生物功能 |
|---|---|
| 核质素 | 卵中核小体组装和拆卸 |
| Hsp 60 家族 | 新生肽链转运和折叠 |
| Hsp 70 家族 | 新生肽链转运和折叠 |
| DnaJ | 和 Hsp70 及 GrpE 协同作用 |
| GrpE | 和 Hsp70 及 DnaJ 协同作用 |
| SecB | 细胞多肽转运 |
| 信号识别颗粒 | 新生肽链转运 |
| 前导肽 | 蛋白水解酶折叠 |
| PapD | 细菌鞭毛组装 |
| Lim | 细菌脂肪酶折叠 |

### (1)分子伴侣的特点和功能

分子伴侣拥有与酶相似的特点,参与促进组装但自身不是最终蛋白质结构的组成部分。与酶不同的方面主要如下:

①分子伴侣对靶蛋白的识别没有高度专一性,相同的分子伴侣可以促进多种氨基酸序列完全不同的多肽链折叠成空间结构、性质和功能都不相关的蛋白质。

②催化效率低,有些分子伴侣需要水解 ATP 提供能量。

③有些分子伴侣可以促进肽链的正确折叠,而有些分子伴侣只能阻止肽链的错误折叠,但不能促进其正确折叠成为成熟的有完整功能的蛋白质。

④功能具有多样性。有些分子伴侣还具有协助蛋白质转运、蛋白质降解、寡聚蛋白的装配、调节转录和复制等功能。

⑤具有进化保守性。

分子伴侣通过结合于蛋白质暴露的反应表面,阻止这些反应表面与其他区域相互作用产生不正确的构象,从而介导蛋白质的正确折叠。分子伴侣本身并不含有蛋白质正确折叠的信息,只能使蛋白质获得某种可能的构象而不是另一种构象。另外,分子伴侣可以保护在“大分子积聚”中正在折叠的蛋白质,避免其他蛋白质对其干扰造成负面影响。

分子伴侣能识别和稳定新生多肽链的构象，阻止新生多肽链的错误折叠或分子间的相互作用。在蛋白质合成过程中，新合成的部分多肽链是以未折叠的方式离开核糖体进入细胞质。随着多肽链的不断延伸，后续合成的多肽链会与已合成的多肽链区域相互作用，从而自发的产生错误折叠。分子伴侣可以通过与新生多肽链反应表面结合，控制活性表面的可接近性，来抑制新生多肽链的错误折叠或分子间的相互作用。

分子伴侣具有识别错误的蛋白质构象的能力。当蛋白质变性时（尤其是热变性时），新的反应表面会被暴露并可与其他区域发生相互作用产生错误折叠。分子伴侣可以识别这些错误折叠的蛋白质，并帮助其复性或介导其降解。

分子伴侣还可能参与蛋白质的跨膜转运过程。蛋白质在进入细胞膜之前需要保持未折叠的状态，分子伴侣可以帮助蛋白质保持未折叠的柔性结构，并且当蛋白质通过细胞膜后，另一种分子伴侣可以帮助其折叠为成熟的蛋白质构象，这个过程与新生多肽链刚从核糖体上合成时需要分子伴侣的情况相同。

分子伴侣可协助寡聚蛋白质亚基的装配和四级结构的形成。

分子伴侣可以识别（recognizing）、滞留（retaining）和靶向作用（targeting）于错误折叠的蛋白质，促进这些蛋白质聚集或降解，阻碍其正常定位，防止它们对细胞的正常功能产生干扰。这种由分子伴侣提供的正常的"质控系统（quality control system）"也可能导致疾病的发生。例如，由于编码基因的细微突变导致蛋白产物极其细微的折叠异常，虽然对其活性影响不大，却能被分子伴侣等识别而滞留在内质网中，不能实现其正常的定位、转运或分泌，从而不能到达生理位置执行正常的功能，导致疾病发生。典型的例子是抗胰蛋白酶缺陷病。抗胰蛋白酶分子的C端第53位点上的赖氨酸被谷氨酸置换后，产生了错误折叠的蛋白质，而内质网的分子伴侣介导了这些折叠异常的突变蛋白的聚集，使其滞留在内质网内，极大地妨碍了细胞的正常活动，导致肝硬化（cirrhosis）或肺气肿（emphysema）。

### (2)分子伴侣系统

细胞内存在有两类主要的分子伴侣系统，一类是Hsp70系统，Hsp是热激蛋白（heat shock protein）的简称，当温度升高时，它们会大量产生以尽量减少热变性对蛋白质的损害。很多热激蛋白都是分子伴侣。另一类是具有寡聚复合体结构的分子伴侣素系统（chaperonin system），也有文献称为伴侣蛋白系统，又可以分为两类，Hsp60（GroEL）/Hsp10（GroES）和TRiC。Hsp60（GroEL）/Hsp10（GroES）存在于所有的有机体中，TRiC只存在于真核生物的细胞质中。

1）Hsp70系统

Hsp70系统包括Hsp70（细菌中称为DnaK）、Hsp40（细菌中称为DnaJ）和GrpE，在细菌、真核生物的细胞质、内质网、叶绿体和线粒体中都有发现。

典型的Hsp70由两部分组成：N端的ATP酶结构域和C端的底物（蛋白质）结合结构域。Hsp70的ATPase活性很弱，体内通常处于ATP结合状态。Hsp70-ATP的水解反应受Hsp40（DnaJ）和GrpE调节。Hsp40先与底物即未折叠的多肽结合，然后通过其结构域与 Hsp70 结合，激活 Hsp70 的 ATP 酶活性。伴随着 ATP 的水解可驱动多肽链的构象变化。ATP 水解后产生的 Hsp70-ADP 复合物与蛋白质底物一直稳定处于 ADP 结合状态，直到 GrpE 将 ADP 取代，导致 Hsp40 释放和随后的 Hsp70 解离。随着蛋白质肽链的延长，解离后的 Hsp70 继续与 ATP 结合到底物复合物形成水解反应周期。因此，Hsp70 系统介导的蛋白质折叠是经过多次循环的结合与解离(图 6-12)。

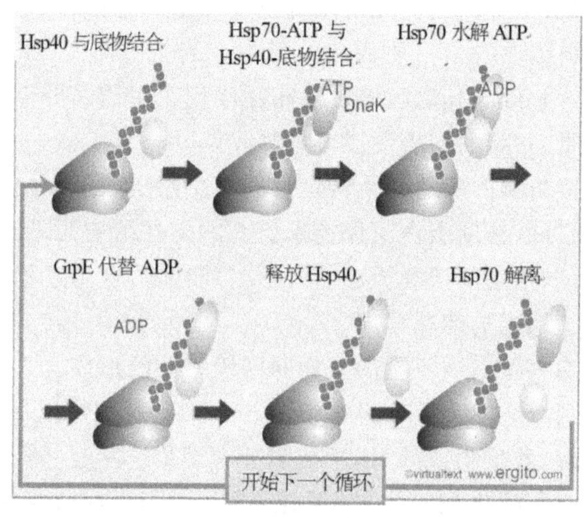


图 6-12　Hsp70-ATP 与 Hsp40-底物间的相互作用(仿自 Benjamin Lewin，2007)

Hsp70 广泛分布于细胞核、细胞质、内质网、线粒体和叶绿素等细胞的各个部分，作为分子伴侣参与所有细胞内蛋白质的从头合成和定位、蛋白质的成熟和错误折叠、蛋白质的降解及调节过程。

2)分子伴侣素系统

分子伴侣以依赖 ATP 的方式促进体内正常和应急条件下的蛋白质折叠。通常分为两组：GroEL(Hsp60) 家族和 TriC 家族。GroEL 型存在于真细菌、线粒体和叶绿体中，由双层 7 个亚基形成的圆环组成，每个亚基分子量约为 60 ku。它们在体内与一种辅助因子，如 *E. coli* 中的 GroES，协同作用以帮助蛋白折叠。除了叶绿体中的类似物外，这些蛋白一般是应急反应诱导的。人们对 GroEL 和 GroES 的结构、功能及其作用机制做了十分详尽的研究。TRiC 型(TCP-1 环状复合物)存在于古细菌和真核细胞质中，由双层 8 或 9 元环组成，亚基分子量约为 55 ku，与小鼠中 TCP-1 尾复合蛋白(TCP-1 tail complex protein)有同源性。这种系统没有类似 GroES 的辅助因子，而且只有古细菌中的成员有应急诱导性。下面以 Hsp60/Hsp10 系统为例对其结构和功能进行简要介绍。Hsp60 即 GroEL，是由 14 个亚基组成两层背靠背双环相连的中空圆柱结构，每个环由 7 个亚基组成。晶体学研究表明，GroEL 的每个亚基由 3 个结构域组成：顶端结构域位于圆柱两端的顶端开口处，是底物和辅助分子伴侣(cochaperonin)的结合位点；赤道结构域包括 ATP 结合位点及大部分内环和外环的接触点，有微弱的 ATP 酶活性；铰链结构域是和其他结构域相连的地方，并在顶端结构域和赤道结构域间传递构象变化。中空的圆柱结构中有规律地分布着一些疏水基团，形成一个活性空腔。Hsp10(大肠杆菌中称为 GroES)亚基组成的七聚体形成一个拱顶结合于中央空腔的上方，封住圆柱结构的一个开口。与 GroES 相连接的 GroEL 环区称为近端环（proximal GroEL），不相连接的称为远端环（distal GroEL）。

GroEL 以两种主要状态促进蛋白折叠：一是结合活性状态，GroEL 的顺式环的末端是非天然构象蛋白的入口，在每一环的空腔处通过疏水相互作用结合底物蛋白。GroES 与 GroEL 结合抑制了 GroEL 的 ATP 酶活性，GroEL 周期性地结合和释放底物蛋白与 ATP 的结合与水解有关，底物蛋白与 GroEL 双环之一结合将引起另一环结合的 ADP 和 GroES 解离，从而启动 ATP 周期性的结合和水解。也就是说，一旦底物蛋白与 GroEL 结合，便导致与 GroEL 顺式环结合的 GroES 和 ADP 解离，同时使 ATP 结合上去。二是折叠活性状态，GroES 和 GroEL 分离，GroEL ATPase 位点暴露，ATP 水解，从而使顺式 GroEL 上的底物蛋白一边沿着 GroEL 空腔的疏水基团表面滑动，一边与其疏水相互作用，促成了自身折叠。GroEL 周期性的结合、释放底物蛋白直到底物蛋白获得天然构象为止。

### 6.3.2 折叠酶

折叠酶(foldase)是一类可以帮助细胞内新生多肽链折叠为具有生物学功能的蛋白酶。折叠酶主要包括蛋白质二硫键异构酶（protein disulfide isomerase，PDI）和肽基脯氨酰顺反异构酶（peptidyl-prolyl *cis-trans* isomerase，PPI）。二硫键的形成和脯氨酰键的顺反异构是共价反应，因此通常是蛋白质折叠过程中的限速步骤，需要相应的折叠酶进行催化。

蛋白质二硫键异构酶（protein disulfide isomerase，PDI）在依赖二硫键的蛋白质折叠过程中起着关键作用，主要功能为催化蛋白质中二硫键的形成、还原和异构化反应。真核生物中，PDI 主要在内质网的氧化环境内催化折叠过程中的新生肽链二硫键形成，以及不正确二硫键的异构化，从而加快蛋白质折叠的速度。在细菌中，PDI 位于细菌外周质（periplasm），类似物是 Dsb 家族。

肽基脯氨酰顺反异构酶（peptidyl-prolyl cis-trans isomerase，PPI）催化蛋白质分子中某些稳定的反式肽基脯氨酰键，异构成功能蛋白所必需的顺式构型，是纠正 X-Pro 肽键（X 指任一种非 Pro 残基）不正确异构化过程中的关键酶。PPI 主要分布于各种生物体及组织的胞浆中，但也能在大肠杆菌的外周质、酵母与果蝇以及哺乳动物的内质网中发现。PPI 通过催化脯氨酰的 C—N 肽键 180°反转从而加速脯氨酰肽键顺反异构化，期间不涉及新共价键的形成和断裂。

## 6.4 蛋白质转运

生物体内蛋白质的合成位点与功能位点常常被一层或多层细胞膜隔开，因此产生了蛋白质转运的问题。蛋白质合成主要由细胞质中的核糖体完成，少数由细胞器（线粒体和叶绿体)中的核糖体完成。细胞器中的核糖体只能合成自身需要的部分蛋白质,其他多数蛋白质是由细胞质中核糖体合成后定向运输到细胞器的。几乎在任何情况下,大量新合成的蛋白质都需要被转运到细胞各个部分,例如细胞质基质、细胞核、线粒体、内质网和溶酶体、叶绿体等各个部分,补充和更新细胞功能。

细胞质核糖体合成的蛋白质可分为非膜结合型蛋白(non-membrane bound protein)和膜结合型蛋白(membrane-bound protein),前者是由游离核糖体合成后被释放到胞质中,或者游离,或者与胞质中的大分子结构结合,例如微丝、微管和中心粒等。蛋白质转运(protein translocation)是指由游离核糖体和膜结合核糖体合成的膜结合型蛋白(membrane-bound protein)插入或跨越生物膜的过程。

按照发生时相,可分为两大类:第一类为翻译运转同步机制,即某个蛋白质的合成和运转是同时发生的;第二类为翻译后运转机制,指蛋白质从核糖体上释放后才能发生运转。这两类运转方式都涉及蛋白质分子内特定区域与细胞膜结构的相互关系。在细胞器发育过程中,由细胞质基质进入细胞器的蛋白质大多是以翻译后运转机制运输的。而参与生物膜形成的蛋白质,则依赖上述两种不同的运转机制镶入膜内。

定位到细胞不同位置的信号序列有不同的氨基酸组成和分布规律,如表 6-3 所示。

**表 6-3 代表性蛋白质的信号序列**

| 蛋白质名称 | 定位 | 信号序列 | 信号序列位置 |
|---|---|---|---|
| 人胰岛素原 | 细胞外 | MALWMRLLPLLALLALWGPDPAAA | N 端 |
| 蛋白质二硫键异构酶 | 内质网腔 | KDEL | C 端 |
| 细胞色素 C 氧化酶亚基Ⅳ | 线粒体 | MLSLRQSIRFFKPATRTLCSSRYLL | N 端 |
| 细胞色素 c1 | 线粒体 | MFSNLSKRWAQRTLSKSFYSTATGAASKSGKLTEKLVTAGVAAAGITASTLLYADSLTAEA | N 端 |
| SV40 VP1 | 细胞核 | APTKRKGS | 中间 |
| 过氧化氢酶 | 过氧化物酶体 | SKL | C 端 |

注:下划线标注的为碱性氨基酸。

## 6.4.1 翻译-运转同步机制

翻译-运转同步机制,又称为共翻译转运(co-translational translocation),是指蛋白质在翻译过程还没有结束时就开始启动了定向输送。通过共翻译转运途径运输的蛋白质包括内质网蛋白、高尔基体蛋白、细胞膜蛋白、溶酶体蛋白和分泌蛋白等。合成这些蛋白质的核糖体结合在内质网上，使新生肽链能在翻译的过程中进入膜内。与核糖体结合的内质网区域称为粗糙内质网（Rough ER），为一种层状结构；而没有结合核糖体的区域称为光面内质网（Smooth ER），是一种管状结构。定位于内质网的蛋白将停留在内质网膜中，而其他蛋白则从内质网进入高尔基体，然后被引导入溶酶体、分泌小泡或细胞膜等目的地。

### （1）信号肽

共翻译转运由新生肽链的信号序列（信号肽）指导。信号肽（signal peptide）存在于起始密码子之后，是一段编码疏水性氨基酸序列的 RNA 区域，信号肽可作为定位信号指导蛋白质的定向运输，定位结束后通常被特异的信号肽酶切除。信号肽有时也称为信号序列、前导序列。信号序列在结合核糖体上合成后便与膜上特定受体相互作用，产生通道，允许这段多肽在延长的同时穿过膜结构。绝大部分被运入内质网内腔的蛋白质都带有一个长 13～36 个残基的信号肽，一般位于蛋白质的氨基末端，这段序列有如下特点：①一般由 10～15 个疏水氨基酸组成，包括疏水内核心（hydrophobic core）和一个蛋白酶（信号肽酶）切割位点；②在靠近 N 端的疏水内核心上游，常常带有 1 个或数个带正电荷的氨基酸；③在其 C 端靠近蛋白酶切割位点处常常带有数个极性氨基酸，离蛋白酶切割位点最近的那个氨基酸往往带有较短侧链的 Ala 或 Gly（图 6-13）。

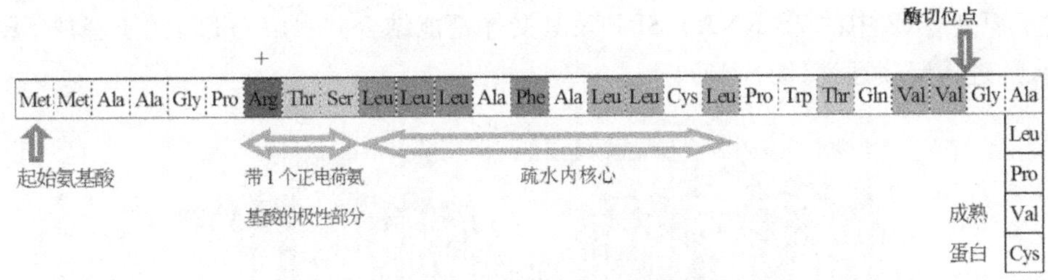


图 6-13　牛生长素（bovine growth hormone）
N 端 29 个氨基酸的信号肽（仿自 Benjamin Lewin，2007）

### （2）信号肽识别颗粒、SRP 受体和易位子

1）信号肽识别颗粒（signal recognition partical，SRP）

SRP 是一种存在于细胞质中的 11S 的核糖核蛋白复合物，它能同时识别正在合成需要通过内质网膜进行转运的新生肽和自由核糖体。SRP 与这类核糖体上新生蛋白的信号肽结合是多肽正确转运的前提，但同时也导致该多肽合成的暂时终止（此时新生肽一般长约 70 个残基）。SRP 包括 6 个蛋白质（SRP54、SRP19、SRP68、SRP72、SRP14 和 SRP9，图 6-15）和一条 305 个碱基的 7S RNA。7S RNA 为 SRP 提供结构骨架，没有它的存在蛋白质不能组装。SRP54 能与底物蛋白质的信号肽结合，并具有 GTP 水解酶活性，为将信号肽插入膜通道提供能量；SRP68-SRP72 二聚体参与对 SRP 受体的识别；SRP9-SRP14 二聚体负责翻译的停止；SRP19 参与 SRP 的组装。SRP 既能与共翻译转运的蛋白质的信号肽序列结合，又能与膜上的 SRP 受体蛋白质结合（图 6-14）。

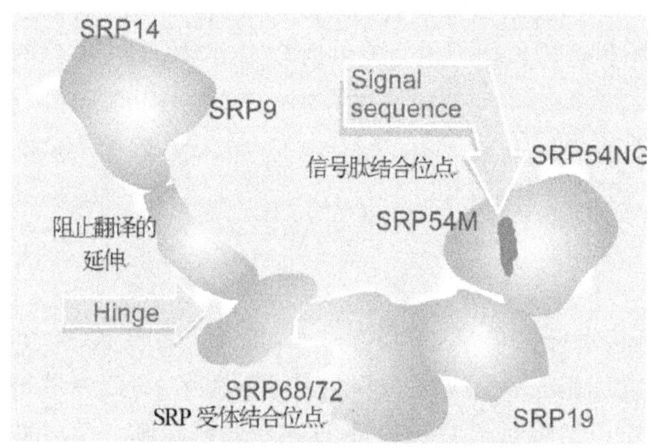


图 6-14 SRP 的蛋白质成分及其功能(仿自 Benjamin Lewin,2007)

2)SRP 受体

SRP 受体 (SRP receptor)是 SRP 在内质网膜上的受体蛋白,它能够与结合有信号肽的 SRP 紧密结合,使正在合成蛋白质的核糖体停靠到内质网上,因此又称停靠蛋白(docking protein,DP)。SRP 受体是一个二聚体,包括亚基 SRα(72 kD)和 SRβ(30 kD)。β 亚基是一种膜整合蛋白,存在于内质网上,α 亚基的氨基端锚定在 β 亚基上,其余大部分肽链伸入到胞质中。SRP 受体的胞质区域与核酸结合蛋白质相似,含有许多带正电的残基,用于识别 SRP 中的 7S RNA。SRP 及其受体都能结合并水解 GTP,用于释放 SRP 及促进肽链进入跨膜通道(图 6-15)。

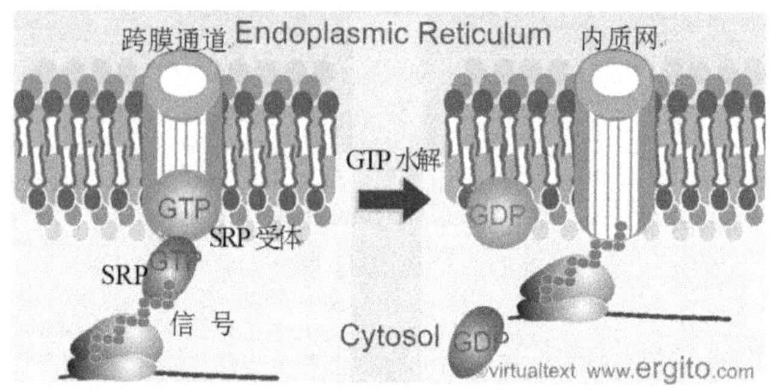


图 6-15 SRP 与 SRP 受体的互作伴随着 GTP 的水解(仿自 Benjamin Lewin,2007)

3)易位子(translocon)

易位子指内质网膜上由跨膜蛋白组成的蛋白质通道。Sec61 复合体是易位子的主要成分,是一个圆柱形的寡聚体,每个寡聚体包括 3～4 个由 Secα、β、γ 三种跨膜蛋白组成的异源三聚体。当信号序列进入易位子时,核糖体结合 Sec61 复合体能够形成一个封闭结构,打开跨膜通道。有的蛋白质转运需要更复杂的易位子装置,除 Sec61 复合体外,还需要 Bip 分子伴侣、TRAM、ATP 的供应等(图 6-16)。Bip 分子伴侣可阻止蛋白质返回细胞质,TRAM 能与新生多肽链相交联,激发蛋白质的转运。

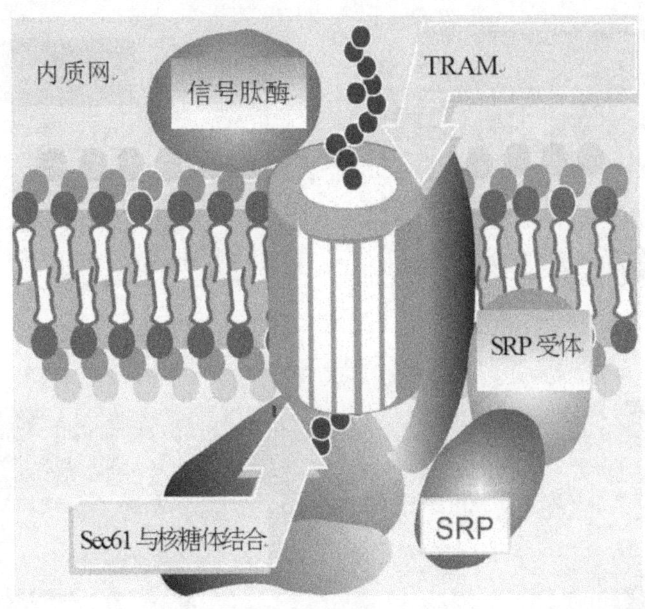


图 6-16　易位子(跨膜通道)及与核糖体、SRP、SRP 受体等的相互作用
(仿自 Benjamin Lewin,2007)

### (3)共翻译转运的过程

共翻译转运途径需要信号肽、信号识别颗粒(SRP)、SRP 受体、易位子和信号肽酶之间的相互作用。蛋白质的共翻译转运可简单地分为两个步骤:首先,带有新生肽链的核糖体与膜结合;随后,新生肽链进入并穿过膜上的通道。但实际上,这是一个非常复杂的过程,如图 6-17 所示。

共翻译转运过程主要包括:

1)核糖体组装、翻译起始;

2)位于蛋白质 N 端的信号肽序列首先被翻译;

3)SRP 与核糖体、GTP 以及带有信号肽的新生蛋白质相结合,暂时终止肽链延伸;

4)核糖体-SRP 复合物与膜上的受体相结合;

5)GTP 水解,释放 SRP 并进入新一轮循环;

6)肽链重新开始延伸并不断向内腔运输;

7)信号肽被切除;

8)多肽合成结束,核糖体解离并恢复到翻译起始前的状态。

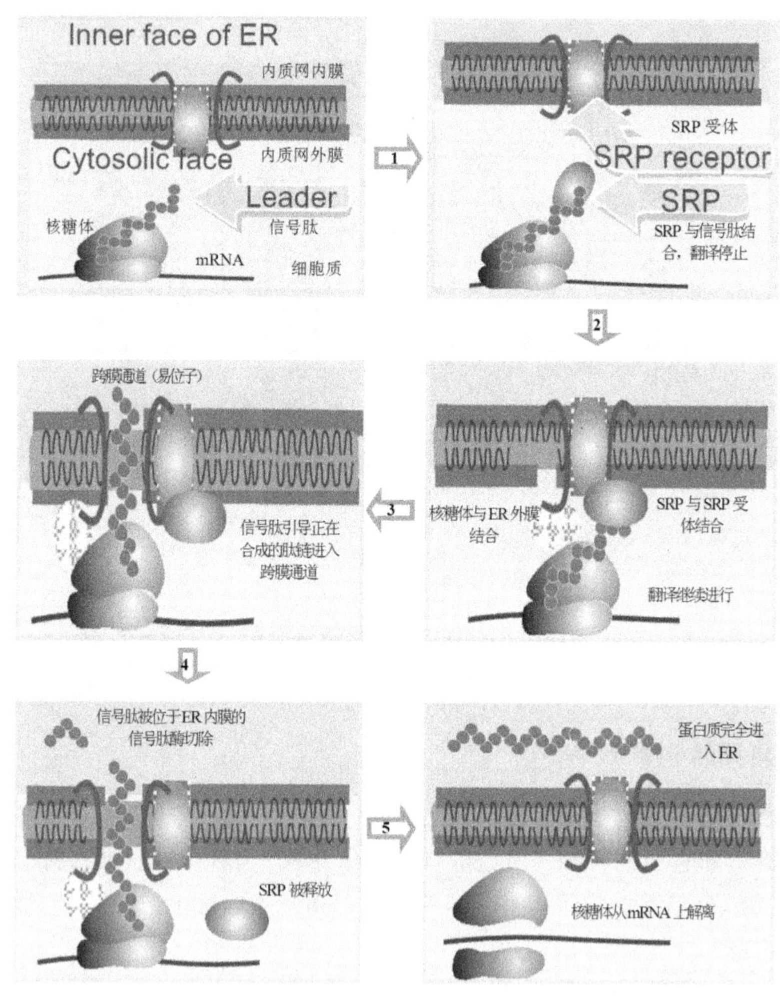


图 6-17　蛋白质共翻译转运的过程(仿自 Benjamin Lewin,2007)

### 6.4.2　翻译后运转(post-translational translocation)

翻译后转运是指在翻译过程结束后再启动定向输送。研究发现,叶绿体和线粒体中有许多蛋白质和酶是以翻译后运转机制进入细胞器内的,这些蛋白和酶大多数由细胞质基质提供。

#### (1)线粒体蛋白质跨膜运转

线粒体的遗传信息由遗传物质(DNA、RNA)以及核糖体等组成,遗传信息含量有限,大部分线粒体蛋白都是由核 DNA 编码,在细胞质基质中的自由核糖体上合成后,释放至细胞质基质,再跨膜运转到线粒体各部分。

线粒体膜的蛋白质在运转之前通常以前体形式存在,它由成熟蛋白质和 N 端延伸出的一段前导肽(leader peptide)共同组成。前导肽包含线粒体蛋白质定位的必要信息,对线粒体蛋白的识别和跨膜运发挥关键作用。前导肽由相互间隔的不带电荷的疏水氨基酸与带正电荷的碱性氨基酸(特别是精氨酸)组成,不含有带负电荷的酸性氨基酸。羟基氨基酸(特别是丝氨酸)含量较高,可形成两亲性(即有亲水基因又有疏水基因)的 α 螺旋结构。将一段前导肽连接到胞质蛋白质上,可使该胞质蛋白被输送到线粒体中。目前已经被阐明一级结构的线粒体蛋白质大约有 40 多种。

一般认为,线粒体蛋白质运转途径是穿过外膜和内膜进入基质,由线粒体膜上负责线粒体蛋白质转运的蛋白质复合体,即运转蛋白(translocator)完成。运转蛋白由识别前导肽的受体和跨膜通道组成,包括 TOM(translocase of the outer membrane)复合体和 TIM(translocase of the inner membrane)复合体两部分。TOM 复合体可能是线粒体蛋白质跨膜运转时最主要的受体蛋白复合物,负责将蛋白质从外膜运转至膜间隙,而 TIM 复合体负责使蛋白质通过外膜进入基质。TOM 复合体与 TIM 复合体之间没有直接的相互作用,它们通过被运转的蛋白相结合,使线粒体蛋白质通过 TOM 复合体后不在膜间隙中扩散,而直接转运到 TIM 复合体上,完成线粒体蛋白向基质的运输。在此过程中,导肽被线粒体膜内腔侧的导肽水解酶水解,其余部分折叠为成熟的蛋白质。蛋白质的去折叠和再折叠需要分子伴侣参与,如 Hsp70、MSF 等。

蛋白质通过线粒体 Hsp70 引发的 ATP 水解和膜电位差为线粒体内膜的运转提供能量。

### (2)叶绿体蛋白质的跨膜运输

目前普遍认为,叶绿体多肽是胞质中游离核糖体上合成后脱离核糖体并折叠成具有三级结构的蛋白质分子,多肽上某些特定位点只能与叶绿体膜上的特异受体位点相结合。叶绿体前体蛋白质在 N 端的定位信号肽分为两部分,分别决定该蛋白质能否进入叶绿体基体和内囊体。在叶绿体膜上具有相应的转位因子复合体,负责叶绿体蛋白的识别和运转。在外膜上负责运转的蛋白质复合体称为 OEP(outerenvelope membrane protein)或 TOC(translocator of outerenvelope membrane of chloroplasts),内膜上负责运转的蛋白质复合体称为 IEP(inner envelope membrane protein)或 TIC(translocator of innerenvelope membrane of chloroplasts),它们协同完成叶绿体蛋白质向基质的运输。

叶绿体前体蛋白质的运转分为 3 步:

1)在水解少量 ATP 提供能量的前提下,前体蛋白的 N 端转运肽与叶绿体外表面转位因子复合体结合,同时前体蛋白与叶绿体外膜上的脂质相互作用;

2)在 GTP 或低浓度 ATP 存在下,前体蛋白与转位因子复合体紧密结合;

3)存在足量的 ATP 时,前体蛋白穿过叶绿体膜进入基质,加工成为成熟蛋白。

叶绿体特有的内外膜、内囊体结构,使得叶绿体蛋白质运转过程呈现出不同于线粒体的特点。首先,可根据蛋白水解酶的可溶性特征来区分两种不同的运转机制。在叶绿体蛋白质的翻译后运转机制中,叶绿体基质内的活性蛋白酶是可溶性的,这一点可以区别于分泌蛋白质的翻译-运转同步机制。因为后者活性蛋白酶位于运转膜上。其次,叶绿体膜能够特异地与叶绿体蛋白的前体结合,膜上存在识别叶绿体蛋白质的特异性受体,这种受体可保证叶绿体蛋白只能进入叶绿体内,而不是其他细胞器中。最后,叶绿体蛋白质前体内可降解序列因植物和蛋白质种类不同而表现出明显的差异，如衣藻叶绿体中 RuBP 小亚基的可降解序列含有 44 个氨基酸残基，在烟草叶绿体中相应的前导肽含有 57 个氨基酸残基。

### (3)过氧化物酶体蛋白质的跨膜运输

过氧化物酶体(peroxisome)仅具有单层膜，含有一种或多种依赖黄素的氧化酶和过氧化氢酶。过氧化物酶体内所有的酶均由细胞质基质合成的蛋白质完成折叠，然后在信号序列的引导下进入过氧化物酶体的。前体蛋白质中定位于过氧化物酶的信号序列，称为过氧化物酶体定向序列(peroxisome targeting sequence，PTS)，主要有两类：PTS1 为 C 端的三肽序列 Ser-Lys-Leu，PTS2 为 N 端或内部的九肽序列 Arg/Lys-Leu/Ile-XXXXX-His/Gln-Leu(X 为任一种氨基酸残基)。在细胞质基质中存在 PTS 的识别蛋白，在过氧化物酶体的膜上存在跨膜通道，通过协同作用运输到过氧化物酶体内。

### (4)核定位蛋白的运转机制

核定位蛋白是指通过核孔运输到细胞核内的蛋白，包括组蛋白、DNA 聚合酶、RNA 聚合酶、转录因子、核糖体蛋白等。在多细胞真核生物中，核膜随着细胞的分裂被破坏，分裂完成后，核膜又被重新建成，分散在细胞内的核蛋白必须被重新运入核内。核孔复合体(nuclear pore complex，NPC)是真核细胞核内外进行物质交换的主要通道，是一个由胞质环(cytoplasmic rings)、核质环(nucleoplasmic rings)、转运体(transportor)、轮辐(spoke)等组成的多蛋白复合体，其中心为直径 10 nm 的亲水通道。胞质环和核质环统称为同轴环(coaxial rings)，同轴环外有 8 个辐射臂(radial arm)相连(图 6-18)。辐射臂可将核孔复合物锚定在核膜中。NPC 有分子筛的作用，相对分子量较小的蛋白质可自由通过 NPC 或采取被动扩散的方式进入细胞核，而相对分子量大于 $4\times10^4$ 的蛋白质则需要在细胞质内特定的输入蛋白(importin)的介导下，通过主动运输的方式进入细胞核。

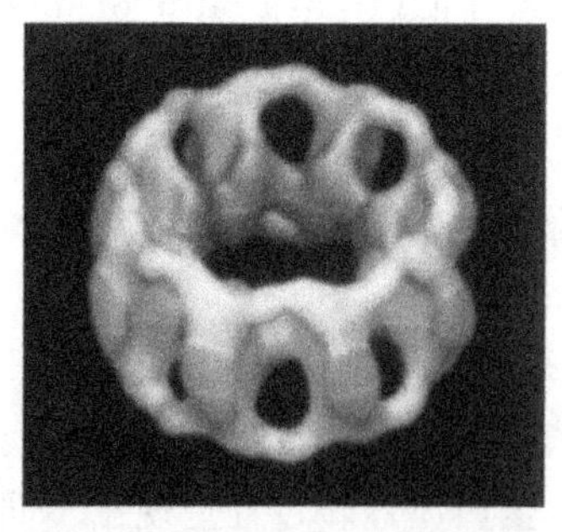

A：上下表面形成两个环分别为胞质环和核质环。内侧和外侧部为两个环向孔中央伸出 8 个“轮辐”

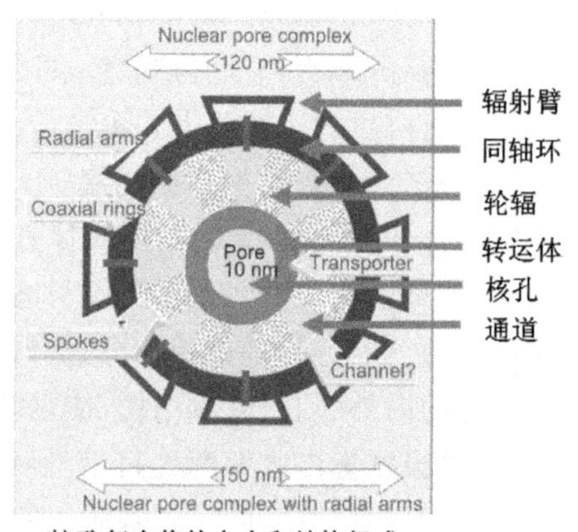


B：核孔复合物的大小和结构组成

图 6-18　核孔复合物的 8 重对称结构模型和结构组成(仿自 Benjamin Lewin，2007)

核蛋白的运转与线粒体蛋白、叶绿体蛋白差异很大。主要表现在：以完全折叠好的蛋白质状态被输送；细胞核定位信号（nuclear localization sequence，NLS）可位于核蛋白的任何部位，也能引导其他非核蛋白进入细胞核。入核信号与前导肽的区别有两点：①由含水的通道来鉴别；②入核信号是蛋白质的永久性部分，在引导入核过程中不被切除，并且可以反复使用，有利于细胞分裂后核蛋白重新入核。

一系列循环于核内和细胞质基质的蛋白因子在蛋白质向核内运输过程中发挥着重要作用，包括核运转因子（由 Imp-α 和 Imp-β 两个亚基组成）和一个低相对分子质量 GTP 酶（Ran）。其中 Imp-α 负责识别和结合核蛋白表面的 NLS，Imp-β 负责与 NPC 的相互作用。经典的核蛋白转运途径即是依赖 Imp-α/β 二聚体的蛋白质入核机制。主要过程包括：

1）Imp-α/β 二聚体依赖 Imp-α 与待输送核蛋白表面的 NLS 之间的相互作用进行识别和结合。

2）核蛋白与 Imp-α/β 二聚体的复合体依赖 Imp-β 与 NPC 的相互作用结合到 NPC 胞质环的纤维上。

3）在 NPC 蛋白和其他辅助蛋白的协同作用下，核蛋白-Imp-α/β 复合体通过 NPC 进入细胞核。

4）核蛋白-Imp-α/β 复合体与细胞核内的 Ran-GTP 结合，释放核蛋白。Ran 是一种 GTP/GDP 结合蛋白，Ran-GDP 存在于细胞质中，可促进核蛋白与 Imp-α/β 稳定结合，Ran-GTP 存在于细胞核内，可促进核蛋白-Imp-α/β 复合体解离，使核蛋白在细胞核内释放。

5）Imp-α 在细胞核内输出素的协助下运回细胞质，与 Imp-β 装配为二聚体参加下一轮运输过程。

6）Imp-β 在 Ran-GTP 辅助下运回细胞质，与 Ran 结合的 GTP 水解，为核蛋白-Imp-α/β 复合体进入细胞核内提供能量，同时 Ran-GDP 进入细胞核内重新转换为 Ran-GTP，开始下一次循环。

对于原核细胞来说，同样存在蛋白质运转的问题。研究表明，细菌也能定位于蛋白质 N 端的信号肽，将新合成的多肽运转到其内膜、外膜、双层膜之间或细胞外等不同部位。细菌中新翻译产生的蛋白质与胞质中的分子伴侣 SecB 相结合后就能被运送到细胞膜运转复合物 SecA-SecYEG 上，结合有新生肽的 SecA 在自身 ATP 酶活性作用下水解 ATP 并嵌入细胞膜之中，导致与 SecA 相结合的被运转蛋白 N 端约有 20 个氨基酸通过膜运转复合物到达胞外。SecA 再与另一个 ATP 相结合，变构嵌入膜内的同时再次把所运转蛋白的第二部分运出胞外。如此反复，直到把所运转蛋白全部送到胞外。

## 6.5　蛋白质翻译后修饰

新生的多肽链，除了正确翻译和折叠之外，大多数是没有功能的，常常需要进行一个系列的翻译后加工，才能成为具有功能的成熟蛋白。每一个蛋白分子从核糖体上被合成完之后几乎都要进行一定的化学修饰。蛋白质翻译后修饰(post-translational modification，PTM)是指蛋白质在翻译中或翻译后经历的一个共价加工过程，即通过蛋白质水解剪去基团或通过一个或几个氨基酸残基加上修饰基团从而改变蛋白质的性质。新生的多肽链的加工主要包括以下3种方式：肽链的剪接、氨基酸残基的修饰以及蛋白质的折叠、组装成为高级结构形式。关于蛋白质折叠和组装前面已有叙述，下面主要介绍肽链的剪接和氨基酸残基的修饰。

## 6.5.1 肽链的剪接

肽链的剪接是指在特异的蛋白质水解酶催化下，特定地切除部分氨基酸残基，使其一级结构发生改变，形成一个或多个成熟蛋白质的翻译后加工过程。常见的剪接方式有：

### (1)N端起始氨基酸fMet(原核生物)或Met(真核生物)的切除

通常由氨肽酶来催化进行。原核生物(fMet)的肽链，其N端不保留fMet，大约半数蛋白是在脱甲酰基酶作用下除去甲酰基，多数情况甲硫氨酸也被氨肽酶除去，真核生物(Met)中甲硫氨酸则全部被切除。

### (2)信号序列的切除

需要靶向运输到各细胞器及细胞外的转运蛋白前体均含有一段用于定位的信号序列，用于指导蛋白质的输送。这些序列在运输到指定位置后会由特定的蛋白质水解酶切除。

### (3)蛋白前体的剪切

有些蛋白质类激素，如胰岛素、甲状旁腺素、生长激素等，在初合成时是无活性的蛋白原或酶原的形式，需要经过蛋白水解酶切除部分肽段后才能具有生理活性，即酶原在一定条件下被打断一个或几个特殊的肽键，从而使酶构象发生一定的变化，形成具有活性的三维结构的过程。如在信号肽酶的作用下，前胰岛素原的信号肽被切除，而成为胰岛素原——一条不间断的A链(21个氨基酸残基)-C链(33个氨基酸残基)-B链(31个氨基酸残基)。转运到胰岛细胞的囊泡中被蛋白水解酶切去C链后，剩余的A链和B链通过3个二硫键连接为成熟的胰岛素。

### (4)蛋白质剪接

蛋白质剪接由去除前体蛋白中间部分肽段然后将两侧的肽段再通过新的肽键连接起来这样的一系列分子内的剪切连接反应组成。其中被切除的部分肽段称为内含肽(intein)，两侧被连接起来的肽段称为外显肽(extein)。当翻译形成蛋白质前体后，内含肽具有自我催化功能，其两端的保守序列可激活剪切位点的肽键断裂和外显肽之间肽键的形成，从蛋白质中自体切除，形成成熟的具有活性的蛋白。

蛋白质剪接与酶原的激活和RNA剪接不同，酶原的激活不涉及新肽键的形成。在酵母液泡 H-ATP 酶亚基、蓝细菌集胞藻 DNA 聚合酶、结核杆菌 *RecA* 基因产物 α 亚基等细菌和真菌蛋白质，以及伴刀豆球蛋白等高等生物的蛋白质的加工过程中均发现有蛋白质剪接现象。

## 6.5.2　氨基酸残基的修饰

许多蛋白质可以进行不同类型化学基团的共价修饰，氨基酸侧链的修饰作用包括磷酸化、糖基化、羟基化、甲基化、乙酰化和脂酰基化等。修饰后可以表现为激活状态，也可以表现为失活状态。需要注意的是，不同的氨基酸修饰协同作用，共同控制蛋白质的稳定性，从而调控蛋白质的生物学功能。

**(1)磷酸化和脱磷酸化**

磷酸化(phosphorylation)是指通过酶促反应把磷酸基团从一个化合物转移到另一个化合物的过程，作用位点通常在蛋白上的 Ser、Thr、Tyr 残基侧链，是生物体内存在的一种普遍的调节方式，在细胞信号的传递过程中占有极其重要的地位。脱磷酸化(dephosphorylation)是磷酸化的逆过程，由磷酸水解酶催化，如磷酸化酶 a 和磷酸化酶 b 是同一种酶的磷酸化和去磷酸化形式。可逆的磷酸化对蛋白质功能的正常发挥起着重要调节作用，涉及多个生理、病理过程，如细胞信号转导、肿瘤发生、新陈代谢、神经活动、肌肉收缩以及细胞的增殖、发育和分化等。

**(2)糖基化**

蛋白质的糖基化(glycation)是在糖基转移酶的催化作用下，寡糖链以糖苷的形式与蛋白质上特定的氨基酸残基共价连接的过程。蛋白质糖基化在真核生物中非常普遍，原核生物中相对较少。糖基化是蛋白质转运过程的必需步骤，并且糖基化的蛋白(糖蛋白)在免疫保护、细胞分裂、细胞生长、细胞识别和炎症发生等生物过程中起着重要作用。

氨基酸残基与寡糖连接的方式有 *N* 型连接和 *O* 型连接两种，分别称为 *N* 型糖基化和 *O* 型糖基化。

*N* 型糖基化起始于内质网，完成于高尔基体，多由脂质载体——多萜醇磷酸(dolichol phosphate)将核心寡糖(由 *N*-乙酰葡萄糖胺、甘露糖和葡萄糖形成的 14 糖)直接转移到蛋白质基序 Asn-X-Ser/Thr(X 为除脯氨酸外的氨基酸残基)的 Asn 残基侧链。少数情况下 Asn-X-Cys 序列也作为糖基化位点。*N* 型连接的核心寡糖链在内质网和高尔基体内会受到进一步的修饰，切除或添加部分糖分子。

*O* 型糖基化多发生于邻近脯氨酸的丝氨酸或苏氨酸残基的羟基上，以逐步添加单糖的形式形成寡糖链，主要在高尔基体与细胞核或细胞质中形成。细胞核和细胞质中的 *O* 型糖基化是在丝氨酸或苏氨酸残基上连接 *N*-乙酰葡萄糖胺，高尔基体内的 *O* 型糖基化起始于在丝氨酸或苏氨酸残基上连接 *N*-乙酰半乳糖胺、*N*-乙酰葡萄糖胺、甘露糖、海藻糖等的还原端。对于进入高尔基体的分泌蛋白和膜结合蛋白来说，*O* 型糖基化发生于 *N* 型糖

基化和蛋白质折叠之后，在高尔基体的顺面完成。

### (3)羟基化

蛋白质的羟基化(hydroxylation)主要发生在结缔组织中，胶原蛋白的脯氨酸和赖氨酸残基由位于粗面内质网的氧化酶氧化成羟脯氨酸和羟赖氨酸，从而维持结缔组织结构的稳定性。胶原蛋白的脯氨酸和赖氨酸羟基化(hydroxylation)还需要维生素C的存在。缺乏维生素C时，胶原纤维由于脯氨酸和赖氨酸无法羟基化不能进行交联，张力强度下降，造成血管脆弱，伤口难以愈合，引起坏血病。

### (4)甲基化

蛋白质的甲基化(methylation)修饰是在甲基转移酶催化下，将*S*-腺苷甲硫氨酸的甲基转移到蛋白质赖氨酸或精氨酸的侧链上进行的甲基化，或对天冬氨酸或谷氨酸侧链的羧基进行甲基化形成甲酯的形式。甲基化对蛋白质功能和其参与的生命过程具有重要的调节作用，如组蛋白的甲基化主要体现在导致异染色质形成、基因印记、X染色体失活和转录调控方面，蛋白质甲基化异常或甲基转移酶发生突变常会导致疾病的发生。

### (5)乙酰化

蛋白质的乙酰化(acetylation)在乙酰转移酶的催化作用下进行。如组蛋白的乙酰化多发生在核心组蛋白N端碱性氨基酸集中区的特定赖氨酸残基，将乙酰辅酶A的乙酰基转移到赖氨酸的ε-氨基中和掉1个正电荷。组蛋白乙酰化水平由组蛋白乙酰基转移酶(histone acetyltmnsferse, HATs)和组蛋白去乙酰基转移酶(histone deacetylase, HDACs)共同决定。核小体中的组蛋白N端赖氨酸在生理条件下带正电荷，可与带负电荷的DNA或相邻的核小体发生相互作用，导致核小体构象紧凑，染色质高度折叠，而组蛋白N端赖氨酸的乙酰化可以减弱组蛋白与DNA之间的作用，导致染色质构象松散，这种构象便于转录调节因子的接近和结合，促进基因转录。相反，组蛋白N端赖氨酸的去乙酰化则抑制基因转录。

### (6)脂酰基化

蛋白质的脂酰基化(esterification)主要包括棕榈酰化(palmitoylation)、豆蔻酰化(myristoylation)、异戊烯化(prenylation)和糖基化磷脂酰肌醇(glycosylphosphatidylinositol, GPI)四种方式。脂酰基化的蛋白通常定位于细胞膜结构附近，如脂蛋白(lipoprotein)。脂蛋白是一类膜结合蛋白，蛋白质的脂酰基化(esterification)可帮助脂蛋白在细胞膜上的定位，脂肪酸链能够与生物膜保持良好的相容性，有助于脂蛋白发挥生物学功能。

### (7)腺苷酸化

蛋白质的腺苷酸化(polyadenylation)是指在腺苷酰转移酶催化下，将ATP的腺苷酸基团(AMP)转移到蛋白质的氨基酸残基的侧链上。蛋白质的腺苷酸化可调节蛋白质的生物活性，如谷氨酸合成酶的一个酪氨酸残基被腺苷酸化修饰后会失去活性，而去腺苷酸化可使酶获得活性。

另外,还有泛素化(下面有详细介绍)、生物素化、羧基化、酰氨化、硫辛酸化、硫酸化、瓜氨化、脱氨化等多种蛋白质修饰形式,用于调节蛋白质的结构和功能。

# 6.6　蛋白质降解

蛋白质降解是生命的重要过程,对于维持细胞的稳态,清除基因突变、热或氧化胁迫造成的错误折叠的蛋白质,防止形成细胞内凝集,以及适时终止不同生命时期调节蛋白的生物活性具有重要意义。另外,蛋白质的过度降解也是有害的,蛋白质的降解必须受到空间和时间上的控制。

细胞内绝大多数蛋白质的降解服从一级反应动力学,半衰期介于几十秒到百余天,跨度较大。如代谢过程中的关键酶以及处于分支点的酶寿命仅几分钟,有利于体内稳态在情况改变后快速建立;肌肉肌动蛋白和肌球蛋白的寿命为 1～2 周;血红蛋白的寿命超过一个月。蛋白质的半衰期并不恒定,与细胞的生理状态密切相关。蛋白质的半衰期与多肽链 N 端特异的氨基酸有关,它们对蛋白质的寿命有控制作用,称为 N 端规则。如末端是 D、R、L、K 和 F 的多肽,寿命很短,其半衰期只有 2～3 min。而末端为 A、G、M 和 V 的多肽,其半衰期在原核细胞可超过 10 h,而在真核细胞中甚至可超过 20 h。

在真核细胞中主要存在四种蛋白质降解途径,包括溶酶体途径,泛素-蛋白酶体途径(ubiquitin-proteasome pathway,UPP)、胞液蛋白酶降解途径和线粒体蛋白酶途径。

## 6.6.1　溶酶体途径

溶酶体是真核细胞内重要的细胞器,属于内膜系统的组分,由于内含 60 多种酸性水解酶,是蛋白质降解的重要场所。溶酶体非特异性降解蛋白质,包括细胞内 90%的长寿蛋白以及一部分短寿蛋白。在酸性环境下,蛋白质等大分子在酶降解后被溶酶体膜的载体蛋白运送至胞液的代谢库。

溶酶体途径主要作用于表面膜蛋白和胞吞的胞外蛋白质的降解,而在正常状态下的胞液蛋白质的正常转运过程中并不发挥主要作用。

## 6.6.2　泛素-蛋白酶体系统及其功能

泛素-蛋白酶体体系是具有高效、高度选择性和依赖 ATP 的特异降解蛋白质的重要途径。广泛参与和调控多种细胞生理和代谢活动。以色列的科学家阿龙·切哈诺沃(Aaron Ciechanover)、阿夫拉姆·赫什科(Avram Hershko)和美国加利福尼亚大学的教授欧文·罗斯(Irwin Rose)成功揭示了细胞内蛋白质经泛素-蛋白酶体途径选择性降解的过程,于 2004 年获得诺贝尔化学奖。

### (1)依赖泛素的蛋白酶体体系中的成员

1)泛素——标记工具

泛素(ubiquitin,Ub),也称为泛蛋白,是一种广泛存在于真核细胞和组织中的小肽,具有高度保守性。泛素的主要功能是标记底物蛋白质从而参与蛋白质降解和功能调控。

2)蛋白质泛素化相关的三种酶

泛素激活酶E1(ubiquitin-activating enzyme):利用ATP水解释放的能量在泛素分子C端的甘氨酸残基与E1自身的半胱氨酸巯基之间形成高能硫酯键,以此将泛素分子活化。

泛素结合酶E2(ubiquitin-carrier protein):也称为泛素载体蛋白,其主要功能是将泛素捆绑在要降解的蛋白质上,但其本身不能识别特异性的蛋白质,需要E3的帮助。

泛素-蛋白连接酶E3(ubiquitin-protein ligase):E3种类繁多,除了对不同的E2有选择作用外,还具有辨认特异蛋白的能力,能够指导E2将泛素结合到特异蛋白上去。因此,E3使泛素-蛋白酶体的蛋白质降解系统具有底物特异性。

3)蛋白酶体-降解蛋白质的工具

蛋白酶体(proteasome)是催化泛素与底物蛋白偶联体降解的关键酶,1979年首次由Goldberg等人分离出来,被称为“垃圾处理厂”。广泛存在于真核生物和古细菌中,在真核生物中,蛋白酶体位于细胞核和细胞质中,主要作用是降解细胞不需要的或受到损伤的蛋白质。最普遍的蛋白酶体的形式是26S蛋白酶体,包含一个20S核心颗粒和两个19S调节颗粒。核心颗粒为中空结构,将剪切蛋白质的活性位点围在“洞”中;将核心颗粒的两端敞开,目的蛋白质就可以进入“洞”中。核心颗粒的每一端都连接着一个19S调节颗粒,每个调节颗粒都含有多个ATP酶活性位点和泛素结合位点;调节颗粒可以识别多泛素化的蛋白质,并将它们传送到核心颗粒中,核心颗粒将所有蛋白质降解成含7~9个氨基酸的小肽。

### (2)泛素-蛋白酶体降解途径

泛素-蛋白酶体降解途径包括两个主要阶段:第一阶段为蛋白质的泛素化,底物蛋白的赖氨酸残基侧链ε-氨基被多聚泛素化修饰;第二阶段为蛋白酶体降解蛋白质,并释放出泛素分子(可再次参与循环)。

1)蛋白质的泛素化

蛋白质泛素化是指泛素对靶蛋白特异性修饰,即靶蛋白的赖氨酸残基侧链ε-氨基被多聚泛素化修饰。泛素化在蛋白质的定位、代谢、功能、调节和降解中都起着十分重要的作用,同时也参与细胞周期、增殖、凋亡、分化、转移、基因表达、转录调节、信号传递、损伤修复、炎症免疫等几乎一切生命活动的调控。

蛋白质的泛素化是一个三级酶联反应(图6-19)。

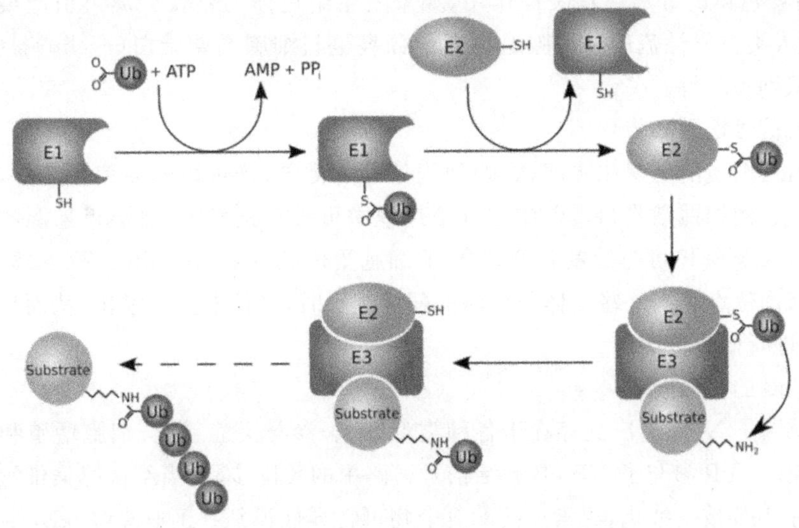


图 6-19　蛋白质的泛素化(仿自 Benjamin Lewin,2007)

泛素的激活:泛素活化酶(E1)水解 ATP 并将一个泛素分子腺苷酸化,接着,泛素被转移到 E1 活性中心的半胱氨酸残基上,并伴随着第二个泛素分子的腺苷酸化。

泛素的转移:活化的泛素转移到泛素结合酶 E2 的半胱氨酸巯基上,E2 本身不能特异性识别蛋白质,需要在 E3 的帮助下将泛素分子绑在蛋白质上。

泛素与蛋白质结合:高度保守的泛素连接酶(E3)识别特定的需要被泛素化的靶蛋白,并催化泛素分子从 E2 上转移到靶蛋白上。靶蛋白在被蛋白酶体识别之前,必须被标记至少四个泛素单体分子(以多泛素链的形式)。

2)蛋白酶体降解蛋白质

被泛素化的靶蛋白分子被蛋白酶体的 19S 调节颗粒识别,进而进入到 20S 的催化颗粒进行降解。

### (3)泛素-蛋白酶体体系的生物学意义

1)参与抗原呈递

抗原分子泛素化后被 26S 蛋白酶体降解成多肽,然后由组织相容性复合体(MHC)Ⅰ类分子提呈到细胞表面,再被细胞毒性 T 细胞(CTL)识别,诱发抗体的产生。向具有热不稳定性的 E1 酶细胞系微量注射卵白蛋白,在 E1 酶非允许温度时,卵白蛋白呈递给 MHCⅠ类分子的进程就会被阻止。如果将蛋白底物的所有 ε-氨基甲基化,阻挡其泛素化修饰位点,也可以阻止该抗原的呈递。通过修饰使蛋白质符合“蛋白质寿命的 N 端规则”,该蛋白将较快地被泛素化和降解,诱导较强的细胞免疫。

2)调节细胞周期和细胞分裂

细胞周期的进程由一系列细胞周期蛋白依赖性(CDK)和 CDK 活性调节因子驱动,泛素-蛋白酶体对细胞周期调节因子的降解是细胞调控分裂进程的重要手段。细胞周期调控因子 Cdc34 被证实是泛素结合酶 E2 的组成成分之一,是泛素介导的细胞周期 G1 调节因子的降解和 DNA 复制起始所必需的。在有丝分裂和减数分裂过程中,泛素-蛋白连接酶 E3 对染色体的分离起着关键作用，如果发生染色体的错误分离可引起染色体数目改变，导致人类自发性流产。细胞退出有丝分裂也与细胞周期蛋白(cyclin)被蛋白酶体-泛素系统识别和降解有关。

3)参与信号识别和传导

细胞内蛋白质的泛素化降解，影响细胞信号的传导，既可以诱导信号传导，也可以阻断信号传导。例如白细胞归巢受体在分泌过程中可被泛素修饰，血小板来源的生长因子β受体、生长激素受体可与泛素共价结合，T 细胞受体(T-Cell receptor，TCR)和 IgE 均具有泛素化修饰位点。当这些受体与相应的配体结合时，受体发生泛素化，从而导致酪蛋白激酶活化，进行信号传导。

4)NF-κB 的代谢

核转录因子 NF-κB，广泛存在于各种类型细胞，参与炎症反应、细胞增殖和凋亡的基因功能调控。UPP 参与了 NF-κB 激活信号通路中的关键步骤，当细菌感染细胞或有自身物质信号时，IκB 被磷酸化，泛素连接酶复合物可特异性识别并迅速降解 IκB，使 NF-κB 的核定位序列暴露，进入细胞核内，启动相关基因的表达。

5)泛素-蛋白酶体途径与疾病

大量实验证实泛素-蛋白酶体途径是细胞内环境稳定的关键调节因素，细胞的许多重要蛋白都在此通路的调控之下。

人肿瘤细胞抑制因子 p53 在维持细胞基因组和防止肿瘤发生上发挥重要作用。在宫颈癌细胞中，p53 由癌蛋白 E6 介导经泛素-蛋白酶体途径降解，导致 p53 含量很低，从而促进肿瘤的发生。

泛素-蛋白酶体体系也与神经细胞变性相关。帕金森病(Parkinson's disease，PD)，是中老年人常见的神经系统变性疾病。引起帕金森病的一个重要因子 Parkin，具有 E3 泛素连接酶活性，且自身也是经泛素化调节降解，可能在维持多巴胺能神经元的正常功能中发挥重要作用。该基因的突变会引起癌症或家族性常染色体隐性遗传性少年型帕金森综合征。阿尔茨海默病(Alzheimer's disease，AD)，又称老年性痴呆，是一种中枢神经系统变性病，在 Alzheimer 病中神经纤维出现缠结和老年斑，与 Tau 蛋白磷酸化及泛素调节有关。

另外，泛素-蛋白酶体系统还与内质网内异常蛋白的降解、离子通道开关、细胞分泌调控及神经元网络、细胞器的形成等有关。

## 6.6.3 胞液蛋白酶降解途径

### (1)钙蛋白酶系统

细胞质中依赖钙离子的蛋白质降解是由钙蛋白酶(calpain)承担。钙蛋白酶是细胞内依钙中性半胱氨酸内肽酶，在体内，通过 $Ca^{2+}$ 激活及自溶而表现出蛋白水解酶的活性，并通过钙蛋白酶抑制活化的钙蛋白酶活性。钙蛋白酶系统的主要作用对象是细胞骨架蛋白、蛋白激酶和磷酸酶以及激素受体，在组织受伤、坏死和自溶过程中发挥重要作用。在动物细胞中，钙蛋白酶主要负责降解肌原纤维中的蛋白，肌纤维被降解后骨骼肌的剪切力降低，肉的嫩度提高，是对肉品质起重要作用的一种依赖钙离子的蛋白酶。许多研究表明，calpain 在肌原纤维蛋白的降解，特别是在早期肌肉转化过程中起着重要的调节作用，抑制其活性有可能抑制蛋白质的降解从而提高肌肉生长。

#### (2)胱天蛋白酶水解途径

胱天蛋白酶(caspase)是白细胞介素 21β 转化酶(interleukin21β enzyme，ICE)家族的总称。caspase 全称为含半胱氨酸的天冬氨酸蛋白水解酶(cysteinyl aspartate specific proteinase)，由于胱天蛋白酶的活性部位为极保守的半胱氨酸(cysteine)及特异性切割底物的天冬氨酸(aspase)，故简称 caspase。caspase 与真核细胞凋亡(apoptosis)密切相关，并参与细胞的生长、分化与凋亡调节。细胞凋亡是由基因控制的细胞自主的有序的死亡，最终由 caspase 执行。目前有 14 种 caspase 被发现，它们以酶原的形式存在于正常细胞中，一旦细胞凋亡启动，就被激活。根据 caspase 在级联反应上、下游的位置和功能不同分为三大类，第 1 类包括 caspase8，caspase2，caspase9 和 caspase10，位于级联反应上游，为凋亡始动子，能在其他蛋白参与下发生自我活化并激活下游的 caspase。第 2 类负责凋亡的执行，是凋亡效应子，位于级联反应下游，包括 caspase 3，caspase 6 和 caspase 7。第 3 类包括 caspase1、caspase4、caspase5、caspses13 和 caspase14，主要参与细胞因子介导炎症反应并在死亡受体介导的细胞凋亡途径中起辅助作用。其中 caspase3 和 7 可降解 PARP、DFF-45(DNA fragmentation factor-45)，导致 DNA 修复的抑制并启动 DNA 的降解，而 caspase-6 降解 lamin A 和 keratin18，导致核纤层和细胞骨架的崩解。

### 6.6.4　线粒体蛋白酶途径

线粒体基质中含有一个完整的蛋白质周转系统，并存在一种依赖 ATP 的细胞器蛋白降解途径，即线粒体蛋白酶系统。该系统不含有泛素，但含有高分子蛋白酶复合体——Lon 蛋白酶。Lon 蛋白酶能从线粒体中清除被氧化了的蛋白质，对保护线粒体、维持线粒体再生起重要作用，包括呼吸链蛋白复合体的组装、异常和受损伤蛋白质的降解、线粒体 DNA 完整性的维持等。此外，Lon 蛋白酶的水平和活性与衰老和疾病有密切关系，进一步明确 Lon 在蛋白质量控制、衰老和疾病中的作用机制，有利于指导延缓衰老、疾病治疗及相关药物的研发。

## 6.7　翻译水平调控

基因在翻译水平的调控有多种方式，不同细胞采取的方式不同。翻译水平的调控主要有两个方面：根据细胞状态决定是否翻译，即翻译起始的调控；根据 mRNA、tRNA 和 rRNA 的结构、稳定性和功能发挥情况决定如何翻译，即翻译过程的调控。

原核生物转录水平的调控是最主要的，翻译及翻译后水平的调控是转录调控的有效补充。原核生物在翻译水平的调控主要表现在：mRNA 的二级结构、mRNA 的稳定性、反义 RNA、释放因子和核糖体蛋白质的自体调控、不良营养条件引起的严谨反应等。

真核生物中翻译水平的调控主要表现在：mRNA 的稳定性、翻译起始的调控、选择性翻译、双链 RNA(dsRNA)诱发的基因沉默等。

## 6.7.1 翻译起始的调控

核蛋白体大小亚基，mRNA 起始 tRNA 和起始因子共同参与肽链合成的起始。

### (1)原核生物翻译起始的调控

1)SD 序列原核生物 mRNA

的翻译能力主要受控于 5′端的 SD 序列，其与 16S rRNA 3′端相应序列的配对控制原核生物翻译的起始。控制能力越强，翻译起始频率越高，控制能力越弱，翻译起始频率越低。SD 序列的微小变化就会导致翻译效率百倍或千倍的差异。

2)密码子

mRNA 采用的密码系统影响翻译速度。稀有密码子所占的比例越高，对应的 tRNA 丰度越低，翻译的速度越慢。

3)mRNA 的二级结构

原核生物有约 66％的核苷酸以双链的二级结构形式存在。原核生物可通过 mRNA 二级结构的变化，影响核糖体 30S 亚基与 mRNA 的结合，进行翻译水平的基因表达调节。

例如，大肠杆菌 RNA 噬菌体 MS2、R7、f2 和 Qβ 的基因组很小，仅编码 4 个基因：A 基因（编码附着蛋白）、CP 基因（编码衣壳蛋白）、rep（编码复制酶）和 lys（编码裂解蛋白）。这些噬菌体的基因组进入细胞后，A 基因和 rep 基因与核糖体的结合位点被基因组 DNA 形成的二级结构封闭起来，核糖体先附着在 CP 基因的核糖体结合位点，翻译 CP 基因，当阅读到被封闭的 rep 基因的核糖体结合位点上游时，二级结构的氢键断裂，暴露出 rep 基因的核糖体结合位点，开始翻译 rep 基因。当衣壳蛋白含量过多时，衣壳蛋白能够与 rep 基因的核糖体结合位点结合，封闭 rep 基因的表达，避免合成过多的复制酶造成浪费。

4)重叠基因对翻译的影响

重叠基因最早在大肠杆菌噬菌体 ΦX174 中发现，用不同的阅读方式得到不同的蛋白质，丝状 RNA 噬菌体、线粒体 DNA 和细菌染色体上都有重叠基因存在。Trp 操纵子由 5 个基因（trpE、D、C、B、A）组成，在正常情况下，操纵子中 5 个基因产物是等量的，但 trpE 突变后，其邻近的 trpD 产量比下游的 trpBA 产量要低得多。研究 trpE 和 trpD 以及 trpB 和 trpA 两对基因中核苷酸序列与翻译耦联的关系，发现 trpE 基因的终止密码子和 trpD 基因的起始密码子共用一个核苷酸（图 6-20）。由于 trpE 的终止密码子与 trpD 的起始密码重叠，trpE 翻译终止时核糖体立即处在起始环境中，这种重叠的密码保证了同一核糖体对两个连续基因进行翻译的机制。

TrpE：苏氨酸-苯丙氨酸-终止密码子

ACU UUCUGA UGG CU

AUGGCU

TrpD：起始密码子-丙氨酸

图 6-20　Trp 操纵子中的重叠基因

## (2)真核生物翻译起始的调控

1)核糖体对起始密码子的正确识别

真核生物蛋白质翻译起始时，40 S 核糖体亚基及起始因子首先与 mRNA 模板的近 5′端结合，然后逐渐向 3′端方向识别起始密码子。发现起始密码子后，40S 小亚基与 60S 大亚基形成 80S 起始复合物。这就是真核生物翻译起始的“扫描模式”。核糖体正确识别起始密码子并控制翻译起始的能力，主要控制蛋白质合成的起始和频率。

2)隐蔽 mRNA(masked RNA)

有一类真核生物 mRNA，它能与专一性的蛋白质结合而不能被核糖体识别，不能启动蛋白质的翻译，只有当存在某种诱导因子或激活因子时，这类 mRNA 才能被活化，开始翻译 mRNA。例如，种子中的 mRNA 直到萌发时才翻译，海胆卵 mRNA 直到授精时才表达。这些贮存在真核细胞内的 mRNA 有时称为隐蔽 mRNA，用于控制 mRNA 翻译的起始。

3)翻译起始因子的磷酸化调控

真核生物翻译起始因子(eukaryotic initiation factor，eIF)是指参与真核翻译起始这一过程的蛋白质，包括 eIF1、eIF2、eIF2A、eIF2B、eIF3、eIF4A、eIF4E、eIF4F、eIF4G、eIF5、eIF6 等。这些起始因子的活化主要通过磷酸化进行调节。目前了解比较清楚的是 eIF2 和 eIF4E。

eIF2B 是一种鸟嘌呤核苷酸交换因子，它能够将 eIF2-GDP 交换为 eIF2-GTP，活化 eIF2，然后 eIF2-GTP 与甲硫氨酰 tRNA 结合，合成起始蛋白质。当细胞受到病毒感染、营养贫乏或胁迫环境条件时，会激活某种激酶，使 eIF2 磷酸化，抑制了 eIF2B 将 eIF2-GDP 交换为 eIF2-GTP，限制了 eIF2-GTP 的形成，阻断了蛋白质的翻译。而当酵母在缺乏氨基酸的培养基中，eIF2 的磷酸化可增强与合成氨基酸相关的基因的 mRNA 的翻译，使酵母维持自身必需的蛋白质优先合成，适应环境的需要。

eIF4E 是蛋白质翻译起始阶段真核生物蛋白质起始因子复合物 4(eIF4F)的重要组成因子之一，作为帽端结合蛋白，结合于 mRNA 的 5′末端帽子结构。eIF4G 通过 eIF3 与核糖体相连。eIF4E 和 eIF4G 是 eIF4F 的两个核心亚基，它们之间的相互作用可将核糖体富集于 mRNA 的 5′末端帽子结构，形成翻译预起始复合物。磷酸化的 eIF4E 与帽子结构的亲和力是未磷酸化形式的 4 倍，因此 eIF4E 的磷酸化促进翻译起始。

4E 结合蛋白(4 E-binding protein，4 E-BP)与 eIF4G 的 N 末端具有相同的氨基酸序列，可以竞争性地抑制 eIF4G 与 eIF4E 间的相互作用。正常情况下，在胰岛素、分裂素的调节下，4E-BP 被磷酸化，从而丧失与 eIF4E 的结合能力，释放 eIF4E，使 eIF4E 与eIF4G

相连，促进翻译起始的激活。但是，遭遇病毒感染后，会使4E-BP去磷酸化，增强与eIF4E的结合能力，抑制翻译的起始。

4)mRNA非编码区对翻译起始的影响

mRNA的5′非编码区(untranslated region，UTR)一般位于5′帽端结构之后。如果5′UTR存在稳定的茎环(发卡)二级结构，能够阻止核糖体40S亚基从5′帽端结构向3′端的移动，抑制核糖体预起始复合物沿着mRNA的运动，干扰对起始密码子的扫描。5′UTR二级结构的稳定性和与帽端结构、起始密码子的距离，决定着对翻译起始的作用程度。例如，在近帽端结构有一个28个核苷酸组成的茎环顺式作用元件IRE(iron responsive element，铁离子应答元件)，缺乏铁离子时，铁阻遏蛋白与IRE结合，使核糖体进程受阻，翻译起始受抑制，而当铁离子浓度较高时，铁阻遏蛋白释放IRE，促进翻译。IRE与5′帽端结构的距离同翻译效率直接相关。当IRE距离5′帽端结构40个核苷酸以内时，铁阻遏蛋白与IRE结合对翻译的抑制作用较强，如果距离太远则抑制减弱或消失。5′UTR的长度也影响翻译的效率，当5′UTR为17～80个核苷酸时，体外翻译效率与其长度成正比。

5)起始密码子的位置及其侧翼序列影响

对于动物和植物来说，起始密码子上游－3位为A和下游4位为G才能进行有效翻译。真核生物mRNA序列上通常有多个AUG，核糖体小亚基必须正确识别起始密码子，一旦识别错误则干扰蛋白质的翻译，而起始密码子的侧翼序列则对于正确起始密码子的定位具有重要指导意义。另外，起始密码子近下游(最佳距离为14个核苷酸)形成的二级结构，将有利于移动的核糖体40S亚基停靠在起始密码子处，增强翻译的起始复合物的形成，并且随着起始因子的结合能够使二级结构解链，不会阻碍肽链的延伸。因此，起始密码子近下游形成的二级结构对翻译起始起正调控作用。

## 6.7.2 mRNA的稳定性与翻译调控

### (1)原核生物mRNA的稳定性

为适应快速变换的环境，原核生物繁殖速度非常快，因此原核生物mRNA的稳定性远低于真核生物，半衰期仅0.5～50 min。其主要影响因素有：

1)mRNA分子自身回折产生茎环结构，可阻碍核酸外切酶而保护mRNA。但是，如果茎环结构位于5′ UTR，也可能干扰核糖体与mRNA的结合，抑制翻译的起始。

2)核糖体与mRNA的结合可起到保护mRNA的作用，提高mRNA的稳定性。例如，添加能够阻止翻译起始的春日霉素，以及添加能使核糖体从mRNA上提早释放的嘌呤霉素，都可以导致mRNA稳定性的下降，而添加能够使核糖体滞留肽链的氯霉素或四环素，则可增强mRNA的稳定性。

3)大肠杆菌mRNA的3′ UTR区域有一种高度保守的反向重复序列(inversive sequence，IR)，有500～1000个拷贝，可协助mRNA形成茎环结构，防止核酸酶的降解，增强mRNA的稳定性。如大肠杆菌麦芽糖操纵子中结构基因*malE*和*malF*紧密连锁，

但 *malE* 基因的 3′UTR 有两个 IR 序列，增强了 *malE* 基因的 mRNA 稳定性，而 *malF* 基因没有 IR 序列，mRNA 的稳定性不如 *malE* 基因，因此，*malE* 基因的表达产物是 *malF* 基因的 20～40 倍。

4）真核生物 mRNA 的 3′端添加 poly(A)尾可以增强 mRNA 的稳定性，但大肠杆菌由 *pcnB* 基因编码的 poly(A)聚合酶催化添加的 poly(A)尾，却加速了 mRNA 的降解，这可能是 poly(A)有助于一种或数种核酸酶靠近 mRNA 的 3′端。

### (2)真核生物 mRNA 的稳定性

真核生物的 mRNA 的稳定性(半衰期)对蛋白质翻译有非常重要的影响。mRNA 半衰期的微弱变化可能在短时间内使 mRNA 的丰度发生 1000 倍甚至是更大的变化。mRNA 稳定性的调节比其他基因表达机制更快捷、更经济。真核生物的 mRNA 比原核生物稳定，但影响其半衰期的内外因素也非常多，主要表现在以下几个方面：

1)5′ 端帽子结构

真核生物 5′ 端帽子结构有 2 个重要功能：①保护 5′ 端免受磷酸化酶和核酸酶的作用，避免 mRNA 被降解，增强 mRNA 的稳定性；②提高在真核蛋白质合成体系中 mRNA 的翻译活性。如果细胞内的脱帽酶被 mRNA 中的序列元件激活，则有可能导致 mRNA 的降解。

2)5′ 非翻译区(5′UTR)

5′ UTR 参与原癌基因 mRNA 稳定性的调控。正常的 *C-myc* 基因的 mRNA 不稳定，半衰期仅为 0～15 min，但去掉其 5′ UTR 保留正常的编码区、3′ UTR 及 poly (A)时，mRNA 的半衰期比正常的 mRNA 延长了 3～5 倍。这种突变的 *C-myc* 基因的 mRNA，会使淋巴结细胞产生超量的 C-myc 蛋白，使细胞异常增殖而导致癌变。

3)编码区真核基因的编码区同样也参与对 mRNA 稳定性的调节

β-微管蛋白 mRNA 编码的 N 端四肽，在微管单体过量时可激发其 mRNA 迅速降解。在哺乳动物 *C-myc* 基因的 mRNA 的编码区中，发现了一种可促使 mRNA 分子降解的序列元件，称为 mRNA 不稳定子(mRNA destabilizer)。在 *C-fos* 基因的 mRNA 的编码区中也发现促使 mRNA 降解的序列元件，甚至已鉴定出一系列能识别这些不稳定性元件的结合蛋白。

4)3′ 非翻译区(3′ UTR)

3′ UTR 区域存在的反向重复序列(IR)，有时称为 mRNA 稳定子(mRNA stabilizer)，这些 IR 序列形成的茎环结构具有促进 mRNA 稳定性的作用。其机理是稳定的茎环结构既能阻碍反转录酶通过，也可抵御 3′→5′ 核酸外切酶的降解，加强了 mRNA 3′ 末端的屏蔽作用。

3′ UTR 区域存在的富含 AU 的序列元件(ARE)，有时称为 mRNA 不稳定子(mRNA destabilizer)，核心序列为 AUUUA。ARE 元件普遍存在于一些哺乳动物短寿命 mRNA 中，如编码生长因子的 mRNA 和 *C-fos* 基因的 mRNA。ARE 元件诱导 mRNA 不稳定性的机制，可能是该元件激活了某一特异核酸内切酶使转录本脱去 poly (A)尾，也可能通过对翻译的调控来间接地影响 mRNA 稳定性。但 ARE 结合蛋白与

ARE 元件的结合，可以抵销 ARE 对 mRNA 不稳定性的诱导作用，增强 mRNA 的稳定性。

5)poly(A)尾

真核生物 mRNA 的 poly (A)尾可增强 mRNA 的稳定性。这是因为 poly(A)结合蛋白(PABP)与 poly (A)形成的复合物，可保护 mRNA 免受核酸酶降解。poly(A)尾越长，mRNA 的稳定性也越强，如细胞质中 poly(A)尾巴的长度多随着 mRNA 滞留时间的延长而逐渐缩短，一些短寿命 mRNA 的 poly (A)的缩短速度更快。理论上来讲，poly(A)剩下不足 10 个 A 时，PABP 就无法与 poly(A)结合，mRNA 便开始降解。

6)5′ 末端与 3′ 末端的相互作用可提高 mRNA 稳定性

5′末端的帽子结合蛋白 CBP 和 3′ 末端 poly(A)结合蛋白 PABP 之间的相互作用不但能促进高效的翻译起始，也具有维持 mRNA 完整性的重要作用。在酵母和哺乳动物 mRNA 降解时，poly (A)首先降解，PABP 从 mRNA 上释放，然后 5′ 端帽子被脱帽酶 Dcplp、Edc3p、Dcp2p、Dhhlp、Lsmlp 切掉，整个 mRNA 也迅速被 5′→3′ RNA 核糖体外切酶 Xrnlp 降解。PABP 从 mRNA 上的释放使 5′ 端帽子易受攻击，是因为 PABP 能增强 eIF4F 的亚基 eIF-4G 和帽子结构的结合，形成闭合环状的形式，这种构象可以保护 5′的帽子结构不被 Dcp1p 切掉，同时核糖体也可在环状的 mRNA 上启动持续的翻译。

7)mRNA 翻译产物

有些 mRNA 的稳定性受自身翻译产物的调控，这是一种自主调控。如细胞周期依赖性的组蛋白基因，在 S 期组蛋白 mRNA 达高峰期，以偶联新合成的 DNA 形成核小体。一旦 DNA 复制减缓、终止，与 DNA 结合结束后剩余的组蛋白就与其编码基因的 mRNA 3′ 端区域结合，使 3′ 端对一种或多种核酸酶变得更敏感，引发 mRNA 迅速降解，组蛋白 mRNA 的转录、翻译也随之减慢、停止。

另一自主调控的例子是细胞中微管蛋白 mRNA 的稳定性与微管蛋白单体的浓度密切相关。提高细胞内微管蛋白单体的浓度，可使与核糖体结合的微管蛋白 mRNA 稳定性急剧降低。这是由于游离的微管蛋白结合到刚从活跃翻译的核糖体上合成的新生肽链的 N 端 4 个氨基酸(甲硫氨酸-精氨酸-谷氨酸-异亮氨酸)，由此向核糖体发生某种信号，激活了与核糖体偶联的核酸酶，从而使 mRNA 受酶切降解。

8)其他因素

除上述因素之外，mRNA 稳定性还与核酸酶、病毒侵染及胞外因素有关。例如，运铁蛋白受体 mRNA 的稳定性受细胞内外铁离子水平的调控，肌质网中的 $Ca^{2+}$ 泵调节心脏和平滑肌中的 mRNA 稳定性，神经生长因子通过磷蛋白 ARPP-19 调节 GAP-43 mRNA 的稳定性，一些正负调节因子通过钙和磷酸调节甲状腺旁 mRNA 的稳定性，糖皮质激素在老鼠肺中增强脂肪酸合成酶 mRNA 的稳定性，cAMP 通过特异的 RNA 结合蛋白控制人类肾素 mRNA 的稳定性等。

(高向伟，韩　冰)

# 思考题

1. 简述遗传密码子的特性。

2. 什么是变偶假说？简述其主要内容。

3. 简述 tRNA 的二级结构及三级结构的结构特征。

4. 什么是反密码子？简述反密码子的特性和作用。

5. 原核生物和真核生物核糖的构成各是怎样的？

6. 简述原核生物和真核生物核糖体大小亚基的形态特征。

7. 请简述氨基酸的活化工程。

8. 简述原核生物翻译的起始过程。

9. 简述真核生物翻译的起始过程。

10. 比较原核生物和真核生物翻译起始过程的异同点。

11. 简述翻译过程中肽链的延伸过程。

12. 简述正常情况下的原核生物翻译的终止过程。

13. 什么是分子伴侣和折叠酶？简述其种类和功能。

14. 简述解释新生多肽链折叠的 4 种理论模型。

15. 什么是蛋白质的共翻译转运途径和翻译后转运途径？它们分别转运真核生物的哪类蛋白质？分析并比较它们的转运机制。

16. 简述分泌蛋白的 Sec 转运过程。

17. 什么是核孔复合物(nuclear pore complex,NPC)？简述依赖 Imp-α/β 二聚体的蛋白质入核机制。

18. 蛋白质翻译后修饰都有哪些主要类型？简述其中 3 种修饰的主要功能。

19. 什么是泛素和泛素化？简述泛素-蛋白酶体系统及其功能。

20. 在蛋白质的质量控制方面，蛋白质降解有哪些生物学意义？

21. 比较原核生物和真核生物在翻译水平调控基因表达的主要方式。

22. 什么是魔斑？在细菌体内，它(们)是如何合成和降解的？

23. 什么是反义 RNA？简述它在原核生物和真核生物中的作用。

24. 什么是蛋白质自体水平的调控？有何生物学意义？

# 第 7 章　现代分子生物学技术

二十世纪中叶，生命科学的各领域取得了巨大的进展，特别是分子生物学高速发展，而这离不开现代分子生物学研究技术的不断更新和进步。现代分子生物学技术是以核酸、蛋白质和脂质等生物大分子为研究对象，从分子水平阐明遗传、生长和发育、疾病等基本生命过程的作用机制。现代分子生物学研究技术主要包括分子克隆技术、聚合酶链式反应、核酸分析技术、分子杂交和印迹技术、基因文库、生物大分子之间相互作用技术、基因修饰动物模型等。本章将重点介绍几种在分子水平研究上应用十分广泛和有效的分子生物学研究技术。

## 7.1　分子克隆技术

分子克隆(gene cloning)技术是将目的基因用体外重组的方法插入具有自主复制能力的载体 DNA，获得新的重组 DNA 后导入受体细胞中表达相应蛋白，以研究蛋白的生物学功能。至今经历了三个阶段：第一个阶段是经典基因克隆技术的创建，依赖于限制性内切酶和连接酶的克隆方法。第二阶段是依赖 DNA 修饰酶的克隆技术，该方法不需要连接酶的参与，不受限制性内切酶的限制，使得基因克隆更灵活。第三阶段是 21 世纪初将 DNA 重组酶应用到基因克隆中，使得基因克隆更强大，靶向性更强，操作更简便。本节主要介绍分子克隆技术的基本知识，以及最新的分子克隆技术。

### 7.1.1　限制性内切酶的应用

核酸酶(nuclease)是能够水解核酸分子中磷酸二酯键的酶类的总称，如核酸内切酶、限制性内切酶、核酸外切酶等。限制性内切酶(restrictionendonucleases)是分子克隆技术中重要的工具酶，可从核酸链中间水解 3′,5′-磷酸二酯键，产生 5′-磷酸基和 3′-羟基末端的 DNA 双链分子。1970 年，H. O. Smith、K. W. Wilcox 和 T. J. Kelly 从流感嗜血杆菌(*Hemophilus influenzae*)中首次分离出特异切割 DNA 的限制性内切酶，简称限制酶。在细菌体内，限制酶的作用是降解外源 DNA，例如可将侵入细菌的外源病毒 DNA 分子割成不同大小的片段，从而抵御外源 DNA 分子的入侵；但是其自身 DNA 的酶切位点经甲基化而受到保护。因此，细菌体内还存在一种对自身 DNA 起修饰作用的甲基化酶，该酶对底物的识别和作用位点与限制酶类似，但只是使 DNA 链甲基化而不是切开 DNA 链。因此，细菌内限制性内切酶与甲基化酶共同构成了限制-修饰系统，保证细菌正常生存。

1973 年，H. O. Smith 和 K. W. Wilcox 首次提出命名原则，1980 年，Roberts 在此基础上进行了系统分类。总规则是以限制性内切酶来源的微生物学名进行命名，其命名原则如下：①限制性内切酶第一个字母代表该酶的微生物（宿主菌）属名，需大写并斜体；②第二、三个字母代表微生物种名，需小写并斜体；③第四个字母代表寄主菌的株或型，小写但需正体；④如果从一种菌株中发现了几种限制性核酸内切酶，即根据发现和分离的先后顺序用罗马字母表示。如大肠杆菌（*Escherichia coli*）R 株中分离到几种限制性核酸内切酶，分别表示为 *Eco*R Ⅰ、*Eco*R Ⅱ和 *Eco*R Ⅴ等。限制酶标记为 R（通常省略不写）；修饰性甲基化酶标记为 M。图 7-1 以从大肠杆菌 R 株的分离出的第一种限制酶为例来说明命名原则。

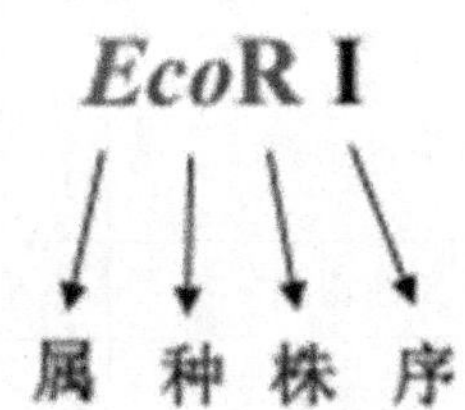


图 7-1　限制性内切酶的命名方式

根据限制性核酸内切酶的识别切割特性、催化条件及是否具有修饰酶活性等特点，可分为Ⅰ型限制性内切酶、Ⅱ型限制性内切酶、Ⅲ型限制性内切酶三大类。

### (1) Ⅰ型限制性内切酶

Ⅰ型限制性内切酶兼具有甲基化酶修饰活性和依赖于 ATP 的限制性内切酶活性的复合功能酶。它能够识别并结合于特定 DNA 序列位点，随机切断识别位点以外的 DNA 序列。它们的作用需要 $Mg^{2+}$、ATP 和 S-腺苷酰甲硫氨酸作为催化的辅助因子，并且在 DNA 降解过程中伴随 ATP 的水解，兼具甲基化酶、核酸内切酶、ATP 酶和 DNA 解旋酶四种活性；在 DNA 链上的识别和切割位点不一致，没有固定的切割位点，一般在识别位点外的几千个碱基处随机切割，不会产生特异片段。

### (2) Ⅱ型限制性内切酶

Ⅱ型限制性内切酶只由一条肽链构成。Ⅱ限制性内切酶限制修饰系统分别由限制性内切酶和甲基化酶两种不同的酶组成，能够识别和切割特异的双链 DNA，且切割位点就在识别位点范围内切断 DNA，因此是分子生物学中应用最广的限制性内切酶。通常分子克隆技术提到的限制性内切酶主要是指Ⅱ类酶。

### (3) Ⅲ型限制性核酸内切酶

Ⅲ型限制性核酸内切酶与Ⅰ类酶相似，具有内切酶和修饰酶双重活性，但在 DNA 链上有特异切割位点。相比Ⅰ类酶，其切断位点在识别序列周围的 25～30 bp，也需要 ATP 供给能量。Ⅰ和Ⅲ限制性内切酶对重组 DNA 技术无重要价值。

三种限制性内切酶特性比较见表 7-1。

表 7-1　三种限制性内切酶的特性

| 特性 | Ⅰ型 | Ⅱ型 | Ⅲ型 |
|---|---|---|---|
| 1.限制修饰活性 | 双功能的酶 | 限制酶和修饰酶分开 | 双功能酶 |
| 2.内切酶的蛋白质结构 | 3种不同亚基 | 单一成分 | 2种亚基 |
| 3.限制辅助因子 | ATP、$Mg^{2+}$和S-腺苷甲硫氨酸 | $Mg^{2+}$ | ATP、$Mg^{2+}$和S-腺苷甲硫氨酸 |
| 4.切割位点 | 距特异性位点5′端至少1000 bp | 位于识别位点上 | 特异性位点3′端24－26 bp处 |
| 5.特异性切割 | 不是(随机) | 是 | 是 |
| 6.基因克隆中的作用 | 无用 | 非常有用 | 用处不大 |

由于Ⅱ限制性内切酶有严格的识别、切割顺序，所以被广泛地应用在基因工程中。Ⅱ型限制性内切酶的特性如下：①识别双链DNA中4－8 bp的特定序列。一般来说，识别4 bp序列的酶比识别8 bp序列的酶切割产生更小的DNA片段，这是因为短序列比长序列在DNA中随机出现的概率更大。由于特定限制性内切酶的识别序列是固定的，其切割DNA的次数也容易计算出来：假定组成核酸的四种碱基是随机分布的，那么识别序列每个位置上的四种碱基出现的概率是相同的。例如，一个识别4 bp序列的限制性内切酶，每隔$4^4=256$ bp就应该发生一次切割；同理，识别6 bp序列的限制性内切酶，每隔$4^6=4096$ bp就会发生一次切割；识别8 bp序列的限制性内切酶，每隔$4^8=65536$ bp就会发生一次切割。因此，识别序列越长，在DNA上的切割位点就越少。②大部分酶的切割位点在识别序列内部或两侧。Ⅱ型限制性内切酶切割双链DNA会产生2种不同的切口：黏性末端与平末端。其中，两条多聚核苷酸链上磷酸二酯键断开的位置是交错的，对称分布在识别序列中心位置两侧，切割后使DNA片段末端的一条链多出一个或几个核苷酸，同具有互补核苷酸的另一DNA片段末端可以黏结，这样的DNA片段称为黏性末端。黏性末端有两种类型：3′突出黏性末端和5′突出黏性末端。两条多聚核苷酸链上磷酸二酯键断开的位置处在识别序列的对称结构中心，切割后产生的DNA片段末端的是平齐的，称为平末端。③识别的切割序列呈典型反向对称型回文结构(图7-2)。

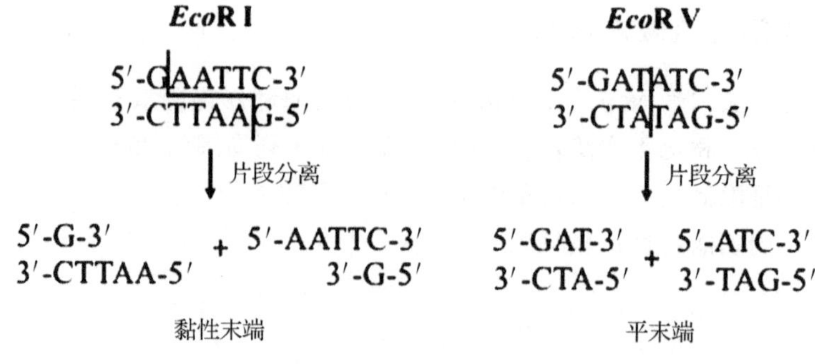


图7-2　Ⅱ型限制性内切酶识别的回文序列

其他限制性内切酶及产生的末端如表 7-2 所示。

**表 7-2　某些限制性内切酶及产生的末端**

| 5′黏性末端 | | 3′黏性末端 | | 平末端 | |
|---|---|---|---|---|---|
| 酶 | 识别序列 | 酶 | 识别序列 | 酶 | 识别序列 |
| *Taq* Ⅰ | T/CGA | *Pst* Ⅰ | CTGCA/G | *Alu* Ⅰ | AG/CT |
| *Cla* Ⅰ | AT/CGAT | *Sac* Ⅰ | GAGCT/C | *Fnu*D Ⅱ | CG/CG |
| *Mbo* Ⅰ | /GATC | *Sph* Ⅰ | GCATG/C | *Dpn* Ⅰ | GA/TC |
| *Bgl* Ⅱ | A/GATCT | *Bde* Ⅰ | GGCGC/C | *Hae* Ⅲ | GG/CC |
| *Bam*H Ⅰ | G/GATCC | *Apa* Ⅰ | GGGCC/C | *Pvu* Ⅱ | CAG/CTG |
| *Bcl* Ⅰ | T/GATCA | *Kpn* Ⅰ | GGTAC/C | *Sma* Ⅰ | CCC/GGC |
| *Hind* Ⅲ | A/AGCTT | | | *Nae* Ⅰ | GCC/GGC |
| *Nco* Ⅰ | C/CATGG | | | *Hpa* Ⅰ | GTT/AAC |
| *Xma* Ⅰ | C/CCGGG | | | *Nru* Ⅰ | TCG/CGA |
| *Xho* Ⅰ | C/TCGAG | | | *Bal* Ⅰ | TGG/CCA |
| *Eco*R Ⅰ | G/AATTC | | | *Mst* Ⅰ | TGC/GCA |
| *Sal* Ⅰ | G/TCGAC | | | *Mha* Ⅲ | TTT/AAA |
| *Xba* Ⅰ | T/CTAGA | | | *Eco*R Ⅴ | GAT/ATC |

## 7.1.2　载体

载体(vector)是一种将外源目的 DNA 导入到受体细胞内，并能进行自我复制和增殖的 DNA 工具。如果从细胞 A 内取出来的基因要在细胞 B 内进行复制或表达，首先得将这个基因送到细胞 B 内，能将外源基因送入细胞的工具就是载体。根据功能不同，载体可分为克隆载体和表达载体。其中，以插入外源 DNA 序列被扩增为目的而特意设计的载体称为克隆载体；而以插入的外源 DNA 序列被转录翻译成多肽链目的设计的载体称为表达载体。此外，根据载体的来源和功能不同又可分为质粒载体、λ 噬菌体载体、黏粒载体、人工染色体载体等。

载体的基本条件为：①至少有一个复制起点，能在受体细胞中自我复制，是一个复制子；②含有多种限制性内切酶的单一识别序列即多克隆位点(multiple cloning sites，MCS)，以供外源基因插入；③便于筛选的遗传标记基因，以指示载体或重组 DNA 分子是否进入宿主细胞；④载体应尽可能小，以便于导入细胞和进行繁殖；⑤使用安全，在宿主细胞内部不产生有害性状，不进行重组，不产生转移；⑥含有适当的拷贝数，方便外源基因在宿主细胞内的大量扩增。此外，特定载体还有一些特定的序列特征。

### (1)质粒载体

质粒(plasmid)是双链闭合环状DNA分子，长度从数千bp至数十万bp不等，能够在宿主内利用宿主的酶系统进行复制(图7-3)。质粒存在于许多细菌以及酵母菌等低等生物中，同时也存在于植物的线粒体等细胞器中。1952年，Lederberg指出这种闭环DNA分子与高等生物细胞质中染色体外的遗传单元极为相似，并正式提出了“质粒”这一名称，以区别于染色体的遗传单元。质粒并不是宿主生长所必需的，但通常带有某些抗性基因可以赋予宿主抵御外界环境因素不利影响的能力。

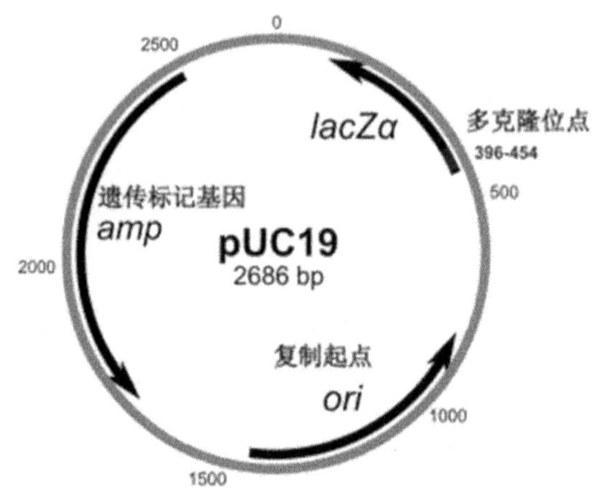


图7-3　质粒pUC19图谱

一般而言，质粒是环状双链DNA分子。如果两条链都是完整的环，这种质粒DNA分子就称为共价闭合环状DNA(covalently closed circular，cccDNA)，包括超螺旋DNA(supercolied DNA，scDNA)和松弛的DNA(relaxed DNA)两种构型，分别是由DNA促旋酶和拓扑异构酶作用的结果。如果质粒DNA中有一条链是不完整的，那么这种DNA分子就是开环的(open circles，ocDNA)。开环的DNA通常由内切酶或机械剪切造成。然而，从细胞中分离质粒DNA时，质粒DNA常常会转变成超螺旋的构型。

pSC101质粒是第一个成功地用于克隆实验的大肠杆菌质粒载体，长度为9090 bp，有抗四环素筛选标记，属于低拷贝的天然型质粒载体。该质粒多克隆位点有*Hind* Ⅲ、*Eco*RⅠ、*Bam*HⅠ、*Sal*Ⅰ、*Xho*Ⅰ、*Pvu*Ⅰ、*Sma*Ⅰ7种核酸限制性内切酶酶切位点，其中在*Bam*HⅠ、*Hind*Ⅲ、*Sma*Ⅰ3个位点克隆外源DNA，则都会导致$Tet^r$基因失活。经包括删除非必需序列、引入标记基因、减少酶切位点等人工改装后，1977年成功构建出至今仍在广泛应用的克隆载体pBR322，其长度为4361 bp，有抗氨苄青霉素和抗四环素的两个筛选标记基因，24个多克隆位点，其中9个会导致$Tet^r$基因失活(如*Bam*HⅠ、*Hind* Ⅲ、*Sal* Ⅰ)，3个会导致$Amp^r$基因失活(*Sca* Ⅰ、*Pvu* Ⅰ、*Pst*Ⅰ)。

随着克隆载体的不断发展，研究人员开发出了一些拷贝数多、相对分子质量小、具有多种特殊性能的载体。1982年，J. Messing和J. Vieria在pBR322质粒的基础上构建出了pUC系列的质粒载体，该载体集中了当时载体的诸多优点。它长度约2.7 kb，由四个部分组成：①来自pBR322的复制起点(*ori*)；②失去了pBR322的氨苄青霉素的抗性基因

($Amp^r$)的克隆位点;③包含大肠杆菌β-半乳糖苷酶基因(*lacZ*)的启动子及编码α-肽链的DNA序列;④位于*lacZ*基因靠近5′端包含一段多克隆位点(MCS)区段,但它并不破坏*lacZ*基因的功能。当宿主细胞的β-半乳糖苷酶基因发生删除突变,缺失N端的一段氨基酸序列,使酶失活,但是在α-肽链存在时可以互补使酶恢复活性。因此,该质粒载体可以利用氨苄青霉素抗性和*lacZ*的α肽互补(蓝白斑筛选法)相结合进行筛选重组DNA。pUC系列的质粒载体相对分子质量小,如1985年构建成的pUC18和pUC19,全长2686 bp,两者差别只是在多接头的方向不同,其余结构完全相同。

### (2)λ噬菌体载体

噬菌体(bacteriophage)是一类病毒的总称,包含核蛋白和DNA,结构上具有一个蛋白质外壳和尾巴,且尾巴上的微丝可以把噬菌体的DNA注入细菌内。噬菌体DNA也被开发成为载体,具有高效率的感染性,能使外源基因高效导入受体细胞,而且其自主复制繁殖性能使外源基因在受体细胞中高效扩增。目前最广泛应用的是一些温和型噬菌体,如λ噬菌体,这些噬菌体除了是独立的复制子之外,成熟的噬菌体颗粒的蛋白质的外壳,为重组DNA的体外包装提供了有利条件。

λ噬菌体主要由外壳包装蛋白和λ-DNA组成。其中,λ-DNA在噬菌体中是一种线状DNA分子,全长为48.502 kb的双链DNA,含60多个基因,然而1/3的区域是其生长非必需区,这一区段的缺失,或在此区段中插入外源DNA,并不影响噬菌体的增殖,这就是λ噬菌体可作为基因载体的依据。在DNA两端各有12 bp的5′单链突出(5′-GGGCGGCGACCT-3′),彼此序列互补,被称为cos位点(cohesive end site),它是包装时的切割信号(图7-4)。

图7-4　λ噬菌体结构示意图

由于野生型λ噬菌体基因组较大,酶切点过多,所以野生型只能接纳一定长度的DNA,一般仅为2.425 kb的DNA。同时,这种重组的λ-DNA分子也难于直接导入宿主细胞,需通过体外包装成病毒颗粒,然后以感染的方式注入细胞。因此,若要构建理想的λ噬菌体载体,必须在野生型基础上进一步改造,包括切去部分非必需的区域、插入可供选择的标记基因、修饰限制性内切酶切割位点,以及建立体外包装系统。

目前,λ噬菌体载体可分为插入型和置换型两种,前者将线性载体利用单个限制酶切开后即可将外源基因片段与载体两臂连接;后者需要切除载体的一个片段,并替换成外源基因。但是,无论是前者还是后者,携带外源基因后重组的DNA总长度一般为野生型λ噬菌体DNA长度的78%～105%,病毒外壳蛋白才能将其装配成病毒颗粒。

λ噬菌体作为载体的优点是:λ-DNA可在体外包装成噬菌体颗粒,能高效转染大肠杆菌;λ-DNA载体的装载能力为25 kb,远远大于质粒的装载量;重组λ-DNA分子的筛选较为方便;重组λ-DNA分子的提取较为简便;λ-DNA载体适合克隆和扩增外源DNA片段,但不适合表达外源基因。

### (3)黏粒

黏粒(cosmid)载体也称为柯斯质粒载体，主要用于克隆大片段 DNA，由 λ 噬菌体的 cos 位点和质粒(plasmid)重组而成的载体。cosmid 载体大小一般为 5～7 kb，带有质粒的复制起点、克隆位点、选择性标记的同时也包含用于包装 λ 噬菌体的 cos 位点等。cosmid 载体既可以像质粒一样在宿主细胞中扩增，又可以像噬菌体一样进行体外包装，并利用噬菌体感染的方式将重组 DNA 导入受体细胞。黏粒载体可以承载 40 kb 左右的外源 DNA 片段，不带外源 DNA 片段的载体因为包装下限而不能被包装，具有很强选择性。cosmid 克隆载体并不含有 λ 噬菌体的全部必要基因，因此它不能通过溶菌周期，无法形成子代噬菌体颗粒。由于外源片段克隆在 cosmid 载体中是以大肠杆菌菌落的形式表现出来的，而不是噬菌斑，所以该载体常被用于构建基因组文库。

### (4)人工染色体载体

人工染色体载体(artificial chromosome vector)是利用染色体的复制元件来驱动外源 DNA 片段复制的载体，包括细菌人工染色体载体(BAC)、P1 人工染色体载体(PAC)以及酵母人工染色体载体(YAC)等。实际上是一种“穿梭”克隆载体，含有质粒克隆载体所必备的复制起始位点(ori)、染色体 DNA 着丝点、端粒和复制起始位点的序列，以及合适的选择标记基因。与其他上述克隆载体相比，人工染色体克隆载体最大优点是可以容纳长达 1000 kb 甚至 3000 kb 的外源 DNA 片段。

酵母人工染色体(yeast artificial chromosome，YAC)是一类酵母穿梭载体，可以接受 350～400 kb 的外源 DNA 片段。其主要结构包括：①两个可在酵母菌中利用的选择基因，*URA*3 和 *TRP*1(色氨酸合成基因)；②酵母菌着丝粒序列(centromere4，*CEN*4)；③一个自主复制序列(*ARS*1)；④两个来自嗜热四膜虫(*Tetrahymennathermophila*)的末端重复序列(*TEL*)，以保持重组 YAC 为线状结构；⑤在两个末端序列中间，有一段填充序列(*HIS*3)，以便 pYAC4 在细菌细胞中稳定扩增；⑥Amp 抗性及细菌质粒复制原点(ori)；⑦一个 *Eco*R Ⅰ 克隆位点，该位点位于酵母菌 *Sup*4 tRNA 基因内。

## 7.1.3 DNA 连接酶

DNA 连接酶(DNA ligase)可连接两种 DNA 片段，在分子克隆中扮演关键的角色。1967 年，来自 3 个实验室的研究人员几乎同时发现并提取出一种酶，即该种酶可以将两个 DNA 片段连接起来，同时修复好 DNA 链的断裂口。1974 年以后，研究人员正式将这种酶定义为 DNA 连接酶。DNA 连接酶可以借助 ATP 或 NAD 水解提供的能量催化 DNA 键的 $5'$-$PO_4$ 与另一 DNA 链的 $3'$-OH 生成磷酸二酯键。这两条链必须是与同一条互补链配对结合的(T4 DNA 连接酶除外)，而且必须是两条紧邻 DNA 键才能被 DNA 连接酶催化成磷酸二酯键。DNA 连接酶是分子克隆时不可或缺的关键因子。下面我们主要介绍两种 DNA 连接酶，即大肠杆菌 DNA 连接酶和噬菌体 T4 DNA 连接酶。

大肠杆菌 DNA 连接酶的分子量为 75 kD，对胰蛋白酶敏感，可被其水解。然而，水解后形成的多肽链仍具有部分活性，可以催化酶与 NAD（而不是 ATP）反应形成酶-AMP 中间物，但不能继续将 AMP 转移到 DNA 链上促进磷酸二酯键的形成。经测算，DNA 连接酶在大肠杆菌细胞中约有 300 个分子，与 DNA 聚合酶Ⅰ的分子数量相近。DNA 连接酶的主要功能之一就是在 DNA 聚合酶Ⅰ催化 DNA 聚合反应过程中封闭 DNA 双链上的缺口，而连接酶有缺陷的突变株不能进行 DNA 复制、修复和重组。

噬菌体 T4 DNA 连接酶分子也是一条多肽链，分子量为 60 kD，可被 KCl 和精胺抑制。该酶的催化过程需要 ATP 辅助。T4 DNA 连接酶可连接绝大多数的核酸，包括 DNA-DNA，DNA-RNA，RNA-RNA 和双链 DNA 黏性末端或平头末端。$NH_4Cl$ 可以提高在大肠杆菌 DNA 连接酶的催化速率，但对 T4 DNA 连接酶则无效。T4 DNA 连接酶和大肠杆菌 DNA 连接酶均不能催化两条游离的 DNA 链相连接。

在哺乳类细胞，至少有四种连接酶被发现与命名，分别为

①Ⅰ型连接酶　为最主要的 DNA 连接酶，可连接 DNA 复制过程中产生的冈崎片段，并在 DNA 重组和修复中发挥重要功能。

②Ⅱ型连接酶　Ⅱ型连接酶当初是在小牛胸腺与胎牛肝脏中纯化出来的，不过后来被证实只是Ⅲ型经过蛋白酶切过的片段。

③Ⅲ型连接酶　Ⅲ型连接酶与 XRCC1 蛋白形成复合体，主要作用在碱基切除修复的黏合反应。

④Ⅳ型连接酶　Ⅳ型连接酶与 XRCC4 蛋白形成复合体；Ⅲ型与Ⅳ型都参与修复 DNA 的黏合过程，并一起参与非同源性末端接合的最后一个反应。

### 7.1.4　分子克隆方法

#### (1)依赖连接酶的克隆方法

该方法是最为传统、仍被广泛使用的基因克隆方法。它主要是利用限制性内切酶特异性酶切 DNA 序列，使得目的 DNA 片段和载体产生平末端或黏性末端，然后利用 DNA 连接酶将酶切后的目的 DNA 片段和载体连接成重组 DNA 分子。由于该方法需要限制性内切酶和连接酶，所以会受限于制性内切酶酶切位点的限制和连接酶效率的影响。通常而言，平末端克隆虽然操作简便，但是克隆效率较低，而且克隆为非定向性，即会出现基因的反向和正向插入两种可能。黏性末端克隆更具有定向性，但是对于长片段来说，其克隆效率也比较低。

#### (2)依赖修饰酶的克隆方法

这类克隆方法主要采用 DNA 修饰酶使目的基因和载体分别形成较长（十几个至几十个碱基）的互补的 3′或 5′突出末端，通过互补的突出末端间的退火互补复性而达到 DNA 重组。相对于依赖连接酶的克隆方法而言，该方法克服了低连接效率和受限制性内切酶酶切位点限制的问题，使得基因克隆更加灵活，更具有可操控性，目前已被被许多研究者用于质粒构建。

### (3)依赖重组酶的克隆方法

21世纪初,英杰公司将重组酶引入体外基因克隆中,推出了可位点特异性DNA重组技术,称为Gateway技术。该技术通过借助重组酶识别载体和外源DNA上的特异识别位点,催化其断裂和重接,从而将目的基因克隆到目标载体上。位点特异性重组技术的运用能将目的基因克隆到一个或多个目标载体中,被运用在原核生物、酵母、昆虫、哺乳动物等不同宿主的表达载体中,适合大量基因的高通量克隆,具有高效、快捷、靶向性强等特点。但是,该方法也存在一定局限性,例如重组反应还需要一些辅助因子的参与,而且现成的可供选择的载体有限。

Gateway技术主要包括:λ噬菌体重组酶系统(λ整合酶Int、λ切除酶Xis、大肠杆菌IHF因子)、四个特定重组位点(*attB*、*attP*、*attL* 和 *attR*)及其所发生的两个重组反应(BP反应和LR反应)。目的片段通过PCR引入 *attB* 位点,与具有 *attP* 位点的入门载体在BP位点特异性反应,产生入门克隆,同时使得入门克隆产生 *attL* 位点;含有 *attL* 序列的入门克隆又可以与任何带有 *attR* 序列的目的载体在LR位点发生特异性重组反应,最终产生目的克隆。目前,由于该方法功能强大,克隆效率高,被广泛地应用于构建高通量载体。但是,该技术也存在一定局限性,例如没有去除目的克隆中的重组酶特异识别位点,使得目的克隆的表达蛋白携带有额外氨基酸,同时无法实现多个DNA片段的无缝克隆(图7-5)。

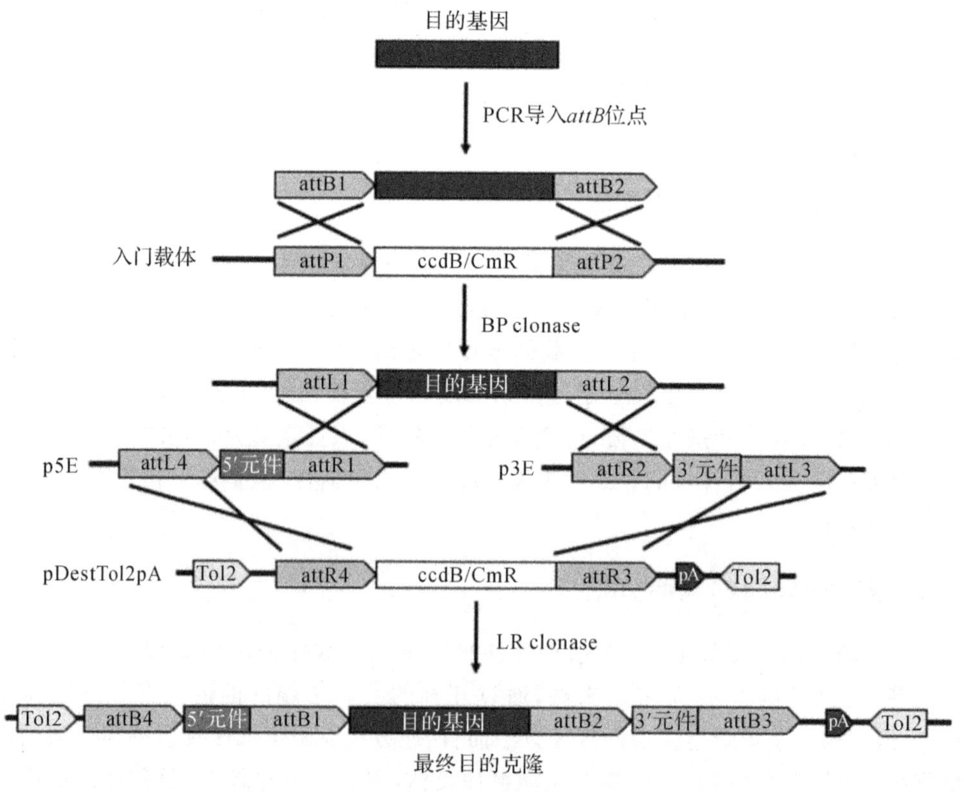


图7-5　Gateway克隆过程

三种基因克隆技术的特点见表 7-3。

表 7-3　三种基因克隆技术的特点

| 克隆方法 | 特点 |
| --- | --- |
| 依赖 DNA 连接酶（需要连接酶） | 黏性末端是定向克隆，平末端是非定向性克隆，黏性末端克隆效率比平末端要高，目前仍被广泛应用；操作简便、应用方便且广泛；不受限制性内切酶限制；异质交错克隆的克隆效率比 TA 克隆更高 |
| 依赖 DNA 修饰酶（无需限制性内切酶和连接酶） | 不受限制性内切酶限制、无需连接酶参与；需要 DNA 修饰酶的处理产生单链同源突出末端；操作简单，克隆效率高，甚至能够达到无缝克隆 |
| 依赖 DNA 重组酶（需要重组酶及其特异识别位点） | 借助重组酶及其特异识别位点实现高效、快捷、靶向性强的基因克隆；方便将基因转入多个载体中，能运用于原核和真核不同宿主的多种载体中，适合大量基因的高通量克隆；但是实验成本高、价格贵 |

# 7.2　分子杂交和印迹技术

分子杂交（molecular hybridization）指具有一定同源序列的两条核酸单链（DNA 或 RNA），在一定条件下按碱基互补配对原则经过退火处理，形成异质双链的过程。根据这一原理，我们就可以将已知序列的核酸片段作为探针，发现不同来源的核酸分子中的同源序列。印迹技术（Blotting）是指将各种生物大分子从凝胶转移到一种固定基质上的过程，主要包括 DNA 印迹、RNA 印迹和蛋白质印迹。本节将介绍分子杂交和印迹技术的基本原理以及应用。

## 7.2.1　分子杂交基本原理

1953 年，J. Watson 和 F. Crick 在前人研究工作的基础上，根据 DNA 结晶的 X 衍生图谱和分子模型，提出了著名的 DNA 双螺旋结构模型。DNA 变性一般指 DNA 分子由稳定的双螺旋结构松解为无规则线性结构的现象。更确切地说，就是指维持双螺旋稳定性的氢键和疏水键的断裂。因此，凡是破坏 DNA 双螺旋结构稳定性的因素均可被认为变性的条件，例如酸、碱、热、变性剂（如尿素、甲酰胺等）和有机溶剂都可破坏双螺旋结构引起核酸分子的变性。

根据 DNA 变性的程度与温度关系，就可以绘制融解曲线。变性 DNA 达到总量 1/2 时的温度称为融解温度（melting temperature，Tm）。其中，$T_m$ 值受溶液中离子的种类、离子浓度、DNA 碱基组成的均一性以及 GC 碱基对含量等因素的影响。在适当条件下，变性的 DNA 两条互补链全部或者部分恢复到天然双螺旋结构的现象称为 DNA 复性。

一般情况下，热变性 DNA 经缓慢冷却即可复性，此过程称为退火(annealing)。两条 DNA 单链之间能否复性，并不取决于这两条链是否同源，而取决于它们自身的特性、温度、浓度等因素。

RNA 的化学组成与 DNA 类似，也有碱基、戊糖和磷酸三种成分，所不同的是戊糖变为核糖，同时碱基中胸腺嘧啶(T)被尿嘧啶(U)代替，其他三种碱基与 DNA 分子中的相同。变性和复性不仅可发生在 DNA 中，也可发生在具有互补碱基序列的 DNA 和 RNA 片段之间，以及 RNA 与 RNA 片段之间。

分子杂交是核酸研究中最基本的实验技术之一，其基本原理就是应用核酸的变性和复性的性质，使来源不同的 DNA(或 RNA)片段，按碱基互补配对形成杂交双链分子。分子杂交是在一定条件下以变性 DNA 或 RNA 单链作为模板，另一 DNA 或 RNA 单链寡核苷酸与其碱基互补而生成杂交复合体的过程。

### 7.2.2 核酸探针

探针(probe)是指能与特定靶分子发生特异性的相互作用，且能被特殊方法所检测的分子，包括核酸之间、抗原-抗体、生物素-亲和素等等。其中，核酸探针主要是指能与特定核苷酸序列发生特异互补杂交，杂交后又能被特殊方法检测的已知被标记(同位素或非同位素标记)的核苷酸链。核酸探针可与核酸样品中具有互补序列的核酸片段结合，所以已被广泛用于基因克隆筛选、基因突变、酶切图谱制作、DNA 序列分析以及临床基因诊断分析等方面。

#### (1)核酸探针的种类和选择

核酸探针是分子杂交中用于样品检测特定 DNA 或 RNA 序列的小片段核酸。根据来源与性质不同，又可分为 DNA 探针、RNA 探针、cDNA 探针、cRNA 探针和化学合成的寡核苷酸探针等 5 类。在选择探针时需要注意其特异性，同时也要考虑探针制备的难易度、检测手段灵敏性等因素。一般而言，探针越长，杂交作用越强，专一性也越好。目前，化学合成的寡核苷酸探针一般约为 50 个碱基。

#### (2)核酸探针的标记物

探针标记物可分为放射性同位素和非放射标记物两大类。其中，放射性同位素标记物是应用最为广泛的一类探针。这类探针灵敏度最高。放射性同位素与相应的元素具有完全相同的化学性质。因此，它们对各种酶促反应无任何影响，且不会影响碱基配对的特异性、稳定性及杂交性质。由于标记探针具有放射性，可用闪烁计数器监测标记反应；杂交信号可用敏感性高的放射自显影技术标测，而信号的强弱可通过银粒计数定量分析。该标记方法的主要缺点是射线对人体有伤害作用，操作时需要防护措施，同时，放射性物质需要特殊的处理，以及常用放射性核素的半衰期短不宜存放使用。

正是因为上述放射性同位素标记探针的局限性，人们一直在寻找非放射性标记物，包括地高辛(digoxigenin，DIG)和生物素(biotin)。虽然非放射性标记探针的敏感性不如同位素标记，但其稳定性和分辨率更高，且标测时间短、操作简便，不需特殊的防护设备，更重要的是不存在放射性污染，适合普通实验室使用。

### (3)核酸探针的标记方法

目前，探针的标记法主要有酶促反应法和化学反应法两大类，其中以酶促反应法较为常用。酶促反应是利用酶促聚合反应将预先标记的核苷酸分子掺入到待标记的核酸中，或将核苷酸分子上的标记基团交换到核酸分子上。具体标记方法较多，主要包括切口平移法、随机引物延伸法、末端标记法以及体外转录法。化学标记法则是利用标记物分子上的活性基团与待标记核酸分子上的基团发生的化学反应而将标记物直接结合到核酸分子上，主要包括酶促反应法和化学反应法等。

1)酶促反应法

切口平移标记法(nick translation)先由脱氧核糖核酸酶Ⅰ(DNase Ⅰ)使待标记的双链 DNA 分子产生若干切口；然后，利用 DNA 聚合酶Ⅰ以切口处开始，以另一条 DNA 链为模板，以 4 种三磷酸脱氧核苷酸为原料，沿切口水解 5′端核苷酸和 3′端修复加入标记核苷酸的同时进行，切口平行推移，这就会掺入到新合成的链中，获得带有标记的 DNA 探针。最合适的切口平移片段一般需要 1000 个核苷酸以上。

随机引物延伸法(random primer extension)是以随机 6 个寡核苷酸片段作为引物，将带标记的 DNA 片段变性后与随机引物退火，此引物结合在单链 DNA 的多个部位，在 DNA 聚合酶Ⅰ Klenow 大片段催化下，以单链 DNA 为模板进行引物延伸反应，合成一条与模板链完全互补的新 DNA 链。在延伸反应中将标记核苷酸掺入到新合成的 DNA 链中，即形成带有标记的 DNA 探针。相比切口平移标记法，该方法具有标记率高，使标记物能有效掺入 DNA 分子中。该方法能进行双链 DNA、单链 DNA 及 RNA 探针标记，可用于标记小片段 DNA(100～500 个核苷酸)。标记 RNA 探针时的方法相同，但是需要用反转录酶。

末端标记法(end-labelling)是将标记物导入线性 DNA 或 RNA 的 5′端或 3′端。该法可得到全长 DNA 片段探针，一般携带的标记分子比较少，标记活性不高。DNA 末端标记法大多用于寡核苷酸探针的末端标记。一般分为 5′端 T4 多聚核苷酸激酶的标记法和 3′端 T4 DNA 聚合酶的标记法。其中，T4 多聚核苷酸激酶能特异性地将 ATP 分子上的磷酸基团转移到 DNA 或者 RNA 分子的 5′末端游离 5′-OH 基团上。但是，大多数 DNA 或 RNA 的 5′端含有磷酸基团，因此标记前必须用碱性磷酸酶将核酸样品进行脱磷处理，使其成为 5′-OH 基团。T4 DNA 聚合酶一方面可以通过 5′→3′的 DNA 聚合酶活性对残缺 3′末端进行填充标记；另一方面，T4 DNA 聚合酶具非常强的 3′→5′核酸外切酶活性，进行标记反应时，先加入 T4 DNA 聚合酶，在缺乏 4 种三磷酸脱氧核苷酸的条件下，T4 DNA 聚合酶从 3′→5′端对双链 DNA 进行水解，产生 3′凹端的 DNA 分子；然而，加入 4 种三磷酸脱氧核苷酸，这是 T4 DNA 聚合酶的 3′→5′外切核酸酶活性受到抑制而表现为 DNA 聚合酶 5′→3′聚合活性，可将残缺 3′末端填平，带有标记的核苷酸就会掺入到填平的 3′端片段中，获得 3′末端标记的核酸探针。

体外转录法(*in vitro* transcription)是指在体外转录系统中加入含有标记的三磷酸核

苷及相应的 RNA 聚合酶,以 DNA 为模板转录合成被标记的 RNA 探针。当反应完成后,用 DNase Ⅰ消化去除 DNA 模板,标记的 RNA 能耐受 DNA 酶处理,然后纯化 RNA 探针,用于后续研究分析。

2)化学反应法

光敏生物素标记法(photo-biotin labelling)是指将光敏生物素与待标记的核酸混合,在一定条件下,强可见光照射 10～20 min,光敏生物素即与核酸共价相连,标记的核酸纯化后获得生物素标记的核苷酸探针。该方法简便、快速可靠,不需要核酸合成酶、引物或底物,适合单链、双链 DNA 和 RNA 探针的标记。

酶标记法(enzyme labelling)是指辣根过氧化物酶(HRP)和碱性磷酸酶(AP)通过化学法直接标记核酸分子探针。简单而言,先将一个带有初级氨基(伯氨基)的多聚体乙撑亚胺用聚苯醌与酶交联;酶经修饰后即具有一个带电荷的小尾部,能与带负电荷的单链 DNA 之间发生静电结合;在此基础上,酶和 DNA 这两个大分子之间再通过戊二醛交联,形成共价结合,即酶标记的核酸探针。

### 7.2.3 分子杂交方法

分子杂交常用于 Southern 杂交、Northern 杂交、原位杂交、点杂交等实验,主要是基于核酸分子的碱基互补原理。从杂交材料来看,又可分为 DNA-DNA 杂交、DNA-RNA 杂交和 RNA-RNA 杂交。从杂交分子状态来看,分为液相杂交和固相杂交。液相分子杂交是将参加液相杂交的两条核酸链都游离在溶液中,在一定条件下(溶液的离子强度、温度、时间等)进行杂交,然后再将未杂交的探针除去,即得到杂交后的核酸分子。固相分子杂交是将待检测的核酸预先固定在固体支持物上,而标记的探针则游离在溶液中,进行杂交反应后,使杂交分子留在支持物上。通过漂洗能将未杂交的游离探针除去,留在膜上的杂交分子容易被检测,目前被广泛应用。

### 7.2.4 分子印迹技术

分子印迹技术始于 1975 年,由苏格兰爱丁堡大学 Edwin M. Southern 首先提出。他将限制性内切酶消化后的 DNA 片段先进行琼脂糖凝胶电泳,把一张硝酸纤维素(nitrocellulose,NC)膜放在凝胶上,利用毛细作用原理使得凝胶中的 DNA 片段转移到 NC 膜上使之固定化。载有 DNA 单链分子的 NC 膜就可以在杂交液与同位素标记的核酸探针进行杂交,经放射自显影或其他检测技术就可以显现出杂交分子的区带。由于这种技术类似于用吸墨纸吸收纸张上的墨迹,被称为"blotting",译为"印迹技术"。生物大分子印迹技术发展极为迅速,已广泛用于 DNA、RNA 和蛋白质的检测。通常人们将 DNA 印迹技术称为 Southern blotting,将 RNA 印迹技术称为 Northern blotting,将蛋白质印迹技术称为 Western blotting。

### (1)DNA 印迹

DNA 印迹(DNA blotting,又称 Southern blotting)为 Edwin M. Southern 首次应用,因而被命名为 Southern blotting。一般而言,利用琼脂糖凝胶电泳分离不同大小的 DNA 分子样本,其会分离而散布在琼脂糖凝胶上不同的位置。接着,这些 DNA 分子可以利用虹吸作用,转染到一个 NC 膜上,经由 DNA 变性使它们的双链分开。因为 DNA 已经固定在 NC 膜上,所以变性后无法再形成双螺旋结构;然后,将上述 NC 膜暴露在核酸探针里,让探针和 DNA 杂交;最后是观察结果。NC 膜上可以侦测到放射性或者荧光信号的位置,就是含有可以与探针核酸序列互补的 DNA 序列所在位置(图 7-6)。

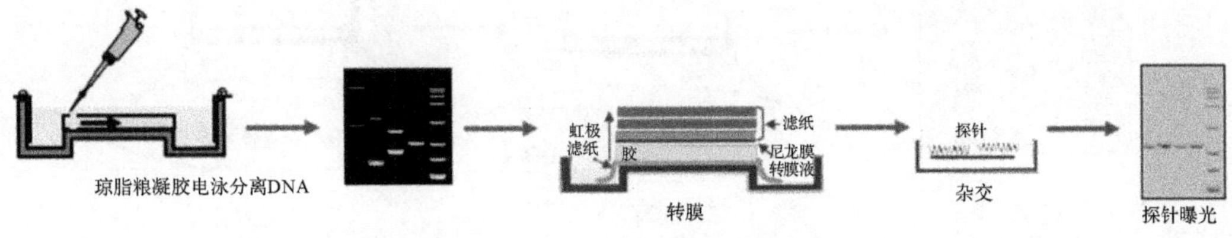


图 7-6　DNA 印记基本流程

### (2)RNA 印迹

RNA 印迹(RNA blotting,又称 Northern blotting)是分子生物学中最常用的实验方法之一,主要用来检测样品中的 RNA 含量来研究基因表达水平。用核酸探针检测由凝胶电泳分离出来的 RNA 片段,寻找含有特定序列的 RNA 片段。与 Southern 印迹杂交相似,RNA 样品经过凝胶电泳后会按分子量大小分离,将样品从凝胶转印到膜上,并用与目标序列互补的标记探针来检测。根据所用探针的不同采用不用的检测方法,但大多数都显示的是样品中被探测的 RNA 条带的相对位置,也就是分子大小;而条带的强度则与样品中目标 RNA 的含量相关。这一方法可以测量目标 RNA 在不同样品中的情况,因此已经被普遍用于研究特定基因在生物体中的表达水平,也是这类研究中最基本的手段之一。

### (3)蛋白质印迹

免疫印迹(immunoblotting,又称 Western blotting)是分子生物学、生物化学和免疫遗传学中常用的实验方法之一。利用特定抗体能够专一结合其抗原蛋白质的原理来对样品进行显色,通过分析显色的位置和深度获得特定蛋白质在所分析的细胞或组织中的表达情况。Western blotting 与 Southern blotting、Northern blotting 方法类似,但 Western blotting 采用的是聚丙烯酰胺凝胶(PAGE)电泳,被检测物是蛋白质,"探针"是抗体,"显色"用标记的二抗。将经过 PAGE(根据分子量大小)分离的蛋白质样品,转移到固相载体(例如硝酸纤维素薄膜)上,固相载体以非共价键的形式吸附蛋白质,且能保持电泳分离的多肽类型及其生物学活性不变。以固相载体上的蛋白质或多肽作为抗原,与对应的抗体起免疫反应,再与酶或同位素标记的第二抗体起反应,经过底物显色或放射自显影以检测电泳分离的特异性目的基因表达的蛋白成分(图 7-7)。

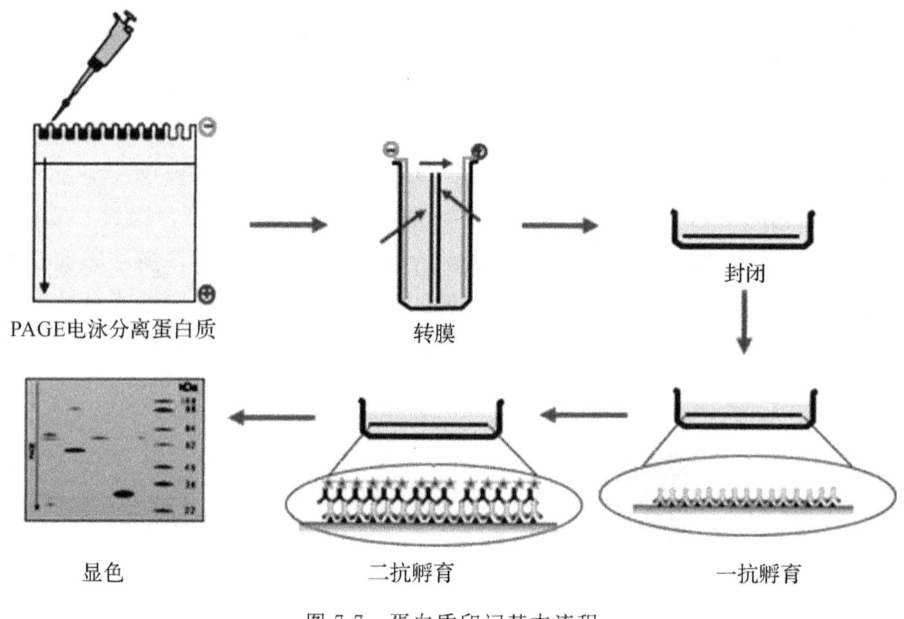


图 7-7　蛋白质印记基本流程

### (4)原位杂交

原位杂交(*in situ* hybridization)是以标记的核酸分子为探针,在组织细胞原位检测特异性靶核酸分子的技术。根据所用的核酸探针和靶核酸的不同,原位杂交可分为 DNA-DNA 杂交、DNA-RNA 杂交和 RNA-RNA 杂交三类。根据核酸探针的标记物是否能直接被检测,原位杂交可分为直接法和间接法两种。直接法原位杂交,探针与组织细胞内靶核酸所形成的杂交体不经免疫组织化学即可直接显示。而间接原位杂交一般都用半抗原标记探针,而探针与组织内靶核酸所形成的杂交体则通过免疫组织化学对半抗原的定位间接地显示。这一技术对组织中含量极低的靶序列有很高的灵敏度,并保持组织与细胞的结构完整,反映特异性核酸分子的定位。配合使用能定位特异蛋白分子的免疫细胞化学技术,就能对生理或病理条件下从 DNA 到 mRNA,再到蛋白质这样一个基因表达过程进行定性和定位的分析,是基因表达研究强有力的技术手段。

## 7.3　聚合酶链式反应

聚合酶链式反应(polymerase chain reaction,PCR)是指在 DNA 聚合酶催化下,以母链 DNA 为模板,特定引物为延伸起点,通过变性、退火、延伸等步骤,体外复制出与母链模板互补的子链 DNA 过程。PCR 技术模拟生物体内 DNA 的复制过程,在体外实现了对特定 DNA 序列的快速扩增,能够在数小时内将目标序列扩增百万倍以上。该技术操作方便快捷、特异性强、产量高、重复性好,已广泛应用于生物学、医学、考古学等各个领域的基因研究和分析。随着 PCR 技术的不断发展和延伸,在常规 PCR 的基础上又衍生出各种不同的 PCR 技术，如反转录 PCR(reverse transcriptase PCR，RT-PCR)技术、实时荧光定量 PCR(real-time fluorescent quantitative PCR，RT-qPCR)技术、数字 PCR(digital PCR7，dPCR)技术等等。本节将介绍 PCR 的历史、基本原理、反应条件以及 PCR 反应循环参数等。

### 7.3.1　PCR 的历史

1971 年，Khorana 最早提出核酸体外扩增的设想，即“经过 DNA 变性，与合适引物杂交，用 DNA 聚合酶延伸引物，并不断重现该过程便可克隆 tRNA 基因”。但是，当时基因序列分析方法尚未成熟，对热具有较强稳定性的 DNA 聚合酶还未发现，寡核苷酸引物的合成仍处在手工、半自动合成阶段，这种想法似乎没有任何实际意义。直到 1985 年，美国 PE-Cetus 公司的人类遗传研究室 Kary Mullis 等人发现了具有划时代意义的 PCR，使人们梦寐以求的体外无限扩增核酸片段的愿望成为现实。Kary Mullis 也因此而获得 1993 年的诺贝尔化学奖。该方法的原理类似 DNA 体内复制，只不过是在试管中进行 DNA 的体外合成过程。最初使用大肠杆菌 DNA 聚合酶 Klenow 片段来扩增人基因组中的特异片段，但该酶不耐热，因此，每次加热变性 DNA 后都需要重新补加 Klenow 酶。在操作多份标本时，这一过程耗时、费力且易出错。

1988 年初，Keohanog 等改用 T4 DNA 聚合酶进行 PCR，其扩增的 DNA 片段很均一，真实性也较高，即产物只有一种 DNA 片段序列。然而每循环一次仍需加入新酶。同年，Saiki 等从黄石公园温泉中的水生嗜热杆菌内提取到一种耐热 DNA 聚合酶。此酶具有以下特点：①耐高温，在 70 ℃下反应 2 h 其残留活性大于原来的 90%；②在热变性时不会被钝化，不必在每次扩增反应后再加新酶；③大大提高了扩增片段的特异性和扩增效率，并增加了扩增长度。由于提高了扩增的特异性和效率，所以其灵敏性也大大提高。为了与大肠杆菌聚合酶 Klenow 片段进行区别，将此酶命名为 *Taq* DNA 聚合酶。正是由于此酶的发现，PCR 技术得到了广泛的应用，该技术成为遗传与分子生物学分析的根本性基石。

### 7.3.2　PCR 的基本原理

PCR 技术的原理并不复杂，主要依据 DNA 半保留复制的机理以及体外 DNA 分子在不同温度下可变性和复性的性质。在离心管中，加入适量的缓冲液、$Mg^{2+}$、模板 DNA、四种脱氧核苷酸(dNTPs)、耐热性 DNA 聚合酶和一对合成 DNA 的引物(标准的 PCR 反应体系如表 7-4 所示)，通过高温变性、低温退火和中温延伸三个阶段的循环合成 DNA。

**表 7-4　标准 PCR(100ul)反应体系**

| | |
|---|---|
| 10×缓冲液 | 10 μl |
| 4 种 dNTP 混合物 | 各 200 μmol/L |
| 引物 | 各 10～100 pmol |
| 模板 DNA | 0.1～2 μg |

**续表**

| | |
|---|---|
| *Taq*DNA 聚合酶 | 2.5 U |
| $Mg^{2+}$ | 1.5 mmol/L |
| 加双蒸水至 | 100 μl |

整个 PCR 的反应过程如图 7-8 所示。第一阶段 DNA 变性，即 DNA 模板的解链。在高温 95 ℃左右条件下，双链 DNA 模板之间的所有氢键断开，分离为长的单链，且在 pH 为 7 的情况下，DNA 仍保存完整性。第二阶段低温退火，即复性，在低温 55 ℃左右条件下，短链引物分子与模板单链按照碱基互补配对的原则进行特异性结合，产生双链区。第三阶段中温延伸，即新链 DNA 的合成。在中温 72 ℃左右条件下，DNA 聚合酶从引物处开始，以 dNTP 为反应原料，在体外进行半保留复制，合成与模板链互补的新 DNA 链，迅速产生与目标序列完全相同的复制品。首次循环引物从 3′端开始延伸，延伸片段的 5′端为人工合成引物是特定的，3′端没有固定的终止点，长短不一；第二个循环引物与新链结合，由于后者 5′端序列是固定的末端，意味着 5′端的序列就成为此次延伸片段 3′端的终止点。$N$ 个循环后由于多数扩增产物受到所加引物 5′端的限定，产物的序列是介于两种引物 5′端之间的区域，引物本身也是新生 DNA 链的一部分。每一次循环使特异区段的基因拷贝数放大一倍，使得 DNA 扩增量呈指数上升，经多次循环（一般为 30～40 次）之后，两引物结合位点之间的 DNA 区段的拷贝数理论上为 $2^n$。但是，实际实验中，PCR 扩增产物量会受 DNA 聚合酶活性以及非特异性产物等因素的影响而达不到理论数值。反应最终的 DNA 扩增量可用 $Y=(1+X)^n$ 计算，$Y$ 代表 DNA 片段扩增后的拷贝数，$X$ 表示平均每次的扩增效率（理论值为 100%），$n$ 代表循环次数。

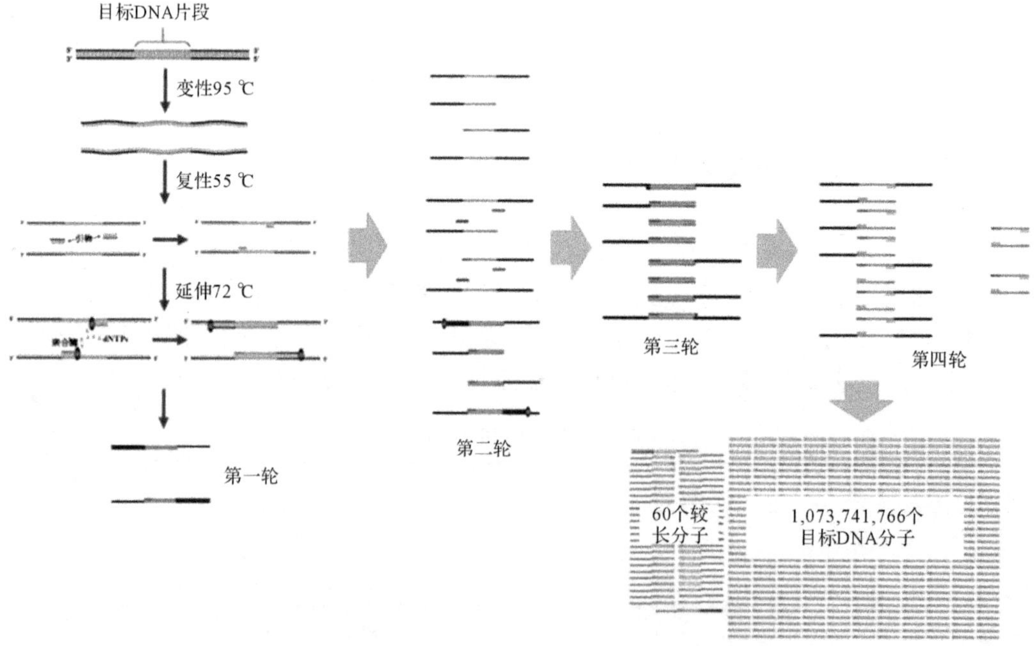


图 7-8　PCR 反应过程

### 7.3.3　PCR 的反应条件

#### (1)PCR 模板

PCR 反应模板可以是单链或双链的 DNA,也可以是 mRNA 反转录产生的 cDNA 链,其取材较为广泛,例如从血液、指甲、毛发、精斑、考古样品等提取的 DNA 均可以作为模板。PCR 反应的特异性由引物决定,因此对模板 DNA 的纯度要求不高,但应避免一些如核酸酶、DNA 酶抑制剂等酶制剂的污染。PCR 反应所需模板量极低,通常在纳克范围内就能够扩增出特定的 DNA 序列。

#### (2)PCR 引物

PCR 引物是一对与目的 DNA 序列两端互补的寡聚核苷酸片段。引物的长度一般以 15～30 bp 为宜,引物太短会影响 PCR 的特异性,而太长则会增加引物的 $T_m$ 值。引物中四种碱基最好随机分布,且 GC 含量以 40%～60%为最佳。两条引物间或引物内部应避免互补,特别是 3′端的互补,以免形成引物二聚体或引物自身的发卡结构。此外,引物与非特异性序列的同源性不能超过 70%,否则会导致非特异性扩增。

在合成新链时,DNA 聚合酶将单核苷酸添加到引物的 3′端,因此 3′端一定要与模板 DNA 严格互补配对,其末尾最佳碱基应选择 G 或 C。5′端最多可游离十几个碱基,用于如加限制酶位点、引入突变位点、作标记、加短序列一起始或终止密码子等。在 PCR 反应中,引物终浓度一般为 0.2～1.0 μmol/L。引物过量会产生非特异性或产生引物二聚体,过低则会降低 PCR 的产量。

#### (3)PCR 反应底物

脱氧核苷酸(dNTPs,包括 dATP、dCTP、dGTP 和 dTTP)是指目标 DNA 序列扩增所需的原料。在 PCR 反应中,四种 dNTP 浓度应相同,一般浓度为 50～200 μmol/L,不均衡底物浓度会提高错配率。此外,底物浓度过高会抑制 DNA 聚合酶的活性,过低则会影响扩增产量。

#### (4)DNA 聚合酶

正如前面所说,最初的 DNA 聚合酶是从大肠杆菌中提取的 DNA 聚合酶 Ⅰ 的 Klenow 片段,该酶在 DNA 变性温度下容易失活,所以在 PCR 问世之初,在每一循环结束时均补充新酶。1988 年,Saik 等在水生栖热菌(*Thermus aquaticus*)中分离出热稳定聚合酶,此酶命名为 *Taq*DNA 聚合酶。该聚合酶的最适温度为 75～80 ℃,合成速率约为 150 bp/s 每个酶分子,即使在 70 ℃,延伸速率亦可达 60 bp/s 以上。因此,普通 PCR 一般选择 72 ℃作为延伸温度。

#### (5)PCR 反应缓冲液

PCR 常用的缓冲液为 10 mmol/L Tris-HCl(pH 8.3)、1.5 mmol/L $MgCl_2$、50 mmol/L KCl。其中,pH 8.3 为 *Taq*DNA 聚合酶最适 pH。$Mg^{2+}$ 为 *Taq* 酶的必需激活剂,能最大限度地激活 *Taq*DNA 聚合酶的活性。此外,适当浓度的 KCl 能使 *Taq*DNA 聚合酶的催化活性提高 50%～60%。

### 7.3.4 PCR 反应循环参数

PCR 反应循环参数是指 PCR 循环过程中的每个阶段的温度、时间和循环次数。PCR 成功依赖于 PCR 扩增反应中变性、退火、延伸的温度和时间以及循环次数的合理设定。

#### (1)变性温度和时间

变性的目的是指使模板双链 DNA 分子在高温、短时的条件下迅速解链成两条单链。温度过高、时间过长会导致 DNA 聚合酶失活;温度过低模板解链不充分。一般情况下 93～95 ℃,且 45 s 足以使模板 DNA 解链。

#### (2)退火温度和时间

退火是指模板 DNA 单链或上一轮的反应产物与引物相结合的过程。退火温度受引物长度、碱基组成及浓度的影响。一般情况下,引物的退火温度比其解链温度低 5～10 ℃,退火时间为 1 min。

#### (3)延伸温度和时间

引物延伸温度取决于 DNA 聚合酶的最适温度。如用 *Taq*DNA 聚合酶,一般用 70～75 ℃。在 72 ℃时,1 min 延伸时间足以合成 2 kb 的序列。延伸时间受靶序列的长度、浓度和延伸温度的影响,一般为 1～3 min。靶序列越长、浓度越低、延伸温度越低,则所需的延伸时间越长;反之,所需的延伸时间越短。

#### (4)循环次数

靶 DNA 的浓度决定了 PCR 反应的循环次数,通常的循环次数为 25～40 个。循环次数越多,非特异性产物也会随之增多,表 7-5 显示了一个标准 PCR 反应中不同靶分子数所需的适宜循环次数。

**表 7-5　不同靶分子数所需的适宜循环次数**

| 靶分子数 | 循环次数 |
| --- | --- |
| $3\times10^5$ | 25～30 |
| $5\times10^4$ | 30～35 |
| $1\times10^3$ | 35～40 |

### 7.3.5　PCR衍生技术

#### (1)反转录 PCR

在原核生物中可以直接用 PCR 扩增 DNA 片段，但是扩增真核生物基因时，由于存在内含子和外显子，大多数须从 mRNA 开始，经反转录成 cDNA 后，再进行 PCR 扩增，这一过程称为反转录 PCR(reverse transcription PCR，RT-PCR)。该技术又称反转录 PCR。

RT-PCR 的主要过程：提取组织或细胞中的总 RNA，以其中的 mRNA 作为模板，采用 Oligo(dT)、随机引物或特异性引物利用反转录酶反转录成 cDNA，再以 cDNA 为模板在 DNA 聚合酶的作用下进行 PCR 扩增(图 7-9)。

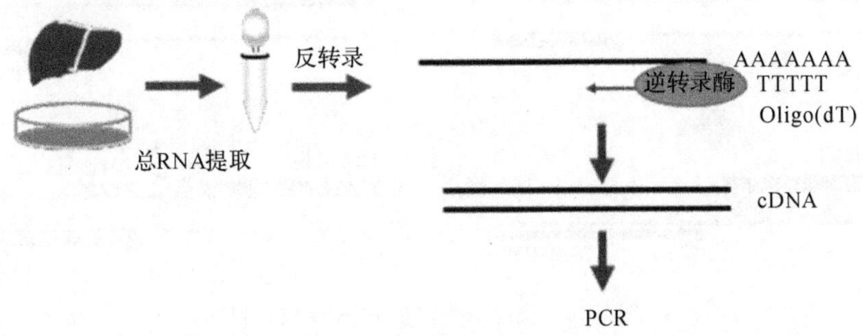


图 7-9　RT-PCR 反应过程

目前反转录 PCR 技术已经成为 RNA 水平的基本分析技术，在基因转录研究中得到广泛应用。其中最常用于以下两个方面：①基因转录产物的定性与定量检测。相对传统 Northern 杂交、斑点杂交等的检测方法，RT-PCR 的精确度更高，且样品用量显著减少。利用 RT-PCR 对难检测的基因进行相应的检测与研究更易获得成功。另外，还能同时分析多个差别基因的转录。在植物方面，RT-PCR 常常用于研究环境胁迫对植物基因表达的影响，以及在特定的环境或生长阶段中植物体不同部位基因表达的差异性。②基因转录中剪切与拼接方式的检测：如果 RT-PCR 引物确定了 mRNA 片段，根据其是否包含某个外显子，将产生两种差别 DNA 片段，进而在凝胶电泳图谱上显示出迁移率不同的条带。因为转座子涉及特定的 DNA 序列及转座酶识别位点，用 RT-PCR 方法可以较精确地研究转座过程的分子机制。

#### (2)实时荧光定量 PCR

常规的 PCR 技术敏感性极高，扩增产物总量的变异系数高达 30%，因此只能对终点产物进行定性分析，且操作过程中存在易污染而使得假阳性率高等缺点，使其应用受到一定的限制。随着分子生物技术的迅猛发展，实时荧光定量 PCR(real-time quantitative PCR，RT-qPCR)技术于 1996 年由美国 Applied Biosystems 公司推出，该技术实现了 PCR 从定性到定量的飞跃。这项技术是指在 PCR 反应体系中加入荧光染料或荧光基团，利用荧光信号来实时监测整个 PCR 进程，随着反应时间的进行，监测到的荧光信号的变化可以绘制成一条扩增曲线，最后通过标准曲线对未知模板浓度进行定量分析。

RT-qPCR 工作原理是在常规 PCR 反应体系中添加了荧光染料或荧光探针，而用于常规 PCR 的专门热循环仪配备荧光检测模块，可监测扩增时的荧光。荧光染料(SYBR Green)能特异性掺入 DNA 双链，发出荧光信号，而不掺入双链中的染料分子，不发出荧光信号，从而保证荧光信号的增加与 PCR 产物增加完全同步。荧光探针法是指当标记在探针的 5′ 端荧光报告基团未被标记在 3′ 端淬灭基团抑制时，可检测到报告基团的荧光信号。检测到的荧光信号的强度与 PCR 反应产物的量成正相关，即每扩增一条 DNA 链，就有一个荧光分子形成，实现了荧光信号的累积与 PCR 产物的形成完全同步(图 7-10)。

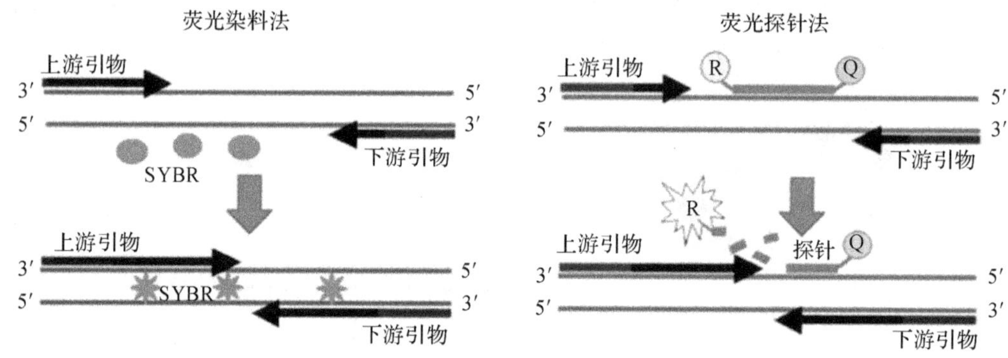


图 7-10　实时荧光定量 PCR 反应过程

在 PCR 反应早期，产生荧光的水平不能明显区分本底，但随着 PCR 反应的进行，荧光强度随 PCR 产物进入指数期、线性期和最终的平台期。因此，可以在 PCR 反应处于指数期的某一点上来检测 PCR 产物的量，并且由此来推断模板最初的含量。荧光阈值以 PCR 反应的 15 个循环的荧光信号作为荧光本底信号。一般荧光阈值定义为前 3～15 个循环的荧光信号的标准偏差的 10 倍。如果检测到荧光信号超过域值，就被认为是真正的信号。它可用于定义样本的域值循环数 Ct，C 代表 cycle，t 代表 threshold，其含义是在 PCR 循环过程中，荧光信号开始由本底进入指数增长阶段的拐点所对应的循环次数。每个反应管内的荧光信号到达设定阈值的时刻，Ct 值取决于阈值。模板 DNA 起始含量越高，Ct 值越小；反之越大。样品中的 DNA 的含量(log 浓度)与循环数呈线性关系，利用已知起始模板 DNA 含量的标准品可做标准曲线，只要获得未知样品的 Ct 值，即可从标准曲线上计算出该样品 DNA 的绝对含量。此外，还可以同时扩增未知样品基因片段和一个内源性管家基因片段，测得两者的 Ct 值之差(ΔCt)，不需要标准曲线，而是运用数学公式来计算相对量。先假设每个循环增加一倍的产物数量，在 PCR 反应的指数期得到 Ct 值来反映起始模板的量 1 个循环(Ct＝1)的不同相当于起始模板数 2 倍的差异，即 PCR 扩增效率的理论值为 2(实际扩增效率小于 2)，然后计算两者表达丰度的相对比值 $n=2^{\Delta Ct}$(图 7-11)。

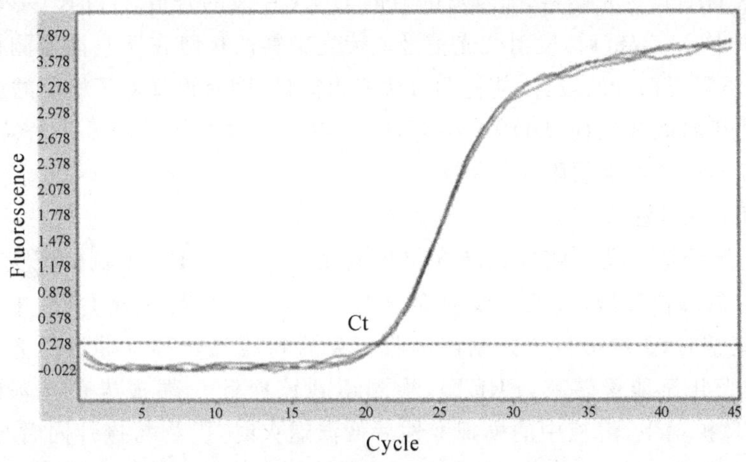


图 7-11　荧光强度与 PCR 循环数的关系

横坐标表示 PCR 循环数，纵坐标表示荧光强度，代表 PCR 产物量。随着 PCR 循环数的增加，荧光强度增加。荧光阈值与扩增曲线的交点即为 Ct 值。

绝对定量分析用于确定未知样本中某个核酸序列的绝对量值，即通常所说的拷贝数。相对定量用于测定一个测试样本中目标核酸序列与校正样本中同一序列表达的相对变化。校正样本可以是一个未经处理的对照者或者是在一个时程研究中处于零的样本(图 7-12)。

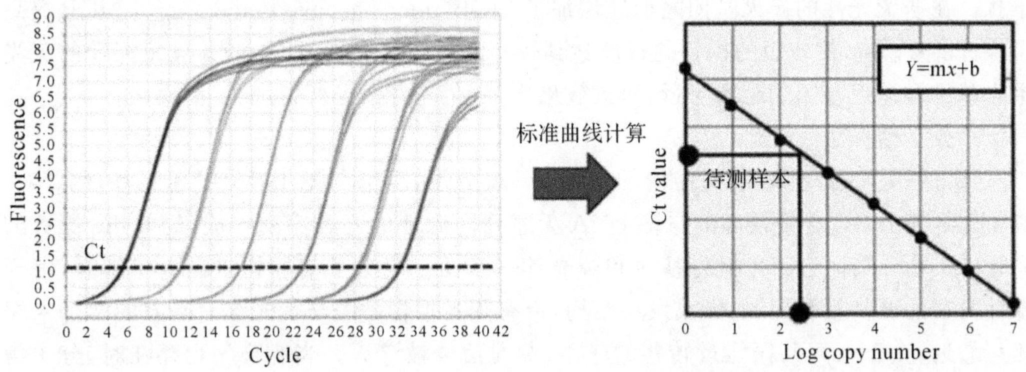


图 7-12　利用实时定量 PCR 法中的标准曲线法分析位置样品目的基因的绝对表达量

目前，实时荧光定量 PCR 所使用的荧光化学检测方法分为两大类：扩增序列非特异性检测和扩增序列特异性检测方法。扩增序列非特异性检测方法如 DNA 结合染色法，这种用检测方法的基础是 DNA 结合的荧光分子；扩增序列特异性检测方法是在 PCR 反应中利用标记荧光基因的特异寡核苷酸探针来检测产物，包括 *Taq*Man 探针法、分子信标法、荧光标记引物法、杂交探针法等。

1)DNA 结合染色法

SYBR Green 是一种常用的 DNA 结合荧光染料，其激发波长为 520 nm。它游离在溶液中时，不发出荧光，一旦掺入 DNA 双链，便发出强烈的荧光。在 PCR 反应体系中，加入过量 SYBR Green 荧光染料，随着新的目的 DNA 片段的合成，SYBR Green 荧光染料特异性地掺入 DNA 双链后，发射荧光信号。荧光染料的优势在于它能监测任何 dsDNA 序列的扩增，不需要探针的设计，使检测方法变得简便，同时也降低了检测的成本。相反，正是由于荧光染料能和任何 dsDNA 结合，所以它也能与非特异的 dsDNA（如引物二聚体）结合，使实验容易产生假阳性信号。

2）*Taq*Man 探针法

*Taq*Man 探针是一段 5′端标记荧光报告基团（reporter，R）、3′端标记荧光淬灭基团（quencher，Q）的寡核苷酸，一般长度为 50～150 bp，其序列与模板 DNA 中的一段完全互补。探针完整时，5′端报告荧光基团吸收能量后将能量转移给邻近的 3′端荧光淬灭基团（发生荧光共振能量转移，FRET），检测不到该探针 5′端报告荧光基团发出的荧光。但在 PCR 扩增中，溶液中的模板变性后低温退火时，引物与探针同时与模板结合。引物沿模板向前延伸至探针结合处，发生链的置换，*Taq* 酶的 5′→3′外切酶活性（此活性是双链特异性的，游离的单链探针不受影响）将探针 5′端连接的报告荧光基团从探针上切割下来，游离于反应体系中，从而使两个荧光基团被释放出来，不能发生荧光共振能量转移，3′端荧光淬灭基团在激发光下产生荧光。即每扩增一条 DNA 链，就有一个荧光分子形成，实现了荧光信号的累积与 PCR 产物形成完全同步。但是，此种探针存在荧光淬灭不彻底、两次修饰、本底较高、成本较高等问题。针对这些问题，*Taq*Man 探针法进行了进一步的改良，产生了 *Taq*Man-MGB 探针，该探针长度可缩短到 13 bp。在探针的 3′端采用了非荧光性的淬灭基团，吸收报告基团的能量后并不发光，大大降低了本底信号的干扰。在非荧光性的淬灭基团之前还增加了 MGB（minor groove binder）分子，MGB 提高了探针的 $T_m$ 值，使较短的探针同样能达到较高的 $T_m$ 值，降低了成本；并且短探针的荧光报告基团和淬灭基团的距离更近，淬灭效果更好，荧光背景更低，提高了信噪比。

3）分子信标法

该方法是一段茎-环发夹结构的单链 DNA 分子，环部与靶 DNA 序列互补，约 15～35 bp，茎部由 GC 含量较高的与靶 DNA 无序列同源性的互补序列构成，约 8 bp，探针的 5′端与 3′端分别标记荧光报告基团和荧光淬灭基团。当分子信标处于自由状态时，由于探针两端的碱基互补配对，形成发夹结构，带有荧光报告基团与荧光淬灭基团的两个末端相互靠近，由于荧光共振能量转移的作用，荧光信号被淬灭。当有靶序列存在时，分子信标与靶序列结合，使分子信标被拉直成链状结构，5′端与 3′端分离，此时荧光报告基团不能被淬灭，当荧光基团被激发时可检测到荧光。随着每次扩增产物的积累，荧光强度增加，可反映每次扩增末扩增产物积累的量。理论上，只有当分子信标与靶分子完全互补配对时才可以检测到荧光，特异性比常规等长的寡核苷酸探针更明显。

4）荧光标记引物法

该技术通过在发卡结构的引物上标记一个报告荧光基团和一个荧光淬灭基团，利用与分子信标相同的原理获得与扩增产物量增加成比例的荧光信号。它把荧光基团标记的发夹结构的序列直接与 PCR 引物相结合，从而使荧光标记基团直接掺入 PCR 扩增产物中。虽然荧光引物法和 SYBR Green 一样仅靠引物专一性来保证产物的专一性，但荧光标记在引物上不会受到引物二聚体的干扰，因而专一性自然优于荧光染料法。

5)杂交探针法

使用两个特异的探针，一个探针的3′端标记有供体荧光基团，另一个探针的5′端标记有受体荧光基团。在PCR反应中，模板退火时，两探针同时与扩增产物杂交，并形成头尾结合的形式，使两个荧光基团的距离非常接近，两者产生荧光共振能量转移(FRET，此作用与上述水解探针的方式相反)，使得受体荧光基团发出荧光；当两探针处于游离状态时，无荧光产生。反应中运用了两个探针，增加了方法的特异性，但是成本也随之增加。

实时定量PCR具有引物和探针的双重特异性，特异性大为提高；该技术敏感度高，稳定性较强；通过荧光信号的检测对样品初始模板浓度进行定量，批内及批间差异小，精密度高；自动化程度高；环境封闭，不会引起污染，无后处理等一系列的优点。目前已被广泛应用于与生命健康息息相关的各个领域，如：①医学临床中的定量与定性研究：病原微生物引起的疾病的检测、等位基因与遗传病之间的关系、新药及合理用药研究；②环境污染与毒理检测：生物标志物的定量监测；③转基因研究及生物安全方面的检测：转基因的基因拷贝数与受体生物性状之间的关系、转基因在环境中的扩散监测、转基因生物世代传递中的拷贝数及表达量变化监测；等等。

### (3)数字PCR

数字PCR(digital PCR，dPCR)是一种核酸检测和定量分析的新方法，可作为传统RT-qPCR的替代方法，不依赖标准曲线和参照样本，直接检测目的序列的拷贝数。这种检测方式具有比传统RT-qPCR更加出色的灵敏度、特异性和精确性，dPCR迅速得到广泛的应用，这项技术在极微量核酸样本检测、复杂背景下稀有突变检测和表达量微小差异鉴定方法的优势已被普遍认可，而其在基因表达研究、microRNA研究、基因组拷贝数鉴定、癌症标志物稀有突变检测、致病微生物鉴定、转基因成分鉴定、二代测序文库精确定量和结果验证等诸多方面具有广泛的应用前景。

早在1992年，弗林德斯医学中心的科学家使用有限稀释、PCR和泊松分布数据校正模型的方法，检测了复杂背景下低丰度的IgH重链突变基因，进行了极其精细的定量研究。虽然当时这种方法并没有被冠以“数字PCR”之名，但已经建立了数字PCR基本的实验流程，更重要的是提出了数字PCR检测中一个极其重要的原则——以“终点信号的有或无”作为判断标志。1999年，美国学者Kenneth Kinzler与Bert Vogelstein首次提出了“数字PCR”的概念，该技术实现了核酸拷贝数绝对定量的突破。dPCR采用的策略概括起来非常简单，就是“分而治之”(divide and conquer)，这种做法非常类似于计算机科学中的“分治算法”，将一个标准PCR反应分配到大量微小的反应器中，在每个反应器中包含或不包含一个或多个拷贝的目标分子(DNA模板)，实现“单分子模板PCR扩增”，扩增结束后，通过阳性反应器的数目“数出”目标序列的拷贝数。实际的数字PCR实验是通过呈现两种信号类型的反应器比例和数目进行统计学分析，计算出原始样本中的模板拷贝数(图7-13)。

基于分液方式的不同，数字PCR主要分为3种：微流体数字PCR(microfluidic digital PCR，mdPCR)、微滴数字PCR(droplet digital PCR，ddPCR)和芯片数字PCR(chip digital PCR，cdPCR)。它们分别通过微流体通道、微液滴或微流体芯片实现分液，分隔开的每个

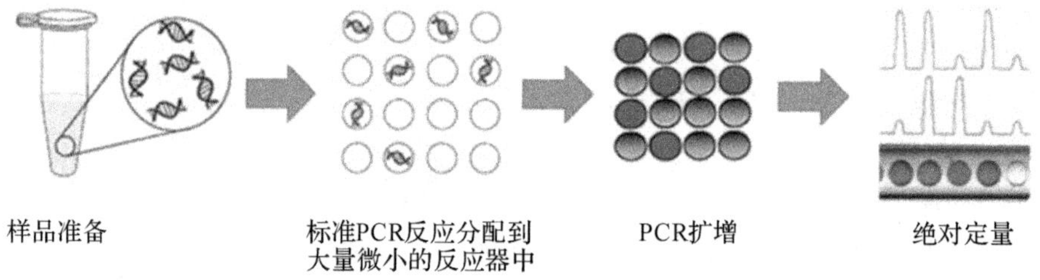


图 7-13　数字 PCR 反应过程

微小区域都可进行单独的 PCR 反应。其中 mdPCR 基于微流控技术，对 DNA 模板进行分液，微流控技术能实现样品纳升级或更小液滴的生成，但液滴需要特殊吸附方式再与 PCR 反应体系结合，mdPCR 已逐渐被其他方式取代。ddPCR 技术，是相对成熟的数字 PCR 平台，利用油包水微滴生成技术，目前的仪器主要有 Bio-rad 公司的 QX100/QX200 微滴式 dPCR 系统和 RainDance 公司的 RainDropTM dPCR 系统，其中 Bio-rad 公司的 dPCR 系统利用油包水生成技术将含有核酸分子的反应体系生成 20000 个纳升级微滴，经 PCR 扩增后，微滴分析仪逐个对每个微滴进行检测；cdPCR 利用微流控芯片技术将样品的制备、反应、分离和检测等集成到一块芯片上，目前的仪器主要有 Fluidigm 公司的 Bio-Mark 基因分析系统和 Life Technologies 公司的 QuantStudio 系统。利用集成流体通路技术在硅片或石英玻璃上刻上许多微管和微腔体，通过不同的控制阀门控制溶液在其中的流动来实现生物样品的分液、混合、PCR 扩增，实现绝对定量。

从 20 世纪 90 年代以来 qPCR 技术的爆发式发展使得现代核酸检测技术具有全新的面貌，而进入二十一世纪之后，速度更快、通量更高。在基因组变异研究领域，群体基因组水平上的 SNP(single nucleotide polymorphism，单核苷酸多态性)检测面临的问题主要是突变序列往往与大量正常序列同时存在，竞争性反应严重影响突变序列的检测精度，数字 PCR 技术带来的极高的扩增特异性在稀有突变检测方面具有天然的优势，在癌症标志物检测、无创产前检查、线粒体突变检测等研究方向上，我们已经看到 dPCR 的许多精彩表现。拷贝数变异(copy number variations，CNV)研究需要极高的定量精度以区别不同拷贝数之间的微小差异，测序方法适用于高于 30%的变异率检测，而 qPCR 的最高分辨在 1.5 倍左右，数字 PCR 通过直接计数目标基因与参照基因(拷贝数为 1 的基因)的数目，计算比值，直接得到目标基因的拷贝数可以达到极高的拷贝数分辨精度。除此之外，dPCR 在病原微生物检测、microRNA 研究、基因表达研究、NGS 测序文库的绝对定量、表观遗传学直接相关的 DNA 甲基化定量检测、ChIP 定量鉴定等领域的应用都令人极为期待，而在转基因成分鉴定、分子标准品精确定量、环境样本检测等具体的应用方向上，已经有大量实验数据和结果证明了 dPCR 技术的优良性能。

与传统 qPCR 技术相比，数字 PCR 技术具有极高的灵敏度、特异性和精确性，但截至目前，数字 PCR 对广大科研工作者仍然是一种全新的检测方法。我们在看待数字 PCR 的应用前景时，更应该保持一种开放的心态，与其说数字 PCR 技术是一个新的检测平台，不如把它视为一种全新的技术思路和手段，在这个平台上必将有更多的应用帮助我们深入到分子生物学研究的更高层次。

# 7.4　核酸测序分析技术

核酸测序技术是现代分子生物学研究中最常用的技术。从 1977 年第一代 DNA 测序技术，发展至今四十多年时间，测序技术已取得了相当大的发展，从第一代到第三代，测序读长从长到短，再从短到长。虽然就当前形势看来第二代短读长测序技术在全球测序市场上仍然占有着绝对的优势位置，但第三代测序技术也已在这一两年的时间中快速发展着。测序技术的每一次变革，也都对基因组研究、疾病医疗研究、药物研发等领域产生了巨大的推动作用(图 7-14)。

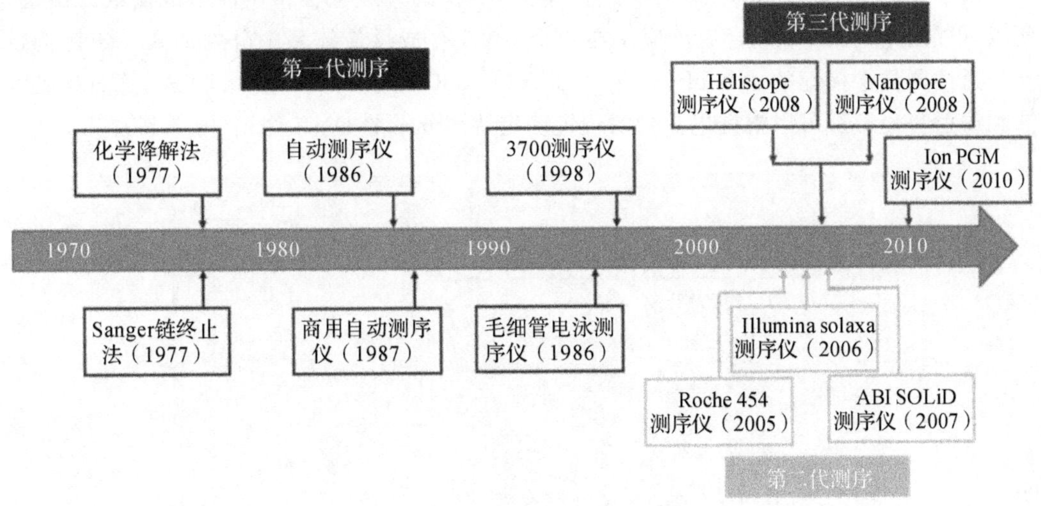


图 7-14　核酸测序技术发展历史

## 7.4.1　核酸测序技术的回顾

早在 DNA 测序技术出现之前，蛋白质和 RNA 的测序技术就已经出现。1949 年，Frederick Sanger 开发了测定胰岛素两条肽链氨基末端序列的技术，并在 1953 年测定了胰岛素的氨基酸序列。Edman 也在 1950 年提出了蛋白质的 N 端测序技术，后来在此基础上发展出了蛋白质自动测序技术。Sanger 等在 1965 年发明了 RNA 的小片段序列测定法，并完成了大肠杆菌 5S rRNA 的 120 个核苷酸的测定。同一时期，Holley 完成了酵母丙氨酸转运 tRNA 的序列测定。DNA 测序技术出现的较晚，1975 年 Sanger 和 Coulson 发明了“加减法”测定 DNA 序列。1977 年在引入双脱氧核苷三磷酸(ddNTP)后，形成了双脱氧链终止法，使得 DNA 序列测定的效率和准确性大大提高。Maxam 和 Gilbert 也在 1977 年报道了化学降解法测定 DNA 的序列。DNA 序列测定技术出现后，迅速超越了蛋白质和 RNA 测序技术，成为现代分子生物学中最重要的技术。

### 7.4.2 第一代测序技术

传统的化学降解法、双脱氧链终止法以及在它们的基础上发展来的各种 DNA 测序技术统称为第一代 DNA 测序技术。1977 年，Sanger 等测定了第一个基因组序列，即噬菌体 X174 的基因组，全长 5375 个碱基。自此，人类获得了窥探生命遗传差异本质的能力，并以此为开端步入基因组学时代。2001 年，研究人员完成了人类基因组计划（human genome project，HGP）主要基于第一代 DNA 测序技术。

#### (1)双脱氧链终止法(Sanger 法)的核心原理

由于 ddNTP 的 2′和 3′都不含羟基，其在 DNA 的合成过程中不能形成磷酸二酯键，所以可以用来中断 DNA 合成反应。在 4 个 DNA 合成反应体系中分别加入一定比例带有放射性同位素标记的 ddNTP（分别为：ddATP、ddCTP、ddGTP 和 ddTTP），通过凝胶电泳和放射自显影后可以根据电泳带的位置确定待测分子的 DNA 序列（图 7-15）。

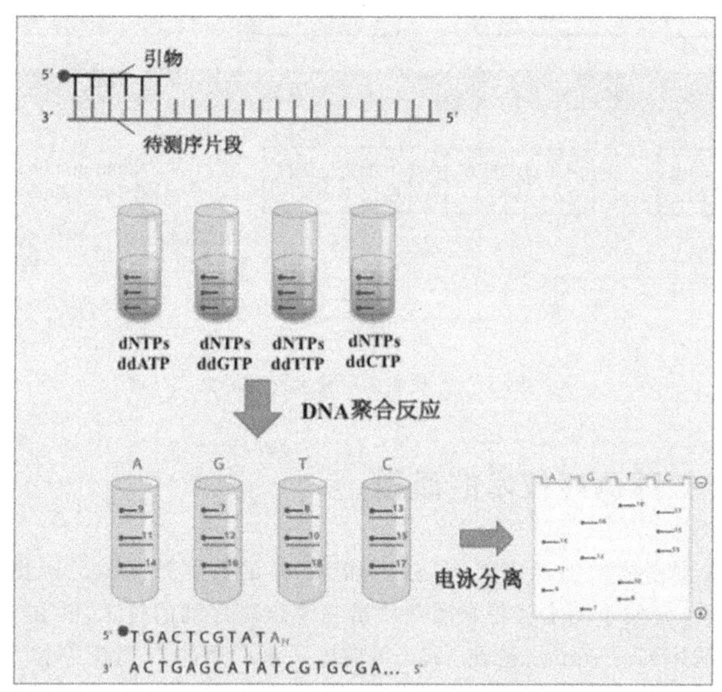


图 7-15 双脱氧链终止法原理

#### (2)化学降解法的核心原理

将一个 DNA 片段的 5′端磷酸基做放射性标记，在 4 组互相独立的化学反应中分别被部分降解，其中，每一组反应特异地针对某种碱基。生成 4 组放射性标记的分子，每组混合物中均含有长短不一的 DNA 分子，其长度取决于该组反应所针对的碱基在原 DNA 片段上的位置。最后，各组混合物通过聚丙烯酰胺凝胶电源分离，再通过放射自显性来检测末端标记的分子，从而得出目的 DNA 的碱基序列。

1987 年，Ronaghi 发展了另一种 DNA 测序技术——焦磷酸测序技术。该技术的核心是四种酶(DNA 聚合酶、ATP、硫酸化酶、荧光素酶和双磷酸酶)催化的同一反应体系中的酶级联反应。

### (3)焦磷酸测序的基本原理与过程

首先利用 PCR 技术制备待测序的 DNA 模板，用生物素标记 PCR 的引物。PCR 产物和偶联素的微珠孵育，DNA 双链经碱变性分开，纯化得到含生物素标记引物的待测序单链，并和测序引物结合成杂交体。然后，进行测序反应循环，将测序引物杂交到 PCR 扩增的模板上，加入 DNA 聚合酶、ATP 硫酸化酶、荧光素酶、双磷酸酶及其反应底物 5′-磷酰硫酸、荧光素组成一个反应体系共孵育。在每一轮测序反应中，只能加入 4 种 dNTP (dATPαS、dTTP、dCTP、dGTP)中的一种，如果该 dNTP 与待测模板配对，聚合酶就可以催化该 dNTP 掺入到引物链中，并释放出等摩尔数的焦磷酸基团(PPi)。值得注意的是，该反应中不能加入 dATP，因为其能被荧光素酶分解，对后面的荧光强度测定影响很大，而 dATPαS (S 原子取代了 dATP 分子 αP＝O 上 O 原子)对荧光素酶分析的影响比 dATP 低 500 倍，所以用 dATPαS 来替代自然状态下的 dNTP。硫酸化酶催化 APS 和 PPi 形成等摩尔数的 ATP。ATP 驱动荧光素酶介导的荧光素向氧化荧光素转化，氧化荧光素发出与 ATP 量成正比的可见光信号。光信号由 CCD 摄影机检测并由 Pyrogram 反应为峰。峰的高度(光信号强度)与反应中掺入的核苷酸数目成正比。ATP 和未掺入的 dNTP 由双磷酸酶降解，淬灭光信号，并再生反应体系。重复上述过程的循环，互补 DNA 链合成，DNA 序列由 Pyrogram 的信号峰确定，通过信号峰的有无判断碱基的种类，用信号峰的高低确定碱基数目。焦磷酸测序技术与 Sanger 测序技术相比，前者脱离凝胶电泳等步骤，是边合成边测序的一种，工作效率大大提高，测序成本也大大降低(图 7-16)。

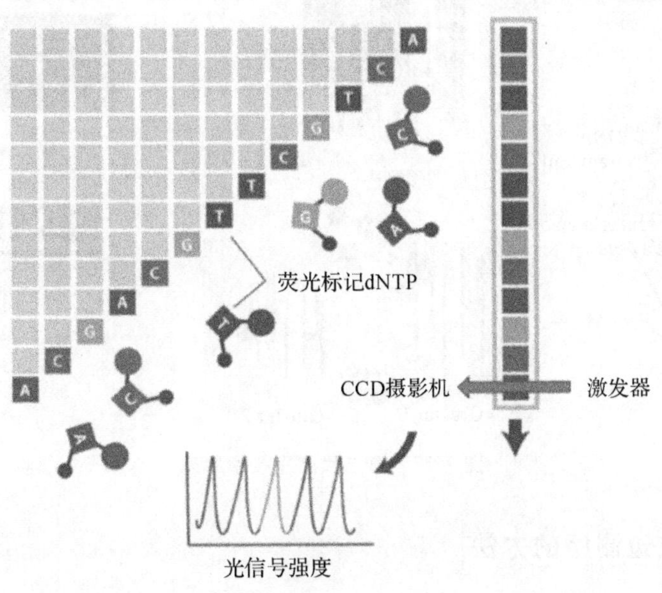


图 7-16　焦磷酸测序技术原理

总的说来，第一代测序技术的主要特点是测序读长可达 1000 bp，准确性高达 99.999%，但测序成本高、通量低等方面的缺点，严重影响了真正大规模的应用。因而第一代测序技术并不是最理想的测序方法。

### 7.4.3 第二代测序技术

随着人类基因组计划的完成，人们进入了后基因组时代，即功能基因组时代。传统的测序方法已经不能满足深度测序和重复测序等大规模基因组测序的需求，这促进了新一代 DNA 测序技术的诞生。新一代测序技术也称为第二代测序技术，主要包括罗氏公司的 454 测序平台、Illumina 公司的 Solexa 测序平台和 ABI 公司的 SOLiD 测序平台。第二代测序技术大大降低了测序成本的同时，还大幅提高了测序速度，并且保持了高准确性，以前完成一个人类基因组的测序需要 3 年时间，而使用二代测序技术则仅仅需要 1 周，但在序列读长方面比起第一代测序技术则要短很多。以下我将对这三种主要的第二代测序技术的主要原理和特点做一个简单的介绍。

第二代测序技术将片段化的基因组 DNA 两侧连上接头，随后用不同的方法产生几百万个空间固定的 PCR 克隆阵列。每个克隆由单个文库片段的多个拷贝组成。然后进行引物杂交和酶延伸反应。由于所有的克隆都在同一平面上，这些反应就能够大规模平行进行，每个延伸反应所掺入的荧光标记的成像检测也能同时进行，从而获得测序数据。DNA 序列延伸和成像检测不断重复，最后经过计算机分析就可以获得完整的 DNA 序列信息(图 7-17)。

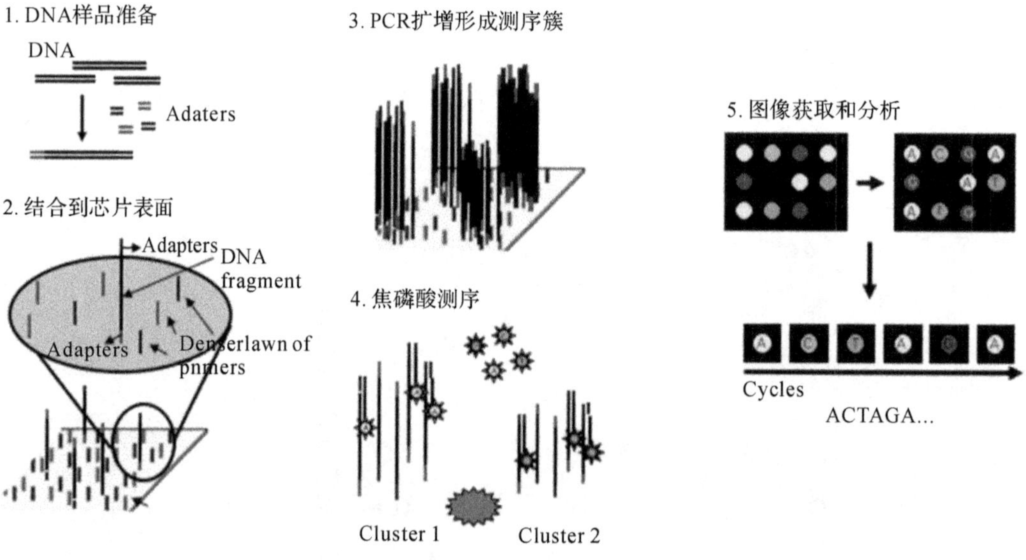

图 7-17 第二代测序技术原理

#### (1)边合成边测序的方法

Illumina 公司的 Solexa 和 Hiseq 应该说是目前全球使用量最大的第二代测序机器，

这两个系列的技术核心原理是相同的，即合成边测序的方法，它的测序过程主要分为以下三步。

1)DNA 待测文库构建

利用超声波把待测的 DNA 样本打断成小片段，除一些其他的特殊要求之外，主要是打断成 200～500 bp 长的序列片段，并在这些小片段的两端添加上不同的接头，构建出单链 DNA 文库。

2)产生 DNA 簇

利用该公司的专利的芯片，其表面连接有一层单链引物，DNA 片段变成单链后通过与芯片表面的引物碱基互补被一端“固定”在芯片上。另外一端(5′或 3′)随机和附近的另外一个引物互补，也被“固定”住，形成“桥(bridge)”。反复 30 轮扩增，每个单分子得到了 1000 倍扩增，成为单克隆 DNA 簇。DNA 簇产生之后，扩增子被线性化，测序引物随后杂交在目标区域一侧的通用序列上。

3)边合成边测序

加入改造过的 DNA 聚合酶和带有 4 种荧光标记的 dNTP。这些核苷酸是“可逆终止子”，因为 3′羟基末端带有可化学切割的部分，它只容许每个循环掺入单个碱基。此时，用激光扫描反应板表面，读取每条模板序列第一轮反应所聚合上去的核苷酸种类。之后，将这些基团化学切割，恢复 3′端黏性，继续聚合第二个核苷酸。如此继续下去，直到每条模板序列都完全被聚合为双链。这样，统计每轮收集到的荧光信号结果，就可以得知每个模板 DNA 片段的序列。目前的配对末端读长可达到 100 bp，更长的读长也能实现，但错误率会增高。这种测序技术每次只添加一个 dNTP 的特点能够很好地解决同聚物长度的准确测量问题。它的主要测序错误来源是碱基的替换。目前它的测序错误率在 1%～1.5%，读长会受到多个引起信号衰减的因素所影响，如荧光标记的不完全切割。

### (2)Roche 454 测序方法

Roche 454(Genome Sequencer 20 System)是第一个二代测序平台，由美国 454 Life Sciences 公司于 2005 年推出，2007 年被瑞士 Roche 公司收购。此后 Roche 公司在此基础上开发了 Roche GSTitanium、Roche GS FLX、Roche GS Junior 和 Roche GS Junior。Roche 454 是一种基于微乳液 PCR 和焦磷酸测序技术的测序平台。它的测序过程主要分为以下三步(图 7-18)。

1)DNA 待测文库制备

Roche 454 测序系统的文库构建方式和 Illumina 有所不同。该方法是利用喷雾法将待测 DNA 打断成 300～800 bp 长的小片段，并在片段两端加上不同的接头，或将待测 DNA 变性后用杂交引物进行 PCR 扩增，连接载体，构建单链 DNA 文库。

2)乳液 PCR

将上述单链 DNA 结合在水油包被的直径约 28 μm 的磁珠上，并在其上面孵育、退火。乳液 PCR 最大的特点是可以形成数目庞大的独立反应空间以进行 DNA 扩增。其关键技术是“注水到油”，即在 PCR 反应前，将包含 PCR 所有反应成分的水溶液注入高速旋转的矿物油表面，水溶液瞬间形成无数个被矿物油包裹的小水滴。这些小水滴就构成了独立的 PCR 反应空间。理想状态下，每个小水滴只含一个 DNA 模板和一个磁珠。这些被小水滴包被的磁珠表面含有与接头互补的 DNA 序列，因此这些单链 DNA 序列能够特异地结合在磁珠上。同时，孵育体系中含有 PCR 反应试剂，所以保证了每个与磁珠结合的小片段都能独立进行 PCR 扩增，并且扩增产物仍可以结合到磁珠上。当反应完成后，可以破坏孵育体系并将带有 DNA 的磁珠富集下来。进过扩增，每个小片段都将被扩增约 100 万倍，从而达到下一步测序所要求的 DNA 量。

### (3)焦磷酸测序

测序前需要先用一种聚合酶和单链结合蛋白处理带有 DNA 的磁珠，接着将磁珠放在一种 PTP 平板上。这种平板上特制有许多直径约为 44 μm 的小孔，每个小孔仅能容纳一个磁珠，通过这种方法来固定每个磁珠的位置，以便检测接下来的测序反应过程。测序方法用焦磷酸测序法，将一种比 PTP 板上小孔直径更小的磁珠放入小孔中，启动测序反应。测序反应以磁珠上大量扩增出的单链 DNA 为模板，每次反应加入一种 dNTP 进行合成反应。如果 dNTP 能与待测序列配对，则会在合成后释放焦磷酸基团。释放的焦磷酸基团会与反应体系中的 ATP 硫酸化学酶反应生成 ATP。生成的 ATP 和荧光素酶共同氧化使测序反应中的荧光素分子迸发出荧光，同时由 PTP 板另一侧的 CCD 照相机记录，最后通过计算机进行光信号处理而获得最终的测序结果。由于每一种 dNTP 在反应中产生的荧光颜色不同，所以可以根据荧光的颜色来判断被测分子的序列。反应结束后，游离的 dNTP 会在双磷酸酶的作用下降解 ATP，从而导致荧光淬灭，以便测序反应进入下一个循环。由于 Roche 454 测序技术中，每个测序反应都在 PTP 板上独立的小孔中进行，所以能大大降低相互间的干扰和测序偏差。Roche 454 技术最大的优势在于其能获得较长的测序读长，当前 Roche 454 技术的平均读长可达 400 bp，并且 Roche 454 技术和 Illumina 的技术不同，它最主要的一个缺点是无法准确测量同聚物的长度，如当序列中存

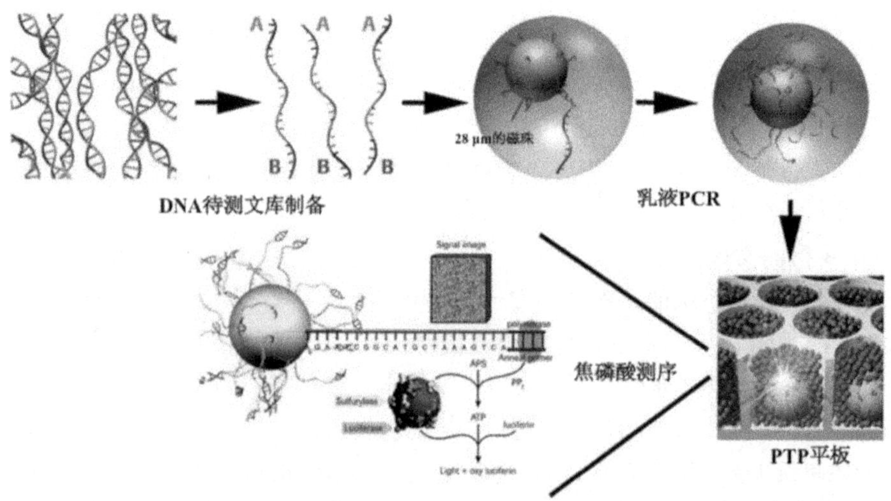


图 7-18 Roche 454 测序技术过程(修改自 Roche 公司产品介绍)

在类似于 poly A 的情况时，测序反应会一次加入多个 T，而所加入的 T 的个数只能通过荧光强度推测获得，这就有可能导致结果不准确。正是由于这一原因，Roche 454 技术会在测序过程中引入插入和缺失的测序错误。

### (4)SOLiD 测序技术

SOLiD 测序技术由美国 Agencourt 公司开发，2006 年被 ABI 公司收购。ABI 于 2007 推出 SOLiD 的第一个测序平台。同 Roche 454 测序平台一样，SOLiD 也采用微乳液 PCR，不同之处在于其采用寡核苷酸连接测序。它的测序过程主要分为以下三步(图 7-19)。

1)DNA 待测文库制备

片段打断并在片段两端加上测序接头，连接载体，构建单链 DNA 文库。

2)乳液 PCR

SOLiD 的 PCR 过程和 Roche 454 的方法类似，同样采用小水滴乳液 PCR，但这些微珠比起 Roche 454 系统来说则要小得多，只有 1 μm。在扩增的同时对扩增产物的 3′端进行修饰，这是为下一步的测序过程做的准备。3′修饰的微珠会被沉积在一块玻片上。在微珠上样的过程中，沉积小室将每张玻片分成 1 个、4 个或 8 个测序区域。Solid 系统最大的优点就是每张玻片能容纳比 454 更高密度的微珠，在同一系统中轻松实现更高的通量。

3)连接酶测序

这一步是 SOLiD 测序的独特之处。它并没有采用以前测序时所常用的 DNA 聚合酶，而是采用了连接酶。SOLiD 连接反应的底物是 8 碱基单链荧光探针混合物，这里将其简单表示为：3′-XXnnnzzz 5′。连接反应中，这些探针按照碱基互补规则与单链 DNA 模板链配对。探针的 5′末端分别标记了 4 种颜色的荧光染料。这个 8 碱基单链荧光探针中，第 1 和第 2 位碱基(XX)上的碱基是确定的，并根据种类的不同在 6—8 位(zzz)加上了不同的荧光标记。这是 SOLiD 的独特测序法，两个碱基确定一个荧光信号，相当于一次能决定两个碱基。这种测序方法也称两碱基测序法。当荧光探针能够与 DNA 模板链配对而连接上时，就会发出代表第 1，2 位碱基的荧光信号。在记录下荧光信号后，通过化学方法在第 5 和第 6 位碱基之间进行切割，这样就能移除荧光信号，以便进行下一个位置的测序。值得注意的是，通过这种测序方法，每次测序的位置都相差 5 位。即第一次是第 1、2 位，第二次是第 6、7 位……在测到末尾后，要将新合成的链变性，洗脱。接着用引物 $n-1$ 进行第二轮测序。引物 $n-1$ 与引物 $n$ 的区别是，二者在与接头配对的位置上相差一个碱基。也就是说，通过引物 $n-1$ 在引物 $n$ 的基础上将测序位置往 3′端移动一个碱基位置，因而就能测定第 0、1 位和第 5、6 位……第二轮测序完成，依此类推，直至第五轮测序，最终可以完成所有位置的碱基测序，并且每个位置的碱基均被检测了两次。该技术的读长在 100 bp，后续序列拼接同样比较复杂。由于双次检测，这一技术的原始测序准确性高达 99.94%，应该说是目前第二代测序技术中准确性最高的了。但在荧光解码阶段，鉴于其是双碱基确定一个荧光信号，因而一旦发生错误就容易产生连锁的解码错误。

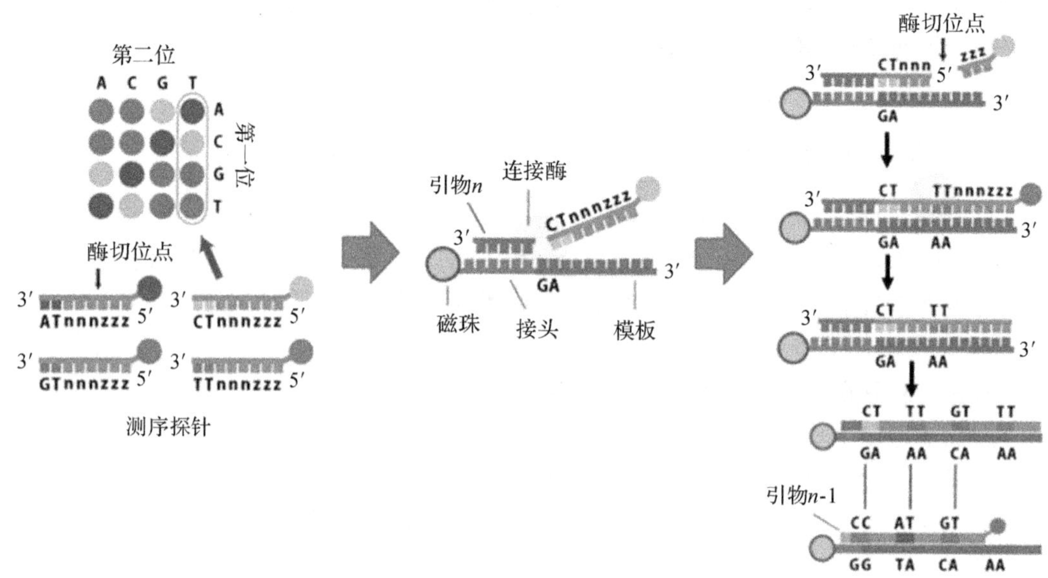


图 7-19 SOLiD 测序技术过程

### 7.4.4 第三代测序技术

近几年来，以单分子测序为特点的第三代 DNA 测序技术已经出现，如 BioScience Corporation 的 HeliScope 单分子测序仪、Pacific Biosciences 的单分子实时 DNA 测序技术和 Oxford Nanopore Technologies 的纳米孔单分子测序技术等。斯坦福大学的科学家利用 Heliscope 单分子测序仪，用了 48000 美元的试剂和 4 个星期的时间对一名白人男子的基因组进行了测序。测序的覆盖度达 28 倍，覆盖了 90％的人类参考基因组。序列读长为 24～70 碱基，平均读长为 32 碱基，并鉴定出 280 万个 SNP 位点和 752 个拷贝数变异。

Pacific Biosciences 的单分子实时 DNA 测序技术(single molecule real time DNA sequencing technology，SMRT)其实也应用了边合成边测序的思想。基本原理是：DNA 聚合酶和模板结合，4 色荧光标记 4 种碱基(即是 dNTP)，在碱基配对阶段，不同碱基的加入，会发出不同荧光，根据光的波长与峰值可判断进入的碱基类型。DNA 聚合酶的活性是实现测序长度的关键因素之一，主要受激光对其造成的损伤所影响。SMRT 技术的一个关键是怎样将反应信号与周围游离碱基的强大荧光背景区别出来。SMRT 技术采用的是零模波导孔技术，如同微波炉壁上可看到的很多密集小孔。小孔直径有考究，如果直径大于微波波长，能量就会在衍射效应的作用下穿透面板而泄露出来，从而与周围小孔相互干扰。如果孔径小于波长，能量不会辐射到周围，而是保持直线状态(光衍射的原理)，从而可起保护作用。同理，在一个单分子实时反应孔中有许多这样的圆形纳米小孔，即零模波导孔，外径 100 多纳米，比检测激光波长小(数百纳米)，激光从底部打上去后不能穿透小孔进入上方溶液区，能量被限制在一个小范围，正好足够覆盖需要检测的部分，使得信号仅来自这个小反应区域，孔外过多游离核苷酸单体依然留在黑暗中，从而实现将背景降到最低。此外，可以通过检测相邻两个碱基之间的测序时间，来检测一些碱基修饰情况，即如果碱基存在修饰，则通过聚合酶时的速度会减慢，相邻两峰之间的距离增大，可以通过这个来之间检测甲基化等信息。SMRT 技术的测序速度很快，每秒约 10 个 dNTP。但是，同时其测序错误率比较高（这几乎是目前单分子测序技术的通病），达到 15%。但好在它的出错是随机的，并不会像第二代测序技术那样存在测序错误的偏向，因而可以通过多次测序来进行有效的纠错（图 7-20）。

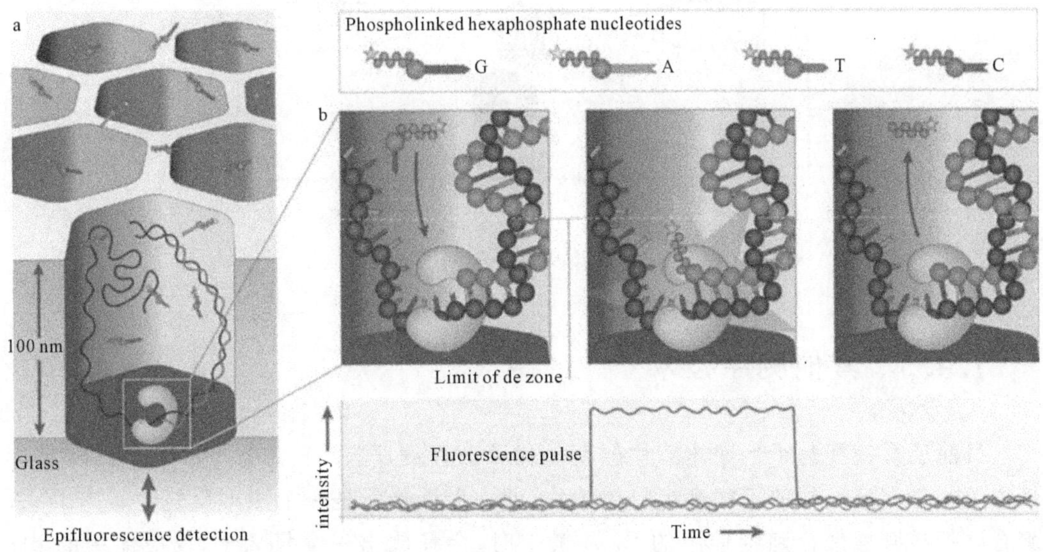


图 7-20　SMRT 测序技术过程（修改自 Nature genetics）

Oxford Nanopore Technologies 公司所开发的纳米单分子测序技术与以往的测序技术皆不同，它是基于电信号而不是光信号的测序技术。该技术的关键是一种特殊共价结合有分子接头的纳米孔。当 DNA 碱基通过纳米孔时，它们使电荷发生变化，从而短暂地影响流过纳米孔的电流强度（每种碱基所影响的电流变化幅度是不同的），灵敏的电子设备检测到这些变化从而鉴定所通过的碱基。和其他技术相比，纳米孔测序有望解决目前测序平台的不足。纳米孔测序的主要特点是：读长很长，大约在几万碱基，甚至一百万碱基；错误率目前介于 1% 至 4%，且是随机错误，而不是聚集在读取的两端；数据可实时读取；通量很高；起始 DNA 在测序过程中不被破坏；以及样品制备简单又便宜。理论上，它也能直接测序 RNA。纳米孔单分子测序计算还有另一大特点，它能够直接读取出甲基化的胞嘧啶，而不必像传统方法那样对基因组进行亚硫酸盐处理。这对于在基因组水平直接研究表观遗传相关现象有极大的帮助（图 7-21）。

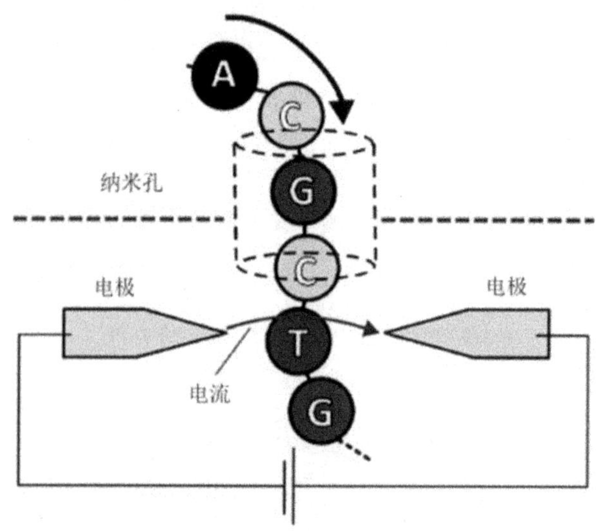


图 7-21 纳米单分子测序技术

## 7.4.5 其他测序技术

目前还有一种基于半导体芯片的新一代革命性测序技术——Ion Torrent。该技术使用了一种布满小孔的高密度半导体芯片，即一个小孔就是一个测序反应池。当 DNA 聚合酶把核苷酸聚合到延伸中的 DNA 链上时，会释放出一个氢离子，反应池中的 pH 发生改变，位于池下的离子感受器感受到 $H^+$ 离子信号，$H^+$ 离子信号再直接转化为数字信号，从而读出 DNA 序列。这一技术的发明人同时也是 Roche 454 测序技术的发明人之一—— Jonathan Rothberg，它的文库和样本制备跟 Roche 454 技术很像，甚至可以说就是 Roche 454 的翻版，只是测序过程中不是通过检测焦磷酸荧光显色，而是通过检测 $H^+$ 信号的变化来获得序列碱基信息。Ion Torrent 相比于其他测序技术来说，不需要昂贵的物理成像等设备，因此，成本相对来说会低，体积也会比较小，同时操作也要更为简单，速度也相当快速，除了 2 d 文库制作时间，整个上机测序可在 2～3.5 h 完成，不过整个芯片的通量并不高，目前是 10 G 左右，但非常适合小基因组和外显子验证的测序。

## 7.4.6 展望

DNA 测序技术经过 40 年的发展，目前已经到了第三代，三代测序技术有各自的优势。第一代测序技术虽然成本高，速度慢，但是对于少量的序列来说，仍是最好的选择，所以在以后的一段时间内仍将存在；第二代测序技术刚刚商用不久，正在逐渐走向成熟；第三代测序技术有的刚刚出现，有的则正在研制，相信很快便可进行商业化运作。可以预见，在未来的几年里会出现三代测序技术共存的局面。随着新的测序技术的出现，大规模测序的成本迅速下降，花费 1000 美元测一个人的基因组的目标相信很快就可以实现。届时，对于遗传病的诊治将变得简单、快速，并能从基因组水平上指导个人的医疗和保健，从而进入个人化医疗的时代。同时，生物学研究的进展将会更多地依赖于测序技术的进步，不同领域的科学家花很少的钱就可以对自己熟悉的物种基因组进行测序，从而更好地指导试验设计，取得更多新的发现。在进入后基因组时代的今天，基因测序工作仍然与我们密切相关，因为蛋白质组仅能告诉我们疾病的分子症状，而基因才是引发疾病的根本原因。若要进行疾病预测，则疾病敏感基因的鉴定就必不可少。只有综合运用遗传学、蛋白组学、转录组学和代谢组学才能推动我们想个体化医疗前进。科学往往是在技术的竞争中发展进步的，高通量测序技术的发展亦是如此，随着第三代测序技术的发展，相信诸如个体化医疗等诸多生命科学与医学问题的解决很快就能真正实现。

# 7.5　基因文库

基因文库(gene library)是指包含了某一生物体全部DNA序列的克隆群体，主要分为基因组DNA文库和cDNA文库。基因文库的建立和使用是重组DNA技术的一个发展。人们为了分离基因，特别是分离真核生物的基因，相继建立了大肠杆菌、酵母菌、果蝇、鸡、兔、小鼠、人、大豆等生物以及一些生物的线粒体和叶绿体DNA的基因文库。基因文库的建立使分子遗传学和遗传工程的研究进入了一个新时期。

## 7.5.1　基因组文库

基因组文库(genomic library 或 gene bank)，是指汇集某一基因组所有序列的重组DNA群体。一个生物体的基因组DNA用限制性内切酶部分酶切后，将酶切片段插入载体DNA分子中，所有这些插入了基因组DNA片段的载体分子的集合体，将包含这个生物体的整个基因组。同时将这些载体导入受体细菌或细胞中，这样每个细胞就包含了一个基因组DNA片段与载体重组DNA分子，经过繁殖扩增，许多细胞一起包含了该生物全部基因组序列，就构成了该生物体的基因组文库。

一个理想的基因组文库应具备下列条件：①重组克隆的总数不宜过大，以减轻筛选工作的压力；②载体的装载量最好大于基因的长度，避免基因被分隔；③克隆与克隆之间必须存在足够长度的重叠区域，以利于克隆排序以及克隆片段易于从载体分子上完整卸下；④重组克隆能稳定保存、扩增、筛选。

目前构建基因组文库主要步骤如下：①供体DNA片段的制备(包括总DNA的分离纯化，选择适当的限制性内切酶进行酶切，电泳分离特定大小的DNA片段)；②载体的制备(包括载体酶切和分离纯化)；③供体与载体DNA连接(要提高重组频率，应注意连接反应体系中的总DNA浓度和两种DNA分子的克分子比率)；④利用体外包装系统将重组DNA包装成完整的噬菌体颗粒；⑤以重组噬菌体颗粒侵染大肠杆菌，形成大量噬菌斑，从而形成含有整个DNA的重组DNA群体，即基因组文库。文库的大小可以根据下面的公式计算：$N=\ln(1-P)/\ln(1-f)$，其中$N$代表一个基因组文库应该包含的克隆总数,$P$ 代表所期望的靶基因在文库中出现的概率,$L$ 代表平均插入片段长度与基因组DNA总长度之比。例如,人的单倍体DNA总长为 $2.9\times10^9$ bp,基因文库中克隆片段的平均大小为15 kb,则构建一个完整性为0.9的基因文库至少需要45万个克隆;而当完整性提高到0.9999时,基因文库至少需要180万个克隆(图7-22)。

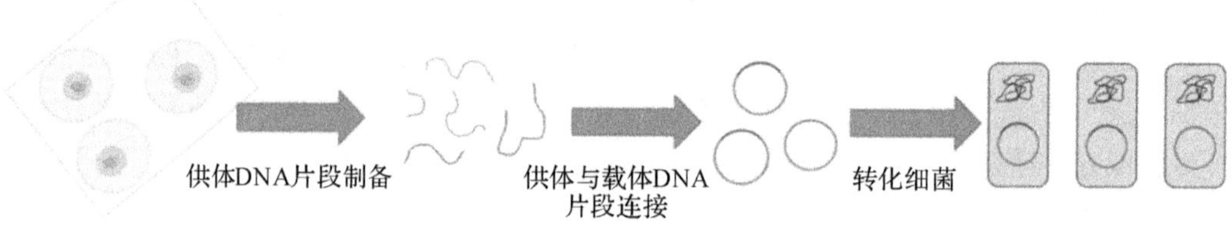


图7-22　基因组文库构建过程

## 7.5.2　cDNA文库

cDNA文库是指某一生物特定阶段全部成熟mRNA经反转录形成的cDNA片段与某种载体连接而形成的克隆集合体。自20世纪七十年代中期首例cDNA克隆问世以来,构建cDNA文库已成为研究功能基因组学的基本手段之一。cDNA便于克隆和大量表达,它不像基因组含有内含子而难于表达,因此可以从cDNA文库中筛选到所需的目的基因,并直接用于该目的基因的表达。构建cDNA表达文库不仅可保护濒危珍惜生物资源,而且可以提供构建分子标记连锁图谱的所用探针,更重要的是可以用于分离全长基因进而开展基因功能研究。因此,cDNA在研究具体某类特定细胞中基因组的表达状态及表达基因的功能鉴定方面具有特殊的优势,从而使它在个体发育、细胞分化、细胞周期调控、细胞衰老和死亡调控等生命现象的研究中具有更为广泛的应用价值,是研究工作中最常使用到的基因文库(图7-23)。

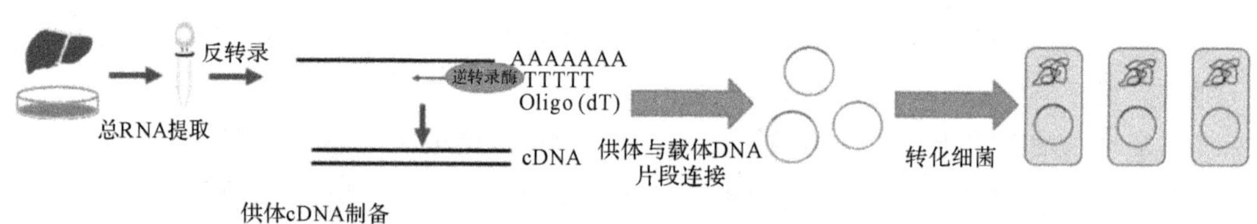


图7-23　cDNA文库构建过程

### (1)cDNA文库的构建

经典cDNA文库构建的基本原理是用Oligo(dT)或随机引物作反录引物,给所合成的cDNA加上适当的连接接头,连接到适当的载体中获得文库。cDNA文库构建的主要步骤包括:①RNA的提取(例如异硫氰酸胍法、盐酸胍/有机溶剂法、热酚法等,提取方法的选择主要根据不同的样品而定)。要构建一个高质量的cDNA文库,获得高质量的mRNA是至关重要的,所以处理mRNA样品时必须仔细小心。同时,由于RNA酶存在于所有的生物中，并且能抵抗诸如煮沸这样的物理环境，所以建立一个无 RNA 酶的环境对于制备优质 RNA 很重要。②在获得高质量的 mRNA 后，用反转录酶在 Oligo(dT) 引导下合成 cDNA 第 1 链。cDNA 第 2 链的合成用 RNA 酶 H 和大肠杆菌 DNA 聚合酶 Ⅰ，同时使用 T4 噬菌体多核苷酸酶和大肠杆菌 DNA 连接酶进行修复反应，包括合成接头的加入，将双链 DNA 克隆到载体中去，分析 cDNA 插入片断，扩增 cDNA 文库，对建立的 cDNA 文库进行鉴定。

经典 cDNA 文库的构建虽然高效、简便，但文库克隆的片段一般较小，单个克隆上的 DNA 片段太短，所能提供的基因信息很少，大多需要几个克隆才能覆盖一个完整的全基因的 cDNA。为了克隆得到真正的 cDNA 全长，建立富含全长的 cDNA 文库具有重要意义。为此，必须克服仅用 mRNA 的 poly(A)尾合成以及由普通反转录酶作用特点所导致的局限性。全长 cDNA 文库，是指从生物体内一套完整的 mRNA 分子经反转录而得到的 DNA 分子群体，是 mRNA 分子群的一个完整的拷贝。全长 cDNA 文库不仅能提供完整的 mRNA 信息，而且可以通过基因序列比对得到 mRNA 剪接信息。此外，还可以对蛋白质序列进行预测及进行体外表达和通过反向遗传学研究基因的功能等。判断一个 cDNA 文库中的 cDNA 序列是否是全长基因的 cDNA，主要方法有以下几种。

1)直接从序列上评价

5′端：如果有同源全长基因的比较，可以通过与其他生物已知的对应基因 5′末端进行比较来判断。如果无同源基因的新基因，则首先判断编码框架是否完整，即在开放阅读框的第 1 个 ATG 上游有无同框架的终止密码子；其次，判断是否有转录起始点，一般加 5′帽结构后有一段富含嘧啶的区域，或者是 cDNA 5′序列与基因组序列中经过酶切保护的部分相同，则可以确定得到的 cDNA 的 5′端是完整的。

3′端：同样可以用其他生物已知的对应基因 3′末端进行比较来判断，或编码框架的下游有终止密码子，或有 1 个以上的 poly(A)加尾信号，或无明显加尾信号的则也有 poly(A) 尾。

2)用实验方法证实

可以通过引物延伸法确定 5′端和 3′端的长度，如：5′端 RACE，3′端 RACE，或者通过 Northern blot 证实大小是否一致。

对 cDNA 文库质量的评价主要有两个方面。

第一方面为文库的代表性，cDNA 文库的代表性是指文库中包含的重组 cDNA 分子反映来源细胞中表达信息(即 mRNA 种类)的完整性，它是体现文库质量的最重要指标。文库的代表性好坏可用文库的库容量来衡量，它是指构建的原始 cDNA 文库中所包含的独立的重组子克隆数。库容量取决于来源细胞中表达出的 mRNA 种类和每种 mRNA 序列的拷贝数，1 个正常细胞含 10000～30000 种不同的 mRNA，按丰度可分为低丰度、中丰度和高丰度三种。其中低丰度 mRNA 是指某一种在细胞总计数群中所占比例少 0.5%。满足最低要求的 cDNA 文库的库容量可以用 Clack-Carbor 公式 $N=\ln(1-P)/(1-1/n)$ 计算，其中 $P$ 为文库中任何一种 mRNA 序列信息的概率，通常设 99%；$N$ 为文库中以 $P$ 概率出现细胞中任何一种 mRNA 序列理论上应具有的最少重组子克隆数；$n$ 为细胞中最稀少的 mRNA 序列的拷贝数。

第二方面是重组 cDNA 片段的序列完整性。在细胞中表达出的各种 mRNA 片段的序列完整性。在细胞中表达出的各种 mRNA 尽管具体序列不同，但基本上都是由 3 部分组成，即 5′端非翻译区、中间的编码区和 3′端非翻译区。非翻译区的序列特征对基因的表达具有重要的调控作用，编码序列则是合成基因产物——蛋白质模板。因此，要从文库中分离获得目的基因完整的序列和功能信息，要求文库中的重组 cDNA 片段足够长以便尽可能地反映出天然基因的结构。

### (2)cDNA 文库构建的其他类型

1)均一化 cDNA 文库

均一化 cDNA 文库指某一特定组织或细胞的所有表达基因均包含其中，且在 cDNA 文库中表达基因对应的 cDNA 的拷贝数相等或接近。Weissman 提出了可以通过基因组 DNA 饱和杂交的原理将 cDNA 文库进行均一化的理论。但该理论一直以来都被认为不能应用于实际。其主要限制因素是难以提供足量的极低表达丰度的 cDNA 用于饱和杂交，从而可能会造成部分基因的 cDNA 的丢失。基于 DNA-RNA 杂交的研究将基因的转录水平分为高中低 3 类。随后研究进一步表明，绝大多数基因是处于中等或低等表达丰度的，在单个细胞中含有近 1～15 个拷贝，而高丰度表达基因的转录产物在单个细胞中最高可达 5000 个左右拷贝，约占总表达量的 25%。这种基因表达能力上的巨大差异成了获得一个具有完整代表性的 cDNA 文库的障碍，其表达量上的巨大差异为大规模研究增添了困难。对单一组织的 cDNA 文库而言，高拷贝基因序列的大量存在给基因的筛选和鉴定带来不必要的浪费，尤其是在大规模的基因表达序列测序中。

均一化 cDNA 文库是克服基因转录水平上巨大差异给文库筛选和分析带来障碍的有效措施，有利于研究基因的表达和序列分析。现在，在构建均一化的 cDNA 文库中至少有两种主要的观点：一种是基于复性动力学的原理，高丰度的 cDNA 在退火条件下复性的速度快，而低丰度的 cDNA 复性要很长时间，从而可以通过控制复性时间来降低丰度；另一种是基于基因组 DNA 在拷贝数上具有相对均一化的性质，通过 cDNA 与基因组 DNA 饱和杂交而降低在文库中高拷贝存在的 cDNA 的丰度。第一种方法的掌握对技术的要求比较高，对多数人而言需要多次摸索才能找到最适条件；而后一种方法易于掌握，但有研究者根据复性动力学的原理也提出了其不利因素，即采用基因组 DNA 饱和杂交的方法会因为低拷贝的表达基因拷贝数少而无法被杂交上。目前已报到的均一化 cDNA 文库多是根据第二种原理构建的，常用策略有基于 PCR 技术利用 cDNA 多次复性 mRNA-cDNA 杂交等。有研究报道对各自选择的高表达靶序列进行分析后，均一化处理后文库的高丰度表达 cDNA 是处理前的 0.3%～2.5%，基本满足节约筛选的要求。

均一化 cDNA 文库具有以下 4 方面的优点：第一，在经济上具有广泛的应用空间，可以节约大量试验成本。第二，增加克隆低丰度 mRNA 的机会，适用于分析各种发育阶段或各种组织的基因表达及突变检测。第三，与原始丰度的 mRNA 拷贝数相对应的 cDNA 探针与均一化的 cDNA 文库作杂交，可以估计出大多数基因的表达水平及发现一些组织特异的基因。第四，可以用于遗传图谱的制作和进行大规模的原位杂交，作为优化的文库系统还可以用于大规模的测序或芯片制作等研究。

2)差减 cDNA 文库

差减 cDNA 文库也称扣除文库，用两种遗传背景相同或大致相同但在个别功能或特性上不同的材料(如不同基因处理细胞系或植物的近等基因系等)提取 mRNA (或反转录后合成 cDNA)，在一定条件下用过量不含目的基因的一方作为驱动子(driver)与含有目的基因的试验方(Tester)进行杂交，选择性地去除两部分共同基因杂交形成的复合物，往往进行多次的杂交-去除过程，最后将含有相关目的基因的未杂交部分收集后，连接到载体形成文库。消减杂交是构建差减 cDNA 文库的核心，差减 cDNA 文库是否构建成功很大限度上决定于差减杂交的效率。差减杂交的方法主要有：①羟基磷灰石柱层析法(HAP)；②生物素标记、链亲和蛋白结合排除法；③限制性内切酶技术相结合的差减方法；④差减抑制杂交法；⑤磁珠介导的差减法。

抑制性消减杂交技术(suppression subtractive hybridization，SSH)是 Diatchenko 等于 1996 年依据消减杂交和抑制 PCR 发展出来的一种分离差异表达基因的新方法，用于分离两种细胞或两种组织的细胞中的差异表达基因。它主要是利用抑制 PCR 对差减杂交后丰度一致的目的材料中两端连有不同接头的差异表达片段进行指数扩增，而两端连接上同一接头的同源双链片段仅呈线形扩增，从而达到富集差异表达基因的目的。应用该技术能够对两个有差异表达的材料(细胞或组织)高、中、低丰度目的基因都进行有效、快速、简便克隆。近年来已成功应用于植物发育、肿瘤与疾病以及外界因子诱导组织细胞中相关的应答基因的分析和克隆。

3)固相 cDNA 文库构建

cDNA 的固相合成是人们早为熟知的技术，但局限之处是 Oligo(dT) 与纤维素胶粒或磁珠的结合比较牢固，将 cDNA 洗脱下来时得率不是很高，而且以后的反应步骤也不能都在介质上进行，这可能是该技术应用并不十分广泛的原因。

最近 Thomas Roede 等提出了一种新的 cDNA 文库固相合成方法，克服了以前文库构建中存在的缺点，所用的酶和试剂与传统方法完全相同，不同的是 cDNA 的合成和修饰均在固相支持物一磁珠上完成。cDNA 通过一个生物素固定在链霉素偶联的磁珠上，这样在反应过程中就可以简便而迅速地实现酶和缓冲液的更换，因此它将快速与高质量的文库构建结合在一起，并且构建的文库适合大多数的研究。

固相 cDNA 合成法的主要优点是可以简化 cDNA 合成的操作。在进行缓冲液更换时既没有 cDNA 的丢失之忧，也无其他物质污染之忧。另外，用此方法可以得到真实的代表性文库，它包含有短小的 cDNA，这是因为在克隆之前省去了分级分离的步骤。总之，固相法结合了传统的 cDNA 合成的优点并弥补了其不足。这种方法简便易行，可靠低廉，所建文库高质量，因此它可能会替代目前应用的 cDNA 文库操作方法。

另外，最近发展起来的微量 RNA 的 cDNA 构建，使用 PCR 技术，在实验室条件下扩增的 mRNA 的 cDNA 量，其 PCR 检测的灵敏度远远大于反转录 PCR(RT-PCR)法。微量 RNA 的 cDNA PCR 文库的构建可为有关微量活性物质遗传基因的研究提供方便。

## 7.5.3 cDNA 文库应用于分离新基因的方法

发现并分离克隆新基因始终是分子生物学研究的主要任务和目的。虽然 cDNA 文库的用途很多,但是,应用于分离新基因是其最重要的用途。不管是哪种类型的 cDNA 文库,都可以用于分离新基因,只是使用的方法有差异。分离方法主要有两种:第一,对于非全长 cDNA 文库,不管是经典的 cDNA 文库方法还是差减法构建的 cDNA 文库,都需要利用已经获得的新 cDNA 序列片段,通过 RACE 方法获得新基因的全长序列。第二,利用全长 cDNA 文库与目的基因片段作为探针的杂交筛选。

### (1)从非全长 cDNA 文库中筛选新基因

1)RACE 法

快速扩增 cDNA 末端法(rapid amplification of cDNA end,RACE)只需知道 mRNA 内很短的一段序列即可扩增出其 cDNA 的 5′端(5′-RACE)和 3′端(3′-RACE)。该法主要用一条根据已知序列设计的特异性引物和一条与 mRNA 的 polyA (3′-RACE)或加至第一链 cDNA 3′端的同聚尾(5′-RACE)互补的通用引物。而同聚体并非良好的 PCR 引物,为了便于 RACE 产物的克隆,可向同聚体引物的 5′端加入一内切酶位点。所用的 cDNA 模板可以使用 Oligo(dT) 引物延伸合成(3′和 5′-RACE 均可)。当 RACE PCR 产物为复杂的混合物时,可取部分产物作模板,用另一条位于原引物内侧的序列作为引物与通用引物配对进行另一轮 PCR (巢式 PCR)。早在 1988 年,Frohman 等即用此方法成功地获得了 4 种 mRNA 的 5′和 3′末端序列。

迄今已有几种改良的 RACE 方法,通过修饰与优化,与最初的 Frohman 报道有所不同:①用锁定寡聚脱氧胸腺嘧啶核苷酸引物“锁定”基因特异性序列的 3′末端与其 poly (A) 尾的连接处,进行第 1 条 cDNA 链的合成,消除了在合成第 1 条 cDNA 链时 Oligo (dT)RNA 模板 poly (A)尾任何部位结合而带来的影响。②利用 T4 RNA 连接酶把寡核苷酸连接到单链 cDNA 的 5′末端,然后用一个 3′末端特异性引物和一个锚定引物就可以直接对锚定连接的 cDNA 进行体外 PCR 扩增和克隆。随后,Bertling 等又用 DNA 连接酶代替 RNA 连接酶。这些方法都避免了在第 2 条 cDNA 链内同聚序列区互补而导致截断 cDNA 产生。③cRACE 法采用的引物为基因特异性的,所以非特异性 PCR 产物基本不会产生。

2)用 PCR 法从 cDNA 文库中快速克隆基因

通过文库筛选或使用简并引物进行 PCR 反应常常只能获得不完整的 cDNA 片段。为了得到 cDNA 全长,常常要重新筛选文库。重新筛选文库工作量大,RACE 虽然为此提供可方便,但应用该方法需重新提取 mRNA 和反转录。用 PCR 法从 cDNA 文库中快速克隆基因的方法,只需提取 λ 噬菌体 DNA,按保守序列设计 PCR 引物便可将未知片段进行克隆。特别是在基因的两端变异较大而中间某区域保守的情况下,用 PCR 法很容易获取 cDNA 的全长。同一转录产物,存在着不同的拼接方式,通过筛库的办法同时将不同拼接方式的克隆筛选出来可能性较小,而使用 PCR 扩增后,有利于观察到不同的拼接方式。另外，为研究基因在不同组织中表达情况，常根据差异显示法找出特异的 mRNA。

### (2)从全长 cDNA 文库中进行杂交筛选

1)标记探针 cDNA 文库筛选法

cDNA 文库通常将菌落涂抹到母盘培养基上，然后把这些菌落的样品吸印到硝酸纤维素膜或尼龙膜上；这时加入标记的探针，如果出现杂交信号，那么从母盘上就可以把包含杂交信号的菌落分离、培养出来。以此筛选出阳性克隆，进行序列分析，以获得 cDNA 全长。该方法能避免 PCR 扩增的非特异性扩增或错配，是一种比较准确可靠的 cDNA 克隆方法。主要缺点是克隆过程需要一系列的酶促反应、产率低、费时长、工作量大。该方法适合表达丰度高的基因的筛选分离。用于做标记探针的 DNA 片段可以是其他生物的基因片段，在这种情况下筛选出来的基因往往是已分离基因的同源基因；如果用于做标记探针的 DNA 片段是通过新分离蛋白质的氨基酸反推设计的 DNA 序列，或者是特异分子标记子 DNA 序列，那么可以筛选得到新功能基因。

2)反式 PCR

反式 PCR 克隆 cDNA 全长的基因原理：双链 cDNA 合成后进行尾-尾连接，环化的 cDNA 用位于已知序列内的限制性内切酶酶切位点造成缺口或用 NaOH 处理使之变性，然后用 2 条基因特异性引物对重新线性化或变性的 cDNA 进行扩增。反式 PCR 的优势在于，它采用了 2 条基因特异性引物，因此不易产生非特异性扩增。该方法可以快速、高效地扩增 cDNA 或基因组中已知序列两侧位置的片段。

随着生物及信息技术的迅速发展，寻找新基因、克隆新基因进而研究基因的功能已成为功能基因组研究中的一项重要工作。在过去寻找新基因的方法中，以消减杂交、mRNA 差异显示，cDNA 的代表性差异显示分析法、差异消减展示等方法应用最广。这些方法在新基因的发现方面都各有其独特的优势，可寻找出一些差异表达序列，但这些差异表达序列大部分情况都是不完整的基因。目前，比较可行而且应用较多的方法主要还是 cDNA 文库的筛选。一方面 cDNA 文库只代表一定时期一定条件下正在表达的基因，是整个真核基因组中的少部分序列，因此，cDNA 克隆的复杂程度比直接从基因组克隆的要小得多；另一方面每个 cDNA 克隆只代表一种 mRNA 序列，因此在基因克隆过程中出现假阳性的概率比较低。所以 cDNA 文库的构建已成为当前分子生物学研究和基因工程操作的基础。

## 7.6　生物芯片技术

生物芯片技术(biochip technique)是通过缩微技术，根据分子间特异性地相互作用的原理，将生命科学领域中不连续的分析过程集成于硅芯片或玻璃芯片表面的微型生物化学分析系统，以实现对细胞、蛋白质、基因及其他生物组分的准确、快速、大信息量的检测。按照芯片上固化的生物材料的不同，可以将生物芯片划分为基因芯片、蛋白质芯片、细胞芯片、组织芯片以及元件型微阵列芯片、通道型微阵列芯片、生物传感芯片等新型生物芯片。生物芯片可对DNA、RNA、多肽、蛋白质、细胞、组织以及其他生物成分进行高效快捷的测试和分析。

### 7.6.1 基因芯片

基因芯片(gene chip)又称基因微阵列(microarray)、寡核酸芯片或DNA微阵列,它是指在固相支持物上原位合成寡核苷酸或者直接将大量(通常每平方厘米点阵密度高于400)的DNA探针以显微打印的方式有序地固化于支持物表面,然后与标记的样品杂交,通过对杂交信号的检测分析,即可获得样品的数量和遗传信息。简单地说,就是通过微加工技术,将数以万计乃至百万计的特定序列的DNA片段(基因探针),有规律地排列固定于硅片或玻片等支持物上,构成一个与计算机的电子芯片十分相似的二维DNA探针阵列。DNA芯片技术是伴随"人类基因组计划"的研究进展而快速发展起来的一门高新技术(图7-24)。

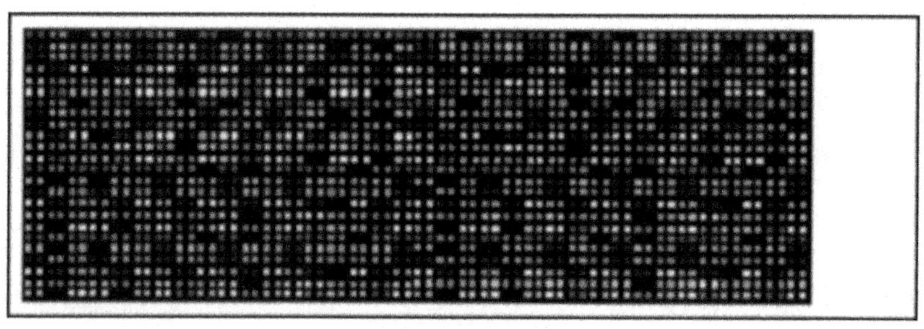

图7-24 基因芯片

基因芯片可分为三种主要类型:①固定在聚合物基片(尼龙膜,硝酸纤维膜等)表面上的核酸探针或cDNA片段,通常用同位素标记的靶基因与其杂交,通过放射显影技术进行检测。这种方法的优点是所需检测设备与目前分子生物学所用的放射显影技术一致,相对比较成熟。但芯片上探针密度不高,样品和试剂的需求量大,定量检测存在较多问题。②用点样法固定在玻璃板上的DNA探针阵列,通过与荧光标记的靶基因杂交进行检测。这种方法点阵密度可有较大的提高,各个探针在表面上的结合量也比较一致,但在标准化和批量化生产方面仍有不易克服的困难。③将在玻璃等硬质表面上直接合成的寡核苷酸探针阵列,与荧光标记的靶基因杂交进行检测。该方法把微电子光刻技术与DNA化学合成技术相结合,可使基因芯片的探针密度大大提高,减少试剂的用量,实现标准化和批量化大规模生产,有着十分重要的发展潜力。

目前已有多种方法可以将寡核苷酸或短肽固定到固相支持物上,这些方法总体上有两种,即原位合成与合成点样两种。作原位合成的支持物在聚合反应前要先使其表面衍生出羟基或氨基(视所要固定的分子为核酸或寡肽而定)并与保护基建立共价连接;作点样用的支持物为使其表面带上正电荷以吸附带负电荷的探针分子,通常需包被以氨基硅烷或多聚赖氨酸等。

原位合成法主要为光引导聚合技术,它不仅可用于寡聚核苷酸的合成,也可用于合成寡肽分子。光引导聚合技术是照相平版印刷技术与传统的核酸、多肽固相合成技术相结合的产物。半导体技术中曾使用照相平版技术法在半导体硅片上制作微型电子线路。固相合成技术是当前多肽、核酸人工合成中普遍使用的方法，技术成熟且已实现自动化。二者的结合为合成高密度核酸探针及短肽阵列提供了一条快捷的途径。

以合成寡核苷酸探针为例，该技术主要步骤为：首先使支持物羟基化，并用光敏保护基团将其保护起来。每次选取择适当的蔽光膜使需要聚合的部位透光，其他部位不透光。这样，光通过蔽光膜照射到支持物上，受光部位的羟基解保护。因为合成所用的单体分子一端按传统固相合成方法活化，另一端受光敏保护基的保护，所以发生偶联的部位反应后仍旧带有光敏保护基团。每次通过控制蔽光膜的图案（透光与不透光）决定哪些区域应被活化，以及所用单体的种类和反应次序就可以实现在待定位点合成大量预定序列寡聚体的目的。该方法的主要优点是可以用很少的步骤合成极其大量的探针阵列。同时，用该方法合成的探针阵列密度可高达到 $10^6/cm^2$。不过，尽管该方法看来比较简单，但实际上并非如此。主要原因是，合成反应每步产率比较低，不到 95%。而通常固相合成反应每步的产率在 99%以上。因此，探针的长度受到了限制，而且每步去保护不很彻底，致使杂交信号比较模糊，信噪比降低。为此有人将光引导合成技术与半导体工业所用的光敏抗蚀技术相结合，以酸作为去保护剂，使每步产率增加到 98%。该方法同时解决了由于蔽光膜透光孔间距离缩小而引起的光衍射问题，有效地提高了聚合点阵的密度。另据报道，利用波长更短的物质波如电子射线去除保护可使点阵密度达到 $10^{10}/cm^2$。

除了光引导原位合成技术外，还可使用压电打印法进行原位合成。其装置与普通的彩色喷墨打印机并无两样，所用技术也是常规的固相合成方法。做法是将墨盒中的墨汁分别用四种碱基合成试剂替代，支持物经过包被后，通过计算机控制喷墨打印机将特定种类的试剂喷洒到预定的区域上。冲洗、去保护、偶联等则同于一般的固相原位合成技术。以此类推，可以合成出长度为 40 到 50 个碱基的探针，每步产率也较前述方法为高，可达到 99%以上。尽管如此，通常原位合成方法仍然比较复杂。

DNA 芯片的显色和分析测定方法主要为荧光法。因为探针与样品完全正常配对时所产生的荧光信号强度是具有单个或两个错配碱基探针的 5～35 倍，所以对荧光信号强度精确测定是实现检测特异性的基础。当前主要的检测手段是激光共聚焦显微扫描技术，以便于对高密度探针阵列每个位点的荧光强度进行定量分析。荧光法重复性较好，但灵敏度仍较低，只要标记的样品结合到探针阵列上后就会发出阳性信号。这种结合是否为正常配对，或正常配对与错配兼而有之，该方法本身并不能提供足够的信息进行分辨。目前正在发展的方法有质谱法、化学发光法、光导纤维法等。

基因芯片技术已被应用到生物科学众多的领域之中，包括基因表达检测、突变检测、基因组多态性分析和基因文库作图以及杂交测序等。在基因表达检测的研究上人们已比较成功地对多种生物包括拟南芥、酵母及人的基因组表达情况进行了研究，并且用该技术（共 157112 个探针分子）一次性检测了酵母几种不同株间数千个基因表达谱的差异。实践证明基因芯片技术也可用于核酸突变的检测及基因组多态性的分析，例如对人 *BRCA* Ⅰ基因外显子Ⅱ、*CFTR* 基因、β-地中海贫血、酵母突变菌株间、HIV-1 反转录酶及蛋白酶基因等的突变检测，对人类基因组单核苷酸多态性的鉴定、作图和分型，人线粒体 16.6 kb

基因组多态性的研究等。将生物传感器与芯片技术相结合，改变探针阵列区域的电场强度已经证明可以检测到基因的单碱基突变。此外，有人还曾通过确定重叠克隆的次序对酵母基因组进行作图。

在实际应用方面，生物芯片技术可广泛应用于疾病诊断和治疗、药物筛选、农作物的优育优选、司法鉴定、食品卫生监督、环境检测、国防、航天等许多领域。它为人类认识生命的起源、遗传、发育与进化，为人类疾病的诊断、治疗和防治开辟了全新的途径，为生物大分子的全新设计和药物开发中先导化合物的快速筛选和药物基因组学研究提供了技术支撑平台。目前主要应用在以下几个方面：

### (1)药物筛选和新药开发

由于所有药物都是直接或间接地通过修饰、改变人类（或相关动物）基因的表达及表达产物的功能而生效，而芯片技术具有高通量、大规模、平行性地分析基因表达或蛋白质状况（蛋白质芯片）的能力，在药物筛选方面具有巨大的优势。用芯片作大规模的筛选研究可以省略大量的动物试验甚至临床，缩短药物筛选所用时间，提高效率，降低风险。

随着人类基因图谱的绘制，基因工程药物进入一个大发展时期，在基因工程药物的研制和生产中，生物芯片也有着较大的市场。以基因工程胰岛素为例，当把人的胰岛素基因转移到大肠杆菌细胞后，就需要用某种方法对工程菌的基因型进行分析，以便确证胰岛素基因是否转移成功。过去采取的方法多为限制性片段长度多态性（RFLP），这种方法非常烦琐复杂，在成本和效率方面都不如基因芯片，今后被芯片技术取代是必然的趋势。通过使用基因芯片筛选药物具有的巨大优势决定它将成为21世纪药物研究的趋势。

### (2)疾病诊断

基因芯片作为一种先进的、大规模、高通量检测技术，应用于疾病的诊断，其优点有以下几个方面：一是高度的灵敏性和准确性；二是快速简便；三是可同时检测多种疾病。如应用于产前遗传性疾病检查，抽取少许羊水就可以检测出胎儿是否患有遗传性疾病，同时鉴别的疾病可以达到数十种甚至数百种，这是其他方法所无法替代的。又如对病原微生物感染诊断，应用基因芯片技术，在短时间内就能知道病人是哪种病原微生物感染，而且能测定病原体是否产生耐药性、对哪种抗生素产生耐药性、对哪种抗生素敏感等，这样就能有的放矢地制定科学的治疗方案。再如对具有高血压、糖尿病等疾病家族史的高危人群普查、接触毒化物质人群恶性肿瘤普查等等，如采用了基因芯片技术，立即就能得到可靠的结果，其他对心血管疾病、神经系统疾病、内分泌系统疾病、免疫性疾病、代谢性疾病等，如采用了基因芯片技术，其早期诊断率将大大提高，而误诊率会大大降低，同时有利于综合地了解各个系统的疾病状况。

### (3)环境保护

在环境保护上，基因芯片也有广泛的用途，一方面可以快速检测污染微生物或有机化合物对环境、人体、动植物的污染和危害；另一方面也能够通过大规模的筛选寻找保护基因，制备防治危害的基因工程药品或能够治理污染源的基因产品。

**(4)司法**

基因芯片可用于司法鉴定，现阶段可以通过 DNA 指纹对比来鉴定罪犯。未来可以建立全国甚至全世界的 DNA 指纹库，到那时可直接在犯罪现场对可能是疑犯留下来的头发、唾液、血液、精液等进行分析，并立刻与 DNA 罪犯指纹库系统存储的 DNA 指纹进行比较，便于快速准确的破案。

**(5)现代农业**

基因芯片技术可用来筛选农作物的基因突变，并寻找高产量、抗病虫、抗干旱、抗冷冻的相关基因，也可用于基因扫描及基因文库作图、商品检验检疫等领域。

尽管基因芯片技术已经取得了长足的发展，得到世人的瞩目，但仍然存在着许多难以解决的问题，例如技术成本昂贵、复杂、检测灵敏度较低、重复性差、分析范围较狭窄等。这些问题主要表现在样品的制备、探针合成与固定、分子的标记、数据的读取与分析等方面。

### 7.6.2　蛋白芯片

蛋白质芯片(protein chip)又称蛋白质微矩阵(protein microarray)。它利用的不是碱基配对，而是抗体与抗原结合的特异性，即免疫反应来检测芯片。继人类基因组测序完成以后，研究人员已经能够分析无数个疾病相关的基因表达。然而，由于异常的蛋白表达、翻译后修饰或与其他生物分子相互作用导致的许多疾病，仅仅从基因组的研究是不能获得对疾病状态的全面了解的。只有高通量和高效率的蛋白质芯片技术才是发现新药物靶标、疾病标志物和治疗药物的更有效、更有前景的研究方法。蛋白质芯片是一个相对较新的技术，21 世纪初才出现。这个概念是从基因表达芯片的应用发展而来的，且工作模式相似，但由于蛋白的特殊性，抗体芯片的发展比 DNA 芯片的发展面临更多挑战。虽然困难重重，但是抗体芯片技术仍飞速发展，已经成为一个成熟的技术。

蛋白质芯片的检测原理主要是基于抗原抗体特异性非共价结合。目前，蛋白质芯片采用的检测方法主要有双抗体夹心法检测和样品标记法检测。

**(1)双抗夹心法**

双抗体夹心法是将捕获抗体预先固定在固相载体上，把生物样品加到芯片上一起孵育反应后。其特异性的抗原与捕获抗体结合。再加入生物素标记的检测抗体一起孵育，最后通过辣根过氧化物酶-链霉亲和素与化学发光底物或者荧光染色剂-链霉亲和素结合作为信号检测。基于“三明治”双抗体夹心法建立的芯片，高品质的抗体对是双抗夹心法的关键。夹心法有很高的灵敏度，检测浓度可以低至 1～10 pg/mL；每增加检测一个蛋白，芯片上就需要增加一个抗体对，这样可能出现交叉反应，因此需要将每个抗体对与芯片上其他抗体对进行检测，验证是否可以引入这个抗体对，且不对其他抗体对检测造成干扰，通过优化筛选将交叉反应降到最小（图 7-25）。

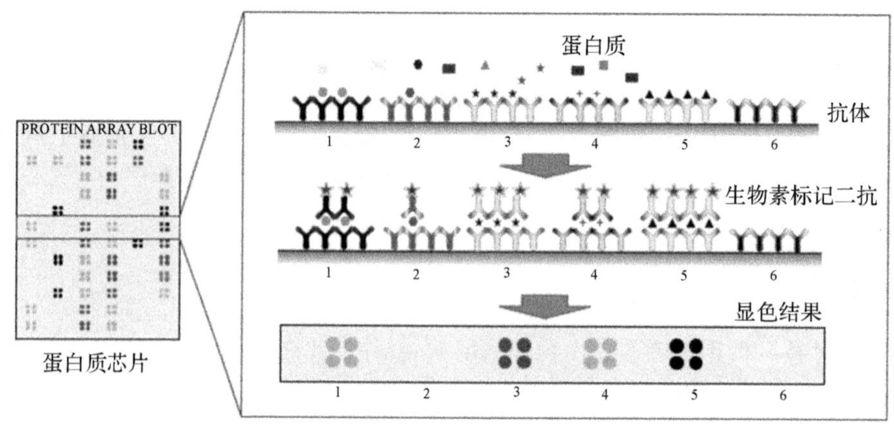


图 7-25　蛋白质芯片

## (2)样品标记法

样品标记法芯片只需要一个捕获抗体，它用生物素标记样品来代替标记检测抗体。该法将捕获抗体预先固定在固相载体上，生物样品在检测前先进行蛋白生物素标记，将活化的生物素与蛋白的氨基共价偶联，生物素标记后的样品加入到芯片上一起孵育反应后，捕获抗体结合特异性的蛋白，然后加入辣根过氧化物酶-链霉亲和素与化学发光底物，或者荧光染色剂-链霉亲和素结合作为信号检测。这种模式可以检测那些没有合适的抗体对来建立双抗体夹心法检测的分析物。因为溶液中没有自由的检测抗体与其他抗体相互作用产生干扰，那么基于抗体相互作用产生的交叉反应就可以避免，所以引入新的抗体到标记芯片上比较容易，一个芯片上可以有几百个甚至几千个抗体。标记法芯片非常适合于大批量的筛选试验，但是相对于夹心法芯片其 CV 略高，特异性略低。

## (3)蛋白芯片的应用

目前，蛋白质芯片主要有以下几方面的应用：

1)药物筛选

疾病的发生发展与某些蛋白质的变化有关，如果以这些蛋白质构筑芯片，对众多候选化学药物进行筛选，直接筛选出与靶蛋白作用的化学药物，将大大推进药物的开发。蛋白质芯片有助于了解药物与其效应蛋白的相互作用，并可以在对化学药物作用机制不甚了解的情况下直接研究蛋白质谱。还可以将药物作用与疾病联系起来，以及判定药物是否具有毒副作用、药物的治疗效果，为指导临床用药提供实验依据。另外，蛋白芯片技术还可对中药的真伪和有效成分进行快速鉴定和分析。

2)疾病诊断

蛋白质芯片技术在医学领域中有着潜在的广阔应用前景。蛋白质芯片能够同时检测生物样品中与某种疾病或者环境因素损伤可能相关的全部蛋白质的含量情况，即表型指纹。表型指纹对监测疾病的过程或预测，判断治疗的效果也具有重要意义。Ciphelxen

Biosystems公司利用蛋白质芯片检测了来自健康人和前列腺癌患者的血清样品，在短短的三天之内发现了6种潜在的前列腺癌的生物学标记。Englert将抗体点在片基上，它检测正常组织和肿瘤之间蛋白质表达的差异，发现有些蛋白质的表达，如前列腺组织特异抗原——明胶酶蛋白在肿瘤的发生发展中起着重要的作用，这给肿瘤的诊断和治疗带来了新途径。应用蛋白质芯片在临床上还发现乳腺癌患者中的28.3 kD的蛋白质；存在于结肠癌及其癌前病变患者的血清13.8 kD的特异相关蛋白质。

作为一种新兴的蛋白质组学研究手段，蛋白质芯片技术具有传统的蛋白质研究方法无法比拟的高通量、快速、平行、自动化等优点，这一方法的建立和应用可为基因组学、蛋白质组学等基础研究提供强大的技术支持，从而将极大地推动人类揭示疾病发生发展的分子机制及寻找更合理有效的进程；同时，基因组学和蛋白质组学研究的不断深入也将为蛋白质芯片技术提供更为丰富的研究资源。但是由于蛋白质本身的变化太多，且空间构象在很大程度上决定其活性与功能，相对于目前基因芯片研究的进展而言，蛋白质芯片的研究显得相对滞后，目前亟待解决的问题主要有：①寻找更好的固相载体表面修饰方法，尽可能保持结合蛋白质的生物学活性；②样本准备和标记操作的简化；③提高检查灵敏度，解决低拷贝蛋白质和难溶蛋白质的检测问题；④降低检测成本。这些问题如能较好解决，将进一步推动其从实验室走向临床。但是用芯片技术取代传统的对单个蛋白进行分析的技术，目前尚难以做到，传统技术低成本、优良的重复性、易于推广等优点是目前芯片技术不能及的。然而，我们有理由相信，随着研究的深入和技术的发展，蛋白质芯片作为一类重要的蛋白质组学研究平台，必将为生命科学的发展提供更有力的支持。

### 7.6.3 组织芯片

组织芯片(tissue chip)又称组织微列阵(tissue microarray)，是将数十个数百个乃至上千个小的组织片整齐地排列在一起到载玻片上，形成微缩的组织切片。该技术自1998年问世以来，以其大规模、高通量、标准化等优点得到大范围的推广应用。组织芯片与基因芯片和蛋白质芯片一起构成了生物芯片系列，使人类第一次能够有效利用成百上千份组织标本，在基因组、转录组和蛋白质组三个水平上进行研究，被誉为医学、生物学领域的一次革命。

目前，组织芯片的制备主要依靠机械化芯片制备仪来完成。制备仪包括操作平台、特殊的打孔采样装置和一个定位系统。打孔采样装置对供体组织蜡块进行采样，同时也可对受体蜡块进行打孔，其孔径与采样直径相同，两者均可精确定位。制备仪的定位装置可使穿刺针或受体蜡块线性移动，从而制备出孔径、孔距、孔深完全相同的组织微阵列蜡块。通过切片辅助系统将其转移并固定到硅化和胶化玻片上即成为组织芯片。根据样本直径(0.2～2.0 mm)不同，在一张45 mm×25 mm的玻片上可以排列40～2000个以上的组织标本。一般按照样本数目的多少，将组织芯片分为低密度芯片(< 200点)、中密度芯片(200～600点)和高密度芯片(> 600点)。常用组织芯片含有组织标本的数目在50～800个。根据研究目的不同，芯片种类可以分成肿瘤组织芯片、正常组织芯片、单一或复合、特定病理类型等组织芯片(图 7-26)。

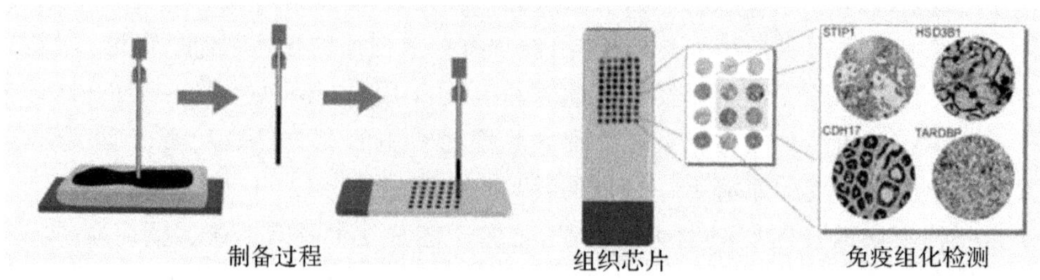


图 7-26 组织芯片(图片修改自 Abnova 公司网页)

组织芯片的特点有:①体积小信息含量高,可根据不同需要进行组合和设计;②既可用于形态学观察,也可用于免疫组织化学染色;③高效快速,低消耗,自身内对照和可比性强,节时、省力、少材、高效利用库存蜡块肿瘤标本的新方法。一个蜡块可连续切片 200 张,以供原位分析肿瘤相关基因 DNA 及其表达的 mRNA 和蛋白质,荧光原位分子杂交,mRNA 原位杂交、免疫组化三种方法可同时在一个芯片蜡块的连续组织切片中应用。因而可提高实验效率,一张组织芯片上可列阵数十至数百个样本。实验条件最大程度上保持一致,有助于减少实验误差。另外一个组织芯片蜡块可连续切 200 张片,可进行许多分子标记检测。最大限度地利用有限的标本资源,尤其是少见的病例标本,最小破损原有蜡块。可同时检测一种肿瘤不同阶段的基因表达状况。能在一张片上同时看到一个肿瘤组织在原位、转移、复发中的基因扩增情况。

组织芯片技术问世后,很快得到了生命科学基础研究和临床医学领域以及医药工业界的关注。如 Kononen 等使用标准免疫组化方法利用组织芯片技术研究了 645 例各种乳腺癌组织标本,试验数据与传统病理切片相应研究结果完全一致;同时他们还发现有关 p53 等 6 种基因的检测结果表明,新鲜与石蜡包埋的组织标本的检测结果没有差异。Hedenfalk 等结合组织芯片技术和基因芯片技术检测了原发性乳腺癌及组织标本。Hoos 等用组织芯片技术对 59 例成纤维细胞瘤进行免疫表型分析。Mucci 等用组织芯片证实了神经内分泌因素与前列腺癌进展的关系。Perrone 等则对不同人群前列腺癌细胞增殖进行了评价。Chaib 等也应用组织芯片技术证实了 AIPC 蛋白的表达与前列腺癌发生的相互关系。由于组织芯片技术可以与其他很多常规技术,如免疫组化(IHC)、核酸原位杂交(ISH)、荧光核酸原位杂交(FISH)、原位 PCR 等结合应用,它的应用领域仍在不断地拓展。

## 7.7 生物大分子相互作用研究技术

在现代生物学研究中,随着功能基因组研究的深入,生物大分子的生物学功能研究中具有非常重要的地位,生物大分子的相互作用(包括蛋白质-蛋白质、蛋白质-DNA 和蛋白质-RNA 复合物的组成和作用方式)分析成为目前生物大分子功能研究中不可缺少的重要手段。本节选择性介绍部分方法的原理和用途。

## 7.7.1　蛋白质-DNA 相互作用

### (1)凝胶阻滞

凝胶阻滞分析或电泳阻滞分析(electrophoretic mobility shift assay，EMSA)的原理是小分子 DNA 在凝胶电泳中的迁移率比它与蛋白质结合后的迁移率要快得多。在凝胶电泳中，由于电场的作用，DNA 朝正电极移动的距离与其分子量成反比。如果 DNA 与某种蛋白质结合，由于分子量增大，它在凝胶中的迁移作用便会受到阻滞，在特定电压和时间内朝正极移动的距离也相应缩短，所以可以用来检测 DNA 与蛋白质的相互作用。

凝胶阻滞分析一般的过程为：首先制备细胞蛋白质提取物(理论上其中含有某种特殊的转录因子)，同时用放射性同位素标记待检测的 DNA 片段(含有转录因子的结合位点)。这种被标记的探针 DNA 与细胞蛋白质提取物一起进行孵育，于是产生 DNA-蛋白质复合物。在使 DNA-蛋白质保持结合状态的条件下，进行非变性聚丙烯酰胺凝胶电泳。最后进行放射自显影，分析电泳结果。如果有放射性标记的条带都集中于凝胶的底部，就表明在细胞提取物中不存在可以同探针 DNA 相互结合的转录因子蛋白质；如果在凝胶的顶部出现放射性标记的条带，就表明细胞提取物存在可与探针 DNA 结合的转录因子蛋白质(图 7-27)。

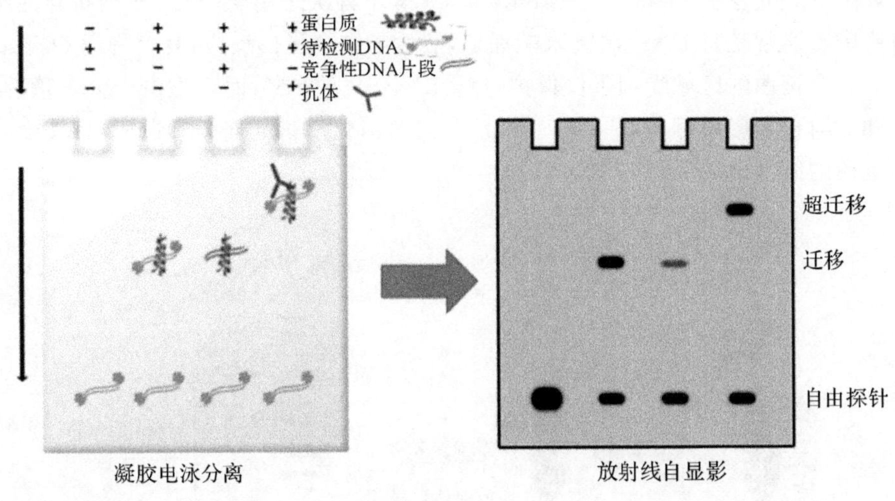


图 7-27　凝胶阻滞分析流程

细胞提取物和一个特定的 DNA 可形成一个或几个特异的蛋白复合物。确定复合物中蛋白的种类可能会困难，可以加入目的蛋白的抗体，进行超迁移实验，即 super-shift EMSA。抗体和蛋白/探针复合物中的蛋白结合，使复合物的迁移延迟，形成超迁移。其工作原理：在反应体系中，抗体与 DNA/蛋白复合物中的蛋白产生反应形成复合物会引起复合物的体积变大，在非变性凝胶中的移动变慢而与 DNA/蛋白复合物区别开。进行 super-shift EMSA 需要考虑以下因素：①一般先做一般的 EMSA 测定，成功后才考虑做

super-shift EMSA 实验；②不是所有的抗体都可以用于 super-shift EMSA，只有对非变性蛋白的表面抗原决定簇起反应的抗体才能够用于 super-shift EMSA。③为减少非特异性反应，尽量使用纯化的抗体。④单抗与多抗都可用于 super-shift EMSA，但多抗可能与 DNA/蛋白复合物形成大的聚集物而不进胶。在这种情况下，虽然看不到 super-shift 的带，但应当可以看到 DNA/蛋白复合物的电泳带明显减少。

在 DNA-蛋白质结合的反应体系中加入了超量的非标记的竞争 DNA（competitor DNA），如果它同探针 DNA 结合的是同一种转录因子蛋白质，那么由于竞争 DNA 与探针 DNA 相比是极大超量的，这样绝大部分转录因子蛋白质都会被竞争结合掉，而使探针 DNA 仍然处于自由的非结合状态，在电泳凝胶的放射自显影图片上就不会出现阻滞的条带。

EMSA 的主要应用包括：①用于鉴定在特殊类型细胞蛋白质提取物中，是否存在能同某一特定的 DNA（含有转录因子结合位点）结合的转录因子蛋白质；②DNA 竞争实验可以用来检测转录因子蛋白质同 DNA 结合的精确序列部位；③通过竞争 DNA 中转录因子结合位点的碱基突变可以研究此种突变竞争性能及其转录因子结合作用的影响；④也可以利用 DNA 同特定转录因子的结合作用通过亲和层析来分离特定的转录因子。

### (2)DNase Ⅰ足迹法

DNase Ⅰ足迹法由 Galas 和 Schmitz 于 1978 年首次运用于 DNA 序列特异性结合蛋白的研究中。通常是将 DNA 单链末端标记，然后与结合蛋白反应，复合物用 DNase Ⅰ部分消化。结合蛋白的区域受到蛋白保护，免受 DNase Ⅰ攻击，而产物由于分子量的差异，经电泳和放射自显影即可得到一系列条带，与对照消化产物的连续条带相比，其中空缺部分即为蛋白的结合区域（图 7-28）。

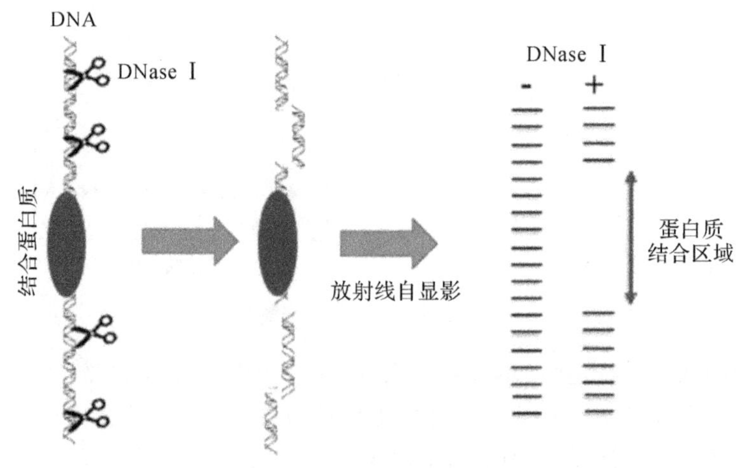


图 7-28　DNase Ⅰ足迹法

DNase Ⅰ是直径约40 Å的蛋白，结合在DNA小沟上，独立地切割两条链的磷酸骨。由于其体积较大，切割作用更容易受空间位阻作用的影响，不能切割到有蛋白覆盖的区域及周边的DNA，所以是足迹法中确定DNA-蛋白结合与否的理想方法之一，可以确定结合在蛋白上的DNA的片段长度，但不能给出具体核酸序列。

DNase Ⅰ足迹法常与EMSA法结合共同用于体外DNA-蛋白质相互作用的鉴定，但两者的侧重点不同。EMSA主要用于与特异性DNA结合的目标蛋白的检测，而DNase Ⅰ足迹法在此基础上进一步证明了DNA元件和目标蛋白的特异结合，并能告知与该蛋白结合的相应DNA元件序列。

### (3)DMS足迹法

DNase Ⅰ足迹法给出了蛋白质在DNA上定位的很好思路，然而DNase Ⅰ是一种大分子，对于探究结合位点的详细情况来说太过钝拙，即在蛋白质和DNA相互作用的区域可能会出现缺口，DNase Ⅰ也不能进入而无法检测。此外，DNA结合蛋白经常干扰结合区域的DNA，这些蛋白质使DNase Ⅰ不能接近。因而更细致的足迹法需要一种更小的分子以便进入DNA-蛋白复合物的隐蔽处和缝隙里，从而揭示这种相互作用的细微之处。甲基化试剂二甲硫醚(dimethyl sulfate，DMS)足迹法满足了这些要求。

DMS足迹法与DNase足迹法一样，以末端标记的DNA与蛋白质结合开始。然后，复合物经DMS温和甲基化，使每个DNA分子平均只发生一次甲基化。接着去除蛋白质，DNA用六氢吡啶处理，去除甲基化的嘌呤形成脱嘌呤位点(无碱基的脱氧核糖核苷酸)，并在这些脱嘌呤位点处断裂DNA。最后电泳DNA片段，凝胶放射自显影检测被标记的DNA条带，每个条带的两端接着因甲基化而未被蛋白质保护的碱基。

### (4)酵母单杂交

酵母单杂交体系(yeast one hybrid)1993年由Wang和Reed创立，是一种研究蛋白质和特定DNA序列相互作用的技术方法，在生物学研究领域中已经显示出巨大的威力。应用酵母单杂交体系已经验证了许多已知的DNA与蛋白质之间的相互作用，同时发现了新的DNA与蛋白质的相互作用，并由此找到了多种新的转录因子。近来，已有应用酵母单杂交体系进行疾病诊断的研究报道。随着酵母单杂交体系的不断发展和完善，它在科研、医疗等方面的应用将会越来越广泛。采用酵母单杂交体系能在一个简单实验过程中，识别与DNA特异结合的蛋白质，同时可直接从基因文库中找到编码蛋白的DNA序列，而无须分离纯化蛋白，实验简单易行。由于酵母单杂交体系检测到的与DNA结合的蛋白质是处于自然构象，克服了体外研究时蛋白质通常处于非自然构象的缺点，所以具有很高的灵敏性。

酵母单杂交的基本原理为：真核生物基因的转录起始需转录因子参与，转录因子通常由一个DNA特异性结合功能域和一个或多个其他调控蛋白相互作用的激活功能域组成，即DNA结合结构域( binding domain，BD)和转录激活结构域(activation domain，AD)。用于酵母单杂交系统的酵母GAL4蛋白是一种典型的转录因子，GAL4的DNA结合结构域靠近羧基端，含有几个锌指结构，可激活酵母半乳糖苷酶的上游激活位点，而转录激活结构域可与 RNA 聚合酶或转录因子 TFⅡD 相互作用,提高 RNA 聚合酶的活性。在这一过程中,DNA 结合结构域和转录激活结构域可完全独立地发挥作用。据此,我们可将 GAL4 的 DNA 结合结构域置换为文库蛋白编码基因,只要其表达的蛋白能与目的基因相互作用,就可通过转录激活结构域激活 RNA 聚合酶,启动下游报告基因的转录(图 7-29)。

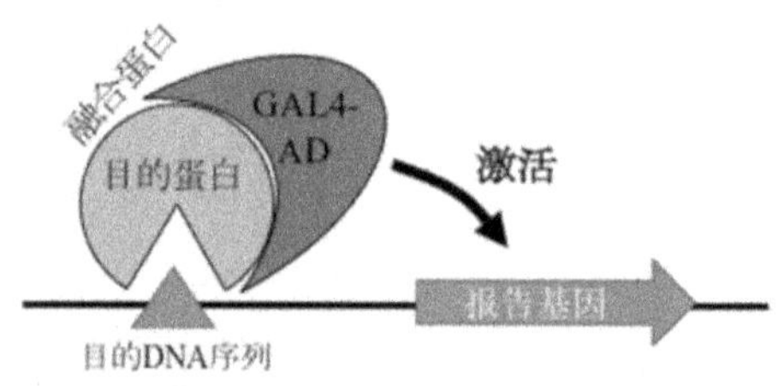


图 7-29　酵母单杂交原理示意图

酵母单杂交也存在以下缺点:有时由于插入的靶元件与酵母内源转录激活因子可能发生相互作用,或插入的靶元件不需要转录激活因子就可以激活报告基因的转录,所以往往会产生假阳性结果。如果酵母表达的 AD 融合蛋白对细胞有毒性,或融合蛋白在宿主细胞内不能稳定地表达,或融合蛋白发生错误折叠,或者不能定位于酵母细胞核内,以及融合的 GAL4 AD 封闭了蛋白质上与 DNA 相互作用的位点,都可能干扰 AD 融合蛋白结合于靶元件的能力。

迄今为止,应用酵母单杂交体系已经识别并验证了许多与目的 DNA 序列结合的蛋白质,同时单杂交技术还被应用于识别金属反应结合因子。正向与反向单杂交体系的结合,还可用于筛选阻碍 DNA 与蛋白质相互作用的突变的单个核苷酸。目前,在研究蛋白质-DNA 相互作用中,酵母单杂交体系主要有以下 3 种用途:①确定已知蛋白质-DNA 之间是否存在相互作用;②分离结合于目的顺式调控元件或其他短 DNA 结合位点蛋白的新基因;③定位已经证实的具有相互作用的 DNA 结合蛋白的 DNA 结合结构域,以及准确定位与 DNA 结合的核苷酸序列。

### (5)染色质免疫共沉淀技术

染色体免疫共沉淀(chromatin immunoprecipitation,ChIP)由 Orlando 等于 1997 年创立,是基于体内分析发展起来的方法,也称结合位点分析法。因其能真实、完整地反映结合在 DNA 序列上的靶蛋白的调控信息,是目前基于全基因组水平研究蛋白质-DNA 相互作用的标准实验技术,已经成为表观遗传信息研究的主要方法。简而言之,ChIP 方法的基本原理是:在生理状态下用交联剂(通常为 1%甲醛)把细胞内的 DNA 和蛋白质共价结合,细胞裂解之后蛋白质-DNA 复合物释放,超声波随机打碎染色质;再用目的蛋白质特异性抗体免疫沉淀蛋白质-DNA 复合物,富集目的蛋白质结合的 DNA 片断;通过解交联、去除 RNA 和蛋白质、纯化等步骤后得到富集的 DNA 片断样品。最后,结合各种分析方法对 ChIP 富集得到的 DNA 片断进行分析,从而解析目的蛋白质相互作用的 DNA 序列(图 7-30)。

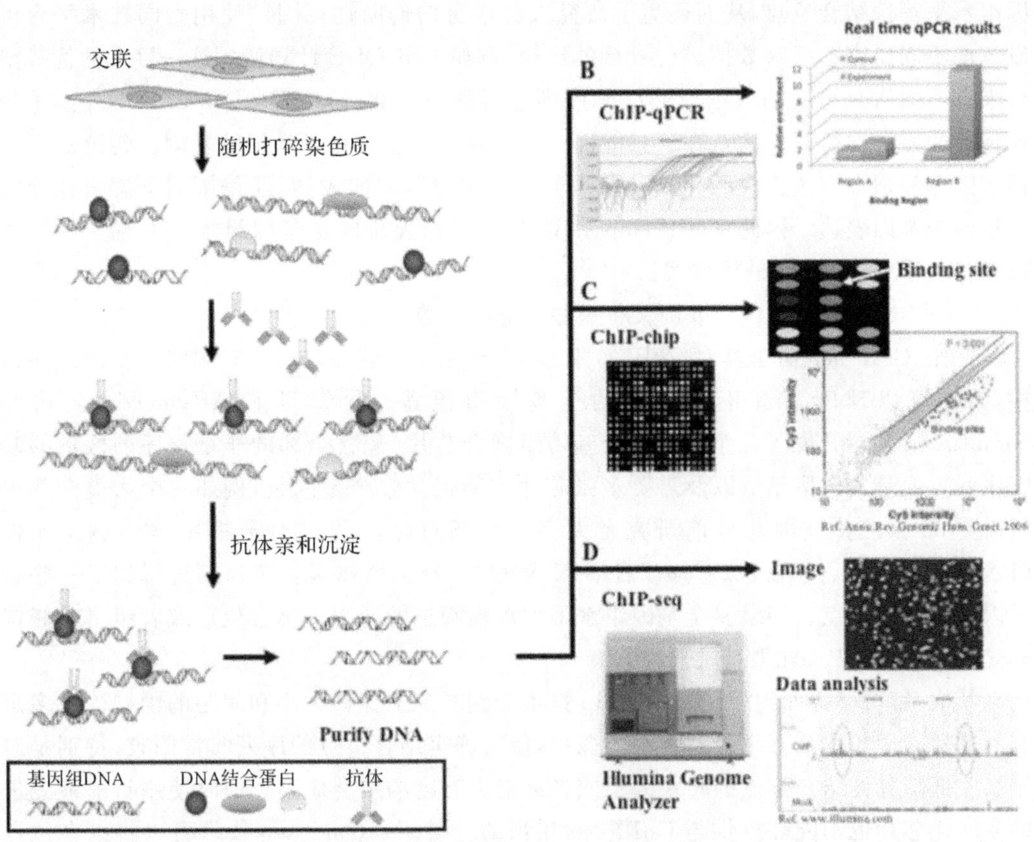


图 7-30　染色质免疫共沉淀技术原理示意图

ChIP 富集得到的 DNA 片断样品可以采用多种下游分析方法进行鉴定。经典的半定量 PCR 分析方法中，首先设计感兴趣区域的 PCR 扩增引物，然后 ChIP 富集的实验组 DNA 样品和对照组 DNA 样品分别 PCR 扩增。如果前者扩增产物的量较后者高，表明目标区域富集程度越高，即目的蛋白质与该区域特异性结合的可信度越高。目前，实时荧光定量 PCR 技术的使用可以更加精确计算目标区域的富集程度。这种基于 PCR 分析方法的局限性是只能验证蛋白质与已知 DNA 区域的结合情况。为了发现蛋白质新的结合位点，研究人员将 ChIP 与基因芯片(Chip)相结合建立了 ChIP-chip 技术，从而使得在全基因组水平上高通量筛选蛋白质-DNA 相互作用位点成为可能。随着测序技术的不断发展，对 ChIP 富集得到的 DNA 样品进行高通量测序也已经开始用于 ChIP 的下游分析中。新一代大规模测序技术的出现，使得全基因组中鉴定 ChIP 富集的 DNA 片断序列信息成为可能。目前，ChIP-seq(ChIP 和二代测序技术)技术由于其不可比拟的优势将会是全基因组水平大规模筛选蛋白质-DNA 相互作用位点的发展趋势。

ChIP-chip 和 ChIP-seq 是目前在全基因组水平筛选和鉴定 ChIP 富集 DNA 片断序列的两个主要竞争技术。与传统的用荧光实时定量 PCR 方法扩增鉴定 ChIP 富集 DNA 片断中特定序列相比，ChIP-chip 和 ChIP-seq 是全基因组水平的“反向一遗传学”手段。相比传统数量有限的结合位点的筛选，ChIP-chip/ChIP-seq 技术在一次实验可以做到全基因组水平筛选结合位点，从而避免了研究人员本身的偏向性；并且，使用相同技术平台可以方便不同研究小组对数据进行直接的比较，例如ENCODE计划使用这一巨大的优势整合来自不同研究小组的数据对非编码序列进行解析。此外，ChIP-chip/ChIP-seq技术相比传统的方法的另一个优点在于其能确定与转录因子直接相互作用的基因。传统的表达谱基因芯片筛选方法无法区分是转录因子直接调控基因的表达，还是影响下游途径导致间接调控基因表达。因此，ChIP-chip和ChIP-seq是现阶段全基因组水平大规模筛选蛋白质相互作用的DNA最优方案。

ChIP-seq相比ChIP-chip则又有一些关键的优势。

首先，ChIP-seq由于其对ChIP富集DNA样品全部测序之后比对到整个基因组序列中，因此可以理解为真正意义上的全基因组覆盖。尽管目前Affymetrix公司和NimbleGen公司开发了几个物种的全基因组嵌合芯片（包含全部的非重复序列区域的基因序列），但是其价格昂贵以及需要多张芯片才能包含整个基因组，例如一个人类全基因组需要38张芯片。因此目前研究者大多采用相对经济的启动子芯片、全DNA元件（ENCODE）芯片、候选区域芯片或者第21号和22号染色体嵌合芯片筛选得到了一些转录因子的结合位点。如果要全基因组水平大规模筛选转录因子结合位点或者组蛋白修饰模式的分布，ChIP-seq则是首选的方案。

其次，解析率方面比较。ChIP-chip技术受到芯片上探针大小和间距的限制。许多定制的芯片使用长达几百个碱基大小的探针，使得确定结合位点的序列非常困难，特别是对于那些低特异性结合位点的转录因子或者高退火温度的结合序列。即时使用目前最先进的商品化芯片也不能够提供与ChIP-seq相当的分辨率。ChIP-seq技术可以将结合位点定位在10～30个碱基，并且可以鉴定单核苷酸多态性或者转录因子结合位点的突变。

第三，输入样品总量的要求，ChIP-chip实验至少需要4～5 mg的样品量，而全基因扩增虽然可以使得ChIP富集DNA片断量扩增，但同时也会导致背景增加、一些目标区域无扩增或者其他各种假象。ChIP-seq最低只需10 ng的样品，这使得当样品量有限的时候，ChIP-seq具有明显的优势。

综上所述，ChIP-seq相比ChIP-chip是一种相对无偏差以及真正全基因组水平的实验手段。因此，随着目前测序的成本不断降低及通量迅速增高等优势，ChIP-Seq已经基本上取代ChIP-chip成为研究转录因子、RNA聚合酶、核小体等DNA结合蛋白体内结合靶点的主打技术。

## 7.7.2 蛋白质-蛋白质相互作用

### (1)GST融合蛋白沉降技术

谷胱甘肽S转移酶（glutathione-S-transferase，GST）融合蛋白沉降技术（GST pull down）利用了GST对谷胱甘肽偶联球珠的亲和性，从蛋白裂解液中纯化相互作用蛋白，是体外分析蛋白质-蛋白质相互作用的经典方法。该法可以鉴定与已知蛋白相互作用的未知蛋白，也可鉴定两个已知蛋白间是否存在相互作用。

该技术需首先表达和纯化 GST 融合的探针蛋白，并平行制备细胞裂解液（可被$^{35}S$标记或非标记），再将 GST 融合蛋白探针和细胞裂解液在谷胱甘肽琼脂糖球珠存在下混合并孵育，以使蛋白结合。GST 融合探针蛋白和任何结合分子被离心收集，获得的混合物经洗涤后，用过量游离的谷胱甘肽洗脱。蛋白质经 SDS-PAGE 分离后进行下一步的免疫印迹、放射自显影及蛋白质染色分析。GST 沉降技术对探测蛋白在溶液中的相互作用特别有用，而这种相互作用在膜的分析中可能是检测不到的（图 7-31）。

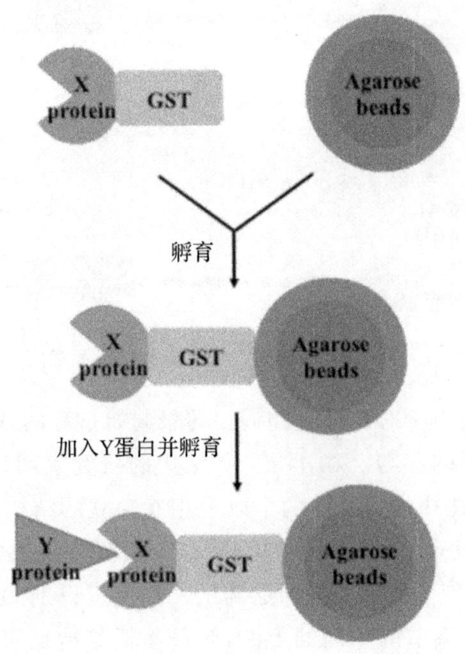


图 7-31　GST pull down 技术原理示意图

GST 沉降实验通常有两种应用：①证明两种已知蛋白间可能存在的相互作用，两种已知蛋白可通过体外重组表达获得，GST 融合蛋白可利用原核表达系统或哺乳动物细胞表达；另外的与融合蛋白发生相互作用的蛋白或者多肽也可通过原核表达获得，也可利用体外翻译系统由相应的基因片段转录翻译得到。②寻找与已知蛋白发生相互作用的未知分子。运用 GST pull down 技术来寻找未知蛋白是比较复杂的，最主要的就是所要检测的未知蛋白的来源。已知蛋白可通过融合蛋白的形式表达纯化出来，而未知蛋白只能通过提取特定细胞或组织的蛋白来实现，选取的细胞或组织不仅要含有能与已知的蛋白发生作用的蛋白，而且表达水平要高，这种情况下也可选择放射性标记蛋白，以确保检测的灵敏敏性。

### (2)酵母双杂交系统

酵母双杂交系统（yeast two-hybrid system）是在酵母体内分析蛋白质-蛋白质相互作用的基因系统，也是一个基于转录因子模块结构的遗传学方法。该法由 Fields 等于 1989 年首次建立并得到广泛的应用。酵母双杂交衍生系如酵母双杂交的二元诱饵系统、逆向双杂交系统、非转录读出特点的双杂交系统以及转录激活因子与其相关蛋白之间的相互作用的双杂交系统等在很大程度上克服了传统酵母双杂交系统的局限性，扩大了被研究的蛋白质的范围，提高了系统的灵敏度(图 7-32)。

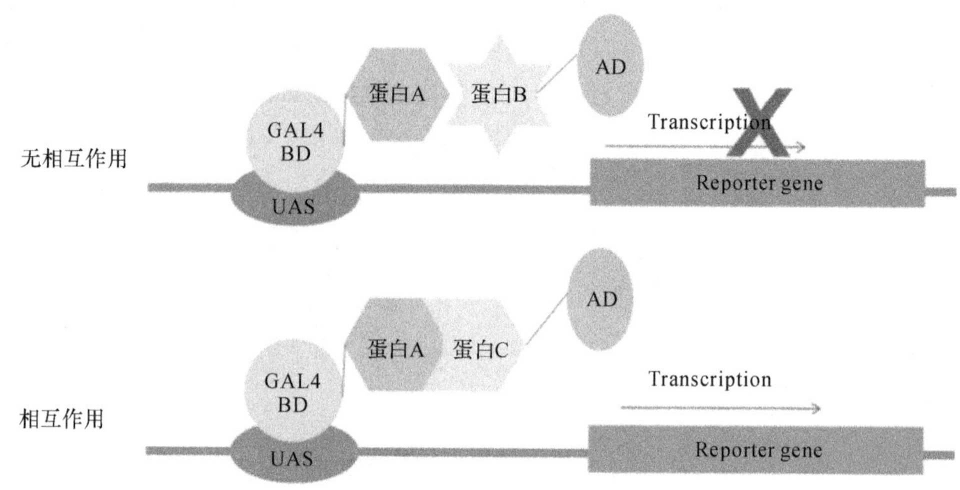


图 7-32 酵母双杂交系统技术原理示意图

双杂交系统的建立得力于对真核生物调控转录起始过程的认识。细胞起始基因转录需要有反式转录激活因子的参与。20 世纪 80 年代的研究表明，转录激活因子在结构上是组件式的，即这些因子往往由两个或两个以上相互独立的结构域构成，其中有 DNA 结合结构域(DNA binding domain，简称为 DB)和转录激活结构域(activation domain，简称为 AD)，它们是转录激活因子发挥功能所必需的。前者可识别 DNA 上的特异序列，并使转录激活结构域定位于所调节的基因的上游，转录激活结构域可同转录复合体的其他成分作用，启动它所调节的基因的转录。两个结构域不但可在其连接区适当部位打开，仍具有各自的功能，而且不同两结构域可重建发挥转录激活作用。酵母双杂交系统利用杂交基因通过激活报道基因的表达探测蛋白-蛋白的相互作用。单独的 DB 虽然能和启动子结合，但是不能激活转录。不同转录激活因子的 DB 和 AD 形成的杂合蛋白仍然具有正常的激活转录的功能。如酵母细胞的 GAL4 蛋白的 DB 与大肠杆菌的一个酸性激活结构域 B42 融合得到的杂合蛋白仍然可结合到 GAL4 结合位点并激活转录。

双杂交系统的另一个重要的元件是报道株。报道株指经改造的、含报道基因的重组质粒的宿主细胞。最常用的是酵母细胞，酵母细胞作为报道株的酵母双杂交系统具有许多优点：①易于转化，便于回收扩增质粒；②具有可直接进行选择的标记基因和特征性报道基因；③酵母的内源性蛋白不易同来源于哺乳动物的蛋白结合。一般编码一个蛋白的基因融合到明确的转录调控因子的 DNA-结合结构域(如 GAL4-bd，LexA-bd)；另一个基因融合到转录激活结构域(如 GAL4-ad，VP16)。激活结构域融合基因转入表达结合结构域融合基因的酵母细胞系中，蛋白间的作用使得转录因子重建导致相邻的报道基因表达，从而可分析蛋白间的结合作用。

酵母双杂交系统能在体内测定蛋白质的结合作用，具有高度敏感性。主要是由于：①采用高拷贝和强启动子的表达载体使杂合蛋白过量表达；②信号测定是在自然平衡浓度条件下进行的，而如免疫共沉淀等物理方法为达到此条件需进行多次洗涤，降低了信号强度；③杂交蛋白间稳定度可被激活结构域和结合结构域结合形成转录起始复合物而增强，后者又与启动子 DNA 结合，此三元复合体使其中各组分的结合趋于稳定；④通过 mRNA 产生多种稳定的酶使信号放大。同时，酵母表型、*X*-Gal 及 HIS3 蛋白表达等检测方法均很敏感。

酵母双杂交系统是在真核模式生物酵母中进行的，研究活细胞内蛋白质相互作用，对蛋白质之间微弱的、瞬间的作用也能够通过报告基因的表达产物敏感地检测得到，它是一种具有很高灵敏度的研究蛋白质之间关系的技术。大量的研究文献表明，酵母双杂交技术既可以用来研究哺乳动物基因组编码的蛋白质之间的互作，也可以用来研究高等植物基因组编码的蛋白质之间的互作。因此，它在许多的研究领域中有着广泛的应用。

1)利用酵母双杂交发现新的蛋白质和蛋白质的新功能

酵母双杂交技术已经成为发现新基因的主要途径。我们将已知基因作为诱饵，在选定的 cDNA 文库中筛选与诱饵蛋白相互作用的蛋白，从筛选到的阳性酵母菌株中可以分离得到 AD-LIBRARY 载体，并从载体中进一步克隆得到随机插入的 cDNA 片段，并对该片段的编码序列在 Genebank 中进行比较，研究与已知基因在生物学功能上的联系。另外，也可作为研究已知基因的新功能或多个筛选到的已知基因之间功能相关的主要方法。例如：Engelender 等以神经末端蛋白 alpha-synuclein 蛋白为诱饵蛋白，利用酵母双杂交从成人脑 cDNA 文库中发现了与 alpha-synuclein 相互作用的新蛋白 synphilin-1，并证明了 synphilin-1 与 alpha-synuclein 之间的相互作用与帕金森病的发病有密切相关。为了研究两个蛋白之间的相互作用的结合位点，找到影响或抑制两个蛋白相互作用的因素，Michael 等又利用酵母双杂交技术和基因修饰证明了 alpha-synuclein 的 1～65 个氨基酸残基和 synphilin-1 的 349～555 个氨基酸残基之间是相互作用的位点。研究它们之间的相互作用位点有利于基因治疗药物的开发。

2)利用酵母双杂交在细胞体内研究抗原和抗体的相互作用

酶联免疫(ELISA)、免疫共沉淀(CO-IP)技术都可以研究抗原和抗体之间的相互作用，但是，它们都是在体外非细胞的环境中研究蛋白质与蛋白质的相互作用。而在细胞体内的抗原和抗体的聚积反应则可以通过酵母双杂交进行检测。例如：来源于矮牵牛的黄烷酮醇还原酶 DFR 与其抗体 scFv 的反应中，抗体的单链的三个可变区 A4、G4、H3 与抗原之间作用有强弱的差异。Geert 等利用酵母双杂交技术，将 DFR 作为诱饵蛋白，编码抗体的三个可变区的基因分别被克隆在 AD-LIBRARY 载体上，将 BD-BAIT 载体和每种 AD-LIBRARY 载体分别转化到改造后的酵母菌株中，检测报告基因在克隆的菌落中的表达活性，从而在活细胞的水平上检测抗原和抗体的免疫反应。

3)利用酵母双杂交筛选药物的作用位点以及药物对蛋白质之间相互作用的影响

酵母双杂交的报告基因能否表达在于诱饵蛋白与靶蛋白之间的相互作用。对于能够引发疾病反应的蛋白互作可以采取药物干扰的方法，阻止它们的相互作用以达到治疗疾病的目的。例如：Dengue 病毒能引起黄热病、肝炎等疾病，研究发现它的病毒 RNA 复制与依赖 RNA 聚合酶(NS5)与拓扑异构酶 NS3，以及细胞核转运受体 BETA-importin 的相互作用。研究人员通过酵母双杂交技术找到了这些蛋白之间相互作用的氨基酸序列。

如果能找到相应的基因药物阻断这些蛋白之间的相互作用，就可以阻止RNA病毒的复制，从而达到治疗这种疾病的目的。

4)利用酵母双杂交建立基因组蛋白连锁图(genome protein linkage map)

众多的蛋白质之间在许多重要的生命活动中都是彼此协调和控制的。基因组中的编码蛋白质的基因之间存在着功能上的联系。通过基因组的测序和序列分析发现了很多新的基因和EST序列。HUA等人利用酵母双杂交技术，将所有已知基因和EST序列为诱饵，在表达文库中筛选与诱饵相互作用的蛋白，从而找到基因之间的联系，建立基因组蛋白连锁图。对于认识一些重要的生命活动，如信号传导、代谢途径等，有重要意义。

### (3)细胞内蛋白质共定位

蛋白质细胞内定位技术经常被用来检验蛋白质的相互作用。此法较为直观，可以观察到两种有相互作用的蛋白质在细胞内的分布(膜上、胞浆、胞核或其他细胞器等)以及共定位的部位(在膜上共定位、在胞浆中某一部位或核内共定位等)。目前，细胞内蛋白质共定位主要涉及荧光蛋白标记技术和免疫荧光技术。下面将详细介绍这两种方法。

利用荧光蛋白标记技术进行蛋白定位研究此法也可称为活细胞定位。把两种具有相互作用的蛋白分别克隆到带有两种不同颜色荧光蛋白(绿色荧光蛋白或红色荧光蛋白)的载体中，共转染到功能细胞中表达带有荧光的融合蛋白。这样，相互作用的两种蛋白就被标上不同的荧光，可以在细胞内用荧光显微镜直接观测。在进行精确细胞定位或共定位时，必须用共聚焦荧光显微镜观测。因为共聚焦荧光显微镜观测的是细胞内一个切面上的颜色。如果在一个切面上在同一区域看到两种颜色，就提示这两种蛋白在该区域内有相互作用。普通荧光显微镜看到的是一个立体图像，无法确定蛋白质共定位现象。在进行定位或共定位同时，也可以对细胞核进行染色。这样，在细胞中就有三种颜色。细胞核的显色能帮助确定共定位发生的位置。该方法的优点是表达的荧光蛋白荧光强，没有背景，观测方便。但缺点是相互作用的蛋白由于标上荧光蛋白，实际上是两个融合蛋白。融合蛋白的定位结果或共定位结果是否与天然蛋白分布一致，有待进一步确定。而利用免疫荧光标记技术可以避免这一缺点。此外，有时细胞在正常状态下，有相互作用的蛋白在胞内可能暂时分开，没有共定位现象发生。但是在某一个特定情况下，如细胞受到外界刺激时，细胞本身会产生应激反应，这时暂时分离的蛋白有可能发生相互作用，并产生共定位现象。因此荧光蛋白标记技术可以观测到细胞内蛋白动态变化的情况。

利用双色或多色染色的免疫荧光技术可进行蛋白定位研究。根据抗原与抗体反应的原理，首先把细胞进行固定，再用待检测靶蛋白的抗体(一抗)与细胞内靶蛋白进行免疫反应，然后用荧光素(如Alexa Fluor 488和Alexa Fluor 555等)标记的二抗与一抗进行反应。这样就在细胞内形成免疫复合物(靶蛋白/一抗/二抗)，结果靶蛋白被标上颜色，可用共聚焦荧光显微镜观测定位与共定位结果。免疫荧光技术最大优点就是可用来检测细胞内源性蛋白的定位及相互作用。当然也可以对靶细胞进行转染表达目的蛋白，然后对标记目的蛋白进行观测。免疫荧光技术的缺点是荧光相对较弱并且背景较高，结果受到干扰，要求严格设计阳性对照与阴性对照(图7-33)。

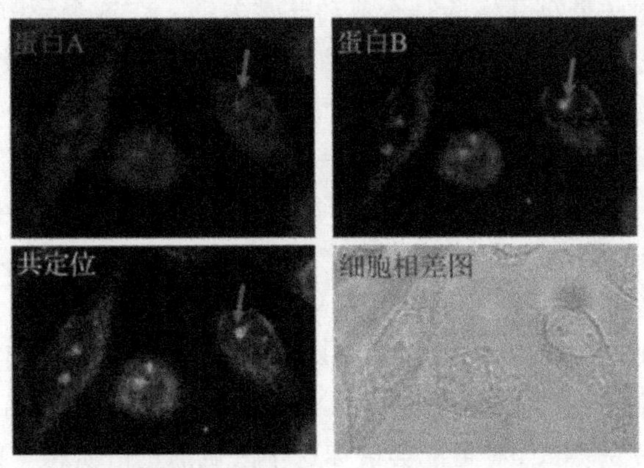


图 7-33　间接免疫荧光示意图

### (4)免疫共沉淀技术

免疫共沉淀(co-immunoprecipitation,CoIP)是研究蛋白质-蛋白质相互作用的经典方法,常被用于鉴定特定蛋白复合物的中未知蛋白组分。免疫共沉淀的设计理念是,假设一种已知蛋白是某个大的蛋白复合物的组成成员,那么利用这种蛋白的特异性抗体,就可能将整个蛋白复合物从溶液中"拉"下来(常说的"pull-down"),进而可以用于鉴定这个蛋白复合物中的其他未知成员。免疫共沉淀的特点可以概括为两点,第一是天然状态,第二是蛋白复合物。与其他研究蛋白质相互作用技术(如 GST pull down、酵母双杂交等)相比,免疫共沉淀鉴定的相互作用蛋白是在细胞内与目的蛋白发生的天然结合,避免了人为的影响,因此符合体内实际情况,得到的蛋白可信度更高(图 7-34)。

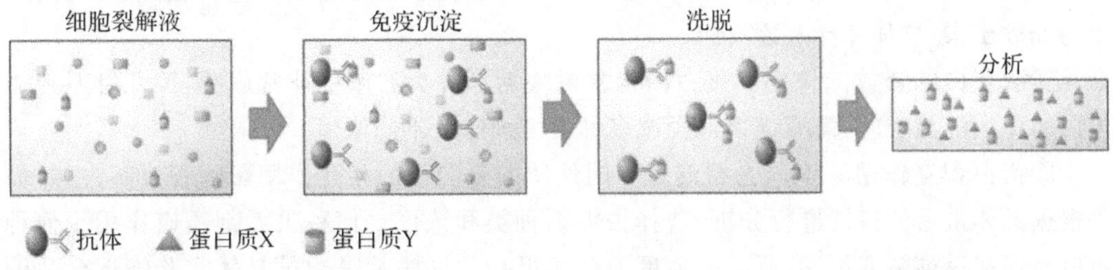


图 7-34　CoIP 技术示意图

CoIP 的原理是:当细胞在非变性条件下被裂解时,完整细胞内存在的许多蛋白质-蛋白质间的相互作用被保留了下来。如果用蛋白质 X 的抗体免疫沉淀 X,那么与 X 在体内结合的蛋白质 Y 也能沉淀下来。目前多用精制的 prorein A 预先结合固化在琼脂糖的珠子上,使之与含有抗原的溶液及抗体反应后,珠子上的 prorein A 就能吸附抗原达到精制的目的。这种方法常用于测定两种目标蛋白质是否在体内结合,也可用于确定一种特定蛋白质的新的作用搭档。

免疫沉淀实验成功与否,第一步处理样品非常关键。免疫沉淀实验本质上是处于天然构象状态的抗原和抗体之间的反应,而样品处理的质量决定了抗原抗体反应中的抗原的质量、浓度以及抗原是否处于天然构象状态。所以制备高质量的样品以用于后续的抗体-琼脂糖珠子孵育对免疫沉淀实验是否成功非常关键。在这个环节中，除了要控制所有操作尽量在冰上完成外，最为关键的是裂解液的成分。用于免疫沉淀实验的样品一般是原代培养细胞裂解液或者细胞系裂解液。常用的 RIPA 裂解液为例（主要含有 pH7.4 左右的离子缓冲液，接近生理浓度下的 NaCl，一定比例的去垢剂和甘油以及各类蛋白酶抑制剂等）来说明其各主要成分的用途，进而帮助我们如何针对不同的实验目的和不同的蛋白质特性来选择最佳的裂解液。

1）缓冲液、离子缓冲液常采用 pH7.4 的 Hepes 或者 Tris-Cl。

2）NaCl 浓度一般习惯用 150 mM，这主要是因为 150 mM 接近生理浓度，不会破坏蛋白质之间的相互作用。然而细胞内部的 NaCl 浓度并不是均一的，局部 NaCl 的浓度可以低到 50 mM，150 mM 的 NaCl 有可能会破坏这个区域的蛋白质相互作用。因此裂解液配方最佳的 NaCl 浓度要视所分析的蛋白的亚细胞定位而定。

3）甘油由于其黏性，可以对蛋白质之间的相互作用起到一个很好的保护作用。一般添加 10％的甘油有助于稳定蛋白质之间的相互作用。

4）裂解液中的去垢剂可以裂解细胞质膜，也同时破坏了许多细胞器的膜，从而释放了其中储存的许多蛋白酶。而由于用于免疫沉淀实验的去垢剂作用比较温和，所以蛋白酶的活性大部分得以保存。还有一部分蛋白酶来自胞质中，主要由于其抑制蛋白或者其活性抑制环境受到改变而恢复了蛋白酶活性。因此，添加蛋白酶抑制剂对于防止目的蛋白的降解从而完成免疫沉淀实验非常关键。一般主要通过添加 EDTA 抑制金属蛋白酶，通过 Protease Cocktail（多种蛋白酶抑制剂混合物）可以抑制蛋白酶。

5）去垢剂对于免疫沉淀实验尤其是免疫共沉淀实验是一个非常关键的因素。不同的去垢剂种类和不同的去垢剂浓度主要通过影响以下三个因素来影响免疫沉淀效果：

①细胞质/器膜的通透性　因为许多目的蛋白都定位在细胞器中，所以必须先将这些蛋白释放出来，抗体才能与之反应。

②膜蛋白的释放　许多膜蛋白的构象对去垢剂种类和浓度非常敏感，因此针对这类蛋白的免疫沉淀实验，需要谨慎地尝试多种去垢剂以及不同浓度。

③蛋白相互作用　不同去垢剂对不同性质的蛋白质的相互作用影响程度不一样，需要根据具体蛋白的特性进行分析，选择去垢剂种类和浓度。何种去垢剂适应作用于何种蛋白质现在很难精准预测，所以一个更为切实可行的办法就是通过具体实验筛选合适的去垢剂种类和浓度。

因为免疫沉淀的目的主要是通过抗体和目的蛋白相互作用从而捕获目的蛋白，所以实验中要注意的关键点是抗体和目的蛋白相互作用的效果。由于免疫沉淀相关实验主要是在生理条件下进行的，所以需要抗体识别蛋白的天然表面构象，选择的抗体其针对的抗原决定簇需要暴露在蛋白表面。亲和力要比普通的抗体应用要求高得多。多克隆抗体可以结合目的抗原的多个抗原决定簇，在亲和力方面是首选。

在免疫共沉淀技术中会利用 Protein A 和 Protein G 捕获特异性抗体。其中，Protein A 是金黄色葡萄球菌的表面蛋白，有 5 个不同的结合位点，对 IgG 的 Fc 片段具有很强的特异性亲和力，一个 Protein A 分子至少可以结合两个 IgG 分子。同时，IgA/IgM/IgE 也有可能结合在 Protein A 上。Protein G 是一种源自链球菌 G 族的细胞表面蛋白，与

Protein A 一样 Protein G 与 IgG 的 Fc 区域特异性结合，不同的是 Protein G 还可以特异性低亲和的与 Fab 区域结合。重组的 Protein G 已经除去了与白蛋白的结合位点，减少了非特异性结合。相比于 Protein A，Protein G 可以广泛、更强地结合更多类型的 IgG。两者对于不同来源和亚型的 IgG 的亲和力如表 7-6。

**表 7-6　Protein A 和 Protein G 对各型抗体的相对结合力比较**

| 种属、亚型 | Protein A | Protein G | 种属、亚型 | Protein A | Protein G |
| --- | --- | --- | --- | --- | --- |
| Human $IgG_1$ | ++++ | ++++ | Mouse $IgG_3$ | ++ | +++ |
| Human $IgG_2$ | ++++ | ++++ | Mouse IgM | +/− | − |
| Human $IgG_3$ | − | ++++ | Rabbit Ig | ++++ | +++ |
| Human $IgG_4$ | ++++ | ++++ | Chicken Ig | − | + |
| Human IgA | ++ | − | Rat IgG | − | +++ |
| Human IgD | ++ | − | Bovine Ig | ++ | ++++ |
| Human IgE | ++ | − | Horse Ig | ++ | ++++ |
| Human IgM | ++ | − | Cow Ig | ++ | ++++ |
| Mouse $IgG_1$ | + | ++++ | Pig Ig | +++ | +++ |
| Mouse $IgG_{2a}$ | ++++ | ++++ | Sheep Ig | +/− | ++ |
| Mouse $IgG_{2b}$ | +++ | +++ | Goat Ig | − | ++ |

免疫共沉淀技术是一个比较经典的探讨蛋白质间相互关系的技术，在现代分子生物学应用广泛且可信度比较高。蛋白质间相互作用存在于机体每个细胞的生命活动过程中，生物学中的许多现象如复制、转录、翻译、剪切、分泌、细胞周期调控、信号转导和中间代谢等均受蛋白质间相互作用的调控。有些蛋白质由多个亚单位组成，它们之间的相互作用就显得更为普遍。有些蛋白质结合紧密。有些蛋白质只有短暂的相互作用。然而不论哪种情况，它们均控制着大量的细胞活动事件，如细胞的增殖、分化和死亡。通过蛋白质间相互作用，可改变细胞内蛋白质的动力学特征。如底物结合特性、催化活性；也可产生新的结合位点，改变蛋白质对底物的特异性；还可失活其他蛋白质，调控其他基因表达。因此，只有使蛋白质间相互作用顺利进行，细胞的正常生命活动过程才有保障。由于蛋白质间相互作用具有如此重大的意义，所以其检测方法的研究也备受重视。蛋白质相互关系的研究以后会愈演愈烈，我们不仅仅可以通过免疫共沉淀技术来证实，还有很多越来越多先进技术值得我们去运用和发展。

### (5)荧光共振能量转移

荧光共振能量转移(fluorescence resonance energy transfer，FRET)技术可实时检测活细胞中的蛋白质相互作用。FRET 本身是一种物理现象，它基于如下的原理：若供体的发射光谱与受体的吸收光谱有部分重叠，当两者在空间上在 10 nm 以内且它们的能量转移偶极被正确定向时，被激发的供体将把能量以共振的形式转移给受体，使受体荧光强度增强，如图 7-35 所示。

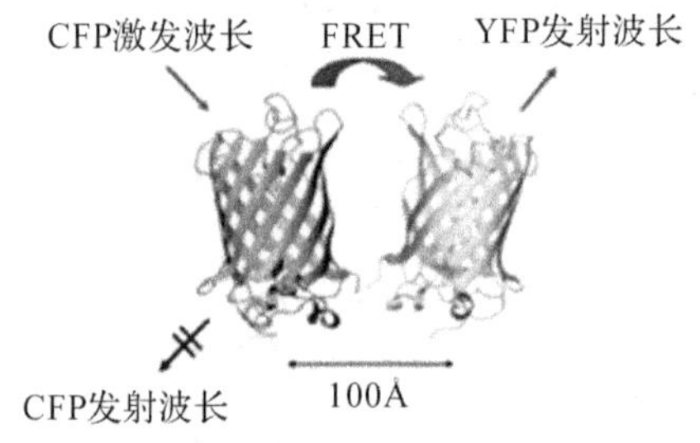


图 7-35　FRET 技术示意图

FRET 现象有很强的距离敏感性。正是基于这一性质，FRET 作为探测生物分子间相互作用以及测定多分子复合体的几何特征的“分子尺”而得到广泛应用。20 世纪 90 年代中期，一系列荧光光谱各异的荧光蛋白（包括 GFP、BFP、CFP、YFP、mRFP1 等）被克隆之后，FRET 技术开始被有效地应用于蛋白质相互作用领域。以 GFP 的两个突变体 CFP (cyan fluorescent protein)、YFP (yellow fluorescent protein) 为例简要说明其原理：CFP 的发射光谱与 YFP 的吸收光谱有相当的重叠，当它们足够接近时，用 CFP 的吸收波长激发，CFP 的发色基团将会把能量高效率地共振转移至 YFP 的发色基团上，所以 CFP 的发射荧光将减弱或消失，主要发射将是 YFP 的荧光。两个发色基团之间的能量转换效率与它们之间的空间距离的 6 次方成反比，对空间位置的改变非常灵敏。例如要研究两种蛋白质 X 和 Y 间的相互作用，可以根据 FRET 原理构建融合蛋白，这种融合蛋白由三部分组成：CFP-蛋白质 Y-YFP。用 CFP 吸收波长 433 nm 作为激发波长，实验灵巧设计，使当蛋白质 X 与 Y 没有发生相互作用时，CFP 与 YFP 相距很远不能发生荧光共振能量转移，因而检测到的是 CFP 的发射波长为 476 nm 的荧光；但当蛋白质 X 与 Y 发生相互作用时，蛋白质 Y 受蛋白质 X 作用而发生构象变化，使 CFP 与 YFP 充分靠近发生荧光共振能量转移，此时检测到的就是 YFP 的发射波长为 527 nm 的荧光。将编码这种融合蛋白的基因通过转基因技术使其在细胞内表达，就可以在活细胞生理条件下研究蛋白质-蛋白质间的相互作用。

FRET 检测方法大致可分为 3 类：①检测受体荧光强度变化的方法，即检测在供体存在和不存在时受体荧光强度的变化情况。理论上在供体存在时，供体的一部分能量转移到受体上，会导致受体荧光强度升高。②检测供体荧光强度变化的方法，即检测在受体存在和不存在时供体荧光强度的变化。淬灭受体后，由于阻断了 FRET 的发生，能量不能由供体转移至受体，导致供体荧光强度的升高。③同时检测供体和受体荧光强度的方法，全波段光谱扫描的方法可以实现对供体、受体荧光强度的同时检测。

随着生命科学研究的不断深入，对各种生命现象发生的机制，特别是对细胞内蛋白质-蛋白质间相互作用的研究变得尤为重要。而要想在这些方面的研究取得重大突破，技术进步又是必不可少的。一些传统的研究方法不断发展，为蛋白质-蛋白质间相互作用的研究提供了极为有利的条件，但同时这些研究手段也存在不少缺陷：如酵母双杂交、磷酸化抗体、免疫荧光、放射性标记等方法应用的前提都是要破碎细胞或对细胞造成损伤，无法做到在活细胞生理条件下实时的对细胞内蛋白质-蛋白质间相互作用进行动态研究。FRET 技术的应用结合基因工程等技术正好弥补了这一缺陷，下面是 FRET 技术在相关生命科学领域中的具体应用。

1)活细胞内检测蛋白激酶活性

蛋白质磷酸化是细胞信号转导过程中的重要标志，研究其中的酶活性是研究信号通路的一个重要方面。以前酶活性测定主要是利用放射性以及免疫化学发光等方法，但前提都是要破碎细胞，用细胞提取物测定酶活性，还无法做到活细胞内定时、定量、定位的观测酶活性变化。而利用 FRET 方法就可以很好地解决这个问题：如 zhang 等人利用 FRET 原理设计了一种新的探针(一种融合蛋白)：新探针包含一个对已知蛋白激酶特异性的底物结构域，一个与磷酸化底物结构域相结合的磷酸化识别结构域。这个探针蛋白的两端是 GFP 的衍生物 CFP 与 YFP，利用 FRET 原理工作。当底物结构域被磷酸化后，分子内部就会发生磷酸化识别结构域与其结合而引起的内部折叠，两个荧光蛋白相互靠近就会发生能量迁移。如果用磷酸酶作用将其去磷酸化，分子就会发生可逆性的变化。

2)膜蛋白的定位修饰

我们知道膜蛋白是定位在细胞膜上不同的亚区域中，例如脂质筏和小窝。小窝包含丰富胆固醇、鞘磷脂和信号蛋白。那么这些蛋白怎样到达它们的目的地呢？Zacharias 等在 *Science* 上报道，酰基化足以使这些蛋白定位在脂质筏。他们的研究是通过 FRET 技术，用 GFP 的突变体 CFP 和 YFP 来进行。因为这些蛋白并没有细胞内定位序列，所以研究者将各种酰基化修饰的敏感序列加在这些蛋白上，研究它们在细胞膜上的分布。因为分布的微结构域非常小，所以当 CFP 和 YFP 共分布在同一个微结构域时，就可以用 FRET 来观测到。研究者最初是用激酶 Lyn 的酰基化序列加在这些荧光蛋白上，使 myristoyl 和 palmitoyl 侧链链接在 CFP 和 YFP 的氨基端。结果发现产生的 FRET 信号非常强，用能去除胆固醇而使小窝和脂质筏消失的 MCD(5-methyl-β-cyclodextrin)处理也不能使荧光消失，这说明荧光蛋白已经非常牢固地结合在了一起。然后研究者用荷电的基团代替荧光蛋白上疏水的基团时，发现聚体形成被抑制了。

3)细胞膜受体之间相互作用

外界刺激因素向细胞内的信号传递一般认为通过其在胞膜上的受体，当配体与受体结合后，引起受体构象变化或化学修饰，介导信号传递。但是最近关于 Fas 及其同源物 TNFR(均为胞膜上的三聚体受体)的研究发现：它们都可以在无配体存在的情况下自发组装，并介导信号传递，引发细胞凋亡。其中在鉴定 Fas 发生三聚体化的实验中使用了 FRET 技术：将 Fas 分别与 CFP 与 YFP 融合，利用此项技术可以很方便地观测到 Fas 单体是否发生聚合。Yogesh Patel 等人研究两种递质多巴胺与抑生长素。发现 SSTR5 与 D2R 共同分布在大鼠脑中的一些神经元中，他们将两者共表达，发现加入多巴胺能的激活剂能增强 SSTR5 与 somatostatin 的亲和性，加入多巴胺拮抗剂能抑制 SSTR5 的信号传递，表达 D2R 能恢复 SSTR5 突变体与腺苷环化酶的偶联。这不由使人们想到：两种受体之间是否存在某种联系呢？终于，应用 FRET 技术(SSTR5 用红色染料标记，D2R 用绿色染料标记)发现了两者之间的直接相互作用。而且当两受体的配体都存在时才出现 FRET，说明两受体被激活时才发生相互作用。

4)细胞内分子之间相互作用

Rho 家族的小 G 蛋白通过调节肌动蛋白的多聚化调控重要的生理功能。像其他信号分子一样,这些 GTPase 的效应在时间和空间上都非常集中,那么如何检测它们活性的时空动力学呢? Klaus Hahn 等在 *Science* 上报道了一种新的技术 FLAIR(fluorescence activation indicator for Rho proteins)可很好地解决这个问题:他们将 PAK1 的能结合并激活 Rac-GTP 的 domain PDB 与荧光染料 Alexa 标记,微注射入表达 GFP 与 Rac 融合蛋白的细胞中。这样,当 Rac 与 PDB 相互作用时,GFP 和 Alexa 就会足够接近以致发生 FRET。这种方法能够实时的检测到在一个活的细胞中 Rac 的定位改变与 Rac 激活之间的关系。

Matsuda 等人在 *Nature* 上报道关于细胞内 Ras 和 Rap1 激活,也是用了 FRET 技术:他们将 Ras 和 Raf 的 Ras 结合结构域(Raf RBD)与 GFP 的突变种 YFP 和 CFP 进行融合构建。将 Ras 和 YFP 融合,RafRBD 与 CFP 融合,当两分子靠的足够近时,它们之间就会激发 FRET。设计蛋白 Raichu-Ras,Raichu 代表和 Ras 结合的嵌合单元。当把 Raichu-Ras 与特异性的 GEFs(guanine-nucleotide exchange factors)和 GAPs(GTPase-activating proteins)共表达,清楚地显示 FRET 的增加和减少与 Ras 突变体的激活和抑制有关。此外,他们还用同样原理观测了 Rap1 激活。

## 7.7.3 蛋白质-RNA 相互作用

蛋白质和 RNA 的相互作用在生命活动中发挥着广泛而重要的作用。在 mRNA 的转录、剪切、出核、定位、翻译和降解等过程中,mRNA 要和一系列蛋白质结合并受它们的调控。很多结构性 RNA,如核糖体 RNA、剪切体 RNA、snoRNA,只有和蛋白质形成复合物后才能发挥功能。利用实验手段确定蛋白质结合哪些 RNA 以及结合的位点无疑是理解该蛋白质功能的重要内容。研究人员有两个次要抉择:核糖核酸结合蛋白免疫积淀(RNA binding protein immunoprecipitation,RIP)和紫外交联免疫积淀(CLIP)。两者都应用 RNA 联合蛋白的抗体来 pull down 联合的 RNA,不过操作方法略有不同(图 7-36)。

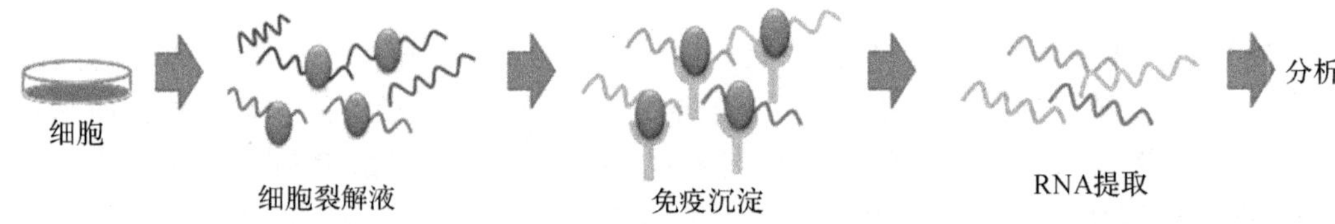


图 7-36 蛋白质-RNA 相互作用检测基本原理

RIP 技术是研究细胞内 RNA 与蛋白结合情况的技术,是了解转录后调控网络动态过程的有力工具,能帮助我们发现 miRNA 的调节靶点。RIP 这种新兴的技术针对目标蛋白的抗体把相应的 RNA-蛋白复合物沉淀下来,然后经过分离纯化就可以对结合在复合物上的 RNA 进行分析。RIP 可以看成是普遍使用的染色质免疫沉淀 ChIP 技术的类似应用,但由于研究对象是 RNA-蛋白复合物而不是 DNA-蛋白复合物,RIP 实验的优化条件与 ChIP 实验不太相同(如复合物不需要固定,RIP 反应体系中的试剂和抗体绝对不能含有 RNA 酶,抗体需经 RIP 实验验证等)。RIP 技术下游结合 microarray 技术被称为

RIP-Chip，能帮助我们更了解癌症以及其他疾病整体水平的RNA变化。

CLIP(UV-crosslinking and immunoprecipitation)是研究蛋白质和RNA相互作用的重要技术，它利用了蛋白质和RNA在256 nm紫外光照射下会发生共价交联的特性。早在20世纪60—70年代，人们就发现紫外照射会导致蛋白质和核酸交联，但对光交联的机理目前还不是很清楚。有理论认为核酸的碱基在紫外光照射下会接受单个光子被激发，激发态的碱基可以和数埃范围内的氨基酸通过自由基机制或者电子转移机制发生光交联反应。所有20种氨基酸都有可能同核酸发生交联反应，但蛋白质中的芳香族氨基酸以及RNA中的尿嘧啶更容易发生交联反应。

Darnell实验室于2003年在研究RNA结合蛋白Nova时开发了CLIP技术。2005年又改进了部分实验流程，且CLIP技术使用的过程中还出现了多种变体，但所有CLIP技术的基本流程都是相似的，显示的是CLIP的一种衍生技术——CRAC的基本流程。它包括：①在体内用紫外光交联蛋白质和RNA；②用核酸酶部分降解RNA，获得合适长度的片段；③通过抗体纯化交联的蛋白质和RNA复合物；④对RNA进行同位素标记和两端接头序列的连接；⑤利用SDS-PAGE分离纯化交联的RNP，降解RNP中的蛋白质；⑥通过反转录PCR获得并扩增相应的cDNA用于测序分析。近年来，CLIP技术被广泛应用，并取得了丰富的成果。CLIP技术本身在特异性和灵敏度上也在不断地改进。CLIP技术同高通量测序相结合，可以在全基因组范围内捕获生物体内真实的蛋白质和RNA的相互作用，深度获得有价值的序列信息。最新的CLASH技术还能探测RNA和RNA相互作用。但是CLIP是较难掌握的一种技术。由于紫外交联的效率很低(1%～5%)，交联的RNA含量很少，只有用放射性同位素标记后才能观测到，很容易被来源于细胞和试剂的非特异RNA污染。另外RNA容易降解，RNA连接效率低，实验流程复杂(～100步)等因素都增加了应用CLIP的难度。

RNA pull-down(RNA捕获)技术，是寻找与某RNA分子相互作用蛋白的重要方法。其基本原理是体外转录合成RNA分子，并用生物素或其他标记物标记，RNA通过变性复性过程形成特定的结构，作为捕获蛋白质的“诱饵”。然后“诱饵”同细胞裂解液一起孵育，孵育过程中RNA与特定的蛋白分子相互作用并结合在一起。通过RNA标记物的抗体将结合了蛋白的RNA分子捕获下来，分离其中的蛋白质，即为捕获蛋白。捕获蛋白可以利用质谱等后续分析方法解析，得到与研究的RNA分子相互作用的蛋白质信息。

RNA凝胶迁移实验(RNA electrophoretic mobility shift assay，RNA-EMSA)是一种在体外研究RNA与蛋白质相互作用的常用技术。这项技术是基于RNA-蛋白质复合体在聚丙烯酰胺凝胶电泳(PAGE)中有不同迁移率的原理。首先，经过标记的RNA探针与纯化的蛋白质一起孵育，使其发生相互作用，并且结合。然后通过非变性聚丙烯酰胺凝胶电泳分离混合物。与蛋白结合后的RNA在胶中的迁移速率要慢于没有结合的RNA探针，经过转膜与显影就可以显示出一条shift条带。如果RNA没有与蛋白发生结合就会迁移到胶的底部，无法观察到shift条带。通常为了验证RNA与该蛋白结合的特异性，还需要加入同样序列的非标记RNA探针，与标记的RNA探针竞争性结合蛋白。如果观察到随着加入的非标记RNA探针量的增加，shift带变弱，就说明RNA探针与蛋白的结合具有特异性。传统上一般使用放射性同位素标记RNA探针。目前商业化的非放射性探针主要有生物素、地高辛等标记方法。

质谱辅助 RNA 蛋白质相互作用分析(MS-assisted analysis of RNA protein interactions)是用来检测 RNA-蛋白质复合物中蛋白质直接与 RNA 结合的氨基酸位点。该方法利用试剂 *N*-hydroxysuccinimide-biotin(NHS 生物素)能与暴露在外的赖氨酸残基发生生物素化反应,而将赖氨酸残基进行标记。当蛋白质与 RNA 发生结合后,部分残基被 RNA 所"遮挡"而无法与溶液中的 NHS 生物素发生反应,就不会被标记上。由于标记上生物素后,分子量增大,所以标记反应之后连接质谱,就可以区分出哪些位点未被标记,这些未被标记的位点附近可能是 RNA 与蛋白的相互作用区域。RNA-蛋白质复合物结构利用晶体衍射法或 NMR 解析通常非常困难,并且成本高,而该方法不需要超高的蛋白纯度和复杂的结晶过程,数据分析也相对简单。

## 7.8 遗传修饰动物模型的建立及应用

转基因、基因敲入/敲除动物技术已经成为现代生命科学基础研究和药物研发领域不可或缺的重要技术,经典技术如 DNA 原核显微注射、胚胎干细胞显微注射技术一直以来经久不衰,在小鼠模型构建方面日趋完善,并且如同剪切酶和抗体等常规分子生物学试剂的制备技术一样,逐渐从基础研究实验室转向商业模式,成为一项高度标准化的新兴产业,催生了很多的创新药物和优秀文章。尽管如此,传统技术仍然存在一些难以克服的缺陷,如步骤烦琐、周期漫长、成功率低、费用高昂等,但 ZFN、TALEN、CRISPR/CAS9 等新技术的出现,或有可能将这一局面彻底改变。

### 7.8.1 基因敲除

基因敲除(gene knockout)是自 20 世纪 80 年代末以来发展起来的一种新型分子生物学技术,是通过一定的途径使生物体特定的基因失活或缺失的技术,通过观察生物体内某个基因进行有目的的突变后发生的情况,研究有关功能基因在生命活动中的作用。通常意义上的基因敲除主要是应用 DNA 同源重组原理,用设计的同源片段替代靶基因片段,从而达到基因敲除的目的。随着基因敲除技术的发展,现在有了靶向中断生物体内基因的办法,除了同源重组外,新的原理和技术也逐渐被应用,比较成功的有 TALEN 和 CRISPR/CAS9 技术,它们同样可以达到基因敲除的目的。

传统的基因同源重组首先需要克隆一段含有拟敲除的小鼠基因 DNA,然后用赋予新霉素抗性的基因中断这个靶基因,在克隆基因的其他部位(靶基因之外)引入一个胸苷激酶基因(*tk*)。这两个额外基因将用于后来剔除未发生定向敲除的克隆。接下来,将构建的小鼠 DNA 与褐色小鼠的胚胎干细胞混合在一起。定向突变基因通过某种方式会进入少许胚胎干细胞的核内,并在中断基因与细胞中相应的完好基因之间发生同源重组,使中断的基因进入小鼠基因组,并去除胸苷激酶基因(*tk*)。未发生重组的细胞没有新霉素抗性基因,因此在含有新霉素衍生物 G418 的培养基上培养细胞可以排除。而发生了非特异性重组的细胞，$tk$ 基因随干扰基因一同进入细胞的基因组中，用一种能杀死 $tk^+$ 细胞的药物 gangcyclovir 杀死这些细胞。用这两种药物处理后，剩下的就是发生同源重组的工程细胞，即含有中断基因的杂合子细胞。将得到的工程干细胞注射到最终要发育成黑鼠的胚泡中，再将这个改变的胚胎植入到代孕母鼠子宫。母鼠产下嵌合体小鼠。通过小鼠的片状毛色可辨认嵌合体小鼠，其黑色条纹来自原来的黑鼠胚胎，而褐色条纹来自移植的工程细胞。

为了获得真正的杂合子小鼠而不是嵌合体，等嵌合体小鼠成熟后与黑鼠交配。由于褐色（鼠灰色）是显性性状，所以子代中自然有褐色小鼠。实际上，所有由工程干细胞的配子发育成的子代小鼠都是褐色的。由于工程干细胞是敲除基因的杂合子，所以只有一半的褐色小鼠携带中断基因。Southern 印迹显示在我们的实验中有两只褐色小鼠携带中断基因。将它们交配后在子代小鼠中检测 DNA 寻找基因敲除的纯合子小鼠（图 7-37）。

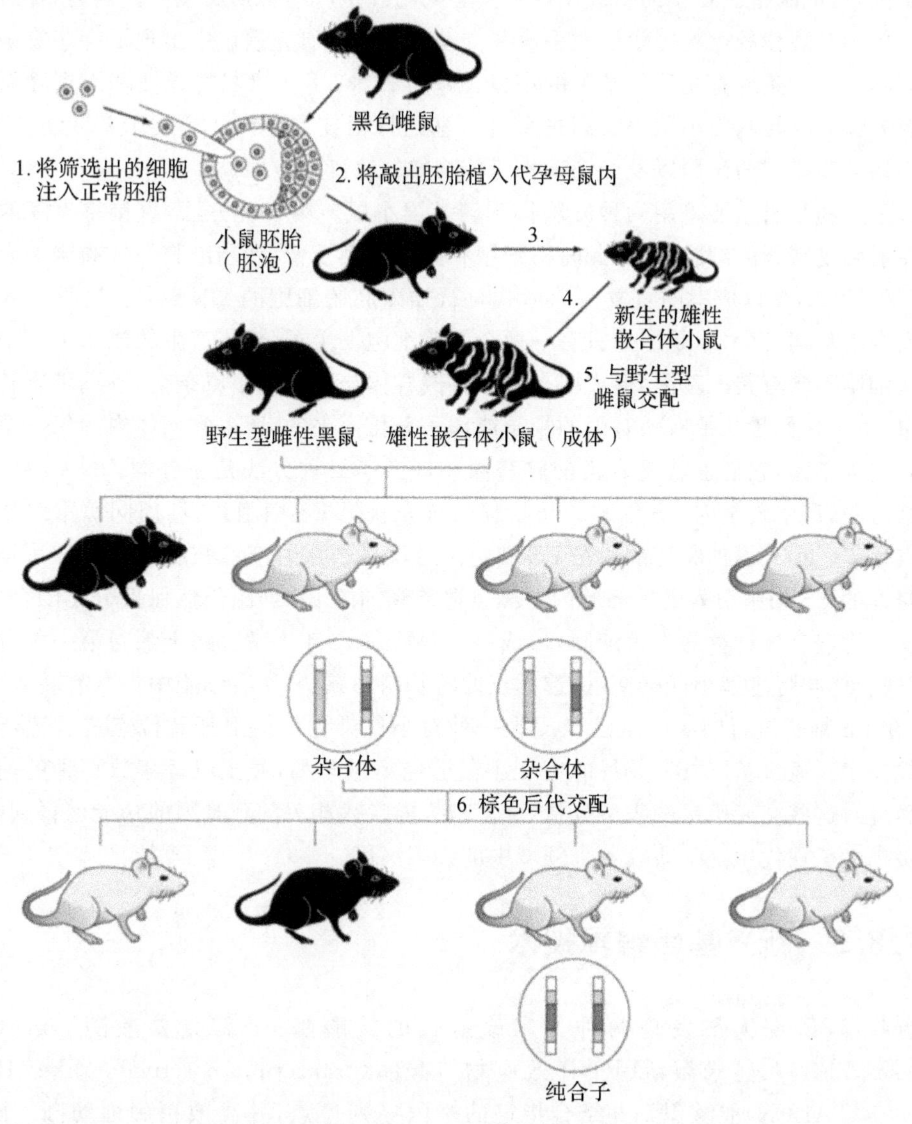


图 7-37　构造基因敲除小鼠（修改自 Robert F.，2012）

### 7.8.2 基因敲入

基因敲入(gene knockin),又称基因打靶(gene targeting),是一种定向改变生物体遗传信息的实验手段,它的产生和发展建立在胚胎干(ES)细胞技术和同源重组技术成就的基础之上,促进了相关技术的进一步发展。基因敲入技术是利用基因同源重组,将外源有功能基因(基因组原先不存在或已失活的基因)转入细胞与基因组中的同源序列进行同源重组,插入到基因组中,在细胞内获得表达的技术,或将一个结构已知但功能未知的基因去除,或用其他序列相近的基因取代(又称基因敲入),然后从整体观察实验动物,从而推测相应基因的功能。基因敲入技术是一种定向改变生物体遗传信息的实验手段,以此技术为基础,可能制备出新型的研究用模式实验动物和生产用生物反应器。当前,基因敲入技术已成为常规性的生物医学研究手段并推动生物医学研究领域中出现了许多突破性进展。国际上携带条件打靶等位基因的小鼠已超过百种,用于组织特异性基因剔除研究的组织特异性 Cre 转基因小鼠也已超过百种。基因打靶技术已广泛应用于基因功能研究、人类疾病动物模型的研制以及经济动物遗传物质的改良等方面。

分子生物学家主要采用两种方法得到转基因小鼠。第一种方法,直接将克隆的外源基因注射到受精卵的细胞核中,此时精细胞和卵细胞刚授精,精卵细胞的核尚未融合。此时允许外源 DNA 以成串的重复基因形式自行插入胚胎细胞的 DNA 中。这种插入是在胚胎发育的早期发生,但是即使只有一两个胚胎细胞发生了分裂,产生的成年个体中也会有一些细胞不含有转入基因,形成嵌合体。将嵌合体与野生型小鼠杂交,挑选带有转基因的子鼠,由于它们是从带有转基因的精子或卵子分化而来的,所以它们体内的每一个细胞都含有转入基因,它们也就是真正的转基因小鼠。第二种方法是将外源 DNA 注射到胚胎干细胞中,产生转基因 ES 细胞。其步骤是首先获得 ES 细胞系,利用同源重组技术获得带有研究者预先设计突变的中靶 ES 细胞。通过显微注射或者胚胎融合的方法将经过遗传修饰的 ES 细胞引入受体胚胎内。经过遗传修饰的 ES 细胞仍然保持分化的全能性,可以发育为嵌合体动物的生殖细胞,形成嵌合体个体。自此以后的步骤与第一种方法相同,将嵌合体与野生型小鼠杂交,挑选真正的转基因小鼠,其所有细胞中都含有转入基因。目前,在 ES 细胞进行同源重组已经成为一种对小鼠染色体组上任意位点进行遗传修饰的常规技术。通过基因打靶获得的突变小鼠已经超过千种,并正以每年数百种的速度增加。通过对这些突变小鼠的表型分析,许多与人类疾病相关的新基因的功能已得到阐明,并直接推动了现代生物学研究各个领域中的许多突破。

### 7.8.3 新兴基因编辑技术

近些年,研究人员发现两种人工改造过的核酸酶——锌指核酸酶(zinc-finger nucleases,ZFN)和转录激活因子样效应物核酸酶(transcription activator like effector nucleases,TALEN)能够识别并结合指定的基因序列位点,并高效精确地切断。随后,细胞利用天然的 DNA 修复过程来实现 DNA 的插入、删除和修改,这样研究人员就能够进行基因组编辑。ZFN 和 TALEN 技术结合了原核注射的制备周期短和基因打靶技术的定点修饰的特点，可以应用到除小鼠和大鼠之外的其他生物。近年来，一种新型基因组修饰的技术——规律成簇的间隔短回文重复序列(clustered regularly interspaced short palindromic repeats，CRISPR)受到人们的高度重视。CRISPR 是细菌用来抵御病毒侵袭/躲避哺乳动物免疫反应的基因系统。科学家用 RNA 引导 CAS9 核酸酶，可在多种细胞(包括 iPS)的特定的基因组位点上进行切割和修饰。与 ZFN/TALEN 相比，CRISPR/CAS9 更易于操作、效率更高和更易得到纯合子突变体，且可在不同的位点同时引入多个突变。

### (1)TALEN 技术

TALEN 靶向基因修饰/敲除技术是前些年发展起来的一项极具革命性的新技术。TALEN 蛋白分子包含 DNA 结合域和 Fok Ⅰ核酸酶，两个 TALEN 分子分别结合到靶点两侧，Fok Ⅰ形成二聚体并发挥切割作用，生成双链断端，细胞内的非同源性末端接合(non-homologous end joining，NHEJ)修复机制启动，断口被修复同时随机的删除和插入一定数量的碱基，造成移码导致基因失活。用 TALEN 方法制作 knock out 小鼠，不需要经过传统敲除所需要的 ES 细胞打靶阶段，周期大大缩短。相比于 ZFN 技术，TALEN 的优势也非常明显突出，它的识别切割效率更高，几乎可以靶向任何序列，不受上下游序列的影响。此技术为研究者提供了一种新的思路，开辟了一条崭新的道路。

TALE(transcription activator-like effectors)是细菌 *Xanthomonas* 感染植物时分泌的蛋白分子。这些蛋白分子通过其中心区的 34 个氨基酸的重复序列识别并结合到宿主基因的启动子上，激活植物基因的表达，从而帮助细菌进行感染。研究人员发现来自植物病原菌 *Xanthomonas* 中的 TALE 蛋白核酸结合域的氨基酸序列与其靶位点的核酸序列有较恒定的对应关系。利用此恒定对应关系，构建与核酸内切酶的融合蛋白，在特异位点打断目标基因组 DNA 序列，从而可在该位点进行 DNA 编辑修饰操作，此特征很快被大家认识并用来作为靶向基因编辑的工具，比如 knock out、knock in、碱基替换、点突变或者基因修饰等。

33～35 个氨基酸重复序列构成了 TALE 的核心区域，可以特异性地识别 DNA 序列。为识别某一特定 DNA 序列，只需设计相应 TALE 单元串联克隆即可。然后，将识别特异靶 DNA 序列的 TALE 与核酸内切酶 *Fok* Ⅰ偶联，构建成 TALEN 质粒。TALEN 质粒对共转入细胞后，表达的融合蛋白即特异性地与靶 DNA 结合。而两个 TALEN 融合蛋白中的 *Fok* Ⅰ核酸内切酶形成二聚体，发挥剪切活性，在两个靶位点之间打断目标基因，形成双链断裂(double strand breaks，DSB)，诱发 DNA 损伤修复机制。细胞可通过非同源重组(nonhomologous end joining，NHEJ)方式修复 DNA，由于缺乏修复模板，在此过程中或多或少地会删除或插入一定数目的碱基，造成移码，使得目的基因失活或敲除，最终形成目标基因敲除突变体。产生 DSB 后，如果有同源修复模板，细胞可通过同源重组(homologous recombination，HR)方式修复 DNA，如果在细胞中转入的质粒含有修复模板，就可以对目标 DNA 做修饰，如点突变、碱基替换、碱基磷酸化、加入标记(如 GFP、6XHis…)等(图 7-38)。

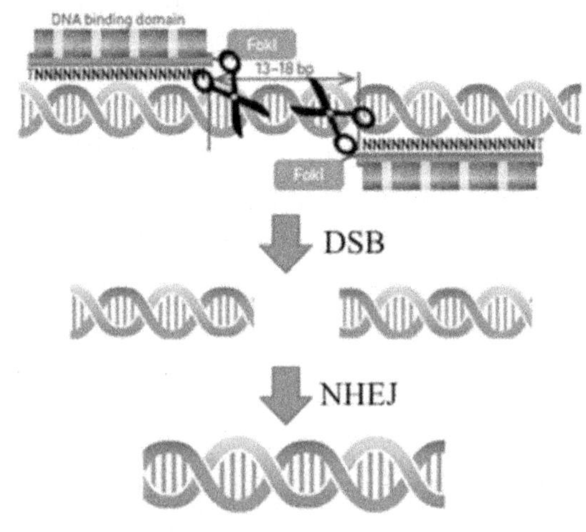


图 7-38　TALEN 技术示意图

该技术与同源重组相比，制作周期短，不需要经过 ES 细胞阶段，直接注射受精卵得到首建鼠，背景选择灵活和余地大。但缺点是对基因的改动小，通常只能造成几个到几十个 bp 的删除或插入，对基因的敲除是通过移码来实现的，可在现有小鼠模型上直接进行基因打靶。

与常规锌指核酸酶(ZFN)相比，TALE 的核酸识别单元与 A、G、C、T 有恒定的对应关系，能识别任意目标基因序列，不受上下游序列影响等问题，活性与 ZFN 相等或更好。因此，具有无基因序列、细胞和物种限制，实验设计简单准确和周期短、成本和毒性低，脱靶情况少，成功率几乎 100%。

目前，TALEN 技术主要有两种应用：①构建针对任意特定核酸靶序列的重组核酸酶，在特异的位点打断目标基因 DNA，进而在该位点进行 DNA 操作，如 knock out、knock in 或点突变。它克服了常规的 ZFN 方法不能识别任意目标基因序列，以及识别序列经常受上下游序列影响等问题，而具有与 ZEN 相等或更好的活性，使基因操作变得更加简单、方便。②针对基因启动子上游任意特定 DNA 序列构建转录激活因子，可提高特异内源基因的表达水平，而不需要购买或克隆 cDNA。TALEN 技术现已经成功应用于细胞、斑马鱼、果蝇、大鼠、小鼠及植物上，并且被研究者不断地尝试应用到其他更多的物种。

### (2)CRISPR/CAS9 基因敲除技术

1987 年，日本大阪大学(Osaka University)的科研人员在对一种细菌编码的碱性磷酸酶(alkaline phosphatase)基因进行研究时，发现在这个基因编码区域的附近存在一小段不同寻常的 DNA 片段，这些片段是由简单的重复序列组成的，而且在片段的两端还存在一段不太长的特有的序列。不过这在当时并没有引起太多人的注意，报道只不过是一篇普普通通的小文章。关于这样一个重复序列他们当时在论文中是这样评价的——我们目前也不太清楚这些序列的生物学意义。不过这个在差不多三十年之前取得的不起眼的“小发现”现在却绽放出了耀眼的光芒，因为如今科学家正是利用这个小片段找到了一种可对多种生物的基因组进行遗传改造的工具，而且这种方法操作起来非常简单，即现在被称为简便而又实用的基因组改造新技术——CRISPR/Cas基因敲除技术(图7-39)。

规律成簇的间隔短回文重复序列(clustered regularly interspaced short palindromic repeats,CRISPR)是一类独特的DNA直接重复序列家族,它的结构非常稳定,长度约25～50 bp,被单一序列间隔。CRISPR是细菌和古细菌为应对病毒和质粒不断攻击而演化来的获得性免疫防御机制,广泛存在于众多原核生物基因中,其中Ⅱ型为CRISPR/CAS免疫系统依赖CAS9内切酶家族靶向和剪切外源DNA。自2002年首次被人们所定义以来,CRISPR一直以其奇特的结构与特殊的功能吸引着各国科学家们的共同关注。在这一系统中,crRNA(CRISPR-derived RNA)通过碱基配对与tracrRNA(trans-activating RNA)结合形成双链RNA,此tracrRNA/crRNA二元复合体指导CAS9蛋白在crRNA引导序列靶定位点剪切双链DNA,其中CAS9的HNH核酸酶结构域剪切互补链,其RuvC-like结构域剪切非互补链。

CAS9内切酶是一种DNA内切酶,很多细菌都可以表达这种蛋白,CAS9内切酶能够为细菌提供一种防御机制,避免病毒或者质粒等外源DNA的侵入。可利用CAS9内切酶家族来靶标和剪切外源DNA的Ⅱ型CRISPR/CAS9免疫系统来进行有效的靶向酶切。CAS9内切酶必须在向导RNA分子的引导下对DNA进行切割,这是因为这些向导RNA分子含有与靶DNA序列互补的序列,称之为PAM序列。CAS9内切酶在向导RNA分子的引导下对特定位点的DNA进行切割,形成双链DNA缺口,然后细胞会借助同源重组机制或者非同源末端连接机制对断裂的DNA进行修复。如果细胞通过同源重组机制进行修复,会用另外一段DNA片段填补断裂的DNA缺口,因而会引入一段"新的"遗传信息。

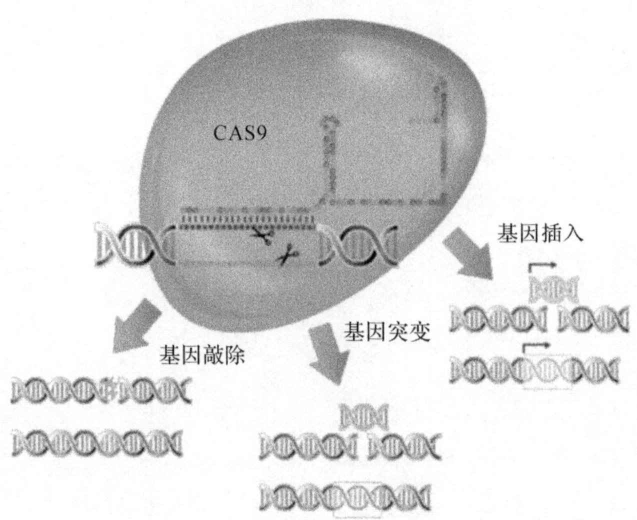


图7-39　CRISPR/CAS9技术示意图

与其他基因组工程技术比较,CRISPR/CAS9技术拥有以下技术优势:①无物种限制,靶向精确性更高,可实现对靶基因多个位点同时敲除;②使用更方便,费用更低,无论是ZFN还是TALEN都需要针对不同靶点改变核酸酶前面的识别序列,这些识别序列的合成或组装耗时耗力且费用很高,但CAS蛋白不具特异性,只需合成一个sgRNA就能实现对基因的特异性修饰；③CRISPR/CAS 系统只需改变很短的 RNA 序列（不超过 100 bp）就可实现不同位点的特异性识别，可避免超长、高度重复的 TALENs 编码载体带来的并发症。

（盛静浩，史筱靓，姚峥嵘）

## 思考题

1. 简述 DNA 重组技术中常用的工具酶及其作用。
2. 简述 PCR 的反应原理和反应体系组成。
3. PCR 引物设计应遵循哪些原则？
4. 生物芯片有何临床应用？
5. 简述基因文库构建方法中的核酸杂交方法。
6. 请比较几种新兴基因编辑技术优缺点。

# 参考文献


Akai K, Kornberg A. A general priming system employing only dnaB protein and primase for DNA replication. Proceeding of the National Academy of Sciences USA, 1979, 76:4309-4313.

Armache K J, Kettenberger H and Cramer P. Architecture of initiation-competent 12-subunit RNA polymerase Ⅱ. Proc Natl Acad Sci USA, 2003, 100(12), 6964-6968

Bell S P, Learned R M, Jantzen H M, Tjian R. Functional cooperativity between transcription factors

Blackburn E H. Switching and signaling at the telomere. Cell, 2001, 106:661-673.

Brand A H, Breeden L, Abraham J, et al. Characterization of a "silencer" in yeast: a DNA sequence with properties opposite to those of a transcriptional enhancer. Cell, 1985, 41:41-48.

Brewer B J, Fangman W L. The localization of replication origins on ARS plasmids in *S. cerevisiae*. Cell, 1987, 51:463-470.

Buchman A R, Kimmerly W J, Rine J, et al. Two DNA-binding factors recognize specific sequences at silencers, upstream activating sequences, autonomously replicating sequences, and telomeres in Saccharomyces cerevisiae. Mol. Cell Biol., 1988, 8(1): 210-225.

Bushnell D A, Kornberg R D. Complete, 12-subunit RNA polymerase II at 4.1-Å resolution: Implications for the initiation of transcription. Proceedings of the National Academy of Sciences USA, 100:6969-6973

Bushnell D A, Westover K D, Davis R E, et al. Structural Basis of Transcription: An RNA Polymerase II-TFIIB Cocrystal at 4.5 Angstroms. Science, 2004, 303:983-988

Callan H G. DNA replication in chromosomes of eukaryotes, Cold Spring Harbor Symposia on Quantitative Biology, 1973, 38:195.

Cech T R. Beginning to understand the end of thechromosome. Cell, 2004, 116: 273-278.

Chen H T, Hahn S. Mapping the Location of TFIIB within the RNA Polymerase Ⅱ Transcription Preinitiation Complex: A Model for the Structure of the PIC. Cell, 2004, 119:169-180

Choi Y J, Lin C P, Ho J J, et al. miR-34 miRNAs provide a barrier for somatic cell reprogramming. Nat. Cell Biol. ,2011,13(11):1353-1360.

Clark D P, et al. Molecular Biology. Elsevier, 2013.

de Lange T. How telomeres solve the end-protection problem. Science, 2009, 326: 948-950

Dynlacht B. D. , Hoey T. and Tjian R. Isolation of coactivators associated with the TATA-binding protein that mediate transcriptional activation. Cell, 1991, 66, 563-576

Echols H, Googman M F. Fidelity mechanisms in DNA replication. Annual Review of Biochemistry, 1991, 60: 477-511.

Eminli S, Foudi A, Stadtfeld M, et al. Differentiation stage determines potential of hematopoietic cells for reprogramming into induced pluripotent stem cells. Nat Genet. 2009 Sep; 41(9): 968-976.

Frazer K A, Ballinger D G, Cox D R, et al. A second generation human haplotype map of over 3. 1 million SNPs. Nature, 2007, 449(7164): 851-861.

Gellert M, Mizuuchi K, O'Dea MH, et al. DNA Gyrase: An enzyme that introduce superhelical turns into DNA. Proceedings of the National Academy of Sciences USA, 1976, 73: 3873.

Gold L. Post transcriptional regulatory mechanisms in Escherichia coli. Annual Review of Biochemistry, 1988, 57: 199-233.

Griffiths A J F, Wessler S R, Lewontin R C, et al. An introduction to genetic analysis. 9th ed. New York: W. H. Freeman and Company, 2008.

Guan L, He P, Yang F, et al. Sap1 is a replication-initiation factor essential for the assembly of pre-replicative complex in the fission yeast Schizosaccharomyces pombe, Journal of Biological Chemistry, 2017, 292(15): 6056-6075.

Hanel W, Moll U M. Links between mutant p53 and genomic instability. J Cell Biochem. 2012 Feb; 113(2): 433-439.

Hentze M W, Kulozik A E. A perfect message: RNA surveillance and nonsense-mediated decay. Cell, 1999, 96(3): 307-10.

Herendeen D R, Kelly T J. DNA polymerase Ⅲ: Running rings around the fork. Cell, 1996, 83: 5-8.

Hicks W M, Yamaguchi M, Haber J E. Real-time analysis of double-strand DNA break repair by homologous recombination. PNAS, 2011, 108: 3108-3115.

Holstege F C, Jennings E G, Wyrick J J, et al. Dissecting the regulatory circuitry of a eukaryotic genome. Cell, 1998, 95: 717-728

Huberman J A, Tsai A. Direction of DNA replication in mammalian cells. Journal of Molecular Biology, 1973, 75: 8.

Kim T W, Kwon Y J, Kim J M, et al. MED16 and MED23 of Mediator are coactivators of lipopolysaccharide- and heat-shock-induced transcriptional activators. Proc Natl Acad Sci

USA,2004,101:12153-12158

Kim Y J, Bjorklund S, Li Y, et al. A multiprotein mediator of transcriptional activation and its interaction with the C-terminal repeat domain of RNA polymerase II. Cell,1994,77:599-608

Knipscheer P,Räschle M,Smogorzewska A,Enoiu M,Ho TV,Schärer OD,Elledge SJ,Walter JC. The Fanconi anemia pathway promotes replication-dependent DNA interstrand cross-link repair. Science 2009,326(5960):1698-1701.

Krajewska M,F Ehrmann R,Vries E D,et al. Regulators of homologous recombination repair as novel targets for cancer treatment. Frontiers in Genetics,2015,6(96).

LeBowitz J H,McMacken R. The Escherichia coli dnaB replication protein is a DNA helicase. Journal of Biological Chemistry,1986,261:4740-4741.

Lewin B. GeneⅧ. 余龙,江松敏,赵寿元,等,译. 北京:科学出版社,2007.

Liu B,Hu J,Wang J,et al. Direct Visualization of RNA-DNA Primer Removal from Okazaki Fragments Provides Support for Flap Cleavage and Exonucleolytic Pathways in Eukaryotic Cells,Journal of Biological Chemistry,2017,292(12):4777-4788.

Marx J. How DNA replication originates. Science,1995,270:1585-1586.

Mehta A,Beach A,Haber J E. Homology Requirements and Competition between Gene Conversion and Break-Induced Replication during Double-Strand Break Repair. Molecular Cell,2017,65(3):515.

Meisterernst M,Roy A L,Lieu H M,et al. Activationof class II gene transcription by regulatory factors is potentiatedby a novel activity. Cell,1991,66:981-993

Meisterernst M. Mediator meets morpheus. Science,2002,295:984-985.

Metivier R,Penot G,Hubner M R,et al. Estrogen receptor-alpha directs ordered, cyclical,and combinatorial recruitment of cofactors on a naturaltarget promoter. Cell, 2003,115:751-763

Mills K D,Ferguson D O,Alt F W. The role of DNA breaks in genomic instability and tumorigenesis. Immunological Reviews,2003,194:77-95.

Murphy K L,Dennis A P,Rosen J M. A gain of function p53 mutant promotes both genomic instability and cell survival in a novel p53-null mammary epithelial cell model. FASEB J,2000,14:2291-2302.

Nashun B,Hill P W,Hajkova P. Reprogramming of cell fate:epigenetic memory and the erasure of memories past. EMBO J. 2015 May 12;34(10):1296-1308.

Nishitoh H. et al. ASK1 is essential for endoplasmic reticulum stress-induced neuronal cell death triggered by expanded polyglutamine repeats. Genes Dev. ,2002,16:1345-1355.

Ponticelli AS. Chi-dependent DNA strand cleavage by recBC enzyme. Cell, 1985, 41(2):146.

Pugh B F, Tjian R. Mechanism of transcriptional activation by Sp1: evidence for coactivators. Cell,1990,61:1187-1197

Rachez C, Lemon B D, Suldan Z, et al. Ligand-dependent transcription activation by nuclear receptors requires the DRIP complex. Nature, 1999, 398: 824-828

Weave R F. 分子生物学(第五版). 北京:中国科学出版社, 2016

Sabeti P C, Varilly P, Fry B, et al. Genome-wide detection and characterization of positive selection in human populations. Nature, 2007, 449: 913-918.

Sambook J. Molecular Cloning Ⅲ. 黄培堂,等,译. 北京:科学出版社, 2002.

Słabicki M, Theis M, Krastev DB, et al. A genome-scale DNA repair RNAi screen identifies SPG48 as a novel gene associated with hereditary spastic paraplegia. PLoS Biol, 2010, 8(6): e1000408.

Startek M, Szafranski P, Gambin T, Campbell IM, Hixson P, Shaw CA, Stankiewicz P, Gambin A.. Genome-wide analyses of LINE-LINE-mediated nonallelic homologous recombination. Nucleic Acids Res. 2015 Feb 27; 43(4): 2188-98.

Stevens J L, Cantin G T, Wang G, et al. Transcription control by E1A and MAP kinase pathway via Sur2 mediator subunit. Science, 2002, 296: 755-758

Strand D J, McDonaid J F. Insertion of a copia element 5′ to the Drosophila melanogaster alcohol dehydrogenase gene (adh) is associated with altered developmental and tissue-specific patterns of expression. Genetics, 1989, 121: 787-794.

The International HapMap Consortium (2005). A haplotype map of the human genome. Nature, 2005, 437 (7063): 1299-1320.

Thompson C M, Koleske A J, Chao D M, et al. Amultisubunit complex associated with the RNA polymerase IICTD and TATA-binding protein in yeast. Cell, 1993, 73: 1361-1375

Truong L N, Li Y, Sun E, et al. Homologous Recombination Is a Primary Pathway to Repair DNA Double-Strand Breaks Generated during DNA Rereplication. Journal of Biological Chemistry, 2014, 289(42): 28910-28923.

Tuener P C, Mclennan A G, Bates A D, et al. Molecular Biology(影印版). 北京:科学出版社, 2005.

Turner P C, Mclennan A G, Bates A D, et al. Molecular Biology(分子生物学)(第二版)影印版, 北京:科学出版社, 2003.

Wang J, He Q, Han C, et al. p53-facilitated miR-199a-3p regulates somatic cell reprogramming. Stem Cells, 2012, 30(7): 1405-1413.

Wang T S F. Eukaryotic DNA polymerases. Annual Review of Biochemistry, 1991, 60: 513-552.

Watson J D, et al. Molecular Biology of the Gene. 6th edition, Benjamin Cummings, 2007.

Ye D, Wang G, Liu Y, et al. MiR-138 promotes induced pluripotent stem cell generation through the regulation of the p53 signaling. Stem Cells, 2012, 30(8): 1645- 1654.

Zinzen R P, Girardot C, Gustafson E H, et al. Tissue-specific analysis of chromatin state identifies temporal signatures of enhancer activity during embryonic development. Nature Genetics,2012,44(2):148.

本杰明·卢因.基因Ⅷ.北京:科学出版社,2005.

毕利军,周亚凤,邓教宇,等.DNA错配修复系统研究进展,生物化学与生物物理进展,2003,30(1):32-37.

陈启民,耿运琪.分子生物学.北京:高等教育出版社,2010.

陈秀芳.生物化学与分子生物学实验技术.浙江:浙江大学出版社,2015

陈庄,邓存良,吴刚.分子生物学基本实验指导.北京:中国科学出版社,2015

戴灼华,王亚馥,粟翼玟.遗传学.2版.北京:高等教育出版社,2010.

杜仁骞,金力,张锋.基因组拷贝数变异及其突变机理与人类疾病,遗传,2011,33(8):857-869.

冯碧薇,陈建强,雷秉坤,潘贤,吕红.酵母模式生物研究表观遗传调控基因组稳定性的进展.遗传,2010,32(8):1799—1807.

郜金荣,叶林柏.分子生物学 修订版.武汉:武汉大学出版社,2007.

郜金荣.分子生物学.北京:化学工业出版社,2011.

胡维新.医学分子生物学.北京:科学出版社,2007.

静国忠.基因工程与分子生物学基础.北京:北京大学出版社,1999.

勒潘,王勇.英汉对照分子生物学导论:An introduction to molecular biology with Chinese translation.化学工业出版社,2008.

李宏.染色体上的几种转座现象.生物学杂志,1995,63(1):5-7.

李宏.转座子的起源及其和物种进化的关系.遗传学基础理论问题讨论文集.北京:北京师范大学出版社,1992.

李萍,周利斌,李强.乳腺癌易感基因BRCA1在DNA损伤修复中的肿瘤抑制作用.肿瘤防治研究,2008,35(4):288-292.

李永峰,那冬晨,魏志刚主编.环境分子生物学.上海:上海交通大学出版社,2009.

李钰,马正海,李宏.分子生物学.武汉:华中科技大学出版社,2014.

林菊生,冯作化.现代细胞分子生物学技术.北京:中国科学出版社,2004

马楠,曾赵军.乳腺癌易感蛋白1在DNA损伤修复中的作用.生命的化学,2011,31(2):222-226.

马元武,张连峰.转座子Sleeping Beauty和PiggyBac.中国生物化学与分子生物学报,2010,26(9):783-787.

潘学峰.现代分子生物学教程.北京:科学出版社,2009.

孙乃恩,等.分子遗传学.南京:南京大学出版社,1995.

谭琪,曾凡一.遗传变异的又一来源:拷贝数变异,生物技术通讯,2009,20(3):396-398.

陶玉斌,许琪.三核苷酸重复序列扩增与精神系统疾病.基础医学与临床,2005,25(11):982-985.

特怀曼R M.高级分子生物学要义.陈淳,徐沁,等,译.北京:科学出版社,2000.

王春荣,江泓.多聚谷氨酰胺病CAG重复序列动态突变机制研究进展.中国现代神经疾病杂志,2012,12(2):363- 366.

王镜岩,朱圣庚,徐长发.生物化学(第三版下册).北京:高等教育出版社,2002.

王睿,郭周义,曾常春.紫外辐射引起DNA损伤的修复.中国组织工程研究与临床康复,2008,12(2):348-352.

王亚馥,戴灼华.遗传学,北京:高等教育出版社,1999.

王艳,柴宝峰,梁爱华,肽链释放因子识别终止密码子的机制,中国生物化学与分子生物学报,2010,26(1):22-29。

沃森,等.基因的分子生物学(第一版).杨焕明,等,译.北京:科学出版社,2009.

吴乃虎.基因工程原理.2版.科学出版社,1999.

谢鼎华,肖自安,叶胜难.遗传性聋分子病因研究进展.中华耳鼻咽喉科杂志,2000,35(2):155-158.

徐晋麟,陈淳,徐沁.基因工程原理.北京:科学出版社,2007.

徐令,彭朝辉.基因的分子生物学.北京:中国科学出版社,1992.

闫隆飞,等.分子生物学.2版.北京:中国农业大学出版社,1997.

杨建雄.分子生物学.化学工业出版社,2009.

杨岐生.分子生物学(第二版).杭州:浙江大学出版社,2004.

袁红雨.分子生物学.北京:化学工业出版社,2012.

张惠展.基因工程.上海:华东理工大学出版社,2005.

张新跃,钱万强.细胞的分子生物学.北京:科学出版社,2008.

张玉静.分子遗传学.北京:科学出版社,2002.

赵武玲.分子生物学.北京:中国农业大学出版社,2010.

赵武玲.分子生物学.北京:中国农业大学出版社,2010.

赵亚华.分子生物学教程(第三版).北京:科学出版社,2011.

赵亚华.基础分子生物学教程(第二版).北京:科学出版社,2010.

钟卫鸿.基因工程技术.北京:化学工业出版社,2007.

朱玉贤,李毅,郑晓峰.分子生物学.3版.北京:高等教育出版社,2007